普通高等教育"十一五"国家级规划教材

应用数学（理工类）

（第二版）

侯风波　主编

科学出版社

北　京

内 容 简 介

本书是普通高等教育"十一五"国家级规划教材. 本书注重培养学生应用数学概念、数学思想及方法来消化吸纳工程概念及工程原理的能力, 强化学生应用所学的数学知识求解数学问题的能力, 特别是把数学软件包MATLAB结合数学内容讲授, 可极大地提高学生利用计算机求解数学模型的能力. 本书主要内容包括数学软件包MATLAB、函数、极限与连续、导数与微分、导数的应用、不定积分、定积分和定积分的应用、常微分方程、向量空间解析几何、多元函数微分学、多元函数积分学、级数等.

本书可作为高职高专工科各专业通用高等数学教材, 也可作为工程技术人员的高等数学知识更新的自学用书.

图书在版编目（CIP）数据

应用数学（理工类）/侯风波主编. —2版. —北京：科学出版社，2011
（普通高等教育"十一五"国家级规划教材）
ISBN 978-7-03-031633-2

Ⅰ.①应… Ⅱ.①侯… Ⅲ.①应用数学-高等职业教育-教材 Ⅳ.①O29

中国版本图书馆 CIP 数据核字（2011）第 116855 号

责任编辑：王　彦/责任校对：刘玉靖
责任印制：吕春珉/封面设计：科地亚盟

科 学 出 版 社 出版
北京东黄城根北街 16 号
邮政编码：100717
http://www.sciencep.com

天津翔远印刷有限公司 印刷
科学出版社发行　各地新华书店经销

＊

2007 年 9 月第　一　版　　开本：787×1092　1/16
2011 年 8 月第　二　版　　印张：19 1/2
2019 年 8 月第九次印刷　　字数：445 000

定价：**43.00** 元
（如有印装质量问题，我社负责调换〈翔远〉）
销售部电话 010-62136075　编辑部电话 010-62138978-8208

第二版前言

《应用数学(理工类)》(第一版)自 2007 年出版以来已经 4 年.使用此书的一些教师希望结合当前高职高专院校生源变化以及人才培养目标的优化尽快对本书进行修订完善,并对本书的修改提出了许多有益的建议,在此,一并表示深深地感谢!

本次修订,在保持第一版的内容相对稳定的前提下,主要做了如下工作.

1. 删掉了一些难度较大的例题.

2. 删掉了一些难度较大的习题.

3. 增补了一些知识点的解释.

4. 增补了一些与知识点对应的易于理解的例题.

5. 增补了一些与知识点对应的易于理解的习题.

6. 删除了书后的关键词索引.

本书配有的可修改的开放性的《应用数学(理工类)电子教案》(光盘),教师可根据教学需要进行适当的修改,利用多媒体进行教学.

与本书配套的还有《应用数学(理工类)练习册》,教师可结合教学进度利用该练习册布置学生课后作业.

建议在使用本书进行教学过程中,尽量与数学软件结合,安排一定的上机实验,以便逐步提高用数学解决实际问题的能力.

本书由侯风波任主编,王富彬(黑龙江建筑职业技术学院)、胡静波(合肥通用职业技术学院)任副主编,安忠猛(合肥通用职业技术学院)也参加了本书的修订工作.本书框架结构及最终定稿由侯风波教授完成.

由于作者水平所限,书中若有不妥之处,欢迎广大读者朋友批评指正.

第一版前言

本书是普通高等教育"十一五"国家级规划教材. 教材作为学校教学内容和教学方法的知识载体,在深化教育教学改革、全面推进素质教育、培养创新人才中具有举足轻重的地位. 随着高等教育的蓬勃发展,高校教学改革正在不断地深入进行. 该书是为了适应我国高等职业教育快速发展的要求和高等职业教育培养高技能人才的需要,适应高等职业教育大众化发展趋势的现状,更好地贯彻《中共中央、国务院关于进一步加强人才工作的决定》中提出的"实施国家高技能人才培训工程和技能振兴行动,通过学校教育培养、企业岗位培训、个人自学提高等方式,加快高技能人才的培养"和教育部等7部门《关于进一步加强职业教育工作的若干意见》(教职成[2004]12号)以及《教育部关于全面提高高等职业教育教学质量的若干意见》(教高[2006]16号)等文件精神,在认真总结全国高职高专院校理工类各专业高等数学课程教学改革经验的基础上对《应用数学》(理工类)第一版修改而成.

在本书编写过程中我们努力遵循了以下原则:

1. 本书严格按照《教育部办公厅关于加强普通高等教育"十一五"国家级规划教材管理的通知》(教高厅[2006]6号文件)的要求出版.

2. 本书是国家教育科学"十五"课题和教育部重点课题的研究成果. 由全国知名专家组成的教材编写小组,确保了国家级规划教材的质量.

3. 注重以实例引入概念,并最终回到数学应用的思想,加强对学生的数学应用意识、兴趣及能力培养. 培养学生用数学的原理和方法消化吸收工程概念、工程原理的能力和消化吸收专业知识的能力. 加强数学建模教学内容,将工程问题转化为数学问题的思想贯穿各章,注意与实际应用联系较多的基础知识、基本方法和基本技能的训练,但不追求过分复杂的计算和变换.

4. 缓解课时少与教学内容多的矛盾,恰当把握教学内容的深度和广度,遵循基础课理论知识以必需够用为度的教学原则,不过分追求理论上的严密性,尽可能显示微积分的直观性与应用性,适度注意保持数学自身的系统性与逻辑性.

5. 为培养学生用计算机及相应数学软件求解数学问题的能力,结合具体教学内容,本书专设一章介绍数学软件包MATLAB,便于各校结合实际教学条件灵活处理,力求做到易教、易学、易懂、易用.

6. 充分考虑高职高专学生特点,在内容处理上兼顾对学生抽象概括能力、逻辑推理能力、自学能力,以及较熟练的运算能力和综合运用所学知识分析问题、解决问题的能力培养. 对课程的每一主题都尽量从几何、数值、解析和语言4个方面加以体现,避免只注重解析推导.

7. 注意培养学生综合素质,体现数学课程改革的新思路,不仅关注数学在理工类专业的直接应用,而且还特别关注结合具体教学内容进行思维训练,重视培养学生的科学精

神、创新意识.

8.在各章节的开始,用尽可能短的语言点题,以便读者了解本章或本节所研究问题的来龙去脉,起到承上启下的作用,增加可读性.每节后配有思考题和练习题,通过思考题试图使学生能换个角度理解有关知识点.练习题与知识点尽量呼应,由易到难,方便学生巩固所学知识.

9.每章后面列有典型例题详解,以培养学生自主性学习的能力.

10.每章最后列有综合练习题,供学有余力的学生选学.

本书参考学时:第1章到第9章和第14章相应内容需要60学时,为两年制高职学生必学;全书需要讲授120学时,适用于三年制高职院校理工类专业.

本书由侯风波担任主编.全书框架结构、编写大纲及最终审定稿由侯风波教授完成.

与本书配套的电子教材有《应用数学》(理工类)电子教案.该电子教案采用开放式结构,教师可根据自己的教学需要对其进行修改,以便更好地适合于本校的教学实际需要.

本书还配有《应用数学习题册》(理工类),供教师布置课后作业用.

由于编者水平有限,时间也比较仓促,书中难免有不妥之处,我们衷心地希望得到专家、同行和读者的批评指正,使本书在教学实践中不断完善.

目　　录

第1章

应用数学绪论

应用数学(理工类)的主要内容是微积分,通常也称为高等数学。应用数学是高职高专院校理工类各专业学生必修的一门重要基础课程. 它的思想方法已经渗透到自然科学和工程技术各个分支之中,许多专业基础课和专业课都是建立在应用数学基础之上的,它也是人们描述自然现象、社会现象变化规律的重要手段和有力工具.

1.1 应用数学概述

1.1.1 数学的作用与意义

数学是研究现实世界中的数量关系和空间形式的科学. 著名数学家华罗庚先生说:"宇宙之大,粒子之微,火箭之速,化工之巧,地球之变,生物之谜,日用之繁,无处不用数学."

中国科学院院士姜伯驹说:"数学科学研究的对象可以取自任何领域,它的着眼点不是各领域素材的内容,而是它的数量和形式的各种表现形式;它能够把一个领域的思想,最新的进步,经过抽象的过程提炼出来,再把这些思想转移到完全不相干的领域里面去. 很多学科的成就大小,取决于它们与数学结合的程度. " 历史上物理学、天文学、力学的许多重大发现无不与数学的进步息息相关,如牛顿力学、爱因斯坦的相对论、电磁波和光的本质的发现、海王星和冥王星的发现、量子力学的诞生等.

20 世纪最伟大的技术成就——电子计算机的发明和应用也是以数学为基础的. 我们生活的现实世界中,随处都能看到的全自动洗衣机、自动报警器、遥控汽车等众多高科技仪器设备都离不开计算机,计算机工作要依靠相应的程序,程序的编写要依靠相应的数学模型. 例如,医学上的 CT 技术、指纹的存储和识别、飞行器的模拟设计、石油地震勘探的数据处理分析、信息安全技术、保险精算、金融风险分析和预测等也都高度依赖数学. 因此,高科技的核心是数学.

科学技术离不开数学. 因此,即将学习的基础课程和专业课程都是为将来所从事的专业技术工作提供支持的. 这些课程大都需要较多的数学知识,有的课程几乎到了"没有数学寸步难行的地步". 因此,为了学好自己的专业,需要下力气把数学学好.

1.1.2 应用数学与初等数学的联系与区别

首先,函数仍然为应用数学研究的主要对象. 初等数学是应用数学的基础.

16 世纪,由于工业革命的直接推动,对于运动的研究成了当时自然科学的中心问题,这些问题和以往的数学问题有着原则性的区别. 要解决它们 ,初等数学已经不够用了,需

要创立全新的概念与方法,创立出研究现象中各个量之间的变化的新数学.变量与函数的新概念应时而生,导致了数学从研究常量到研究变量的过渡,即从初等数学阶段向高等数学阶段的过渡.

初等数学研究的是常量,而应用数学研究的则是变量.因此,应用数学属于高等数学范畴.

初等数学的第一个特征在于其所研究的对象是不变的量(常量)或孤立不变的规则几何图形;第二个特征表现在其研究方法上.初等代数与初等几何是各自依照互不相关的独立路径构筑起来的,使我们既不能把几何问题用代数术语陈述出来,也不能通过计算用代数方法来解决几何问题.

应用数学与初等数学相反,它是在代数法与几何法密切结合的基础上发展起来的.这种结合首先出现在法国著名数学家、哲学家笛卡儿所创建的解析几何中.笛卡儿把变量引进数学,创建了坐标的概念.有了坐标的概念,我们一方面能用代数式子的运算顺利地证明几何定理,另一方面由于几何观念的明显性,使我们又能建立新的解析定理,提出新的论点.笛卡儿的解析几何是数学史上一项划时代的变革,恩格斯曾给予高度评价:"数学中的转折点是笛卡儿的变数.有了变数,运动进入了数学,有了变数,辩证法进入了数学,有了变数,微分和积分也就成为必要的了⋯⋯"

初等数学到应用数学,观念与思维方式的转变,主要体现在极限概念,极限概念的学习是难点.

极限概念揭示了变量与常量、无限与有限的对立统一关系.从极限的观点来看,无穷小量不过是极限为零的变量.这就是说,在变化过程中,它的值可以是"非零",但它变化的趋向是"零",可以无限地接近于"零".

思考题 1.1

1. 试举例说明数学在日常生活中的应用.

2. 了解一下你在今后的学习中有哪些课程要用到哪些数学.

1.2 如何学好应用数学

应用数学作为一门重要基础课程,它具有内容的抽象性、应用的广泛性、推理的严谨性和结论的明确性之特点.仅"抽象性"这一点就决定了数学课程的学习有一定的难度.那么,我们如何才能学好这门课程呢? 每个人的知识背景不同,学好数学课程的方法也会有所区别.下面提供几条建议,供同学们参考:

1. 明确学习目的

明确的学习目的是产生学习动力的源泉.因此,在学习应用数学之前,首先要搞清楚为什么要学习应用数学.

2. 要知难而进

树立勇攀科学高峰的目标和雄心壮志,培养热爱科学和献身科学的精神,在学习上有知难而进的顽强毅力.

3. 课前要适度预习

每次上课前应对教师要讲的内容进行预习. 预习的重点是阅读一下要讲的定义、定理和主要公式. 预习的主要目的是：第一，听课时心里有底，不至于被动地跟着教师走；第二，知道哪些地方是重点和自己的难点、疑点，从而在听课时能提高效率. 注意预习不是自学，每次预习的时间不要很长，一般 2 学时的课堂学习预习 20 分钟左右为宜.

4. 要努力听好每一节课

听老师讲课是学生在大学中获取知识的主要方式. 要认识到听教师讲课比自己自学要容易得多. 因此，应带着充沛的精力、带着获取新知识的浓厚兴趣、带着预习中的疑点和难点，专心致志地聆听教师如何提出问题、分析问题和解决问题，并且积极主动地思考.

在听课时常会遇到某些问题没听懂的情况，这时千万不要在这些问题上持续徘徊而影响继续听课，应承认它并在教材上或笔记上相应处做上记号，继续跟上教师的讲授. 遗留的问题、疑点待课后复习时再思考、钻研，或找同学讨论，或找教师答疑，或看参考书.

5. 记笔记

教师讲课并非“照本宣科”. 教师主要讲重点、讲难点、讲疑点、讲思路、讲方法，还会提出一些应注意的问题、补充一些教材上没有的内容和例子. 因此，记好课堂笔记是学好应用数学的一个重要的学习方式. 另外，记笔记也便于你跟着教师的思路走.

6. 要及时复习

学习包括“学”与“习”两个方面. “学”是为了获取知识，“习”是为了消化、掌握、巩固知识. 每次课后的当天都应结合课堂笔记和教材及时复习课上所讲的内容. 但是，在翻开教材与笔记之前，应先回顾一下课上所讲的主要内容. 另外，应该经常地、反复地复习前面所讲过的内容，这样一方面是为了避免边学边忘，另一方面可以加深对以前所学内容的理解，使知识水平上升到更高的层次.

7. 要认真完成作业

做作业不仅是检验学习效果的手段，同时也是培养、提高综合分析问题的能力、笔头表达能力以及计算能力的重要手段. 认真完成作业是培养同学们严谨治学的一个重要环节. 因此，要求作业“书写工整、条理清楚、论据充分”. 尽量不先看书后的答案. 批改过的作业中的错题要分析原因，并纠正过来，防止重犯.

8. 要善于交流

养成与同学老师相互交流的习惯，有问题及时交流，切不可将问题置之不理. 很多问题可以在不断交流中得到解决. 答疑是学好应用数学的一个重要的环节. 遇到困难，碰到难题要知难而进，反复看书、看笔记，勤思考，学会不断变换方法，另辟思路，不断地提高自己解决问题的能力.

9. 学数学要用数学

学习数学的主要目的是为了用数学.当代科学技术的飞速发展,不但要求我们掌握更多的数学知识,而且要求会运用这些知识去解决实际问题.因此,我们应当逐步培养自己综合运用所学的数学知识解决实际问题的意识和兴趣,培养建立实际问题的模型,运用数学方法分析解决实际模型的能力.在学习中还要提倡独立钻研,勤于思考,敢于大胆地提出问题,善于钻研问题,培养自己的创造性思维和学习能力.

10. 善于运用计算机及数学软件包

在学习数学的过程中,一定要善于运用计算机及数学软件包来完成一些典型的习题,一方面可以逐步培养我们用计算机和数学软件包处理数学问题的能力,另一方面,可以提高对有关问题的感性认识,加深对数学概念及方法的理解.因此,在学习应用数学的基本概念及方法的同时,要特别注意数学软件包的学习及使用.

11. 要善于读数学书

读数学书与读其他书有明显的不同.由于数学书在表达形式上的抽象性,使得它往往有些难懂.读者不能期望数学书一读就懂,复杂的地方要反复读和反复思考,甚至要读到后面再返回来重读才能真正理解.在读数学书时要特别留意定义及定理的叙述.我们不主张单纯记忆或背诵.但是,在理解的基础上,适当的记忆某些最基本的公式、重要的定义以及定理的条件与结论也是必要的.

为了加深理解,在读数学书时,手边放些草稿纸,边读边做些习题或画个草图是非常有益的.数学书中为了突出重点或节省篇幅,经常要节省一些推导或演算,有时会用"显然"、"显而易见"、"事实上"或"经过简单计算表明"之类的话放在某个结论之前.凡是对你说来,并不是那么"显然"的事实,或者你认为有必要去验算的地方,不妨去试着补上自己的证明或计算.这对初学者加强对内容的理解是一个很好的练习.

学好数学并不是一件难事,只要你付出必要的努力,数学就不应当是枯燥乏味的.数学并不是一堆繁琐无用的公式,掌握了它的真谛,就会给你增添智慧与力量.

思考题 1.2

1. 撰写短文描述你自己学习数学的方法.
2. 5 人一组相互交流学习数学的经验.要有记录.

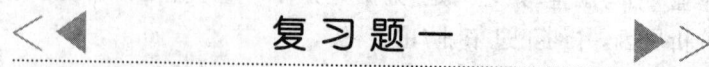

复习题一

1.查阅资料,撰文论证:要学好专业必须先学好应用数学.
2.制订出自己学习应用数学的计划.

第2章

函　数

现实世界中,存在着各种各样不停地变化着的量,它们之间相互依赖、相互联系.函数就是对各种变量之间相互依赖关系的一种抽象,是微积分研究的基本对象,因而是应用数学中最重要的概念之一.中学里已经学习过函数概念,本章将在此基础上对函数进行复习、巩固和提高.

2.1　函数及其性质

函数的概念在 17 世纪之前一直与公式紧密关联,到了 1837 年,德国数学家狄利克雷(1805~1859 年)抽象出了至今仍为人们易于接受且较为合理的函数概念.

2.1.1　函数的概念

1. 函数的概念

定义 2.1　设 x 和 y 是两个变量,D 是一个非空实数集.如果对于数集 D 中的每一个数 x 按照一定的对应法则 f 都有唯一确定的实数 y 与之对应,则称 y 是定义在数集 D 上的 x 的函数,记作

$$y = f(x), \quad x \in D,$$

其中 D 称为函数的定义域,x 称为自变量,y 称为函数(或因变量).

如果对于确定的 $x_0 \in D$,通过对应法则 f,函数 y 有唯一确定的值 y_0 相对应,则称 y_0 为 $y = f(x)$ 在 x_0 处的函数值,记作

$$y_0 = y\Big|_{x=x_0} = f(x_0).$$

函数值的集合称为函数的值域,记作 M.

定义域和对应法则是函数的两个要素,而函数的值域由定义域和对应法则来确定.下面对函数概念的有关问题作进一步的解释.

(1)"函数"表达了因变量与自变量的一种对应法则,这种对应法则用字母 f 来表示.因此 f 是一个函数符号,$y = f(x)$ 绝不意味着"y 等于 f 乘以 x".它表示当自变量取值为 x 时,因变量 y 的取值为 $f(x)$.例如,对于函数 $y = f(x) = x^2 + 3x - 5$,f 表示运算

$$(\ )^2 + 3(\ ) - 5,$$

于是,$f(0) = 0^2 + 3 \times 0 - 5 = -5$,$f(\pi) = \pi^2 + 3\pi - 5$ 等.

一般可以把函数理解成一种变换,即函数 f 把自变量 x 的值变成相应的 y 值,这可

以用如图 2.1.1 所示的框图来表示. 即可通俗地把函数看成是一部机器,定义域 D 中的一个数值 x 进入机器被函数 f 作用后,就被加工为值域中的数 $f(x)$.

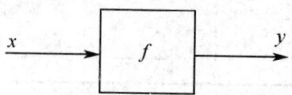

图 2.1.1 $y=f(x)$ 的框图

(2) 函数的定义域是函数的另一个要素,给定一个函数,就意味着其定义域是同时给定的,如果所讨论的函数来自某个实际问题,则其定义域必须符合实际意义;如果不考虑所讨论的函数的实际背景,则其定义域应使得它在数学上有意义. 为此要求:

① 分母不能为零;

② 偶次根号下非负;

③ 对数的真数大于零;

④ 正切符号下的式子不等于 $k\pi+\dfrac{\pi}{2}$, $k\in Z$;

⑤ 余切符号下的式子不等于 $k\pi$, $k\in Z$;

⑥ 反正弦、反余弦符号下的式子绝对值小于等于 1.

(3) 如果两个函数的对应法则相同,定义域也相同,则这两个函数是相同的,否则就是不同的. 例如函数 $y=\sqrt{x^2}$ 与 $y=|t|$,虽然这两个函数的自变量的记号不同,但它们的对应法则相同,定义域也相同,因此这两个函数是相同的;而函数 $f(x)=\lg x^2$ 与 $g(x)=2\lg x$,从形式上看似乎相等,但它们的定义域不同,其中 $f(x)$ 的定义域是 $(-\infty,0)\bigcup(0,+\infty)$,而 $g(x)$ 的定义域是 $(0,+\infty)$. 因此,$f(x)$ 和 $g(x)$ 是两个不同的函数.

(4) 含有一个自变量的函数,称为一元函数. 含有两个自变量的函数称为二元函数,可记为 $f(x,y)$, $g(x,y)$ 等;含有 3 个自变量的函数称为三元函数,可记为 $f(x,y,z)$, $g(x,y,z)$ 等;依此类推,含有多于一个自变量的函数称为多元函数.

例 2.1.1 设函数 $f(x)=x^3-2x+3$,求 $f(1)$, $f(t^2)$.

解 因为 $f(x)$ 的对应规则为 $(\ )^3-2(\ )+3$,所以

$$f(1)=1^3-2\cdot1+3=2,$$
$$f(t^2)=(t^2)^3-2(t^2)+3=t^6-2t^2+3.$$

例 2.1.2 确定函数 $f(x)=\sqrt{3+2x-x^2}+\ln(x-2)$ 的定义域.

解 对于 $f(x)$,当 $\begin{cases}3+2x-x^2\geqslant0, \\ x-2>0\end{cases}$ 时,$f(x)$ 有意义,即 $2<x\leqslant3$,所以函数的定义域为 $(2,3]$.

例 2.1.3 已知 $f(x+1)=x^2-x+1$,求 $f(x)$.

解 令 $x+1=t$,则 $x=t-1$,从而

$$f(t)=(t-1)^2-(t-1)+1=t^2-3t+3,$$

所以

$$f(x) = x^2 - 3x + 3.$$

2. 函数的表示法

函数通常有 3 种不同的表示方法:公式法、表格法和图像法.

公式法:用数学式子表示函数,也称解析法,其优点是便于理论推导和计算.

表格法:以表格形式表示函数,优点是所求函数值容易查得.如三角函数表、对数表等.

图像法:用图形表示函数,优点直观形象,可看到函数变化趋势.此方法在工程技术上应用较普遍.

3. 分段函数

有些函数虽然也可用数学式子表示,但它们在定义域的不同的范围内有不同的表达式,这样的函数叫做分段函数.

例 2.1.4 我国最初关于个人所得税交纳金额有如下规定:

(1) 月收入在 800 元以下者(含 800 元),不交纳所得税;

(2) 月收入在 800～1500 元者(不含 800 元,含 1500 元)交纳 800 元以上部分的 5%;

(3) 月收入在 1500～3000 元者(不含 1500 元,含 3000 元)除交纳 35 元以外,还需交纳 1500 元以上部分的 10%;

(4) 月收入在 3000～6000 元者(不含 3000 元,含 6000 元)除交纳 185 元以外,还需交纳 3000 元以上部分的 20%;

(5) 月收入在 6000～9000 元者(不含 6000 元,含 9000 元)除交纳 785 元以外,还需交纳 9000 元以上部分的 30%;

(6) 月收入在 9000～12 000 元者(不含 9000 元,含 12 000 元)除交纳 1685 元以外,还需交纳 9000 元以上部分的 40%;

(7) 月收入在 12 000 元以上者(不含 12 000 元)除交纳 2885 元以外,还需交纳12 000元以上部分的 45%.

试分析月收入与所得税之间的函数关系.

解 设某人月收入为 x 元,应交所得税为 y 元,则

当 $0 \leqslant x \leqslant 800$ 元时,$y = 0$;

当 $800 < x \leqslant 1500$ 时,$y = (x - 800) \times 5\%$;

当 $1500 < x \leqslant 3000$ 时,$y = (x - 1500) \times 10\% + 35$;

当 $3000 < x \leqslant 6000$ 时,$y = (x - 3000) \times 20\% + 185$;

当 $6000 < x \leqslant 9000$ 时,$y = (x - 6000) \times 30\% + 785$;

当 $9000 < x \leqslant 12\,000$ 时,$y = (x - 9000) \times 40\% + 1685$;

当 $x > 12\,000$ 时,$y = (x - 12\,000) \times 45\% + 2885$.

因此,所求的函数表示式为

$$y = \begin{cases} 0, & 0 \leqslant x \leqslant 800, \\ 0.05(x-800), & 800 < x \leqslant 1500, \\ 0.1(x-1500)+35, & 1500 < x \leqslant 3000, \\ 0.2(x-3000)+185, & 3000 < x \leqslant 6000, \\ 0.3(x-6000)+785, & 6000 < x \leqslant 9000, \\ 0.4(x-9000)+1685, & 9000 < x \leqslant 12\,000, \\ 0.45(x-12\,000)+2885, & x > 12\,000. \end{cases}$$

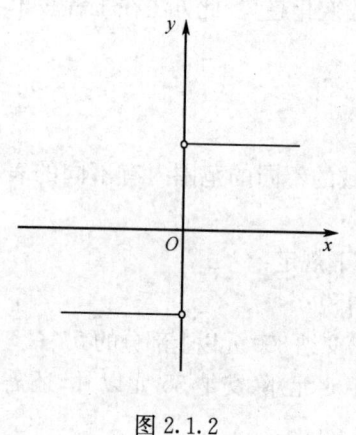

图 2.1.2

例 2.1.5 设 $f(x) = \begin{cases} 1, & x>0, \\ 0, & x=0, \\ -1, & x<0, \end{cases}$ 求 $f(2), f(0)$ 和 $f(-2)$.

解 $f(2)=1, f(0)=0, f(-2)=-1$.

注意：求分段函数的函数值时，应先确定自变量取值的所在范围，再按相应的式子进行计算.

例 2.1.5 给出的函数称为符号函数，记为 $\operatorname{sgn}x$，其定义域为 $(-\infty, +\infty)$，值域为 $\{-1, 0, 1\}$，它的图像如图 2.1.2 所示.

4. 反函数

定义 2.2 设 $y=f(x)$ 为定义在数集 D 上的 x 的函数，其值域为 M. 若对于数集 M 中的每一个数 y，数集 D 中都有唯一的数 x 使得 $f(x)=y$，也就是说变量 x 是变量 y 的函数. 这个函数称为函数 $y=f(x)$ 的反函数，记为 $x=f^{-1}(y)$，其定义域为 M，值域为 D.

注：只有单调的函数才有反函数.

2.1.2 函数的几种特性

1. 奇偶性

设函数 $y=f(x)$，$x \in D$ 的定义域 D 关于原点对称. 如果对于任何 $x \in D$，都有 $f(-x)=f(x)$，则称 $y=f(x)$ 为偶函数；如果对于任何 $x \in D$，都有 $f(-x)=-f(x)$，则称 $y=f(x)$ 为奇函数. 不是偶函数也不是奇函数的函数，称为非奇非偶函数.

2. 周期性

设函数 $y=f(x)$，$x \in D$. 若存在非零实数 T，使得对于任何 $x \in D$，都有 $x \pm T \in D$，并且 $f(x+T)=f(x)$，则称 $y=f(x)$ 为周期函数，称 T 为周期.

显然，对一个周期函数来说，若 T 为周期，则对于任何一个整数 k，kT 也是该函数的周期. 因为如果 $f(x+T)=f(x)$，那么就有

$$f(x+2T)=f[(x+T)+T]=f(x+T)=f(x),$$

$$f(x+3T) = f[(x+2T)+T] = f(x+2T) = f(x),$$

......

在周期函数的所有正周期中如果存在最小正数,则称它为该函数的最小正周期. 通常所说的周期函数的周期是指它的最小正周期.

3. 单调性

设函数 $y=f(x)$, $x \in D$, 区间 $I \subset D$. 如果对于任意的 $x_1, x_2 \in I$, 当 $x_1 < x_2$ 时, 有 $f(x_1) < f(x_2)$, 则称函数 $f(x)$ 在区间 I 上单调递增, 区间 I 称为单调增区间; 如果对于任意的 $x_1, x_2 \in I$, 当 $x_1 < x_2$ 时, 有 $f(x_1) > f(x_2)$, 则称该函数在区间 I 内单调递减, 区间 I 称为单调减区间.

单调递增或单调递减的函数统称为单调函数, 单调增区间或单调减区间统称为单调区间. 从图形来看, 递增就是当 x 自左向右变化时, 函数的图形上升; 递减就是当 x 自左向右变化时, 函数的图形下降, 如图 2.1.3 所示.

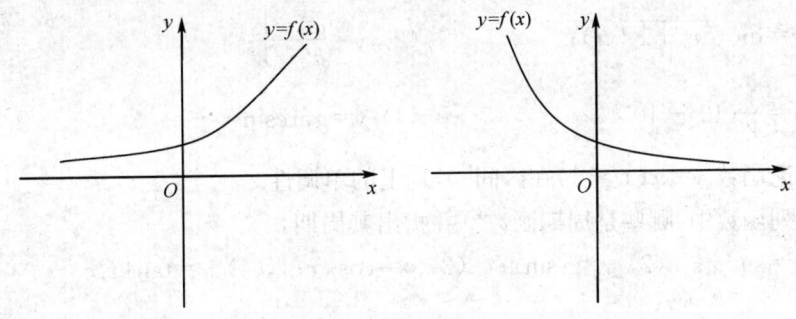

图 2.1.3

思考: 如果函数 $y=f(x)$ 的定义域为一个数集 D, 问函数 $f(x)$ 可以在 D 上单调递增吗?

4. 有界性

设函数 $y=f(x)$, $x \in D$, 区间 $I \subset D$. 若存在一个正数 M, 使得当 $x \in I$ 时, 有 $|f(x)| \leqslant M$, 则称函数 $f(x)$ 在 I 上有界; 如果不存在这样的正数 M, 则称函数 $f(x)$ 在 I 上无界.

例如, 函数 $f(x)=\sin x$ 在 $(-\infty, +\infty)$ 上有界, 因为 $|\sin x| \leqslant 1$. 又如 $f(x)=\tan x$ 在 $\left(-\dfrac{\pi}{3}, \dfrac{\pi}{3}\right)$ 上有界, 而在 $\left(-\dfrac{\pi}{2}, \dfrac{\pi}{2}\right)$ 上无界. 因此, 说一个函数是有界或无界, 应同时指出其自变量的相应范围.

思考题 2.1

1. 确定一个函数需要有哪几个基本要素?

2. $f(x)$ 与 $f(x_0)$ 各有什么含义?

3. 思考函数的几种特性的几何意义.

练习题 2.1

1. 求下列函数的定义域：

(1) $y=\dfrac{1}{\lg|x-1|}+\sqrt{x-1}$；

(2) $y=\sqrt{5-x^2}+\ln(2x-1)$.

2. 设 $f(x)=\sqrt{4+x^2}$，求 $f(0),f(1),f(-1),f\left(\dfrac{1}{a}\right),f(x_0),f(x_0+h)$.

3. 设 $f(x+1)=x(x+1)(x+2)$，求 $f(x)$.

4. 下列各对函数是否相同？为什么？

(1) $y=\ln x^3$ 与 $y=3\ln x$；

(2) $y=x$ 与 $y=(\sqrt{x})^2$；

(3) $y=\sin x$ 与 $y=\sqrt{1-\cos^2 x}$；

(4) $y=1$ 与 $y=\sec^2 x-\tan^2 x$.

5. 求函数 $y=\sqrt[3]{x+1}$ 的反函数.

6. 讨论下列函数的奇偶性：

(1) $y=\ln(\sqrt{x^2+1}+x)$；

(2) $y=\dfrac{a^x-1}{a^x+1}$；

(3) $y=\dfrac{1}{2}(10^x+10^{-x})$；

(4) $y=x\arcsin x$.

7. 讨论函数 $y=x(x^2-1)$ 在区间 $[0,1]$ 上的单调性.

8. 下列函数中,哪些是周期函数？并指出其周期：

(1) $y=\sin^2 x$； (2) $y=x\sin x$； (3) $y=\cos\pi x$； (4) $y=\tan 4x$.

2.2 初 等 函 数

微积分学研究的主要对象是初等函数,本节将介绍基本初等函数、复合函数及初等函数.

2.2.1 基本初等函数

基本初等函数是指常数函数、幂函数、指数函数、对数函数、三角函数和反三角函数.

(1) 常数函数：
$$y=C,x\in(-\infty,+\infty)(\text{其中 }C\text{ 是已知常量}).$$

(2) 幂函数：
$$y=x^a(a\text{ 为任意实数}).$$

(3) 指数函数：
$$y=a^x,x\in(-\infty,+\infty)(a>0,a\neq 1).$$

(4) 对数函数：
$$y=\log_a x(a>0,a\neq 1).$$

(5) 三角函数：

正弦函数 $y=\sin x, x\in(-\infty,+\infty)$;

余弦函数 $y=\cos x, x\in(-\infty,+\infty)$;

正切函数 $y=\tan x, x\neq k\pi+\dfrac{\pi}{2}, k=0,\pm1,\pm2,\cdots$;

余切函数 $y=\cot x, x\neq k\pi, k=0,\pm1,\pm2,\cdots$;

正割函数 $y=\sec x, x\neq k\pi+\dfrac{\pi}{2}, k=0,\pm1,\pm2,\cdots$;

余割函数 $y=\csc x, x\neq k\pi, k=0,\pm1,\pm2,\cdots$.

(6) 反三角函数:

反正弦函数 $y=\arcsin x, x\in[-1,1], y\in\left[-\dfrac{\pi}{2},\dfrac{\pi}{2}\right]$;

反余弦函数 $y=\arccos x, x\in[-1,1], y\in[0,\pi]$;

反正切函数 $y=\arctan x, x\in(-\infty,+\infty), y\in\left(-\dfrac{\pi}{2},\dfrac{\pi}{2}\right)$;

反余切函数 $y=\operatorname{arccot} x, x\in(-\infty,+\infty), y\in(0,\pi)$.

这些函数统称为基本初等函数,它们的性质和图像在中学数学里已经讨论过,在此就不再赘述.对它们尚不够熟悉的读者,可以参见附录 B.

2.2.2 复合函数

实际问题中,常见的函数并非就是基本初等函数本身或仅仅由它们通过四则运算所得到.例如,自由落体运动中,物体的动能 E 是速度 v 的函数 $E=\dfrac{1}{2}mv^2$,而速度 v 又是时间 t 的函数 $v=gt$,因而,动能 E 通过速度 v 的关系,成为时间 t 的函数 $E=\dfrac{1}{2}m(gt)^2$.对于这样的函数,给出如下定义.

定义 2.3 设函数 $y=f(u),u\in D_1$ 与函数 $u=\varphi(x),x\in D_2$,且值域为 U_φ.如果 $U_\varphi\subseteq D_1$,则对每一个 $x\in D_2$,有唯一的 $u\in U_\varphi$ 与 x 对应,由于 $U_\varphi\subseteq D_1$,因而 $u\in D_1$,于是有唯一的 y 与 u 对应,从而得到一个以 x 为自变量,y 为因变量的函数.这个函数称为由函数 $y=f(u),u\in D_1$ 与函数 $u=\varphi(x),x\in D_2$ 复合而成的复合函数,记为 $y=f[\varphi(x)]$,$x\in D_2$,而变量 u 称为中间变量.

由定义知,两个函数的复合过程实际上就是将一个函数代入另一个函数,即将函数 $u=\varphi(x)$ 代入函数 $y=f(u)$,从而得到复合函数 $y=f[\varphi(x)],x\in D_2$.但要注意的是:若 U_φ 不是 D_1 的子集,而 $U_\varphi\bigcap D_1\neq\varnothing$,则这两个函数可以复合,但复合函数的定义域仅是 D_2 的真子集;若 $U_\varphi\bigcap D_1=\varnothing$,则表示这两个函数不能复合.例如,$y=\arcsin u$ 与 $u=x^2+2$ 便不能复合成一个函数,因为 u 的值域为 $[2,+\infty)$ 与 $y=\arcsin u$ 的定义域 $[-1,1]$ 的交集为空集,因而不能复合.

例 2.2.1 试求函数 $y=u^2$ 与 $u=\cos x$ 的复合函数.

解 将 $u=\cos x$ 代入 $y=u^2$ 得复合函数 $y=\cos^2 x, x\in(-\infty,+\infty)$.

例 2.2.2 求函数 $y=\sqrt{u}$ 与 $u=1-x^2$ 的复合函数.

解 将 $u=1-x^2$ 代入 $y=\sqrt{u}$ 得复合函数 $y=\sqrt{1-x^2}$，$x\in[-1,1]$.

复合函数不仅可以有一个中间变量，还可以有多个中间变量，即可以由两个以上的函数进行复合，只要它们依次满足能够复合的条件. 另外，复合函数可以是由基本初等函数复合而成，也可以是由基本初等函数经过四则运算形成的简单函数复合而成的. 这样，复合函数的合成与分解往往是针对简单函数的.

例 2.2.3 设 $f(x)=\dfrac{1}{1+x}$，$\varphi(x)=\sqrt{\sin x}$，求 $f[\varphi(x)]$.

分析 求 $f[\varphi(x)]$ 时，应将 $\varphi(x)$ 作为 $f(x)$ 的自变量.

解 $f[\varphi(x)]=\dfrac{1}{1+\sqrt{\sin x}}$.

例 2.2.4 指出复合函数 $y=\sqrt{\log_a(\sin x+2^x)}$ 是由哪些函数复合成的.

解 $y=\sqrt{\log_a(\sin x+2^x)}$ 是由 $y=\sqrt{u}$，$u=\log_a v$ 和 $v=\sin x+2^x$ 复合而成的.

2.2.3 初等函数的定义

定义 2.4 由基本初等函数经过有限次四则运算和有限次复合步骤所构成的，并且能用一个数学式子表示的函数，叫初等函数；否则，不是初等函数.

例如：$y=\sqrt{\ln 5x+3^x+\sin^2 x}$，$y=\dfrac{\sqrt[3]{2x}+\tan x}{x^2\sin x+2^{-x}}$ 等都是初等函数. 本书中所讨论的函数，绝大多数是初等函数.

思考题 2.2

1. $y=2x$ 是复合函数吗？

2. 任意两个函数都可以复合成一个复合函数吗？

练习题 2.2

1. 将下列函数分解成简单函数：

(1) $y=\ln\tan\dfrac{x^2+1}{2}$；　　(2) $y=e^{-\sqrt{1+\sin x}}$；　　(3) $y=\ln[\ln(\ln x)]$；

(4) $y=2^{-\cos\sqrt{x+1}}$；　　(5) $y=\sqrt[3]{1+\cos 6x}$；　(6) $y=\cos^2[\sin(x^2+1)]$.

2. 设 $f(x)=\dfrac{1}{1-x}$，求 $f[f(x)]$，$f\{f[f(x)]\}$.

3. 设 $f(u)$ 的定义域是 $(0,1]$，求下列函数的定义域：

(1) $y=f(x^2)$；　　　　　　　(2) $y=f(\ln x)$；

(3) $y=f(e^x-1)$；　　　　　　(4) $y=f(\arcsin x)$.

2.3　典型例题详解

本章主要介绍了函数的概念(包括函数的定义及表示法)，函数的性质，基本初等函数和初等函数. 本节将通过例题与练习的方式来进一步掌握和理解所学的知识.

例 2.3.1 判断下列各对函数是否相同，为什么？

(1) $f(x)=\ln(4-x^2)$ 与 $g(x)=\ln(2+x)+\ln(2-x)$;

(2) $f(x)=x$ 与 $g(x)=\sqrt{x^2}$.

解 (1) 为使 $f(x)=\ln(4-x^2)$ 有意义,需 $4-x^2>0$,即 $-2<x<2$;而 $g(x)=$ $\ln(2+x)+\ln(2-x)$ 的定义域,由 $\begin{cases}2+x>0,\\2-x>0,\end{cases}$ 解得 $-2<x<2$,因此,$f(x)$ 与 $g(x)$ 的定义域是相同的.

当 $x\in(-2,2)$ 时,有
$$f(x)=\ln(4-x^2)=\ln(2+x)+\ln(2-x)=g(x),$$
这说明 $f(x)$ 与 $g(x)$ 的对应规则也相同,所以 $f(x)$ 与 $g(x)$ 是相同的函数.

(2) 显然 $f(x)$ 与 $g(x)$ 的定义域都是 $(-\infty,+\infty)$.而函数 $g(x)=|x|$,从而当 $x\geqslant0$ 时,有 $f(x)=g(x)=x$;当 $x<0$ 时,$f(x)=x$,而 $g(x)=-x$.故函数 $f(x)$ 与 $g(x)$ 是不同的函数.

例 2.3.2 求下列函数的定义域:

(1) $y=\dfrac{1}{\sqrt{6-x}}+\arcsin\dfrac{x-6}{5}$; (2) $f(x)=\begin{cases}x-1,&-1\leqslant x\leqslant0,\\x^2+1,&0<x\leqslant1.\end{cases}$

分析 应用数学中,所讨论的量(无论常量还是变量),都在实数范围内取值.求函数的定义域是在实数范围内,求使函数表达式有意义的自变量的取值范围.

解 (1) 对于 $\dfrac{1}{\sqrt{6-x}}$,要求 $6-x>0$,即 $x<6$;对于 $\arcsin\dfrac{x-6}{5}$,要求 $\left|\dfrac{x-6}{5}\right|\leqslant1$,解得:$1\leqslant x\leqslant11$.取它们的公共部分,得函数的定义域是 $[1,6)$.

(2) 这是分段函数,可以把两部分的定义域区间并在一起,即为 $[-1,1]$.

例 2.3.3 已知 $f(x)=\dfrac{1-x}{1+x}$,求 $f(0),f(1),f(-x)$.

解 $f(x)$ 表示对自变量 $x(x\neq-1)$ 作下列运算 $f(\ )=\dfrac{1-(\ )}{1+(\ )}$,从而

$$f(0)=\frac{1-(0)}{1+(0)}=1,\quad f(1)=\frac{1-(1)}{1+(1)}=0,\quad f(-x)=\frac{1-(-x)}{1+(-x)}=\frac{1+x}{1-x}.$$

例 2.3.4 指出下列各复合函数的复合过程:

(1) $y=e^{\sqrt{x}}$; (2) $y=\ln(\sin x^5)$; (3) $y=2\sin\sqrt{1-x^2}$.

解 (1) $y=e^{\sqrt{x}}$ 是由 $y=e^u,u=\sqrt{x}$ 复合而成.

(2) $y=\ln(\sin x^5)$ 是由 $y=\ln u,u=\sin v,v=x^5$ 复合而成.

(3) $y=2\sin\sqrt{1-x^2}$ 是由 $y=2\sin u,u=\sqrt{v},v=1-x^2$ 复合而成.

例 2.3.5 已知一有盖的圆柱形铁桶容积为 V,试建立圆柱形铁桶的表面积 S 与底面半径 r 之间的函数关系式.

解 由题意知,圆柱形铁桶的容积 V 是一个常数,表面积 S 与底面半径 r 和桶高 h 都有关.因为铁桶的容积不变,由圆柱体的体积公式 $V=\pi r^2h$,得 $h=\dfrac{V}{\pi r^2}$,于是,通过中间变量 h,可建立铁桶的表面积 S 与底面半径 r 的关系,其关系式为

$$S = 2\pi rh + 2\pi r^2 = 2\pi r \frac{V}{\pi r^2} + 2\pi r^2,$$

即

$$S = \frac{2V}{r} + 2\pi r^2 \quad (0 < r < +\infty).$$

复习题二

1. 下列各题中所给的函数是否相同？

(1) $y = \frac{x^2-4}{x+2}$ 与 $y = x-2$；　　(2) $y = |x|$ 与 $y = \sqrt{x^2}$；

(3) $y = \lg x^2$ 与 $y = 2\lg x$；　　(4) $y = \lg x^3$ 与 $y = 3\lg x$；

(5) $y = \cos x$ 与 $y = \sqrt{1 - \sin^2 x}$.

2. 求下列函数的定义域：

(1) $y = \sqrt{3 - 2x}$；　　(2) $y = \frac{2x}{x^2 - 3x + 2}$；

(3) $y = \lg \frac{1+x}{1-x}$；　　(4) $y = \frac{\sqrt{x+1}}{x^2 - 5x + 6}$；

(5) $y = \arcsin(1 - 3x)$；　　(6) $y = \frac{x}{\tan x}$.

3. 设 $\varphi(x) = \begin{cases} |\sin x|, & |x| < \frac{\pi}{3}, \\ 0, & |x| \geqslant \frac{\pi}{3}, \end{cases}$ 求 $\varphi\left(\frac{\pi}{6}\right), \varphi\left(-\frac{\pi}{4}\right), \varphi(-2)$.

4. 若 $f(x) = (x-1)^2, g(x) = \lg x$，求 $f[g(x)], g[f(x)], f(x^2)$ 和 $g(x-1)$.

5. 指出下列各复合函数的复合过程：

(1) $y = \sqrt{\arcsin x}$；　　(2) $y = \cos^2(2 - 3x)$；

(3) $y = \ln[\ln(\ln x)]$；　　(4) $y = (x + \lg x)^3$.

6. 电路上某一点的电压等速下降,开始时刻电压为 12V,5s 后下降到 9V,试建立该点电压 U 与时间 t 的函数关系式.

7. 圆的内接正多边形中,当边数改变时,正多边形的面积随之改变,试建立圆内接正多边形的面积 A_n 与其边数 $n(n \geqslant 3)$ 的函数关系式.

8. 某厂生产某种产品 1600 吨,定价为 150 元/吨,销售量在不超过 800 吨时,按原价出售;超过 800 吨时,超过部分按 8 折出售.试求销售收入与销售量之间的函数关系.

第3章

极限与连续

极限是应用数学中的一个重要概念. 极限概念的产生源于解决实际问题的需要. 极限理论的确立,使微积分有了坚实的逻辑基础,并使微积分在当今科学的各个领域得以更广泛、更合理、更深刻的应用和发展. 当大家学完了应用数学之后,就会深切感到极限概念是微积分的灵魂. 本章主要介绍极限的基本概念和方法,并用极限的方法讨论无穷小及函数的连续性.

3.1 极　　限

极限的概念与求一些量的精确值有关,它研究的是在自变量的某个变化过程中,函数的变化趋势.

3.1.1 函数的极限

1. 当 x 趋于无穷时,函数 $f(x)$ 的极限

我们先从图形上观察一个具体的函数 $f(x)=\dfrac{1}{x}$(如图 3.1.1 所示),当自变量 x 无限增大时,相应的函数值 $f(x)$ 无限接近于常数 0. 这种情形称之为有极限,定义如下.

定义 3.1　　如果当 x 的绝对值无限增大时,函数 $f(x)$ 无限接近于一个确定的常数 A,则称常数 A 为函数 $f(x)$ 当 x 趋向于无穷(记为 $x \to \infty$)时的极限,记为

$$\lim_{x\to\infty}f(x)=A \quad 或 \quad 当 x\to\infty 时,f(x)\to A.$$

由定义可知,当 $x\to\infty$ 时,$f(x)=\dfrac{1}{x}$ 的极限是 0,

即 $\lim\limits_{x\to\infty}f(x)=\lim\limits_{x\to\infty}\dfrac{1}{x}=0.$

如果 x 只能取正值(或取负值)趋于无穷,则有下面的定义.

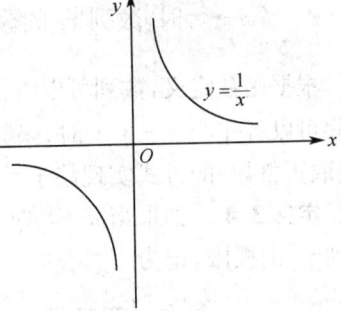

图 3.1.1

定义 3.2　　如果当 $x>0$ 且无限增大时,函数 $f(x)$ 无限接近于一个确定的常数 A,则称常数 A 为函数 $f(x)$ 当 x 趋向于正无穷(记为 $x\to+\infty$)时的极限,记为

$$\lim_{x\to+\infty}f(x)=A \quad 或 \quad 当 x\to+\infty 时,f(x)\to A.$$

定义 3.3　如果当 $x<0$ 且 x 的绝对值无限增大时,函数 $f(x)$ 无限接近于一个确定的常数 A,则称常数 A 为函数 $f(x)$ 当 x 趋向于负无穷(记为 $x\to-\infty$)时的极限,记为

$$\lim_{x\to-\infty}f(x)=A \qquad 或 \qquad 当 x\to-\infty 时,f(x)\to A.$$

例如,函数 $f(x)=\arctan x$,当 $x\to+\infty$ 时,对应的函数值 $f(x)$ 无限接近于常数 $\dfrac{\pi}{2}$;当 $x\to-\infty$ 时,对应的函数值 $f(x)$ 无限接近于常数 $-\dfrac{\pi}{2}$(如图 3.1.2 所示),可记为

$$\lim_{x\to+\infty}\arctan x=\frac{\pi}{2} 及 \lim_{x\to-\infty}\arctan x=-\frac{\pi}{2}.$$

由上述极限定义,不难得到结论:

$\lim\limits_{x\to\infty}f(x)=A$ 的充分必要条件是 $\lim\limits_{x\to+\infty}f(x)=A$ 且 $\lim\limits_{x\to-\infty}f(x)=A$.

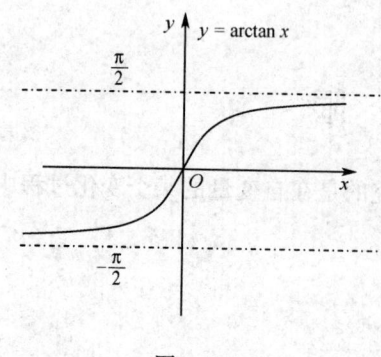

图 3.1.2

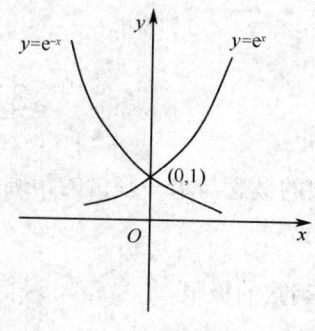

图 3.1.3

例 3.1.1　求 $\lim\limits_{x\to-\infty}e^{x}$ 和 $\lim\limits_{x\to+\infty}e^{-x}$.

解　从图 3.1.3 可知: $\lim\limits_{x\to-\infty}e^{x}=0$, $\lim\limits_{x\to+\infty}e^{-x}=0$.

2. 当 $n\to\infty$ 时,数列 x_n 的极限

根据函数定义,数列可以看作是定义在正整数集上的函数,即 $x_n=f(n)$,$n\in N$. 数列极限可以看作当 $x\to+\infty$ 时,函数极限的特殊情况.用记号 $n\to\infty$ 表示自变量 n 以"跳跃"(只取正整数)的方式实现趋于无穷的过程,这样就可以得到下面的定义.

定义 3.4　如果当 $n\to\infty$ 时,数列 x_n 无限接近于一个确定的常数 A,则称常数 A 为数列 x_n 的极限,记为

$$\lim_{n\to\infty}x_n=A \qquad 或 \qquad 当 n\to\infty 时,x_n\to A.$$

例 3.1.2　观察下列数列的变化趋势,写出它们的极限.

(1) $x_n=\dfrac{1}{n}$;　(2) $x_n=\dfrac{1}{2^n}$;　(3) $x_n=\dfrac{n-1}{n+1}$;　(4) $x_n=C$(C 为常数).

表 3.1.1

n	1	2	3	4	5	...	$\to\infty$
$x_n=\dfrac{1}{n}$	1	$\dfrac{1}{2}$	$\dfrac{1}{3}$	$\dfrac{1}{4}$	$\dfrac{1}{5}$	...	$\to 0$
$x_n=\dfrac{1}{2^n}$	$\dfrac{1}{2}$	$\dfrac{1}{4}$	$\dfrac{1}{8}$	$\dfrac{1}{16}$	$\dfrac{1}{32}$	...	$\to 0$
$x_n=\dfrac{n-1}{n+1}$	0	$\dfrac{1}{3}$	$\dfrac{1}{2}$	$\dfrac{3}{5}$	$\dfrac{2}{3}$	...	$\to 1$
$x_n=C$	C	C	C	C	C	...	C

解　通过表 3.1.1 中列出的有限项,分析以后各项随 n 增大而变化的特点,考察当 $n\to\infty$ 时,各数列的变化趋势.

由表 3.1.1 可以看出:

(1) $\lim\limits_{n\to\infty}\dfrac{1}{n}=0$;　(2) $\lim\limits_{n\to\infty}\dfrac{1}{2^n}=0$;　(3) $\lim\limits_{n\to\infty}\dfrac{n-1}{n+1}=1$;　(4) $\lim\limits_{n\to\infty}C=C$.

有些数列的极限是不存在的,比如数列 $x_n=n^2$ 当 $n\to\infty$ 时,n^2 也无限增大,不能无限接近于一个确定的常数;又如 $x_n=(-1)^n$ 当 $n\to\infty$ 时,x_n 在两个数 1 与 -1 上来回跳动,也不能无限接近于一个确定的常数. 根据数列极限的定义,它们的极限都不存在.

3.1.2　自变量趋于定常数时,函数的极限

1. $x\to x_0$ 时,$f(x)$ 的极限

看下面例子,当 $x\to 1$ 时,函数 $f(x)=x+1$ 无限接近于 2(如图 3.1.4 所示);当 $x\to 1$ 时,$g(x)=\dfrac{x^2-1}{x-1}$ 无限接近于 2(如图 3.1.5 所示). 函数 $f(x)=x+1$ 与 $g(x)=\dfrac{x^2-1}{x-1}$ 是两个不同的函数,前者在 $x=1$ 处有定义,后者在 $x=1$ 处无定义. 这就是说,当 $x\to 1$ 时,函数 $f(x)$ 和 $g(x)$ 的极限是否存在与其在 $x=1$ 处是否有定义无关.

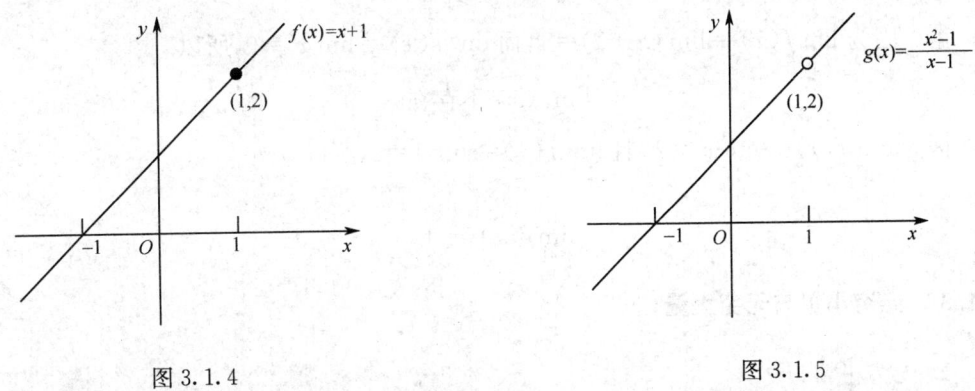

图 3.1.4　　　　　　　　　　　　　　图 3.1.5

定义 3.5　如果当 x 无限接近于定值 x_0(x 可以不等于 x_0)时,函数 $f(x)$ 无限接近于一个确定的常数 A,则称常数 A 为函数 $f(x)$ 当 x 趋向于 x_0(记为 $x\to x_0$)时的极限,记为

$$\lim_{x \to x_0} f(x) = A \qquad \text{或} \qquad \text{当} \ x \to x_0 \ \text{时}, f(x) \to A.$$

由定义可知,$\lim\limits_{x \to 1}(x+1)=2$,$\lim\limits_{x \to 1}\dfrac{x^2-1}{x-1}=2$,$\lim\limits_{x \to x_0}C=C$,$\lim\limits_{x \to x_0}x=x_0$.

2. 左极限与右极限

上面讨论了当 $x \to x_0$ 时,函数 $f(x)$ 的极限,其中 x 以任意方式趋向于 x_0,但有时只能或只需讨论 x 从 x_0 的左侧无限接近于 x_0(记为 $x \to x_0^-$)或从 x_0 的右侧无限接近于 x_0(记为 $x \to x_0^+$)时函数的变化趋势. 对此,给出下面的定义.

定义 3.6　如果当 $x \to x_0^-$ 时,函数 $f(x)$ 无限接近于一个确定的常数 A,则称常数 A 为函数 $f(x)$ 当 $x \to x_0$ 时的左极限,记为 $\lim\limits_{x \to x_0^-} f(x) = A$.

如果当 $x \to x_0^+$ 时,函数 $f(x)$ 无限接近于一个确定的常数 A,则称常数 A 为函数 $f(x)$ 当 $x \to x_0$ 时的右极限,记为 $\lim\limits_{x \to x_0^+} f(x) = A$.

左右极限统称为函数 $f(x)$ 的单侧极限.

显然,函数 $f(x)$ 的极限与左、右极限有以下关系.

$\lim\limits_{x \to x_0} f(x) = A$ 的充分必要条件是 $\lim\limits_{x \to x_0^+} f(x) = A$,且 $\lim\limits_{x \to x_0^-} f(x) = A$.

例 3.1.3　判断 $\lim\limits_{x \to 0} e^{\frac{1}{x}}$ 是否存在.

解　当 $x \to 0^+$ 时,$\dfrac{1}{x} \to +\infty$,从而 $e^{\frac{1}{x}} \to +\infty$;当 $x \to 0^-$ 时,$\dfrac{1}{x} \to -\infty$,从而 $e^{\frac{1}{x}} \to 0$. 所以,当 $x \to 0$ 时,左极限存在而右极限不存在,由充分必要条件可知 $\lim\limits_{x \to 0} e^{\frac{1}{x}}$ 不存在.

例 3.1.4　试求函数 $f(x) = \begin{cases} x+1, & -\infty < x < 0, \\ x^2, & 0 \leqslant x \leqslant 1, \\ 1, & x > 1 \end{cases}$ 在 $x=0$ 和 $x=1$ 处的极限.

解　因为 $\lim\limits_{x \to 0^-} f(x) = \lim\limits_{x \to 0^-}(x+1) = 1$,而 $\lim\limits_{x \to 0^+} f(x) = \lim\limits_{x \to 0^+} x^2 = 0$,所以

$$\lim_{x \to 0} f(x) \ \text{不存在};$$

因为 $\lim\limits_{x \to 1^-} f(x) = \lim\limits_{x \to 1^-} x^2 = 1$,且 $\lim\limits_{x \to 1^+} f(x) = \lim\limits_{x \to 1^+} 1 = 1$,所以

$$\lim_{x \to 1} f(x) = 1.$$

3.1.3　无穷小量与无穷大量

1. 无穷小量

定义 3.7　极限为零的变量称为无穷小量,简称无穷小.

例如:函数 $f(x) = x - x_0$,当 $x \to x_0$ 时,$f(x) \to 0$,因此,函数 $f(x) = x - x_0$ 是当 $x \to x_0$ 时的无穷小;函数 $f(x) = \dfrac{1}{2x}$ 是当 $x \to \infty$ 时的无穷小;而 $f(x) = a^x (a > 1)$ 则是当 $x \to -\infty$

时的无穷小.

注意:

(1) 绝对值很小的常数,不是无穷小. 常数中只有零是无穷小,因为它的极限为零;

(2) 不能笼统地说某个函数是无穷小,必须指出自变量的变化过程. 因为无穷小是用极限来定义的. 在自变量的某个变化过程中的无穷小,在其他过程中则不一定是无穷小.

例如,当 $x \to \infty$ 时,$\dfrac{1}{x}$ 就是无穷小,而当 $x \to 1$ 时,$\dfrac{1}{x}$ 就不是无穷小.

2. 函数极限与无穷小的关系

一般地,函数、函数极限与无穷小三者之间具有如下的关系.

定理 3.1　具有极限的函数等于它的极限与一个无穷小之和;反之,如果函数可以表示为常数与无穷小之和,那么该常数就是这个函数的极限,即

$$\lim_{x \to x_0} f(x) = A \text{ 的充分必要条件是 } f(x) = A + \alpha,$$

其中 α 是当 $x \to x_0$ 时的无穷小.

定理 3.1 中自变量的变化过程可以换成其他任何一种情形($x \to \infty$,$x \to +\infty$,$x \to -\infty$,$x \to x_0^+$,$x \to x_0^-$). 为了方便,我们常常只用一种情况说明,有时甚至在极限符号中省略自变量的变化趋势.

3. 无穷小的性质

性质 3.1　有限个无穷小的代数和仍然是无穷小.

性质 3.2　有限个无穷小之积仍然是无穷小.

性质 3.3　有界函数与无穷小的乘积是无穷小.

推论　常数与无穷小量之积为无穷小量.

例 3.1.5　证明 $\lim\limits_{x \to \infty} \dfrac{\cos x}{x} = 0$.

证明　因为 $\dfrac{\cos x}{x} = \dfrac{1}{x} \cos x$,其中 $\cos x$ 为有界函数,$\dfrac{1}{x}$ 为 $x \to \infty$ 时的无穷小量,由性质 3.3 知 $\lim\limits_{x \to \infty} \dfrac{\cos x}{x} = 0$.

4. 无穷大量

定义 3.8　若函数 $f(x)$ 的绝对值 $|f(x)|$ 在 x 的某一个变化过程中无限增大,则称函数 $f(x)$ 是 x 的这个变化过程中的无穷大量,简称无穷大.

当 $x \to x_0$ 时,$f(x)$ 为无穷大,记作 $\lim\limits_{x \to x_0} f(x) = \infty$;当 $x \to \infty$ 时,$f(x)$ 为无穷大量,记作 $\lim\limits_{x \to \infty} f(x) = \infty$. 例如 $\lim\limits_{x \to 1} \dfrac{1}{x-1} = \infty$,$\lim\limits_{x \to \infty} x^3 = \infty$ 等.

若在 x 的某一个变化过程中,函数 $f(x)$ 大于零且无限增大(或者小于零但绝对值无限增大),则称函数 $f(x)$ 是 x 的这个变化过程中的正无穷大(或负无穷大),记为

$\lim f(x) = +\infty [$或 $\lim f(x) = -\infty]$.

例如 $\lim\limits_{x \to \infty} x^2 = +\infty, \lim\limits_{x \to \infty}(-x^2) = -\infty$ 等.

注意:

(1) 无穷大不是一个很大的数,它是一个绝对值无限增大的变量;

(2) 函数只有在变化过程中绝对值越来越大且无限增大时,才称为无穷大. 因此,无穷大必为无界函数,反之不然,例如当 $x \to \infty$ 时,$f(x) = x\sin x$ 是无界函数,但不是无穷大量;

(3) 说一个函数是无穷大,必须同时指出自变量的变化过程.

5. 无穷小与无穷大的关系

当 $x \to 0$ 时,x^3 是无穷小,$\dfrac{1}{x^3}$ 是无穷大,这说明无穷小和无穷大存在着倒数关系.

定理 3.2   设 $f(x) \neq 0$,若 $\lim f(x) = \infty$,则 $\lim \dfrac{1}{f(x)} = 0$,反之,若 $\lim f(x) = 0$,则 $\lim \dfrac{1}{f(x)} = \infty$.

注:定理 3.2 中的极限省略了自变量的变化过程.

例 3.1.6   求 $\lim\limits_{x \to 1} \dfrac{x^2-3}{x^2-5x+4}$.

解   由于 $\lim\limits_{x \to 1} \dfrac{x^2-5x+4}{x^2-3} = 0$,即当 $x \to 1$ 时,$\dfrac{x^2-5x+4}{x^2-3}$ 为无穷小. 根据无穷大与无穷小的关系可知,当 $x \to 1$ 时,$\dfrac{x^2-3}{x^2-5x+4}$ 为无穷大,即

$$\lim\limits_{x \to 1} \dfrac{x^2-3}{x^2-5x+4} = \infty.$$

例 3.1.7   计算 $\lim\limits_{x \to 0^+} 2^{-\frac{1}{x}}$.

解   因为 $\lim\limits_{x \to 0^+} \dfrac{1}{x} = +\infty$,所以 $\lim\limits_{x \to 0^+} 2^{\frac{1}{x}} = +\infty$. 由于 $2^{-\frac{1}{x}} = \dfrac{1}{2^{\frac{1}{x}}}$,因此,由无穷大与无穷小的关系知 $\lim\limits_{x \to 0^+} 2^{-\frac{1}{x}} = 0$.

3.1.4   极限的性质

前面讨论了函数极限的各种情形,并把数列的极限作为函数极限的特殊情况给出. 下面以 $x \to x_0$ 为例给出函数极限的性质,其他情形只要相应地作一些修改即可. 为便于描述,先介绍邻域的概念:开区间 $(x_0 - \delta, x_0 + \delta)$ 称为点 x_0 的 δ 邻域,开区间 $(x_0 - \delta, x_0) \bigcup (x_0, x_0 + \delta)$ 称为点 x_0 的去心 δ 邻域,其中 $\delta > 0$.

性质 3.4(唯一性)   若 $\lim\limits_{x \to x_0} f(x) = A, \lim\limits_{x \to x_0} f(x) = B$,则 $A = B$.

性质 3.5(有界性)   若 $\lim\limits_{x \to x_0} f(x) = A$,则在 x_0 的某个去心邻域内 $f(x)$ 有界.

性质 3.6(保号性)   若 $\lim\limits_{x \to x_0} f(x) = A$ 且 $A > 0$(或 $A < 0$),则在 x_0 的某个去心邻域内

$f(x) > 0$(或 $f(x) < 0$).

推论 若在 x_0 的某个去心邻域内, $f(x) \geqslant 0$[或 $f(x) \leqslant 0$], 且 $\lim\limits_{x \to x_0} f(x) = A$, 则 $A \geqslant 0$(或 $A \leqslant 0$).

性质 3.7(夹逼准则) 若在 x_0 的某个去心邻域内, 有 $g(x) \leqslant f(x) \leqslant h(x)$, $\lim\limits_{x \to x_0} g(x) = \lim\limits_{x \to x_0} h(x) = A$, 则

$$\lim\limits_{x \to x_0} f(x) = A.$$

思考题 3.1

1. 在 $\lim\limits_{x \to x_0} f(x) = A$ 的定义中, 为何只要求 $f(x)$ 在 x_0 的某个去心邻域内有定义?

2. $\lim\limits_{x \to \infty} \dfrac{\sin x}{x}$ 是否存在, 为什么?

3. 若 $\lim\limits_{x \to x_0} f(x) = A$, 且 $f(x) - A = \alpha$, 则当 $x \to x_0$ 时, α 是什么量?

练习题 3.1

1. 指出下列变量中, 哪些是无穷小? 哪些是无穷大?

(1) $\ln x$, 当 $x \to 1$ 时; (2) e^x, 当 $x \to 0$ 时;

(3) $e^{\frac{1}{x}}$, 当 $x \to 0$ 时; (4) e^x, 当 $x \to \infty$ 时;

(5) $2^{-x} - 1$, 当 $x \to 0$ 时; (6) $\dfrac{1 + 2x}{x^2}$, 当 $x \to 0$ 时;

(7) $\ln|x|$, 当 $x \to 0$ 时; (8) $\ln(x+1)$, 当 $x \to 0$ 时;

(9) $x - \sin 2x$, 当 $x \to 0$ 时; (10) $1 - \cos x$, 当 $x \to 0$ 时.

2. 下列关于无穷小叙述是否正确? 并说明理由:

(1)无穷小是一个很小的数; (2)无穷小是 0; (3)无穷小是以 0 为极限的变量.

3. 利用无穷小量的性质, 计算下列极限:

(1) $\lim\limits_{x \to \infty} \dfrac{2 + \sin x}{x}$; (2) $\lim\limits_{x \to 0} (x + \tan x)$; (3) $\lim\limits_{x \to 0} \dfrac{1}{\sin x}$;

(4) $\lim\limits_{x \to 0} \dfrac{x^2 \cos x}{1 + e^x}$; (5) $\lim\limits_{x \to 0} x \arcsin x$; (6) $\lim\limits_{x \to -\infty} \left(\dfrac{1}{x^2} + e^x \right)$;

(7) $\lim\limits_{x \to 0} (x+1) \ln(x+1)$; (8) $\lim\limits_{x \to 1} \dfrac{x-1}{e^x - 1}$.

4. 试从图形上说明: $\lim\limits_{x \to 0} \dfrac{|x|}{x}$ 不存在.

5. 设 $f(x) = \begin{cases} -\dfrac{1}{x-1}, & x < 0, \\ 0, & x = 0, \\ x, & x > 0, \end{cases}$ 求 $f(x)$ 当 $x \to 0$ 时的左、右极限, 并说明 $f(x)$ 在点 $x = 0$ 处极限是否存在.

6. 设 $f(x) = \begin{cases} x^2 + 2x - 1, & x \leqslant 1, \\ x, & 1 < x < 2, \\ 2x - 2, & x \geqslant 2, \end{cases}$ 求 $\lim\limits_{x \to -5} f(x), \lim\limits_{x \to 1} f(x), \lim\limits_{x \to 2} f(x), \lim\limits_{x \to 3} f(x)$.

3.2　极限的运算

利用极限的定义只能计算一些很简单的函数的极限,而实际问题中的函数却要复杂得多.本节介绍极限的四则运算法则、两个重要极限、无穷小的比较,这些都有助于极限运算.

3.2.1　极限的四则运算法则

定理 3.3　在自变量的同一变化过程中,若 $\lim f(x) = A, \lim g(x) = B$,则

(1) $\lim[f(x) \pm g(x)] = \lim f(x) \pm \lim g(x) = A \pm B$.

(2) $\lim[f(x)g(x)] = \lim f(x)\lim g(x) = AB$.

(3) $\lim \dfrac{f(x)}{g(x)} = \dfrac{\lim f(x)}{\lim g(x)} = \dfrac{A}{B}, B \neq 0$.

注意:上面的极限中省略了自变量的变化趋势,下同.

推论 1　常数可以提到极限号前,即 $\lim Cf(x) = C\lim f(x) = CA$.

推论 2　若 m 为正整数,则 $\lim[f(x)]^m = [\lim f(x)]^m = A^m$.

例 3.2.1　求 $\lim\limits_{x \to 1}(x^2 + 8x - 7)$.

解　由定理 3.3 及其推论可得

$$\lim_{x \to 1}(x^2 + 8x - 7) = \lim_{x \to 1}x^2 + \lim_{x \to 1}8x - \lim_{x \to 1}7 = (\lim_{x \to 1}x)^2 + 8\lim_{x \to 1}x - \lim_{x \to 1}7,$$

由于 $\lim\limits_{x \to 1}x = 1, \lim 7 = 7$,所以,$\lim\limits_{x \to 1}(x^2 + 8x - 7) = 1^2 + 8 \times 1 - 7 = 2$.

一般地,多项式函数在 x_0 处的极限等于该函数在 x_0 处的函数值,即

$$\lim_{x \to x_0}(a_n x^n + a_{n-1}x^{n-1} + \cdots + a_1 x + a_0) = a_n x_0^n + a_{n-1}x_0^{n-1} + \cdots + a_1 x_0 + a_0.$$

例 3.2.2　求 $\lim\limits_{x \to -1}\dfrac{4x^2 - 3x + 1}{2x^2 - 6x + 4}$.

解　$\lim\limits_{x \to -1}\dfrac{4x^2 - 3x + 1}{2x^2 - 6x + 4} = \dfrac{\lim\limits_{x \to -1}(4x^2 - 3x + 1)}{\lim\limits_{x \to -1}(2x^2 - 6x + 4)} = \dfrac{4(-1)^2 - 3(-1) + 1}{2(-1)^2 - 6(-1) + 4} = \dfrac{2}{3}$.

例 3.2.3　求 $\lim\limits_{x \to 2}\dfrac{x^2 - 3x + 2}{x^2 - x - 2}$.

解　$\lim\limits_{x \to 2}\dfrac{x^2 - 3x + 2}{x^2 - x - 2} = \lim\limits_{x \to 2}\dfrac{(x-1)(x-2)}{(x+1)(x-2)} = \dfrac{\lim\limits_{x \to 2}(x-1)}{\lim\limits_{x \to 2}(x+1)} = \dfrac{1}{3}$.

例 3.2.4　求下列各极限:

(1) $\lim\limits_{x \to \infty}\dfrac{1 - x - 3x^3}{1 + x^2 + 4x^3}$;　　(2) $\lim\limits_{x \to \infty}\dfrac{3x^2 - 2x - 1}{x^3 - x^2 + 2}$;　　(3) $\lim\limits_{x \to \infty}\dfrac{2x^3 + x^2 - 5}{x^2 - 3x + 1}$.

解　(1) $\lim\limits_{x \to \infty}\dfrac{1 - x - 3x^3}{1 + x^2 + 4x^3} = \lim\limits_{x \to \infty}\dfrac{\dfrac{1}{x^3} - \dfrac{1}{x^2} - 3}{\dfrac{1}{x^3} + \dfrac{1}{x} + 4} = -\dfrac{3}{4}$;

(2) $\lim\limits_{x\to\infty}\dfrac{3x^2-2x-1}{x^3-x^2+2}=\lim\limits_{x\to\infty}\dfrac{\dfrac{3}{x}-\dfrac{2}{x^2}-\dfrac{1}{x^3}}{1-\dfrac{1}{x}+\dfrac{2}{x^3}}=\dfrac{0}{1}=0$;

(3) 先求 $\lim\limits_{x\to\infty}\dfrac{x^2-3x+1}{2x^3+x^2-5}$, 得

$$\lim_{x\to\infty}\frac{\dfrac{1}{x}-\dfrac{3}{x^2}+\dfrac{1}{x^3}}{2+\dfrac{1}{x}-\dfrac{5}{x^3}}=\frac{0}{2}=0,$$

故, 由无穷小与无穷大的关系知, 原极限 $\lim\limits_{x\to\infty}\dfrac{2x^3+x^2-5}{x^2-3x+1}=\infty$.

一般地, 有理分式函数, 当 $x\to\infty$ 时, 分子、分母是无穷大, 称为 "$\dfrac{\infty}{\infty}$" 型.

由例 3.2.4 可得以下结论:

若 $a_n\neq0,b_m\neq0,m、n$ 为正整数, 则

$$\lim_{x\to\infty}\frac{a_nx^n+a_{n-1}x^{n-1}+\cdots+a_1x+a_0}{b_mx^m+b_{m-1}x^{m-1}+\cdots+b_1x+b_0}=\begin{cases}\dfrac{a_n}{b_m}, & m=n,\\[2mm] 0, & m>n,\\[2mm] \infty, & m<n.\end{cases}$$

例 3.2.5 计算下列函数极限:

(1) $\lim\limits_{x\to2}\left(\dfrac{x}{x^2-4}-\dfrac{1}{x-2}\right)$;   (2) $\lim\limits_{x\to0}\dfrac{\sqrt{1+x}-1}{x}$.

解 (1) 当 $x\to2$ 时, 上式两项极限均为无穷 (称为 "$\infty-\infty$" 型), 可以先通分再求极限.

$$\lim_{x\to2}\left(\frac{x}{x^2-4}-\frac{1}{x-2}\right)=\lim_{x\to2}\frac{-2}{x^2-4}=\infty.$$

(2) 当 $x\to0$ 时, 分子、分母极限均为零 (称为 "$\dfrac{0}{0}$" 型), 不能直接用商的极限法则, 这时, 可先对分子有理化, 然后再求极限.

$$\lim_{x\to0}\frac{\sqrt{1+x}-1}{x}=\lim_{x\to0}\frac{(\sqrt{1+x}-1)(\sqrt{1+x}+1)}{x(\sqrt{1+x}+1)}$$
$$=\lim_{x\to0}\frac{x}{x(\sqrt{1+x}+1)}=\lim_{x\to0}\frac{1}{(\sqrt{1+x}+1)}=\frac{1}{2}.$$

3.2.2 两个重要极限

1. 第一个重要极限 $\lim\limits_{x\to0}\dfrac{\sin x}{x}=1$

列表考察当 $x\to0$ 时, 函数 $\dfrac{\sin x}{x}$ 的变化趋势 (如表 3.2.1 所示).

表 3.2.1

x	± 0.5	± 0.1	± 0.01	± 0.001	± 0.0001	...	$\to 0$
$\dfrac{\sin x}{x}$	0.958 851	0.998 334	0.998 334	0.999 999	0.999 999	...	$\to 1$

由表 3.2.1 我们可以看出,不管 $x \to 0^+$,还是 $x \to 0^-$,函数 $\dfrac{\sin x}{x}$ 都无限接近于常数 1,即 $\lim\limits_{x \to 0} \dfrac{\sin x}{x} = 1$.

注意,这个重要极限的特点是:

(1) "$\dfrac{0}{0}$"型;

(2) 形式必须一致,即 $\lim\limits_{\varphi(x) \to 0} \dfrac{\sin \varphi(x)}{\varphi(x)}$ 中的 3 个 $\varphi(x)$ 应该是一样的.

只要满足以上两个特点,就可得 $\lim\limits_{\varphi(x) \to 0} \dfrac{\sin \varphi(x)}{\varphi(x)} = 1$.

例 3.2.6 计算 $\lim\limits_{x \to 0} \dfrac{\tan x}{x}$.

解 $\lim\limits_{x \to 0} \dfrac{\tan x}{x} = \lim\limits_{x \to 0} \dfrac{\sin x}{x} \cdot \dfrac{1}{\cos x} = \lim\limits_{x \to 0} \dfrac{\sin x}{x} \cdot \lim\limits_{x \to 0} \dfrac{1}{\cos x} = 1.$

例 3.2.7 计算 $\lim\limits_{x \to 0} \dfrac{\sin 5x}{3x}$.

解 $\lim\limits_{x \to 0} \dfrac{\sin 5x}{3x} = \lim\limits_{x \to 0} \left(\dfrac{\sin 5x}{5x} \cdot \dfrac{5}{3} \right) = \dfrac{5}{3}.$

例 3.2.8 计算 $\lim\limits_{x \to 0} \dfrac{1 - \cos x}{x^2}$.

解 $\lim\limits_{x \to 0} \dfrac{1 - \cos x}{x^2} = \lim\limits_{x \to 0} \dfrac{2 \sin^2 \dfrac{x}{2}}{x^2} = \lim\limits_{x \to 0} \dfrac{1}{2} \cdot \left(\dfrac{\sin \dfrac{x}{2}}{\dfrac{x}{2}} \right)^2$

$= \dfrac{1}{2} \lim\limits_{x \to 0} \left(\dfrac{\sin \dfrac{x}{2}}{\dfrac{x}{2}} \right)^2 = \dfrac{1}{2} \times 1 = \dfrac{1}{2}.$

2. 第二个重要极限 $\lim\limits_{x \to \infty} \left(1 + \dfrac{1}{x} \right)^x = e$

数 e 是一个无理数,其前八位是 $e = 2.718\ 281\ 8$.下面,列表考察当 $x \to \infty$ 时,函数 $\left(1 + \dfrac{1}{x} \right)^x$ 的变化趋势(如表 3.2.2 所示).

表 3.2.2

x	1	2	4	10	100	1 000	10 000	...	$\to \infty$
$\left(1 + \dfrac{1}{x} \right)^x$	2	2.250	2.441	2.594	2.705	2.717	2.718	...	$\to e$

从表 3.2.2 可以看出,当 $x \to \infty$ 时,函数 $\left(1+\dfrac{1}{x}\right)^x$ 无限接近于 e,即

$$\lim_{x \to \infty}\left(1+\frac{1}{x}\right)^x = e.$$

注意,这个重要极限的特点是:

(1) "1^∞" 型;

(2) 形式必须一致,即 $\lim\limits_{\varphi(x) \to \infty}\left(1+\dfrac{1}{\varphi(x)}\right)^{\varphi(x)}$ 中的 3 个 $\varphi(x)$ 应该是一样的.

只要满足以上两个特点,就可得 $\lim\limits_{\varphi(x) \to \infty}\left(1+\dfrac{1}{\varphi(x)}\right)^{\varphi(x)} = e$. 因而,$\lim\limits_{x \to 0}(1+x)^{\frac{1}{x}} = e$.

例 3.2.9　计算 $\lim\limits_{x \to \infty}\left(1+\dfrac{1}{x}\right)^{\frac{x}{2}}$.

解　$\lim\limits_{x \to \infty}\left(1+\dfrac{1}{x}\right)^{\frac{x}{2}} = \lim\limits_{x \to \infty}\left[\left(1+\dfrac{1}{x}\right)^x\right]^{\frac{1}{2}} = \left[\lim\limits_{x \to \infty}\left(1+\dfrac{1}{x}\right)^x\right]^{\frac{1}{2}} = e^{\frac{1}{2}}$.

例 3.2.10　计算 $\lim\limits_{x \to 0}(1-x)^{\frac{2}{x}}$.

解　令 $u = -\dfrac{1}{x}$,则 $x = -\dfrac{1}{u}$,当 $x \to 0$ 时,$u \to \infty$. 于是

$$\lim_{x \to 0}(1-x)^{\frac{2}{x}} = \lim_{u \to \infty}\left(1+\frac{1}{u}\right)^{-2u} = \lim_{u \to \infty}\left[\left(1+\frac{1}{u}\right)^u\right]^{-2} = e^{-2} = \frac{1}{e^2}.$$

3.2.3　无穷小的比较

前面,我们已讲了两个无穷小的和、差、积仍然是无穷小,但两个无穷小的商却会出现不同的情况. 例如,当 $x \to 0$ 时,$2x$、x^2、$\sin x$ 都是无穷小量,而 $\lim\limits_{x \to 0}\dfrac{x^2}{2x} = 0$,$\lim\limits_{x \to 0}\dfrac{2x}{x^2} = \infty$,$\lim\limits_{x \to 0}\dfrac{\sin x}{x} = 1$. 以上不同的结果,反映了不同的无穷小趋于零的"快慢"程度的不同. 下面,仅以 $x \to x_0$ 为例介绍无穷小阶的概念.

定义 3.9　设 $\alpha(x)$ 和 $\beta(x)$ 是当 $x \to x_0$ 时的两个无穷小,若

(1) $\lim\limits_{x \to x_0}\dfrac{\beta(x)}{\alpha(x)} = 0$,则称当 $x \to x_0$ 时,$\beta(x)$ 是比 $\alpha(x)$ 高阶的无穷小,记为 $\beta(x) = o(\alpha(x))$,$(x \to x_0)$;

(2) $\lim\limits_{x \to x_0}\dfrac{\beta(x)}{\alpha(x)} = \infty$,则称当 $x \to x_0$ 时,$\beta(x)$ 是比 $\alpha(x)$ 低阶的无穷小;

(3) $\lim\limits_{x \to x_0}\dfrac{\beta(x)}{\alpha(x)} = C \neq 0$,则称当 $x \to x_0$ 时,$\beta(x)$ 与 $\alpha(x)$ 是同阶无穷小. 当 $C = 1$ 时,则称 $\beta(x)$ 与 $\alpha(x)$ 是等价无穷小. 记为 $\alpha(x) \sim \beta(x)$(其中 $x \to x_0$).

例如,由于 $\lim\limits_{x \to 0}\dfrac{\sin x}{x} = 1$,$\lim\limits_{x \to 0}\dfrac{\tan x}{x} = 1$,所以当 $x \to 0$ 时,x 与 $\sin x$、x 与 $\tan x$ 是等价无穷小.

关于等价无穷小,有下面的定理:

定理 3.4   如果当 $x \to x_0$ 时, $\alpha(x) \sim \overline{\alpha}(x)$, $\beta(x) \sim \overline{\beta}(x)$, 且 $\lim\limits_{x \to x_0} \dfrac{\overline{\beta}(x)}{\overline{\alpha}(x)}$ 存在, 则

$\lim\limits_{x \to x_0} \dfrac{\beta(x)}{\alpha(x)}$ 也存在, 且

$$\lim_{x \to x_0} \frac{\beta(x)}{\alpha(x)} = \lim_{x \to x_0} \frac{\overline{\beta}(x)}{\overline{\alpha}(x)}.$$

这个定理表明, 求两个无穷小之比的极限时, 分子及分母都可用等价无穷小来代替.

例 3.2.11   求 $\lim\limits_{x \to 0} \dfrac{\sin 4x}{\tan 2x}$.

解   当 $x \to 0$ 时, $\sin 4x \sim 4x$, $\tan 2x \sim 2x$, 所以

$$\lim_{x \to 0} \frac{\sin 4x}{\tan 2x} = \lim_{x \to 0} \frac{4x}{2x} = 2.$$

思考题 3.2

1. 下列运算正确吗? 为什么?

(1) $\lim\limits_{x \to 0} \sin x \cos \dfrac{1}{x} = \lim\limits_{x \to 0} \sin x \cdot \lim\limits_{x \to 0} \cos \dfrac{1}{x} = 0 \cdot \lim\limits_{x \to 0} \cos \dfrac{1}{x} = 0$;

(2) $\lim\limits_{x \to 2} \dfrac{x^2}{2-x} = \dfrac{\lim\limits_{x \to 2} x^2}{\lim\limits_{x \to 2}(2-x)} = \infty$.

2. 两个无穷大的和仍为无穷大吗? 试举例说明.

练习题 3.2

1. 求下列极限:

(1) $\lim\limits_{x \to \infty} \dfrac{x^2 - x + 3}{2x^2 + 1}$;   (2) $\lim\limits_{x \to \infty} \dfrac{2x^2 + x}{3x^4 - x + 1}$;   (3) $\lim\limits_{x \to \infty} \dfrac{x^5 + x^2 - x}{x^4 - 2x - 1}$;

(4) $\lim\limits_{x \to \infty} \left(\dfrac{5x^2}{1 - x^2} + 2^{\frac{1}{x}} \right)$;   (5) $\lim\limits_{x \to \infty} \left(\dfrac{x^3}{2x^2 - 1} - \dfrac{x^2}{2x + 1} \right)$;   (6) $\lim\limits_{n \to +\infty} \left(1 + \dfrac{1}{3} + \dfrac{1}{9} + \cdots + \dfrac{1}{3^n} \right)$.

2. 求下列极限:

(1) $\lim\limits_{x \to 1} \dfrac{x^2 + 2x + 5}{x^2 + 1}$;   (2) $\lim\limits_{x \to \frac{\pi}{4}} \dfrac{1 + \sin 2x}{1 - \cos 4x}$;   (3) $\lim\limits_{x \to 0} \cos \dfrac{1}{x}$;

(4) $\lim\limits_{x \to 1} \dfrac{x}{1 - x}$;   (5) $\lim\limits_{x \to 4} \dfrac{x^2 - 6x + 8}{x^2 - 5x + 4}$;   (6) $\lim\limits_{x \to 1} \dfrac{x^2 - 2x + 1}{x^3 - x}$.

3. 比较下列题中各对无穷小之间的关系:

(1) x^3 与 $1000 x^2$, $(x \to 0)$;   (2) $\dfrac{1}{10\,000 x^2 + 1000}$ 与 $\dfrac{1}{0.01 x^3}$, $(x \to \infty)$;

(3) $1 - \cos x$ 与 x^2, $(x \to 0)$;   (4) $\tan x - \sin x$ 与 x, $(x \to 0)$.

4. 求下列极限:

(1) $\lim\limits_{x \to 0} \dfrac{\tan kx}{x} (k \neq 0)$;   (2) $\lim\limits_{x \to \pi} \dfrac{\sin 3x}{x - \pi}$;   (3) $\lim\limits_{x \to 0} \dfrac{\sin 5x}{\sin 3x}$;

(4) $\lim\limits_{x \to 0} \dfrac{\tan x - \sin x}{x^3}$;   (5) $\lim\limits_{x \to 1} \dfrac{\tan(x - 1)}{x^2 - 1}$;   (6) $\lim\limits_{x \to 0} \dfrac{1 - \cos 2x}{x \sin 2x}$.

5. 求下列极限:

(1) $\lim\limits_{x\to0}(1-x)^{\frac{2}{x}}$;　(2) $\lim\limits_{x\to\infty}\left(1+\dfrac{1}{2x}\right)^{x}$;　(3) $\lim\limits_{x\to\infty}\left(\dfrac{x+1}{x-2}\right)^{x}$;

(4) $\lim\limits_{x\to\infty}\left(\dfrac{x}{1+x}\right)^{x}$;　(5) $\lim\limits_{x\to\infty}\left(\dfrac{3-2x}{1-2x}\right)^{x}$;　(6) $\lim\limits_{x\to\infty}\left(\dfrac{x^2-1}{x^2}\right)^{x}$.

3.3　函数的连续性

在现实世界中,变量的变化有渐变与突变两种不同的形式.例如,在火箭的发射过程中,一段时间内,火箭的质量随燃料的消耗而逐渐减小,但当燃料耗尽时,该级火箭的外壳突然脱落,这一瞬间火箭的质量就发生突变.为了描述变量的不同变化形式,本节将介绍连续和间断.

3.3.1　函数的连续与间断

1. 连续

首先我们来介绍函数增量的概念.设函数 $y=f(x)$ 在 x_0 的某个邻域内有定义,当自变量从 x_0 变化到 x(x 仍在该邻域内)时,称 $\Delta x=x-x_0$ 为自变量的增量.与此同时,函数 $y=f(x)$ 的值也由 $f(x_0)$ 变化到 $f(x)$,即 $f(x_0+\Delta x)$,称

$$\Delta y=f(x)-f(x_0)=f(x_0+\Delta x)-f(x_0)$$

为函数的增量,其几何意义如图 3.3.1 所示.

定义 3.10　设函数 $y=f(x)$ 在点 x_0 的某个邻域内有定义,如果当自变量 x 在点 x_0 处的增量 Δx 趋于零时,函数 $y=f(x)$ 相应的增量 $\Delta y=f(x_0+\Delta x)-f(x_0)$ 也趋于零,即

$$\lim\limits_{\Delta x\to0}\Delta y=0,$$

则称函数 $y=f(x)$ 在点 x_0 处连续,并且称点 x_0 为函数 $y=f(x)$ 的连续点.

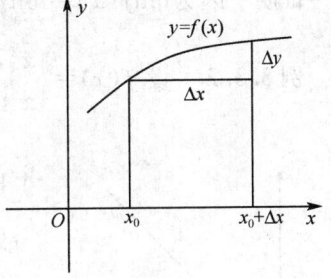

图 3.3.1

注意到 $\Delta x=x-x_0$,$\Delta y=f(x)-f(x_0)$,因而,$\Delta x\to0$ 即 $x\to x_0$,$\Delta y\to0$ 即 $f(x)\to f(x_0)$.于是,函数 $y=f(x)$ 在点 x_0 处连续又可表达为以下定义.

定义 3.11　设函数 $y=f(x)$ 在 x_0 的某个邻域内有定义,若 $\lim\limits_{x\to x_0}f(x)=f(x_0)$,则称函数 $y=f(x)$ 在 x_0 处连续.

若函数 $y=f(x)$ 在点 x_0 处有 $\lim\limits_{x\to x_0^-}f(x)=f(x_0)$[或 $\lim\limits_{x\to x_0^+}f(x)=f(x_0)$],则称函数 $y=f(x)$ 在点 x_0 处左连续(或右连续).

若函数 $y=f(x)$ 在开区间 (a,b) 内的每一点处均连续,则称该函数在开区间 (a,b) 内连续;若函数 $y=f(x)$ 在 (a,b) 内连续,且在左端点 a 处右连续,在右端点 b 处左连续,则称该函数在闭区间 $[a,b]$ 上连续.

一般地,如果函数 $f(x)$ 在某个区间上连续,则函数 $f(x)$ 的图像是一条连续不断的曲

线.因此,基本初等函数在其定义域内是连续的.

2. 间断

定义 3.12 设函数 $f(x)$ 在 x_0 的某个去心邻域内有定义,若函数 $f(x)$ 在 x_0 处不连续,则点 x_0 称为函数 $f(x)$ 的间断点.

若点 x_0 为函数 $f(x)$ 的间断点,则至少有下列 3 种情形之一出现.

(1) $f(x)$ 在点 x_0 处没有定义;

(2) $\lim\limits_{x \to x_0} f(x)$ 不存在;

(3) $\lim\limits_{x \to x_0} f(x) \neq f(x_0)$.

定义 3.13（间断点的分类） 设 x_0 为 $f(x)$ 的一个间断点,如果当 $x \to x_0$ 时, $f(x)$ 的左、右极限都存在,则称 x_0 为 $f(x)$ 的第一类间断点;否则,称 x_0 为 $f(x)$ 的第二类间断点.

若 x_0 为 $f(x)$ 的第一类间断点,则

(1) 当 $\lim\limits_{x \to x_0^+} f(x)$ 与 $\lim\limits_{x \to x_0^-} f(x)$ 不相等时,称 x_0 为 $f(x)$ 的跳跃间断点;

(2) 当 $\lim\limits_{x \to x_0^+} f(x)$ 与 $\lim\limits_{x \to x_0^-} f(x)$ 相等,即 $\lim\limits_{x \to x_0} f(x)$ 存在时,称 x_0 为 $f(x)$ 的可去间断点.

例 3.3.1 证明函数 $f(x) = \begin{cases} x \sin \dfrac{1}{x}, & x \neq 0, \\ 0, & x = 0, \end{cases}$ 在 $x = 0$ 处是连续的.

证明 因为 $\lim\limits_{x \to 0} f(x) = \lim\limits_{x \to 0} x \sin \dfrac{1}{x} = 0 = f(0)$,所以 $f(x)$ 在 $x = 0$ 处连续.

例 3.3.2 设 $f(x) = \begin{cases} x^2, & 0 \leqslant x \leqslant 1, \\ x + 1, & x > 1, \end{cases}$ 讨论 $f(x)$ 在 $x = 1$ 处的连续性.

解 函数 $f(x)$ 的图像如图 3.3.2 所示.因为 $f(1) = 1$,而

$$\lim\limits_{x \to 1^+} f(x) = \lim\limits_{x \to 1^+} (x+1) = 2, \qquad \lim\limits_{x \to 1^-} f(x) = \lim\limits_{x \to 1^-} x^2 = 1,$$

故 $\lim\limits_{x \to 1} f(x)$ 不存在,所以 $x = 1$ 是间断点.

由于左右极限存在但不相等,因此它是第一类间断点,且为跳跃间断点.

另外,若 $\lim\limits_{x \to x_0} f(x) = \infty$,则称 x_0 为 $f(x)$ 的无穷间断点,

无穷间断点属于第二类间断点.例如 $f(x) = \dfrac{1}{(x-1)^2}$ 在 $x = $

1 处没有定义,且 $\lim\limits_{x \to 1} \dfrac{1}{(x-1)^2} = \infty$,则称 $x = 1$ 为 $f(x)$ 的无穷间断点.

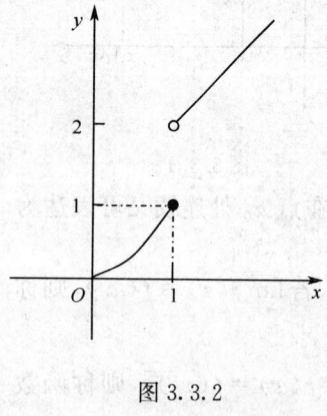

图 3.3.2

3.3.2 初等函数的连续性

1. 初等函数的连续性

根据函数在一点处连续的定义和函数极限的四则运算法则,有以下结论.

定理 3.5（连续的四则运算法则）　若函数 $f(x)$ 和 $g(x)$ 在点 x_0 处连续,则它们的和 $f(x)+g(x)$、差 $f(x)-g(x)$、积 $f(x)\cdot g(x)$ 以及商 $\dfrac{f(x)}{g(x)}$[当 $g(x_0)\neq0$ 时]在点 x_0 处都连续.

定理 3.6（复合函数的连续性）　设函数 $u=\varphi(x)$ 在点 x_0 处连续,且 $u_0=\varphi(x_0)$,而函数 $y=f(u)$ 在点 u_0 处连续. 如果在点 x_0 的某个邻域内复合函数 $f[\varphi(x)]$ 有定义,则复合函数 $f[\varphi(x)]$ 在点 x_0 处连续.

由基本初等函数的连续性、连续的四则运算法则及复合函数的连续性可得以下结论.

定理 3.7　初等函数在其定义区间内是连续的.

因此,求初等函数的连续区间就是求其定义区间. 关于分段函数的连续性,除按上述结论考虑每一段函数的连续性外,还必须讨论分段点处的连续性.

2. 利用函数的连续性求极限

如果函数 $f(x)$ 在点 x_0 处连续,则 $\lim\limits_{x\to x_0}f(x)=f(x_0)$,即求连续函数 $f(x)$ 在点 x_0 处的极限可归结为计算点 x_0 处的函数值.

例 3.3.3　$\lim\limits_{x\to a}\arcsin(\log_a x)(a>0,a\neq1)$.

解　因为 $\arcsin(\log_a x)$ 是初等函数,且点 $x=a$ 是其定义域内的一点,所以

$$\lim\limits_{x\to a}\arcsin(\log_a x)=\arcsin(\log_a a)=\arcsin1=\frac{\pi}{2}.$$

3. 复合函数求极限的方法

定理 3.8　设复合函数 $y=f[\varphi(x)]$ 在点 x_0 的某个去心邻域内有定义. 若函数 $u=\varphi(x)$ 当 $x\to x_0$ 时的极限存在且 $\lim\limits_{x\to x_0}\varphi(x)=u_0$,而函数 $y=f(u)$ 在点 u_0 处连续,则复合函数 $y=f[\varphi(x)]$ 当 $x\to x_0$ 时的极限存在,且

$$\lim\limits_{x\to x_0}f[\varphi(x)]=f\big[\lim\limits_{x\to x_0}\varphi(x)\big]=f(u_0).$$

例 3.3.4　计算 $\lim\limits_{x\to0}\dfrac{\ln(1+x)}{x}$.

解　$\lim\limits_{x\to0}\dfrac{\ln(1+x)}{x}=\lim\limits_{x\to0}\ln(1+x)^{\frac{1}{x}}=\ln\lim\limits_{x\to0}(1+x)^{\frac{1}{x}}=\ln e=1.$

例 3.3.5　计算 $\lim\limits_{x\to0}\dfrac{e^x-1}{x}$.

解　令 $u=e^x-1$,则 $x=\ln(1+u)$,所以 $\lim\limits_{x\to0}\dfrac{e^x-1}{x}=\lim\limits_{u\to0}\dfrac{u}{\ln(1+u)}=1.$

3.3.3　闭区间上连续函数的性质

定理 3.9（最大值和最小值定理）　若函数 $f(x)$ 在闭区间 $[a,b]$ 上连续,则 $f(x)$ 在闭区间 $[a,b]$ 上必有最大值和最小值.

例如函数 $y=\sin x$ 在闭区间 $[0,2\pi]$ 上连续,它在 $\xi_1=\dfrac{\pi}{2}$ 处的函数值为 $\sin\dfrac{\pi}{2}=1$,是

最大值;而它在 $\xi_2 = \dfrac{3\pi}{2}$ 处的函数值为 $\sin \dfrac{3\pi}{2} = -1$,是最小值.

　　若函数在开区间内连续,或函数在闭区间上有间断点,则它在该区间上未必能取得最大值和最小值. 例如函数 $y = x^2$ 在区间 $(0,1)$ 内就没有最大值和最小值. 又如,函数

$$f(x) = \begin{cases} -x+1, & 0 \leqslant x < 1, \\ 1, & x = 1, \\ -x+3, & 1 < x \leqslant 2 \end{cases}$$

如图 3.3.3 所示,该函数在闭区间 $[0,2]$ 上有间断点 $x = 1$,而函数在闭区间 $[0,2]$ 上既无最大值又无最小值.

　　定理 3.10(介值定理)　若函数 $f(x)$ 在 $[a,b]$ 上连续,则它在 $[a,b]$ 内能取得介于其最大值和最小值之间的任何数.

　　推论(零点存在定理)　若函数 $f(x)$ 在 $[a,b]$ 上连续,且 $f(a) \cdot f(b) < 0$,则至少存在一个 $\xi \in (a,b)$,使得 $f(\xi) = 0$.

　　推论的几何意义是:若连续函数 $f(x)$ 在 $[a,b]$ 的端点处的函数值异号,则函数 $f(x)$ 的图像与 x 轴至少有一个交点,如图 3.3.4 所示.

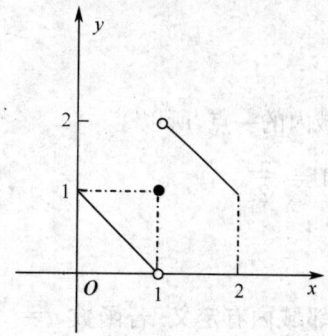

图 3.3.3

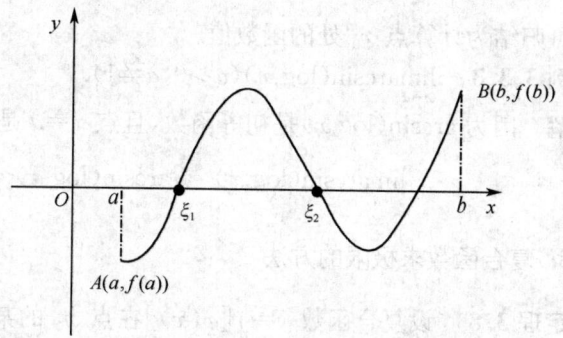

图 3.3.4

　　例 3.3.6　证明方程 $x^3 - 4x^2 + 1 = 0$ 在 $(0,1)$ 内至少有一个实数根.

　　证明　设 $f(x) = x^3 - 4x^2 + 1$,因为 $f(x)$ 在 $(-\infty, +\infty)$ 内连续,所以它在 $[0,1]$ 上连续,且 $f(0) = 1 > 0$,$f(1) = -2 < 0$. 由推论知,至少存在一点 $\xi \in (0,1)$,使得 $f(\xi) = 0$,即方程 $x^3 - 4x^2 + 1 = 0$ 在区间 $(0,1)$ 内至少有一个实数根.

　　思考题 3.3

　　1. 如果 $f(x)$ 在 x_0 处连续,问 $|f(x)|$ 在 x_0 处是否也连续?

　　2. 区间 $[a,b]$ 上的连续函数一定存在着最大值与最小值吗? 请举例说明.

　　3. 如何求初等函数的连续区间?

　　练习题 3.3

　　1. 设函数 $f(x) = x^2 - 2x + 5$,求下列条件下函数的增量:

　　(1) 当 x 由 2 变到 3;　　　　　　(2) 当 x 由 2 变到 1;

　　(3) 当 x 由 2 变到 $2 + \Delta x$;　　　(4) 当 x 由 x_0 变到 $x_0 + \Delta x$.

　　2. 讨论函数 $f(x) = \dfrac{x^2 + 1}{x - 3}$ 在点 $x = 3$ 处的连续性.

3. 设函数 $f(x)=\begin{cases}\dfrac{x^2-1}{x-1}, & x\neq1,\\ 3, & x=1,\end{cases}$ 讨论函数在点 $x=1$ 处的连续性.

4. 求下列函数的间断点:

(1) $f(x)=\dfrac{1}{(x-3)^2}$;　　(2) $f(x)=\dfrac{\cos x}{x}$;　　(3) $f(x)=\dfrac{x^2-1}{x^2-3x+2}$;

(4) $f(x)=\begin{cases}x+1, & x>1,\\ x-1, & x\leqslant1;\end{cases}$　　(5) $f(x)=\begin{cases}5x-1, & x\geqslant1,\\ \dfrac{\sin(x-1)}{x-1}, & x<1.\end{cases}$

5. 设函数 $f(x)=\begin{cases}\dfrac{\sin2x}{x}, & x<0,\\ k, & x=0,\\ x\sin\dfrac{1}{x}+2, & x>0,\end{cases}$ 问怎样选择 k,使函数在点 $x=0$ 处连续?

6. 证明方程 $x^5-3x+1=0$ 在 1 与 2 之间至少存在一个实根.

7. 求下列极限:

(1) $\lim\limits_{x\to\frac{\pi}{2}}\ln\sin x$;　(2) $\lim\limits_{x\to0}\sqrt{x^2-3x+6}$;　(3) $\lim\limits_{t\to-2}\dfrac{e^t+1}{t}$;　(4) $\lim\limits_{x\to4}\dfrac{\sqrt{x}-2}{x-4}$.

3.4　典型例题详解

本章我们介绍了极限的概念及其求法,用极限的思想确切地描述了函数曲线的连续与间断.本节将通过例题与练习的方式来进一步理解和掌握所学的知识.

例 3.4.1　利用极限四则运算法则求下列极限:

(1) $\lim\limits_{x\to9}\dfrac{x-2\sqrt{x}-3}{x-9}$;　　(2) $\lim\limits_{x\to-1}\left(\dfrac{1}{x+1}-\dfrac{3}{x^3+1}\right)$.

分析　(1) $\lim\limits_{x\to9}\dfrac{x-2\sqrt{x}-3}{x-9}$. 因为原极限是"$\dfrac{0}{0}$"型,不能直接用商的运算法则.首先将分子、分母进行分解因式,约去零因子,再用商的运算法则求之.

(2) $\lim\limits_{x\to-1}\left(\dfrac{1}{x+1}-\dfrac{3}{x^3+1}\right)$. 因为原极限是"$\infty-\infty$"型,不能直接用差的运算法则.应先通分,将其变为"$\dfrac{0}{0}$"型,再分解因式、约去零因子,然后用商的运算法则求之.

解　(1) $\lim\limits_{x\to9}\dfrac{x-2\sqrt{x}-3}{x-9}=\lim\limits_{x\to9}\dfrac{(\sqrt{x}-3)(\sqrt{x}+1)}{(\sqrt{x}-3)(\sqrt{x}+3)}=\lim\limits_{x\to9}\dfrac{(\sqrt{x}+1)}{(\sqrt{x}+3)}=\dfrac{2}{3}$;

(2) $\lim\limits_{x\to-1}\left(\dfrac{1}{x+1}-\dfrac{3}{x^3+1}\right)=\lim\limits_{x\to-1}\dfrac{x^2-x+1-3}{x^3+1}$

$$=\lim\limits_{x\to-1}\dfrac{(x+1)(x-2)}{(x+1)(x^2-x+1)}$$

$$= \lim_{x \to -1} \frac{x-2}{x^2-x+1} = -1.$$

小结:利用四则运算法则求极限时,对于"$\frac{\infty}{\infty}$"、"$\frac{0}{0}$"和"$\infty-\infty$"型,不能直接运用四则运算法则求其极限,一般先对其进行适当的变换、化简,使其满足四则运算法则的条件,再求其极限.具体归纳如下.

(1) "$\frac{\infty}{\infty}$"型,用分子分母的最高次项去除分子分母的各项,再求极限;

(2) "$\frac{0}{0}$"型,先将分子分母分解因式或有理化,再约去零因子,最后求极限;

(3) "$\infty-\infty$"型,若是分式相减的,可先通分;若是根式相减的,可先根式有理化,最后求极限.

例 3.4.2   利用两个重要极限求:(1) $\lim\limits_{x \to 1} \dfrac{\cos\frac{\pi}{2}x}{1-x}$;   (2) $\lim\limits_{x \to \infty}\left(\dfrac{x-1}{x+1}\right)^x$.

解   (1) 作变量替换 $1-x=t$,则当 $x \to 1$ 时,$t \to 0$. 从而

$$\lim_{x \to 1} \frac{\cos\frac{\pi}{2}x}{1-x} = \lim_{t \to 0} \frac{\cos\left(\frac{\pi}{2}-\frac{\pi}{2}t\right)}{t} = \lim_{t \to 0} \frac{\sin\frac{\pi}{2}t}{t} = \frac{\pi}{2}\lim_{t \to 0} \frac{\sin\frac{\pi}{2}t}{\frac{\pi}{2}t} = \frac{\pi}{2}.$$

(2) $\lim\limits_{x \to \infty}\left(\dfrac{x-1}{x+1}\right)^x = \lim\limits_{x \to \infty} \dfrac{\left(1-\frac{1}{x}\right)^x}{\left(1+\frac{1}{x}\right)^x} = \dfrac{e^{-1}}{e} = e^{-2}.$

小结:

(1) 利用公式 $\lim\limits_{x \to 0} \dfrac{\sin x}{x} = 1$ 时,必须是在 $x \to 0$ 的过程下才成立. 如果公式中 x 处是一个其他变量 $\varphi(x)$,则极限式 $\lim\limits_{\varphi(x) \to 0} \dfrac{\sin\varphi(x)}{\varphi(x)}$ 中的 3 个 $\varphi(x)$ 应该是一样的,而且 $\varphi(x)$ 趋于 0. 这样 $\lim\limits_{\varphi(x) \to 0} \dfrac{\sin\varphi(x)}{\varphi(x)} = 1$ 才成立;

(2) 公式 $\lim\limits_{x \to \infty}\left(1+\dfrac{1}{x}\right)^x = e$ 或 $\lim\limits_{x \to 0}(1+x)^{\frac{1}{x}} = e$ 用于求 1^∞ 型极限,可推广为

$$\lim_{\varphi(x) \to \infty}\left(1+\frac{1}{\varphi(x)}\right)^{\varphi(x)} = e \quad \text{或} \quad \lim_{\varphi(x) \to 0}(1+\varphi(x))^{\frac{1}{\varphi(x)}} = e.$$

例 3.4.3   利用函数的连续性求极限:

(1) $\lim\limits_{x \to 1} \dfrac{\sqrt{x^2+3x-1}}{e^{x-1}}$;   (2) $\lim\limits_{x \to \frac{\pi}{2}}\ln(\sin x+2)$.

分析   对连续函数有 $\lim\limits_{x \to x_0} f(x) = f(x_0)$,所以求连续函数 $f(x)$ 的极限 $\lim\limits_{x \to x_0} f(x)$ 时,只要将 x_0 代入 $f(x)$ 中求出函数值 $f(x_0)$ 即可.

解   (1) $\lim\limits_{x \to 1} \dfrac{\sqrt{x^2+3x-1}}{e^{x-1}} = \dfrac{\sqrt{1^2+3\times 1-1}}{e^{1-1}} = \sqrt{3}.$

(2) $\lim\limits_{x\to\frac{\pi}{2}}\ln(\sin x+2)=\ln\left(\sin\frac{\pi}{2}+2\right)=\ln 3.$

例 3.4.4 利用无穷小等价代换求极限 $\lim\limits_{x\to 0}\dfrac{\tan x-\sin x}{x^3}$.

分析 如果用 $\tan x\sim x(x\to 0)$，$\sin x\sim x(x\to 0)$ 进行等价无穷小量代换，即 $\lim\limits_{x\to 0}\dfrac{\tan x-\sin x}{x^3}=\lim\limits_{x\to 0}\dfrac{x-x}{x^3}=0$，这种做法是错误的. 这是因为等价无穷小代换只适用于乘、除，而不适用于加、减.

解 $\lim\limits_{x\to 0}\dfrac{\tan x-\sin x}{x^3}=\lim\limits_{x\to 0}\dfrac{\sin x(1-\cos x)}{x^3\cos x}=\lim\limits_{x\to 0}\dfrac{x\cdot\dfrac{x^2}{2}}{x^3\cos x}=\lim\limits_{x\to 0}\dfrac{1}{2\cos x}=\dfrac{1}{2}.$

注意：用无穷小量代换求极限，必须是两个无穷小量之比的形式或无穷小量作为极限式中的乘积因子，而且代换后的极限存在，才可使用等价无穷小量代换.

例 3.4.5 求函数 $f(x)=\dfrac{x^2-1}{x^2-3x+2}$ 的间断点，并判断是何种类型的间断点.

分析 这是初等函数，初等函数在其定义区间内是连续的，因此所求函数的间断点，就是使函数没有定义的"孤立点"（在该点的邻近要有定义）.

解 令函数 $f(x)$ 中的分母为零，即 $x^2-3x+2=(x-1)(x-2)=0$，解得 $x=1$ 或 $x=2$. 由间断点的定义可知，$x=1$，$x=2$ 是函数 $f(x)$ 的间断点.

因为 $\lim\limits_{x\to 1}f(x)=\lim\limits_{x\to 1}\dfrac{x^2-1}{x^2-3x+2}=\lim\limits_{x\to 1}\dfrac{x+1}{x-2}=-2$，所以 $x=1$ 是可去间断点.

而 $\lim\limits_{x\to 2^+}f(x)=\lim\limits_{x\to 2^+}\dfrac{x^2-1}{x^2-3x+2}=\lim\limits_{x\to 2^+}\dfrac{x+1}{x-2}=+\infty$，所以 $x=2$ 是第二类间断点，且是无穷间断点.

复习题三

1. 求下列极限：

(1) $\lim\limits_{x\to 1}\dfrac{x^2-3x+2}{x-1}$；　　(2) $\lim\limits_{x\to\infty}\dfrac{x^4-3x^3+1}{2x^4+5x^2-6}$；　　(3) $\lim\limits_{x\to 2}\dfrac{2-\sqrt{x+2}}{2-x}$；

(4) $\lim\limits_{x\to 2}\left(\dfrac{1}{x-2}-\dfrac{12}{x^3-8}\right)$；　(5) $\lim\limits_{x\to+\infty}\left(2^{-x}+\dfrac{1}{x}+\dfrac{1}{x^2}\right)$；(6) $\lim\limits_{x\to 0}x\cot 2x$.

2. 求下列极限：

(1) $\lim\limits_{x\to 0}\dfrac{\sin\omega x}{x}$；　(2) $\lim\limits_{x\to 0}\dfrac{x-\sin x}{x+\sin x}$；　(3) $\lim\limits_{x\to\infty}\left(\dfrac{1+x}{x}\right)^{2x}$；　(4) $\lim\limits_{x\to\infty}\left(\dfrac{3x+4}{3x-1}\right)^{x+1}$.

3. 求下列极限：

(1) $\lim\limits_{x\to 0}\sqrt{x^2-2x+5}$；　　　　(2) $\lim\limits_{x\to\frac{\pi}{4}}(\sin 2x)^3$；

(3) $\lim\limits_{x\to\frac{\pi}{9}}\ln(2\cos3x)$；

(4) $\lim\limits_{x\to\frac{\pi}{4}}\dfrac{\sin2x}{2\cos(\pi-x)}$.

4. 用等价无穷小代换,求下列极限:

(1) $\lim\limits_{x\to0}\dfrac{1-\cos x}{x\sin x}$；

(2) $\lim\limits_{x\to0^{+}}\dfrac{\sin ax}{\sqrt{1-\cos x}}$　$(a\neq0)$.

5. 讨论下列函数的连续性,如有间断点,指出其类型:

(1) $y=\dfrac{x^2-4}{x^2-3x+2}$；

(2) $y=\begin{cases}e^{\frac{1}{x}}, & x<0,\\ 1, & x=0,\\ x, & x>0.\end{cases}$

第 4 章

导数与微分

微分学是应用数学的重要组成部分之一,导数与微分是微分学的两个最基本的概念.本章将在函数极限的基础上,从实际例子出发引入导数与微分的概念,进而建立起一整套微分运算的法则.

4.1 导数的概念

导数概念的形成与两个问题:速度问题与切线问题有着密切的联系.

4.1.1 两个实例

1. 变速直线运动的瞬时速度

设一物体作直线运动,以它的运动直线为数轴,则对于物体运动中的某一时刻 t,它的相应位置可以用数轴上的一个坐标 s 来表示.由函数的定义,s 是 t 的函数,记为 $s = f(t)$.这个函数反映了运动中物体的位置,因此称为位置函数.

如果物体所作的运动是匀速的,则物体运动的速度等于物体运动所经过的路程与所花的时间之比,并且比值是一个常数.如果物体所作的运动不是匀速的,则在运动中的不同时间间隔内,上述比值是不同的,即运动中的不同时刻物体运动的快慢程度是不同的.要想精确地反映出物体在任意时刻运动的快慢,就得探究在运动中任一时刻的速度,即所谓的瞬时速度.下面,我们来求变速直线运动中物体在某一时刻 t_0 的瞬时速度.

设在 t_0 时刻物体的位置坐标为 $s_0 = f(t_0)$,当 t 从 t_0 增加到 $t_0 + \Delta t$ 时,位置函数 s 相应地从 $s_0 = f(t_0)$ 增加到 $s = f(t_0 + \Delta t)$,如图 4.1.1 所示.于是,物体运动所经过的路程与所花的时间之比是

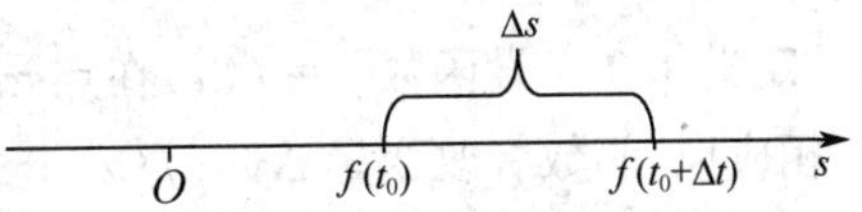

图 4.1.1

$$\frac{\Delta s}{\Delta t} = \frac{f(t_0 + \Delta t) - f(t_0)}{\Delta t}.$$

这就是物体在 t_0 到 $t_0 + \Delta t$ 这段时间间隔 Δt 内运动的平均速度,记为 $\bar{v}$.

一般地,物体的运动状态的变化是渐渐发生的,所以,如果 $|\Delta t|$ 取得很小,则在这段时间间隔 Δt 内物体运动的平均速度 $\bar{v}$ 可近似地反映物体在 t_0 时刻的瞬时速度,并且 $|\Delta t|$ 越小,这个近似值的精确程度就越高.于是,当 $\Delta t \to 0$ 时,$\bar{v}$ 就无限地接近于物体在 t_0 时刻的瞬时速度,即

$$v(t_0) = \lim_{\Delta t \to 0} \bar{v} = \lim_{\Delta t \to 0} \frac{\Delta s}{\Delta t} = \lim_{\Delta t \to 0} \frac{f(t_0 + \Delta t) - f(t_0)}{\Delta t}.$$

这就是说,物体运动的瞬时速度就是位置函数的增量 Δs 和时间增量 Δt 的比值在时间增量 Δt 趋于零时的极限.

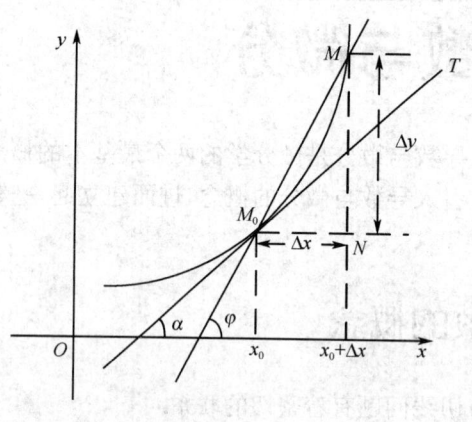

图 4.1.2

2. 平面曲线的切线斜率

定义 4.1　设点 M_0 是平面曲线 L 上的一个定点,点 M 是 L 上的动点,当点 M 沿曲线 L 无限趋近点 M_0 时,如果割线 M_0M 存在极限位置 M_0T,则称直线 M_0T 为曲线 L 在 M_0 处的切线(如图 4.1.2 所示).

下面我们来求切线 M_0T 的斜率 k.在图 4.1.2 中,设曲线方程为 $y=f(x)$,割线 M_0M 的倾斜角为 φ,切线 M_0T 的倾斜角为 α,则当点 M 沿曲线趋向于点 M_0(即 $\Delta x \to 0$)时,有 $\varphi \to \alpha$,从而有 $\tan\varphi \to \tan\alpha$,于是

$$k = \tan\alpha = \lim_{\Delta x \to 0} \tan\varphi = \lim_{\Delta x \to 0} \frac{\Delta y}{\Delta x} = \lim_{\Delta x \to 0} \frac{f(x_0 + \Delta x) - f(x_0)}{\Delta x}.$$

这就是说,曲线 $y=f(x)$ 在点 M_0 处的纵坐标 y 的增量 Δy 与横坐标 x 的增量 Δx 的比值,当 $\Delta x \to 0$ 时的极限为曲线在 M_0 点处切线的斜率.

上面两个不同问题,均需要求同一形式的极限.因此,有必要对上述形式的极限进行专门研究.

4.1.2　导数及其几何意义

把上述两个问题的实际意义去掉,抽取出它们的共性:求当自变量的改变量趋向于零时,函数的改变量与自变量的改变量之比的极限.于是,可以得到导数的概念.

1. 导数的定义

定义 4.2　设函数 $y=f(x)$ 在点 x_0 的某个邻域内有定义,当 x 从 x_0 增加到 $x_0+\Delta x$ 时,相应地,函数有改变量 $\Delta y = f(x_0+\Delta x) - f(x_0)$,如果极限

$$\lim_{\Delta x \to 0} \frac{\Delta y}{\Delta x} = \lim_{\Delta x \to 0} \frac{f(x_0 + \Delta x) - f(x_0)}{\Delta x}$$

存在,则称函数 $y=f(x)$ 在点 x_0 处可导,并称此极限值为函数 $y=f(x)$ 在点 x_0 处的导数,记作 $f'(x_0)$,或 $y'\big|_{x=x_0}$,$\dfrac{\mathrm{d}y}{\mathrm{d}x}\Big|_{x=x_0}$,$\dfrac{\mathrm{d}f}{\mathrm{d}x}\Big|_{x=x_0}$,即

$$f'(x_0) = \lim_{\Delta x \to 0} \frac{\Delta y}{\Delta x} = \lim_{\Delta x \to 0} \frac{f(x_0 + \Delta x) - f(x_0)}{\Delta x}.$$

如果极限不存在,则称函数 $y=f(x)$ 在点 x_0 处不可导.

函数 $y=f(x)$ 在点 x_0 处的导数 $f'(x_0)$ 也可表示为

$$f'(x_0) = \lim_{x \to x_0} \frac{f(x) - f(x_0)}{x - x_0},$$

或

$$f'(x_0) = \lim_{h \to 0} \frac{f(x_0 + h) - f(x_0)}{h},$$

其中 h 就是定义式中的自变量的增量 Δx.

根据导数的定义,两个实际问题可叙述为:

(1) 作变速直线运动的物体在时刻 t_0 的瞬时速度,就是位置函数 $s = f(t)$ 在 t_0 处对时间 t 的导数,即

$$v(t_0) = \frac{\mathrm{d}s}{\mathrm{d}t}\Big|_{t=t_0}.$$

(2) 在直角坐标系中,曲线 $y = f(x)$ 在点 $M_0(x_0, y_0)$ 处的切线斜率,就是纵坐标 $y = f(x)$ 在点 x_0 处对横坐标 x 的导数,即

$$k = y'\Big|_{x=x_0} = \frac{\mathrm{d}y}{\mathrm{d}x}\Big|_{x=x_0}.$$

例 4.1.1　设 $f(x) = x^2$,求 $f'(1)$.

解　设在点 $x_0 = 1$ 处有改变量 Δx,则函数的改变量为

$$\Delta y = f(1 + \Delta x) - f(1) = (1 + \Delta x)^2 - 1 = 2\Delta x + (\Delta x)^2,$$

于是

$$\frac{\Delta y}{\Delta x} = \frac{2\Delta x + (\Delta x)^2}{\Delta x} = 2 + \Delta x,$$

从而

$$f'(1) = \lim_{\Delta x \to 0} \frac{\Delta y}{\Delta x} = \lim_{\Delta x \to 0}(2 + \Delta x) = 2,$$

所以

$$f'(1) = 2.$$

如果函数 $y = f(x)$ 在区间 (a, b) 内的每一点处都可导,则称函数 $y = f(x)$ 在区间 (a, b) 内可导. 这时,对于 (a, b) 内的每一个确定的值 x,都对应着唯一确定的函数值 $f'(x)$,于是就确定了一个新的函数,这个函数叫做函数 $y = f(x)$ 的导函数,记作 $f'(x)$,或 y',$\frac{\mathrm{d}y}{\mathrm{d}x}$,$\frac{\mathrm{d}f(x)}{\mathrm{d}x}$ 等. 导函数通常简称为导数.

显然,函数 $y = f(x)$ 在点 x_0 处的导数 $f'(x_0)$ 就是导函数 $f'(x)$ 在点 $x = x_0$ 处的函数值,即

$$f'(x_0) = f'(x)\Big|_{x=x_0}.$$

2. 左、右导数

既然导数是比值 $\dfrac{\Delta y}{\Delta x}$ 当 $\Delta x \to 0$ 时的极限,因此,需要考察当 $\Delta x \to 0^-$ 与 $\Delta x \to 0^+$ 时的极

限. 如果极限 $\lim\limits_{\Delta x \to 0^-} \dfrac{\Delta y}{\Delta x}$ 存在,则这个极限值称为函数 $y=f(x)$ 在点 x_0 处的左导数,并且说 $f(x)$ 在点 x_0 处左可导,记作 $f'_-(x_0)$.

如果极限 $\lim\limits_{\Delta x \to 0^+} \dfrac{\Delta y}{\Delta x}$ 存在,则这个极限值称为函数 $y=f(x)$ 在点 x_0 处的右导数,并且说 $f(x)$ 在点 x_0 处右可导,记作 $f'_+(x_0)$.

根据极限存在的充要条件,我们有下面的定理.

定理 4.1 函数 $f(x)$ 在点 x_0 处的左、右导数存在且相等是 $f(x)$ 在点 x_0 处可导的充要条件.

3. 导数的几何意义

由切线问题的讨论和导数的定义知,函数 $y=f(x)$ 在点 x_0 处的导数 $f'(x_0)$ 在几何上表示曲线 $y=f(x)$ 在点 $M_0(x_0, f(x_0))$ 处的切线的斜率.

过切点 $M_0(x_0, f(x_0))$ 且垂直于切线的直线叫做曲线 $y=f(x)$ 在点 $M_0(x_0, f(x_0))$ 处的法线.

如果 $f'(x_0)$ 存在,则曲线 $y=f(x)$ 在 $M_0(x_0, f(x_0))$ 处的切线方程为
$$y - f(x_0) = f'(x_0)(x - x_0).$$

曲线 $y=f(x)$ 在点 $M_0(x_0, f(x_0))$ 处的法线方程为
$$y - f(x_0) = -\frac{1}{f'(x_0)}(x - x_0) \quad [f'(x_0) \neq 0].$$

当 $f'(x_0)=0$ 时,切线为平行于 x 轴的直线 $y=f(x_0)$,法线为垂直于 x 轴的直线 $x=x_0$.

当 $f'(x_0)=\infty$ 时,切线为垂直于 x 轴的直线 $x=x_0$,法线为平行于 x 轴的直线 $y=f(x_0)$.

例 4.1.2 求抛物线 $y=x^2$ 在点 $(1,1)$ 处的切线方程和法线方程.

解 由例 4.1.1 及导数的几何意义可知,$k=y'\big|_{x=1}=2$,因此,所求的切线方程为
$$y - 1 = 2(x - 1),$$
即
$$y = 2x - 1.$$

法线方程为
$$y - 1 = -\frac{1}{2}(x - 1),$$
即
$$y = -\frac{1}{2}x + \frac{3}{2}.$$

4.1.3 求导举例

由导数的定义可知,求 $y=f(x)$ 的导数 y' 的一般步骤如下:

(1) 求函数的改变量 $\Delta y = f(x+\Delta x)-f(x)$.

(2) 算比值 $\dfrac{\Delta y}{\Delta x}$.

(3) 求极限 $\lim\limits_{\Delta x \to 0}\dfrac{\Delta y}{\Delta x}$.

例 4.1.3　求函数 $f(x)=C(C$ 为常数) 的导数.

解　(1) 求增量: $\Delta y = C-C=0$.

(2) 算比值: $\dfrac{\Delta y}{\Delta x}=0$.

(3) 取极限: $y'=\lim\limits_{\Delta x \to 0}\dfrac{\Delta y}{\Delta x}=0$.

即

$$(C)'=0.$$

例 4.1.4　求 $y=x^n (n \in N)$ 的导数.

解　(1) 求增量: $\Delta y = (x+\Delta x)^n - x^n = nx^{n-1}\Delta x + C_n^2 x^{n-2}(\Delta x)^2 + \cdots + (\Delta x)^n$.

(2) 算比值: $\dfrac{\Delta y}{\Delta x}=nx^{n-1}+C_n^2 x^{n-2}\Delta x + \cdots + (\Delta x)^{n-1}$.

(3) 取极限: $y'=\lim\limits_{\Delta x \to 0}\dfrac{\Delta y}{\Delta x}=nx^{n-1}$.

即

$$(x^n)'=nx^{n-1}.$$

可以证明, 幂函数 $y=x^\alpha (\alpha$ 为任意实数) 的导数为 $(x^\alpha)'=\alpha x^{\alpha-1}$.

例如 $(\sqrt{x})'=(x^{\frac{1}{2}})'=\dfrac{1}{2}x^{-\frac{1}{2}}=\dfrac{1}{2\sqrt{x}}$, $\left(\dfrac{1}{x}\right)'=(x^{-1})'=-x^{-2}=-\dfrac{1}{x^2}$.

例 4.1.5　求函数 $y=\log_a x$ 的导数.

解　(1) 求增量: $\Delta y = \log_a(x+\Delta x)-\log_a x = \log_a\left(1+\dfrac{\Delta x}{x}\right)$.

(2) 算比值: $\dfrac{\Delta y}{\Delta x}=\dfrac{\log_a\left(1+\dfrac{\Delta x}{x}\right)}{\Delta x}=\dfrac{1}{x}\log_a\left(1+\dfrac{\Delta x}{x}\right)^{\frac{x}{\Delta x}}$.

(3) 取极限: $y'=\lim\limits_{\Delta x \to 0}\dfrac{\Delta y}{\Delta x}=\lim\limits_{\Delta x \to 0}\left[\dfrac{1}{x}\log_a\left(1+\dfrac{\Delta x}{x}\right)^{\frac{x}{\Delta x}}\right]=\dfrac{1}{x}\log_a e = \dfrac{1}{x\ln a}$.

即

$$(\log_a x)'=\dfrac{1}{x\ln a}.$$

特别地, 若 $a=e$, 则 $(\ln x)'=\dfrac{1}{x}$.

例 4.1.6　求函数 $y=\sin x$ 的导数.

解　(1) 求增量: $\Delta y = \sin(x+\Delta x)-\sin x = 2\cos\left(x+\dfrac{\Delta x}{2}\right)\sin\dfrac{\Delta x}{2}$.

(2) 算比值：$\dfrac{\Delta y}{\Delta x}=\dfrac{2\cos\left(x+\dfrac{\Delta x}{2}\right)\sin\dfrac{\Delta x}{2}}{\Delta x}=\cos\left(x+\dfrac{\Delta x}{2}\right)\dfrac{\sin\dfrac{\Delta x}{2}}{\dfrac{\Delta x}{2}}.$

(3) 取极限：$y'=\lim\limits_{\Delta x\to 0}\dfrac{\Delta y}{\Delta x}=\lim\limits_{\Delta x\to 0}\cos\left(x+\dfrac{\Delta x}{2}\right)\dfrac{\sin\dfrac{\Delta x}{2}}{\dfrac{\Delta x}{2}}$

$$=\lim\limits_{\Delta x\to 0}\cos\left(x+\dfrac{\Delta x}{2}\right)\cdot\lim\limits_{\Delta x\to 0}\dfrac{\sin\dfrac{\Delta x}{2}}{\dfrac{\Delta x}{2}}=\cos x.$$

即

$$(\sin x)'=\cos x.$$

同理可得 $(\cos x)'=-\sin x.$

4.1.4　可导与连续

定理 4.2　如果函数 $y=f(x)$ 在点 x_0 处可导，则 $f(x)$ 在点 x_0 处连续.

证明　由 $f(x)$ 在点 x_0 处可导得

$$\lim\limits_{\Delta x\to 0}\dfrac{\Delta y}{\Delta x}=f'(x_0),$$

从而

$$\lim\limits_{\Delta x\to 0}\Delta y=\lim\limits_{\Delta x\to 0}\dfrac{\Delta y}{\Delta x}\Delta x=f'(x_0)\times 0=0,$$

所以，$y=f(x)$ 在点 x_0 处连续.

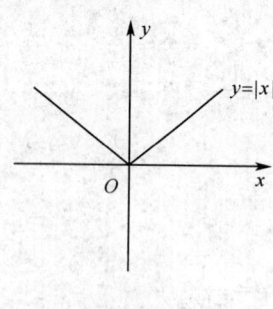

图 4.1.3

注意，该定理的逆命题不成立，即如果函数 $f(x)$ 在点 x_0 处连续，但函数 $y=f(x)$ 在点 x_0 处不一定可导. 例如函数 $y=|x|$ 在点 $x_0=0$ 处连续，但它在点 $x_0=0$ 处不可导(如图 4.1.3 所示).

因为

$$\dfrac{\Delta y}{\Delta x}=\dfrac{|0+\Delta x|-|0|}{\Delta x}=\dfrac{|\Delta x|}{\Delta x}=\begin{cases}1,&\Delta x>0,\\-1,&\Delta x<0,\end{cases}$$

所以

$$\lim\limits_{\Delta x\to 0^+}\dfrac{\Delta y}{\Delta x}=1,\qquad \lim\limits_{\Delta x\to 0^-}\dfrac{\Delta y}{\Delta x}=-1,$$

因而 $\lim\limits_{\Delta x\to 0}\dfrac{\Delta y}{\Delta x}$ 不存在，即 $y=|x|$ 在点 $x_0=0$ 处不可导.

思考题 4.1

1. 如果函数 $f(x)$ 在点 x_0 不可导，是否可以断定曲线 $y=f(x)$ 在 $(x_0,f(x_0))$ 处不存在切线？

2. $f'(x_0)$ 与导函数 $f'(x)$ 的区别与联系是什么?

3. 设函数 $f(x)=\begin{cases}\dfrac{2}{3}x^3, & x\geqslant 1,\\ x^2, & x<1,\end{cases}$ 试问用下述方法求得函数的导数 $f'(x)$ 正确吗?

练习题 4.1

1. 利用导数定义求下列函数的导数:

(1) $y=\dfrac{1}{x^2}$;　(2) $y=\cos x$;　(3) $y=ax+b(a,b$ 都是常数).

2. 求下列曲线在指定点处的切线方程和法线方程.

(1) $y=\ln x$ 在点 $(e,1)$ 处;

(2) $y=\sin x$ 在点 $\left(\dfrac{2\pi}{3},\dfrac{\sqrt{3}}{2}\right)$ 处.

3. 物体作直线运动,运动方程为 $s=3t^2-5t$,求:

(1) 物体在 2 秒到 $2+\Delta t$ 秒的平均速度;

(2) 物体在 t_0 到 $t+t_0$ 秒的平均速度;

(3) 物体在 t_0 秒的速度.

4. 设有一质量非均匀分布的细棒,长为 l,试求细棒上各点的线密度.

5. 设 $f'(0)$ 存在,且 $f(0)=0$,求 $\lim\limits_{x\to 0}\dfrac{f(x)}{x}$.

6. 讨论函数 $f(x)=1+|x|$ 在点 $x=0$ 处的连续性与可导性.

4.2　求 导 法 则

上一节介绍了导数的定义,并以此求出了一些简单函数的导数. 但是求常见的初等函数的导数时,往往需要借助于求导法则,本节将介绍这些求导法则.

4.2.1　函数的和、差、积、商的求导法则

法则 4.1　设函数 $u=u(x)$ 和 $v=v(x)$ 在点 x 处可导,则 $u\pm v$ 在 x 处也可导,且
$$(u\pm v)'=u'\pm v'.$$

法则 4.2　设函数 $u=u(x)$ 和 $v=v(x)$ 在点 x 处可导,则 uv 在 x 处也可导,且
$$(uv)'=u'v+uv'.$$

特别地
$$(Cu)'=Cu'(C\ \text{为常数}).$$

法则 4.3　设函数 $u=u(x)$ 和 $v=v(x)$ 在点 x 处可导,且 $v(x)\neq 0$,则 $\dfrac{u}{v}$ 在 x 处也可导,且
$$\left(\dfrac{u}{v}\right)'=\dfrac{u'v-uv'}{v^2}.$$

特别地

$$\left(\frac{1}{v}\right)' = -\frac{v'}{v^2}.$$

以上法则都可以用导数的定义和极限的运算法则来验证,请读者自行证明. 法则 4.1 与法则 4.2 都可以推广到有限多个函数的和(差)、积的情形.

例 4.2.1 设 $y=\sqrt{x}\sin x+10\ln x+\cos\pi$,求 y'.

解 $y' = (\sqrt{x}\sin x)' + (10\ln x)' + (\cos\pi)'$

$\qquad = (\sqrt{x})'\sin x + \sqrt{x}(\sin x)' + 10(\ln x)' + 0$

$\qquad = \dfrac{\sin x}{2\sqrt{x}} + \sqrt{x}\cos x + \dfrac{10}{x}.$

例 4.2.2 求函数 $y=x^2\ln x$ 的导数.

解 $y' = (x^2)'\ln x + x^2(\ln x)' = 2x\ln x + x.$

例 4.2.3 求函数 $y=\tan x$ 的导数.

解 $y' = (\tan x)' = \left(\dfrac{\sin x}{\cos x}\right)' = \dfrac{(\sin x)'\cos x - \sin x(\cos x)'}{\cos^2 x}$

$\qquad = \dfrac{\cos^2 x + \sin^2 x}{\cos^2 x} = \dfrac{1}{\cos^2 x} = \sec^2 x,$

即

$$(\tan x)' = \sec^2 x.$$

例 4.2.4 求函数 $y=\sec x$ 的导数.

解 $y' = (\sec x)' = \left(\dfrac{1}{\cos x}\right)' = \dfrac{-(\cos x)'}{\cos^2 x} = \dfrac{\sin x}{\cos^2 x} = \tan x\sec x.$

即

$$(\sec x)' = \tan x\sec x.$$

用类似的方法,可求得余切函数与余割函数的导数公式为

$$(\cot x)' = -\csc^2 x, \quad (\csc x)' = -\cot x\csc x.$$

4.2.2 复合函数的求导法则

虽然利用函数的四则运算求导法则和一些基本初等函数的求导公式能够求一些简单函数的导数,但实际上我们常常会遇到许多复合函数的求导问题,如函数 $\ln\sin x$、$\sqrt{\tan x}$ 等. 对于复合函数的求导问题,有如下重要的法则.

法则 4.4 设函数 $u=\varphi(x)$ 在点 x 处可导,函数 $y=f(u)$ 在点 $u=\varphi(x)$ 处可导,则复合函数 $y=f[\varphi(x)]$ 在点 x 处可导,且有

$$\frac{\mathrm{d}y}{\mathrm{d}x} = f'(u)\varphi'(x) \quad \text{或} \quad \frac{\mathrm{d}y}{\mathrm{d}x} = \frac{\mathrm{d}y}{\mathrm{d}u} \cdot \frac{\mathrm{d}u}{\mathrm{d}x}.$$

证明从略.

如果复合函数的复合层次较多,法则 4.4 可以推广到由有限多个复合步骤构成的复合函数的求导.

推论 设函数 $y=f(u)$,$u=\varphi(v)$,$v=\psi(x)$ 都是可导函数,则复合函数 $y=$

$f\{\varphi[\psi(x)]\}$也可导,且$\dfrac{\mathrm{d}y}{\mathrm{d}x}=f'(u)\varphi'(v)\psi'(x)$或$\dfrac{\mathrm{d}y}{\mathrm{d}x}=\dfrac{\mathrm{d}y}{\mathrm{d}u}\cdot\dfrac{\mathrm{d}u}{\mathrm{d}v}\cdot\dfrac{\mathrm{d}v}{\mathrm{d}x}.$

注意,$\{f[\varphi(x)]\}'$表示复合函数y对自变量x的导数,而$f'[\varphi(x)]$表示复合函数y对中间变量$u=\varphi(x)$的导数.求复合函数的导数时,关键要分清复合函数的复合过程,认清中间变量.

例 4.2.5 设$y=2\cos(x^2+3)$,求$\dfrac{\mathrm{d}y}{\mathrm{d}x}.$

解 因为$y=2\cos(x^2+3)$是由$y=2\cos u,u=x^2+3$复合而成,所以

$$\frac{\mathrm{d}y}{\mathrm{d}x}=\frac{\mathrm{d}y}{\mathrm{d}u}\cdot\frac{\mathrm{d}u}{\mathrm{d}x}=-2\sin u\cdot(2x+0)=-4x\sin(x^2+3).$$

对复合函数的分解比较熟练后,就可不写出中间变量,只要记住复合过程,由外到内,层层求导.

例 4.2.6 设函数$y=\sin^2\dfrac{1}{x}$,求$y'.$

解 $y'=\left(\sin^2\dfrac{1}{x}\right)'=2\sin\dfrac{1}{x}\left(\sin\dfrac{1}{x}\right)'=2\sin\dfrac{1}{x}\cdot\cos\dfrac{1}{x}\cdot\left(\dfrac{1}{x}\right)'=-\dfrac{1}{x^2}\sin\dfrac{2}{x}.$

例 4.2.7 设$f'(x)$存在,求$y=\ln|f(x)|$的导数$[f(x)\neq0].$

解 分以下两种情况来考虑:

(1) 当$f(x)>0$时,$y=\ln f(x),y'=[\ln f(x)]'=\dfrac{1}{f(x)}f'(x)=\dfrac{f'(x)}{f(x)};$

(2) 当$f(x)<0$时,

$$y=\ln[-f(x)],y'=\{\ln[-f(x)]\}'=\frac{1}{-f(x)}[-f(x)]'=\frac{f'(x)}{f(x)}.$$

所以

$$[\ln|f(x)|]'=\frac{f'(x)}{f(x)}.$$

特别地

$$(\ln|x|)'=\frac{1}{x}\quad(x\neq0).$$

4.2.3 反函数的求导法则

为了解决指数函数和反三角函数的求导问题,下面介绍反函数的求导法则.

法则 4.5 如果单调连续函数$x=\varphi(y)$可导,且$\varphi'(y)\neq0$,则它的反函数$y=f(x)$也可导,且有$f'(x)=\dfrac{1}{\varphi'(y)}.$

例 4.2.8 设函数$y=a^x(a>0,a\neq1)$,求$y'.$

解 因为$y=a^x$的反函数$x=\log_a y$在$(0,+\infty)$内单调、可导,且

$$(\log_a y)'=\frac{1}{y\ln a}\neq0.$$

所以,由法则4.5得

$$y' = (a^x)' = \frac{1}{(\log_a y)'} = y\ln a = a^x\ln a,$$

即

$$(a^x)' = a^x\ln a.$$

特别地,当 $a = e$ 时,$(e^x)' = e^x$.

例 4.2.9 证明:$(\arcsin x)' = \dfrac{1}{\sqrt{1-x^2}}$,$x \in (-1,1)$.

证明 因为 $x = \varphi(y) = \sin y$ 在 $\left(-\dfrac{\pi}{2}, \dfrac{\pi}{2}\right)$ 内单调、可导,且 $\varphi'(y) \neq 0$,所以,其反函数 $y = f(x) = \arcsin x$ 在 $(-1,1)$ 内单调、可导,且有

$$(\arcsin x)' = \frac{1}{\varphi'(y)} = \frac{1}{\cos y} = \frac{1}{\sqrt{1-\sin^2 y}} = \frac{1}{\sqrt{1-x^2}}.$$

同理可得

$$(\arccos x)' = -\frac{1}{\sqrt{1-x^2}}.$$

例 4.2.10 证明:$(\arctan x)' = \dfrac{1}{1+x^2}$.

证明 因为 $x = \varphi(y) = \tan y$ 在 $\left(-\dfrac{\pi}{2}, \dfrac{\pi}{2}\right)$ 内单调、可导,且 $\varphi'(y) \neq 0$,所以其反函数 $y = f(x) = \arctan x$ 在 $(-\infty, +\infty)$ 内单调、可导,且有

$$(\arctan x)' = \frac{1}{\varphi'(y)} = \frac{1}{\sec^2 y} = \frac{1}{1+\tan^2 y} = \frac{1}{1+x^2}.$$

同理可得

$$(\text{arccot} x)' = -\frac{1}{1+x^2}.$$

4.2.4 基本初等函数的求导公式

基本初等函数的导数公式在初等函数的求导运算中起着重要作用,为了方便查阅,把基本初等函数的求导公式归纳如下.

(1) $(C)' = 0$ (C 为常数);

(2) $(x^\alpha)' = \alpha x^{\alpha-1}$;

(3) $(e^x)' = e^x$;

(4) $(a^x)' = a^x\ln a$;

(5) $(\ln x)' = \dfrac{1}{x}$;

(6) $(\log_a x)' = \dfrac{1}{x\ln a}$;

(7) $(\sin x)' = \cos x$;

(8) $(\cos x)' = -\sin x$;

(9) $(\tan x)' = \sec^2 x$;

(10) $(\cot x)' = -\csc^2 x$;

(11) $(\sec x)' = \sec x\tan x$;

(12) $(\csc x)' = -\csc x\cot x$;

(13) $(\arcsin x)' = \dfrac{1}{\sqrt{1-x^2}}$;

(14) $(\arccos x)' = -\dfrac{1}{\sqrt{1-x^2}}$;

(15) $(\arctan x)' = \dfrac{1}{1+x^2}$;

(16) $(\text{arccot} x)' = -\dfrac{1}{1+x^2}$.

另外，$(\sqrt{x})'=\dfrac{1}{2\sqrt{x}}$，$\left(\dfrac{1}{x}\right)'=-\dfrac{1}{x^2}$ 这两个式子，在解题的过程中经常用到，也可当公式记住，对解题有好处．

4.2.5　3 个求导方法

1. 隐函数求导法

我们此前遇到的函数，例如 $y=x^2+\sin x$，$y=\ln\cos(2x+12)$ 等，都是用 $y=f(x)$ 这样的形式来表示的，这种方式表达的函数称为显函数．但是有些函数不是以显函数的形式出现的，而是表现为一个含有变量 x,y 的二元方程，例如 $3x^2+2y-5=0$，$\sin(x+y)=e^y$ 等，这些二元方程也可以表示一个函数，这样的函数叫做隐函数．

一般地，由方程 $F(x,y)=0$ 所确定的函数叫做隐函数．

有些隐函数容易化为显函数，如 $2x-3y+1=0$ 可化为 $y=\dfrac{1}{3}(2x+1)$；有些隐函数则很难化为显函数，如方程 $\sin(x+y)=e^y$ 所确定的函数．因此，有必要找出直接由方程计算隐函数的导数的方法，它可表述如下．

求方程 $F(x,y)=0$ 确定的隐函数 y 的导数 $\dfrac{\mathrm{d}y}{\mathrm{d}x}$，只要将方程中的 y 看成是 x 的函数，利用复合函数的求导法则，在方程两边同时对 x 求导，得到一个关于 $\dfrac{\mathrm{d}y}{\mathrm{d}x}$ 的方程，然后从中解出 $\dfrac{\mathrm{d}y}{\mathrm{d}x}$ 即可．

下面举例说明这种方法．

例 4.2.11　求由方程 $xy=\ln(x+y)$ 所确定的隐函数的导数 $\dfrac{\mathrm{d}y}{\mathrm{d}x}$．

解　方程 $xy=\ln(x+y)$ 两边对 x 求导，注意 y 是 x 的函数，得

$$y+xy'=\frac{1}{x+y}(1+y'),$$

从而

$$y'=\frac{y^2+xy-1}{1-xy-x^2}.$$

2. 对数求导法

在求导运算中，常会遇到这样两类函数的求导问题：一类是幂指函数 $y=\big[f(x)\big]^{g(x)}$；另一类是由一系列函数的乘、除、乘方、开方所构成的函数．我们常用对数求导法来求这两类函数的导数．所谓对数求导法，就是先取对数，然后利用隐函数的求导方法求得结果．

例 4.2.12　设 $y=(\sin x)^x$，求 y'．

解　对 $y=(\sin x)^x$ 两边取对数，得

$$\ln y=x\ln\sin x,$$

两边对 x 求导,得

$$\frac{1}{y}y' = \ln \sin x + x\frac{\cos x}{\sin x},$$

所以

$$y' = y\left(\ln \sin x + x\frac{\cos x}{\sin x}\right) = (\sin x)^x(\ln \sin x + x\cot x).$$

例 4.2.13 设 $y = \sqrt[3]{\frac{(x+1)^2}{(x-1)(x+2)}}$,求 y'.

解 两边取对数,得

$$\ln y = \frac{1}{3}[2\ln(x+1) - \ln(x-1) - \ln(x+2)],$$

两边对 x 求导,得

$$\frac{1}{y}y' = \frac{1}{3}\left(\frac{2}{x+1} - \frac{1}{x-1} - \frac{1}{x+2}\right),$$

所以

$$y' = \frac{1}{3}\left(\frac{2}{x+1} - \frac{1}{x-1} - \frac{1}{x+2}\right)y = \frac{1}{3}\left(\frac{2}{x+1} - \frac{1}{x-1} - \frac{1}{x+2}\right)\sqrt[3]{\frac{(x+1)^2}{(x-1)(x+2)}}.$$

3. 参数方程求导法

在平面解析几何中,我们学过参数方程,它的一般形式为

$$\begin{cases} x = \varphi(t), \\ y = \psi(t), \end{cases} a \leqslant t \leqslant b, t \text{ 为参数}.$$

一般地,这个方程组确定了 y 与 x 之间的函数关系,它是通过参数 t 联系起来的. 在实际问题中,需要计算由参数方程所确定的函数的导数,但从中消去参数 t 有时会有困难. 因此,我们希望有一种方法能直接由参数方程算出它所确定的函数的导数.

事实上,当 $x = \varphi(t), y = \psi(t)$ 都可导,且 $\varphi'(t) \neq 0$ 时,$\dfrac{dy}{dx} = \dfrac{\psi'(t)}{\varphi'(t)}$ 就是由参数方程所确定的函数 y 对 x 的求导公式.

例 4.2.14 求由摆线的参数方程 $\begin{cases} x = a(t - \sin t) \\ y = a(1 - \cos t) \end{cases}$ 所确定的函数的导数 $\dfrac{dy}{dx}$.

解 $\dfrac{dy}{dx} = \dfrac{[a(1-\cos t)]'}{[a(t-\sin t)]'} = \dfrac{a\sin t}{a(1-\cos t)} = \dfrac{\sin t}{1-\cos t} = \cot \dfrac{t}{2}.$

4.2.6 高阶导数

在变速直线运动中,位移函数 $s = f(t)$ 对时间 t 的导数是速度函数 $v = v(t)$,而速度 $v = v(t)$ 对时间 t 的导数就是加速度,即加速度是位置函数的导数的导数. 这种导数的导数,称为 $s = f(t)$ 对 t 的二阶导数.

一般地,若 $y = f(x)$ 的导数 $y' = f'(x)$ 仍可导,则称 $f'(x)$ 的导数为 $y = f(x)$ 的二阶导数,记为 y'',$f''(x)$ 或 $\dfrac{d^2y}{dx^2}$,即

$$y'' = (y')', \quad f''(x) = [f'(x)]' \quad \text{或} \quad \frac{\mathrm{d}^2 y}{\mathrm{d}x^2} = \frac{\mathrm{d}}{\mathrm{d}x}\left(\frac{\mathrm{d}y}{\mathrm{d}x}\right).$$

类似地，$(n-1)$ 阶导数的导数为 n 阶导数，记为

$$f^{(n)}(x) \quad \text{或} \quad \frac{\mathrm{d}^n y}{\mathrm{d}x^n}.$$

二阶及二阶以上的导数统称为高阶导数，相应地称 $f'(x)$ 为一阶导数.

显然，求高阶导数就是多次求导，因此，可用前面学过的求导方法来计算高阶导数，下面介绍几个常用函数的高阶导数.

例 4. 2. 15　设 $y = a_0 x^n + a_1 x^{n-1} + a_2 x^{n-2} + \cdots + a_n$，求 $y^{(n)}$.

解　$y' = a_0 n x^{n-1} + a_1 (n-1) x^{n-2} + a_2 (n-2) x^{n-3} + \cdots + a_{n-1}$，

$\quad\quad y'' = a_0 n(n-1) x^{n-2} + a_1 (n-1)(n-2) x^{n-3} + a_2 (n-2)(n-3) x^{n-4}$

$\quad\quad\quad\quad + \cdots + 2a_{n-2}$，

$\quad\quad \cdots\cdots$

$\quad\quad y^{(n)} = a_0 n!.$

容易看出，当 $k > n$ 时，$y^{(k)} = 0$.

求 n 阶导数时，通常的方法是先求出一阶导数、二阶导数、三阶导数，然后仔细观察得出规律，归纳出 n 阶导数的表达式. 因此，求 n 阶导数的关键在于从各阶导数中寻找共同的规律.

例 4. 2. 16　设 $y = \sin x$，求 $y^{(n)}$.

解　$y' = \cos x = \sin\left(x + \frac{1}{2}\pi\right), \quad y'' = -\sin x = \sin\left(x + \frac{2}{2}\pi\right),$

$\quad\quad y''' = -\cos x = \sin\left(x + \frac{3}{2}\pi\right), \cdots\cdots$

所以

$$y^{(n)} = \sin\left(x + \frac{n}{2}\pi\right).$$

思考题 4.2

1. 若 $f(x)$ 和 $g(x)$ 在 $x = x_0$ 处均不可导，$f(x)g(x)$ 在 $x = x_0$ 处是否也不可导？

2. 若 $f(x)$ 在点 x_0 处可导，$g(x)$ 在点 x_0 处不可导，$f(x)g(x)$ 在点 x_0 处是否可导？

练习题 4.2

1. 求下列函数的导数：

(1) $y = 3x^3 - \dfrac{1}{\sqrt{x}} + \ln e$；

(2) $y = x(1 - \cos x)\ln x$；

(3) $y = \dfrac{\tan x}{x}$；

(4) $y = \sqrt{x + \sqrt{x + \sqrt{x}}}$；

(5) $y = \arcsin \sqrt{1 - 3x}$；

(6) $y = \ln\ln x$；

(7) $y = \arctan(\ln x)$；

(8) $y = e^{3x} \sqrt{1 - \sec 2x}$.

2. 设 $y = x^x$，求 y'.

3. 设 $x^2+2xy-y^2=2x$,求 $\dfrac{\mathrm{d}y}{\mathrm{d}x}$.

4. 设 $\begin{cases} x=\sqrt{1+t}, \\ y=\sqrt{1-t} \end{cases}$ 确定了 y 为 x 的函数,求证: $\dfrac{\mathrm{d}y}{\mathrm{d}x}=-\dfrac{x}{y}$.

5. 证明下列求导公式:

(1) $(\cot x)'=-\csc^2 x$;

(2) $(\csc x)'=-\cot x\csc x$;

(3) $(\arccos x)'=-\dfrac{1}{\sqrt{1-x^2}}$;

(4) $(\mathrm{arccot}\,x)'=-\dfrac{1}{1+x^2}$.

6. 求下列函数的二阶导数:

(1) $y=x\cos x$;

(2) $y=\mathrm{e}^{-2x}\sin x$;

(3) $y=\ln\dfrac{1}{1-x}$;

(4) $y=\sqrt{4-x^2}$.

4.3　微分及其在近似计算中的应用

本节,我们要讨论微分学中第二个最基本的概念——微分及其应用.

4.3.1　两个实例

例 4.3.1　设一个边长为 x 的正方形金属薄片,由于温度的变化,其边长由 x_0 变为 $x_0+\Delta x$(如图 4.3.1 所示),此时薄片的面积 A 改变了多少?

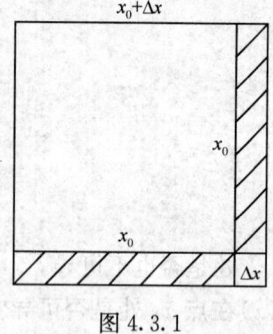

图 4.3.1

解　面积函数为 $A=x^2$,当自变量 x 在 x_0 有增量 Δx 时,相应的面积增量为

$$\Delta A=(x_0+\Delta x)^2-x_0^2=2x_0\Delta x+(\Delta x)^2.$$

显然,ΔA 由两部分组成:

第一部分是 $2x_0\Delta x$,其中 $2x_0$ 是常数,所以 $2x_0\Delta x$ 可看作是 Δx 的线性函数.

第二部分是 $(\Delta x)^2$,是以 Δx 为边长的小正方形的面积.

当 $\Delta x\to 0$ 时,$(\Delta x)^2$ 是比 Δx 更高阶的无穷小量,因而它比 $2x_0\Delta x$ 要小得多,故可忽略. 因此,$\Delta A\approx 2x_0\Delta x$.

例 4.3.2　求自由落体运动中,物体由时刻 t 到 $t+\Delta t$ 所经过路程的近似值.

解　我们知道,自由落体运动中,路程 s 与时间 t 的函数关系是

$$s=\frac{1}{2}gt^2,$$

当时间从 t 变化到 $t+\Delta t$ 时,相应的路程的增量为

$$\Delta s=\frac{1}{2}g(t+\Delta t)^2-\frac{1}{2}gt^2=gt\Delta t+\frac{1}{2}g(\Delta t)^2,$$

上式表明,路程的增量 Δs 分成两部分,一部分是 Δt 的线性函数 $gt\Delta t$;另一部分是比

Δt 更高阶的无穷小量 $\frac{1}{2}g(\Delta t)^2$,当 $|\Delta t|$ 很小时,我们可以忽略. 从而得到物体由时刻 t 到 $t+\Delta t$ 所经过路程的近似值为

$$\Delta s \approx gt\Delta t.$$

4.3.2　微分的概念

定义 4.3　如果函数 $y=f(x)$ 在点 x 处的改变量 Δy 可以表示为

$$\Delta y = A\Delta x + o(\Delta x) \quad (\Delta x \to 0),$$

其中,A 是与 Δx 无关的量,则称函数 $y=f(x)$ 在点 x 处可微,并把 $A\Delta x$ 称为函数 $y=f(x)$ 在点 x 处的微分,记作 $\mathrm{d}y$,即 $\mathrm{d}y = A\Delta x$.

函数的微分 $A\Delta x$ 是 Δx 的线性函数,且与函数的改变量 Δy 相差一个比 Δx 更高阶的无穷小量. 当 $A \neq 0$ 时,它是 Δy 的主要部分,所以也称微分 $\mathrm{d}y$ 是函数改变量 Δy 的线性主部.

下面来讨论函数 $y=f(x)$ 可微的条件,并确定 $\mathrm{d}y = A\Delta x$ 中的 A.

4.3.3　可微的充要条件

定理 4.3　函数 $y=f(x)$ 在点 x 处可微的充要条件是 $f(x)$ 在点 x 处可导,且

$$A = f'(x).$$

证明　必要性:若函数 $f(x)$ 在点 x 处可微,则 $\Delta y = A\Delta x + o(\Delta x)(\Delta x \to 0)$. 从而

$$\frac{\Delta y}{\Delta x} = A + \frac{o(\Delta x)}{\Delta x},$$

所以

$$f'(x) = \lim_{\Delta x \to 0} \frac{\Delta y}{\Delta x} = A + \lim_{\Delta x \to 0} \frac{o(\Delta x)}{\Delta x} = A + 0 = A,$$

即函数 $f(x)$ 在点 x 处可导且 $A = f'(x)$.

充分性:若函数 $y=f(x)$ 可导,则 $f'(x) = \lim_{\Delta x \to 0} \frac{\Delta y}{\Delta x}$,根据极限与无穷小的关系,有

$$\frac{\Delta y}{\Delta x} = f'(x) + \alpha,其中当 \Delta x \to 0 时,\alpha \to 0.$$

从而

$$\Delta y = f'(x)\Delta x + \alpha\Delta x.$$

因为 $f'(x)$ 与 Δx 无关,$\alpha\Delta x$ 是比 Δx 高阶的无穷小,所以

$$\Delta y = f'(x)\Delta x + o(\Delta x)(\Delta x \to 0)$$

成立,即 $f(x)$ 在点 x 处可微.

由定理 4.3 可得

$$\mathrm{d}y = f'(x)\Delta x.$$

这样,就可以用导数来计算微分了.

当 $y=x$ 时,$dy=dx=1\cdot\Delta x$,即 $dx=\Delta x$,因此,自变量 x 的微分 dx 就等自变量 x 的改变量 Δx. 因此,微分通常写成

$$dy=f'(x)dx.$$

上式两边同除以 dx,有

$$\frac{dy}{dx}=f'(x).$$

在导数中,$\dfrac{dy}{dx}$ 是一个完整的记号,表示函数 y 对 x 的导数,而现在可以看成函数的微分与自变量的微分的商,所以,导数又叫微商.

例 4.3.3　求函数 $y=x^2+1$ 在 $x=1,\Delta x=0.1$ 时的微分 dy.

解　因为　$dy=f'(x)\Delta x=(x^2+1)'\Delta x=2x\Delta x,$

所以　　　　　　　　$dy\Big|_{\substack{x=1\\ \Delta x=0.1}}=2\times1\times0.1=0.2.$

为了加深对微分概念的理解,我们来说明微分的几何意义.

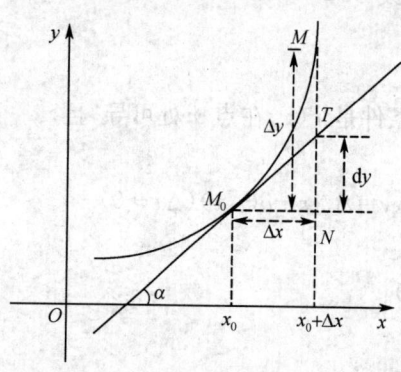

图 4.3.2

在图 4.3.2 中,函数 $y=f(x)$ 的图像是一条曲线,它在 x_0 处的导数 $f'(x_0)$ 就是该曲线在点 $M_0(x_0,f(x_0))$ 处的切线的斜率 $\tan\alpha$. 因此

$$dy=f'(x_0)dx=\tan\alpha\cdot M_0N=NT.$$

这就是说,函数 $y=f(x)$ 在 x_0 处的微分在几何上表示曲线 $y=f(x)$ 在点 $M_0(x_0,f(x_0))$ 处切线的纵坐标的改变量. 用 dy 近似代替 Δy,从图 4.3.2 上看,就是用 NT 去代替 NM,两者之差为 TM. 当 $|\Delta x|$ 越小时,NT 与 NM 越接近.

4.3.4　微分的公式与运算法则

由微分的定义可知,要计算函数 $f(x)$ 的微分,只需要求出它的导数,然后再乘以 dx 即可. 由导数公式和导数的运算法则,就能得到相应的微分公式和法则.

1. 微分基本公式

(1) $d(C)=0$(C 为常数);

(2) $d(x^a)=ax^{a-1}dx;$

(3) $d(e^x)=e^xdx;$

(4) $d(a^x)=a^x\ln a\,dx;$

(5) $d(\ln x)=\dfrac{1}{x}dx;$

(6) $d(\log_a x)=\dfrac{1}{x\ln a}dx;$

(7) $d(\sin x)=\cos x\,dx;$

(8) $d(\cos x)=-\sin x\,dx;$

(9) $d(\tan x)=\sec^2 x\,dx;$

(10) $d(\cot x)=-\csc^2 x\,dx;$

(11) $d(\sec x)=\sec x\tan x\,dx;$

(12) $d(\csc x)=-\csc x\cot x\,dx;$

(13) $d(\arcsin x)=\dfrac{1}{\sqrt{1-x^2}}dx;$

(14) $d(\arccos x)=-\dfrac{1}{\sqrt{1-x^2}}dx;$

(15) $d(\arctan x)=\dfrac{1}{1+x^2}dx$; (16) $d(\text{arccot} x)=-\dfrac{1}{1+x^2}dx$;

(17) $d(\ln|x|)=\dfrac{1}{x}dx$.

2. 微分的四则运算法则

设函数 $u=u(x),v=v(x)$ 在点 x 处可微,则

(1) $d(u\pm v)=du\pm dv$; (2) $d(uv)=vdu+udv$;

(3) $d(Cu)=Cdu$ （C 为常数）; (4) $d\left(\dfrac{u}{v}\right)=\dfrac{vdu-udv}{v^2}$ （$v\neq0$）;

(5) $d\left(\dfrac{1}{v}\right)=-\dfrac{dv}{v^2}$.

4.3.5 复合函数的微分

由复合函数的求导法则,可以推导出复合函数的微分法则.

设函数 $y=f(u),u=\varphi(x)$ 都可微,则复合函数 $y=f[\varphi(x)]$ 的微分为

$$dy=f'(u)\varphi'(x)dx=f'[\varphi(x)]\varphi'(x)dx.$$

由于 $du=\varphi'(x)dx$,所以,复合函数 $y=f[\varphi(x)]$ 的微分也可以写成

$$dy=f'(u)du.$$

可见,无论 u 是自变量还是中间变量,微分形式 $dy=f'(u)du$ 总保持不变,这一性质称为微分形式不变性. 有时,利用微分形式不变性求复合函数的微分比较方便.

例 4.3.4 设 $y=\sin\sqrt{2x}$,求 dy.

解法一 由公式 $dy=y'dx$,得

$$dy=(\sin\sqrt{2x})'dx=\dfrac{1}{\sqrt{2x}}\cos\sqrt{2x}dx.$$

解法二 由微分形式不变性,得

$$dy=\cos\sqrt{2x}d(\sqrt{2x})=\cos\sqrt{2x}\dfrac{1}{2\sqrt{2x}}d(2x)=\dfrac{1}{\sqrt{2x}}\cos\sqrt{2x}dx.$$

例 4.3.5 在括号里填上适当的函数,使下列等式成立:

(1) $\dfrac{1}{1+x^2}dx=d(\qquad)$;

(2) $d[\ln(2x+3)]=(\qquad)d(2x+3)=(\qquad)dx$.

解 (1) 因为 $(\arctan x+C)'=\dfrac{1}{1+x^2}$（$C$ 为常数）,所以

$$\dfrac{1}{1+x^2}dx=d(\arctan x+C)\quad（C\text{ 为常数}）.$$

(2) 把 $2x+3$ 认为是复合函数的中间变量,由微分形式不变性,得

$$d[\ln(2x+3)]=\left(\dfrac{1}{2x+3}\right)d(2x+3)=\left(\dfrac{2}{2x+3}\right)dx.$$

4.3.6 微分在近似计算中的应用

在工程问题的计算过程中,经常遇到复杂的计算公式.为便于计算,往往要寻求简单的近似公式来代替,而利用微分能使我们在这些方面得到满意的结果.

我们知道,当函数 $f(x)$ 在点 x_0 处的导数 $f'(x_0) \neq 0$ 且 $|\Delta x|$ 很小时,则由微分的定义,有

$$\Delta y \approx \mathrm{d}y = f'(x_0)\Delta x,$$

即

$$\Delta y = f(x_0 + \Delta x) - f(x_0) \approx f'(x_0)\Delta x, \tag{4.1}$$

变形得

$$f(x_0 + \Delta x) \approx f(x_0) + f'(x_0)\Delta x. \tag{4.2}$$

例 4.3.6 计算 $\cos 30°30'$ 的近似值.

解 设函数 $f(x) = \cos x$,则 $f'(x) = -\sin x$. 由已知得

$$x_0 = 30° = \frac{\pi}{6}, \quad \Delta x = 30' = \frac{\pi}{360},$$

从而,由公式(4.2)得

$$f(x_0 + \Delta x) = \cos 30°30' = \cos\left(\frac{\pi}{6} + \frac{\pi}{360}\right) \approx f(x_0) + f'(x_0)\Delta x$$

$$= \cos\frac{\pi}{6} + \left(-\sin\frac{\pi}{6}\right) \times \frac{\pi}{360} \approx \frac{\sqrt{3}}{2} - \frac{1}{2} \times 0.0087 \approx 0.8616.$$

例 4.3.7 一个充满气的气球,半径为 4m. 升空后,因外部气压降低,气球的半径增大了 10cm,问气球的体积近似增加多少?

解 球的体积为 $V = \frac{4}{3}\pi r^3$,当半径 r 由 4m 增加到 $(4+0.1)$m 时,体积 V 增加了 ΔV,且 $\Delta V \approx \mathrm{d}V = 4\pi r^2 \mathrm{d}r$. 由已知 $r = 4$m,$\mathrm{d}r = 0.1$m,代入上式得,气球的体积近似增加值为

$$\Delta V = 4\pi r^2 \mathrm{d}r \approx 4 \times 3.14 \times 4^2 \times 0.1 = 20.096 (\mathrm{m}^3).$$

思考题 4.3

1. 设函数 $y = f(x)$ 在 x_0 处可微,则当 $\Delta x \to 0$ 时,$\Delta y - \mathrm{d}y$ 是 Δy 的高阶无穷小,对吗? 为什么?

2. 函数 $y = f(x)$ 在点 x_0 处的导数与微分有什么区别?

练习题 4.3

1. 求下列函数的微分:

(1) $y = \arctan\frac{1}{x}$;

(2) $y = \ln(1-x) + \sqrt{1-x}$;

(3) $y = \mathrm{e}^x \sin 2x$;

(4) $y = \frac{\sin x}{1-x^2}$.

2. 求由下列方程确定的隐函数的微分 $\mathrm{d}y$:

(1) $\mathrm{e}^{xy} = 1$;

(2) $y = \cos(x+y)$.

3. 选取适当函数填入括号内,使下列等式成立:

(1) $a\mathrm{d}x = \mathrm{d}(\quad)$; (2) $bx\mathrm{d}x = \mathrm{d}(\quad)$;

(3) $\dfrac{1}{2\sqrt{x}}\mathrm{d}x = \mathrm{d}(\quad)$; (4) $\dfrac{1}{x}\mathrm{d}x = \mathrm{d}(\quad)$;

(5) $\dfrac{1}{1+x^2}\mathrm{d}x = \mathrm{d}(\quad)$; (6) $\dfrac{1}{\sqrt{1-x^2}}\mathrm{d}x = \mathrm{d}(\quad)$;

(7) $\sin 2x\mathrm{d}x = \mathrm{d}(\quad)$; (8) $\cos \alpha x\mathrm{d}x = \mathrm{d}(\quad)$;

(9) $\mathrm{e}^{-3x}\mathrm{d}x = \mathrm{d}(\quad)$; (10) $\sec x\tan x\mathrm{d}x = \mathrm{d}(\quad)$.

4. 利用微分求近似值:

(1) $\sqrt[5]{1.002}$; (2) $\sin 31°$; (3) $\arcsin 0.5002$.

5. 证明:当 $|x|$ 很小时,有下列等式成立.

(1) $\sin x \approx x$(x 取弧度数); (2) $\ln(1+x) \approx x$.

4.4 典型例题详解

本章主要学习了导数和微分的概念,导数和微分的性质以及求导数、微分的方法. 下面,我们将以例题与练习的方式来进一步加深对所学知识的理解和掌握.

例 4.4.1 设 $f'(x_0)$ 存在,按照导数定义求极限:$\lim\limits_{h\to 0}\dfrac{f(x_0+h)-f(x_0-h)}{h}$.

解 $\lim\limits_{h\to 0}\dfrac{f(x_0+h)-f(x_0-h)}{h} = \lim\limits_{h\to 0}\left[\dfrac{f(x_0+h)-f(x_0)}{h} - \dfrac{f(x_0-h)-f(x_0)}{h}\right]$

$= \lim\limits_{h\to 0}\dfrac{f(x_0+h)-f(x_0)}{h} - \lim\limits_{h\to 0}\dfrac{f(x_0-h)-f(x_0)}{h}$

$= f'(x_0) - [-f'(x_0)] = 2f'(x_0)$.

例 4.4.2 用导数定义证明:可导的偶函数的导数是奇函数;可导的奇函数的导数是偶函数.

证明 设 $f(x)$ 为偶函数,即 $f(-x)=f(x)$,又 $f(x)$ 可导,则由导数定义得

$$[f(-x)]' = \lim\limits_{h\to 0}\dfrac{f(-x+h)-f(-x)}{h} = \lim\limits_{h\to 0}\dfrac{f(x-h)-f(x)}{h} = -f'(x),$$

即可导的偶函数的导数是奇函数.

同理可证,可导的奇函数的导数是偶函数.

例 4.4.3 设 $y = \ln\sin^2\left(\dfrac{1}{x}\right)$,求 y'.

解 如果不写中间变量,可写成

$$y'_x = \left(\ln\sin^2\dfrac{1}{x}\right)'_x = \dfrac{1}{\sin^2\dfrac{1}{x}}\left(\sin^2\dfrac{1}{x}\right)'_x = \dfrac{1}{\sin^2\dfrac{1}{x}}2\sin\dfrac{1}{x}\left(\sin\dfrac{1}{x}\right)'_x$$

$$= \dfrac{1}{\sin^2\dfrac{1}{x}}2\sin\dfrac{1}{x}\cos\dfrac{1}{x}\left(\dfrac{1}{x}\right)' = \dfrac{1}{\sin^2\dfrac{1}{x}}2\sin\dfrac{1}{x}\cos\dfrac{1}{x}\left(-\dfrac{1}{x^2}\right) = -\dfrac{2}{x^2}\cot\dfrac{1}{x}.$$

当然,在相当熟练后,可进一步简写成

$$y'_x = \left(\ln \sin^2 \frac{1}{x}\right)'_x = \frac{1}{\sin^2 \frac{1}{x}} 2\sin\frac{1}{x}\cos\frac{1}{x}\left(-\frac{1}{x^2}\right) = -\frac{2}{x^2}\cot\frac{1}{x}.$$

例 4.4.4　设 $y = (\ln x)^x x^{\ln x}$,求 y'.

解　两边取对数得

$$\ln y = x\ln(\ln x) + (\ln x)^2,$$

两边对 x 求导,得

$$\frac{1}{y}y' = \ln(\ln x) + \frac{1}{\ln x} + \frac{2\ln x}{x},$$

所以

$$y' = (\ln x)^x x^{\ln x}\left[\ln(\ln x) + \frac{1}{\ln x} + \frac{2\ln x}{x}\right].$$

例 4.4.5　设函数 $\varphi(u)$ 可微,求函数 $y = \ln[\varphi^2(\sin x)]$ 的微分 $\mathrm{d}y$.

解法一　用定义 $\mathrm{d}y = y'\mathrm{d}x$ 来求. 因为

$$y' = \frac{1}{\varphi^2(\sin x)}2\varphi(\sin x)\varphi'(\sin x)\cos x,$$

所以

$$\mathrm{d}y = \frac{2\varphi'(\sin x)\cos x}{\varphi(\sin x)}\mathrm{d}x.$$

解法二　用一阶微分形式不变性来求.

$$\mathrm{d}y = \frac{1}{\varphi^2(\sin x)}\mathrm{d}[\varphi^2(\sin x)] = \frac{1}{\varphi^2(\sin x)}2\varphi(\sin x)\mathrm{d}[\varphi(\sin x)]$$

$$= \frac{2\varphi(\sin x)}{\varphi^2(\sin x)}\varphi'(\sin x)\mathrm{d}(\sin x) = \frac{2\varphi(\sin x)\varphi'(\sin x)\cos x}{\varphi^2(\sin x)}\mathrm{d}x.$$

 复习题四

1. 填空:

(1) 设曲线方程为 $y = f(x)$,曲线在点 $p_0(x_0, y_0)$ 与 $p(x, y)$ 之间割线的斜率是_____,在点 $p_0(x_0, y_0)$ 的切线斜率(若斜率存在)是_____,在点 $p_0(x_0, y_0)$ 的切线方程是_____;

(2) 若函数 $f(x)$ 在点 x 处可导,则函数 $f(x)$ 在点 x 处的微分 $\mathrm{d}y =$ _____;

(3) $\frac{1}{4+x^2}\mathrm{d}x = \mathrm{d}$ _____;

(4) 已知 $f(x) = \ln 2x + 2\mathrm{e}^{\frac{1}{2}x}$,则 $f'(2) =$ _____;

(5) 作变速直线运动物体的运动方程为 $s(t)=t^2+2t$,则其运动速度为 $v(t)=$

_____,加速度为 $a(t)=$ _____.

2. 判断正误:

(1) 若函数 $f(x)$ 在点 x_0 不可导,则该函数在点 x_0 不连续;

(2) 若函数 $f(x)$ 在点 x_0 不连续,则该函数在点 x_0 不可导;

(3) $[\cos(1-x)]'=-\sin(1-x)$;

(4) 如果 $f(x)$ 在 x_0 点可导,$\varphi(x)$ 在 x_0 点不可导,则 $f(x)+\varphi(x)$ 在点 x_0 不可导.

3. 选择题:

(1) $y=f(x_0)$ 在 x_0 处可导且 $f'(x_0)=1$,则曲线 $y=f(x)$ 在点 $(x_0,f(x_0))$ 处的切线与 x 轴(　　)

  A. 平行;   B. 垂直;   C. 夹角是锐角;   D. 夹角是钝角.

(2) 假设 $f'(x_0)$ 存在,则 $\lim\limits_{x\to x_0}\dfrac{f(x)-f(x_0)}{x-x_0}=$(　　)

  A. $f'(x)$;   B. $f'(x_0)$;   C. $f'(x_0+\Delta x)$;   D. $f'(x+\Delta x)$.

(3) 已知函数 $f(x)=\begin{cases}1-x, & x\geqslant 0 \\ \mathrm{e}^{-x}, & x<0\end{cases}$,则在 $x=0$ 处(　　)

  A. 间断;   B. 连续但不可导;   C. $f'(0)=-1$;   D. $f'(0)=1$.

(4) 若 $f(x)$ 可导,且 $\eta=f(\ln^2 x)$,则 $\dfrac{\mathrm{d}\eta}{\mathrm{d}x}=$(　　)

  A. $f'(\ln^2 x)$;   B. $2\ln x f'(\ln^2 x)$;   C. $\dfrac{2\ln x}{x}[f(\ln^2 x)]'$;   D. $\dfrac{2\ln x}{x}f'(\ln^2 x)$.

4. 计算:

(1) 设 $y=2^{\sin^2\frac{1}{x}}$,求 $\mathrm{d}y$;   (2) 设 $y=\left(\dfrac{1+x^2}{1+x}\right)^2$,求 y';

(3) $3x^2=xy-3$,求 $y'(1)$;   (4) 设 $f(x)=\left(\dfrac{1}{x}\right)^x+x^{2x}$,求 $f'(x)$.

5. 讨论下列函数在指定点处的连续性与可导性:

(1) $f(x)=\begin{cases}x^2, & x\geqslant 0, \\ x, & x<0,\end{cases}$ 在 $x=0$ 处;

(2) $g(x)=\begin{cases}x^2\sin\dfrac{1}{x}, & x\neq 0, \\ 0, & x=0,\end{cases}$ 在 $x=0$ 处;

(3) $h(x)=\begin{cases}\dfrac{\sin(x-1)}{x-1}, & x\neq 1, \\ 0, & x=1,\end{cases}$ 在 $x=1$ 处.

6. 曲线 $y=x^2+x-2$ 上哪一点的切线与 x 轴平行,哪一点的切线与直线 $y=4x-1$

平行,又在哪一点的切线与 x 轴交角为 $60°$?

7. 已知电容器极板上的电荷为 $\theta(t)=c\mu_m\sin\omega t$,其中 c,μ_m,ω 都是常数,求电流强度 $i(t)$.

8. 设扇形的圆心角 $\alpha=60°$,半径 $R=100\text{cm}$,如果 R 不变,α 减少 $30'$,问扇形面积大约改变多少? 又如果 α 不变,R 增加 1cm,问扇形的面积大约改变多少?

第 5 章

导数的应用

微分学在自然科学与工程技术上都有着极其广泛的应用. 本章将介绍计算未定型极限的新方法——洛必达（L'Hospital）法则，并且以导数为工具，讨论函数及其图形的性态，借助数学软件解决一些常见的应用问题.

5.1 洛必达法则

如果当 $x \to x_0$ 时，函数 $f(x)$、$\varphi(x)$ 都趋于零（或都趋于无穷），则极限 $\lim\limits_{x \to x_0} \dfrac{f(x)}{\varphi(x)}$ 可能存在，也可能不存在. 通常称这种极限为未定式，记为"$\dfrac{0}{0}$"型或"$\dfrac{\infty}{\infty}$"型. 下面介绍求这类未定式极限的一种有效而简便的方法——洛必达法则.

1. "$\dfrac{0}{0}$"型未定式

定理 5.1 设 $f(x)$、$\varphi(x)$ 在点 x_0 的某个去心邻域内有定义，若

(1) $\lim\limits_{x \to x_0} f(x) = \lim\limits_{x \to x_0} \varphi(x) = 0$；

(2) $f(x)$、$\varphi(x)$ 在点 x_0 的某个去心邻域内可导，且 $\varphi'(x) \neq 0$；

(3) $\lim\limits_{x \to x_0} \dfrac{f'(x)}{\varphi'(x)}$ 存在（或为无穷大），则

$$\lim_{x \to x_0} \frac{f(x)}{\varphi(x)} = \lim_{x \to x_0} \frac{f'(x)}{\varphi'(x)}. \quad （证明从略）$$

这就是说，当 $\lim\limits_{x \to x_0} \dfrac{f'(x)}{\varphi'(x)}$ 存在时，$\lim\limits_{x \to x_0} \dfrac{f(x)}{\varphi(x)}$ 也存在且等于 $\lim\limits_{x \to x_0} \dfrac{f'(x)}{\varphi'(x)}$；当 $\lim\limits_{x \to x_0} \dfrac{f'(x)}{\varphi'(x)}$ 为无穷

大时，$\lim\limits_{x \to x_0} \dfrac{f(x)}{\varphi(x)}$ 也为无穷大. 定理 5.1 中 $x \to x_0$ 换为 $x \to \infty$（或其他情形）时，结论也成立.

这种在一定条件下通过分子分母求导再求极限来确定未定式的值的方法叫做洛必达法则.

例 5.1.1 求 $\lim\limits_{x \to 0} \dfrac{1 - \cos x}{x^2}$.

解 $\lim\limits_{x \to 0} \dfrac{1 - \cos x}{x^2} \overset{\frac{0}{0}}{=} \lim\limits_{x \to 0} \dfrac{\sin x}{2x} = \dfrac{1}{2}$.

例 5.1.2 求 $\lim\limits_{x \to 0} \dfrac{\ln(1 + x)}{x^2}$.

解 $\lim\limits_{x \to 0} \dfrac{\ln(1+x)}{x^2} \overset{\frac{0}{0}}{=\!=} \lim\limits_{x \to 0} \dfrac{1}{2x(1+x)} = \infty.$

如果 $\lim\limits_{x \to x_0} \dfrac{f'(x)}{\varphi'(x)}$ 仍是 "$\dfrac{0}{0}$" 型,且 $f'(x)$、$\varphi'(x)$ 仍然满足洛必达法则的条件,则可继续使用这个法则进行计算,即 $\lim\limits_{x \to x_0} \dfrac{f(x)}{\varphi(x)} \overset{\frac{0}{0}}{=\!=} \lim\limits_{x \to x_0} \dfrac{f'(x)}{\varphi'(x)} \overset{\frac{0}{0}}{=\!=} \lim\limits_{x \to x_0} \dfrac{f''(x)}{\varphi''(x)}$,依此类推,只要仍然满足洛必达法则的条件,则可继续使用这个法则. 但应注意,如果所求的极限已不是未定式,则不能再应用这个法则,否则将导致错误的结果.

例 5.1.3 求 $\lim\limits_{x \to 2} \dfrac{x^3 - 3x^2 + 4}{x^2 - 4x + 4}$.

解 $\lim\limits_{x \to 2} \dfrac{x^3 - 3x^2 + 4}{x^2 - 4x + 4} \overset{\frac{0}{0}}{=\!=} \lim\limits_{x \to 2} \dfrac{3x^2 - 6x}{2x - 4} \overset{\frac{0}{0}}{=\!=} \lim\limits_{x \to 2} \dfrac{6x - 6}{2} = 3.$

2. "$\dfrac{\infty}{\infty}$" 型未定式

定理 5.2 设 $f(x)$、$\varphi(x)$ 在点 x_0 的某个去心邻域内有定义,若

(1) $\lim\limits_{x \to x_0} f(x) = \lim\limits_{x \to x_0} \varphi(x) = \infty$;

(2) $f(x)$、$\varphi(x)$ 在点 x_0 的某个去心邻域内可导,且 $\varphi'(x) \neq 0$;

(3) $\lim\limits_{x \to x_0} \dfrac{f'(x)}{\varphi'(x)}$ 存在(或为无穷大),则

$$\lim\limits_{x \to x_0} \frac{f(x)}{\varphi(x)} = \lim\limits_{x \to x_0} \frac{f'(x)}{\varphi'(x)}.$$

定理 5.2 中 $x \to x_0$ 换为 $x \to \infty$(或其他情形)时,结论也成立.

例 5.1.4 求 $\lim\limits_{x \to +\infty} \dfrac{x^3}{\ln x}$.

解 $\lim\limits_{x \to +\infty} \dfrac{x^3}{\ln x} \overset{\frac{\infty}{\infty}}{=\!=} \lim\limits_{x \to +\infty} \dfrac{3x^2}{\frac{1}{x}} = \lim\limits_{x \to +\infty} 3x^3 = +\infty.$

例 5.1.5 求 $\lim\limits_{x \to +\infty} \dfrac{x^n}{e^x}$.

解 $\lim\limits_{x \to +\infty} \dfrac{x^n}{e^x} \overset{\frac{\infty}{\infty}}{=\!=} \lim\limits_{x \to +\infty} \dfrac{nx^{n-1}}{e^x} \overset{\frac{\infty}{\infty}}{=\!=} \lim\limits_{x \to +\infty} \dfrac{n(n-1)x^{n-2}}{e^x} = \cdots = \lim\limits_{x \to +\infty} \dfrac{n!}{e^x} = 0.$

在使用洛必达法则时,一定要先验证是否满足定理的条件,如果不满足,则应停止,并换用其他方法求解.

例 5.1.6 求 $\lim\limits_{x \to 0} \dfrac{x^2 \sin \dfrac{1}{x}}{\sin x}$.

解 此极限是 "$\dfrac{0}{0}$" 型,但因为 $\left(x^2 \sin \dfrac{1}{x} \right)' = 2x \sin \dfrac{1}{x} - \cos \dfrac{1}{x}$,其中 $\lim\limits_{x \to 0} 2x \sin \dfrac{1}{x} = 0$,

而 $\lim\limits_{x\to 0}\cos\dfrac{1}{x}$ 不存在,所以不能使用洛必达法则进行计算.

事实上, $\lim\limits_{x\to 0}\dfrac{x^2\sin\dfrac{1}{x}}{\sin x}=\lim\limits_{x\to 0}\left(\dfrac{x}{\sin x}\right)\left(x\sin\dfrac{1}{x}\right)=0.$

3. 其他类型的未定式

未定式除"$\dfrac{0}{0}$"或"$\dfrac{\infty}{\infty}$"型外,还有 $0\cdot\infty$、$\infty-\infty$、1^∞、∞^0、0^0 等类型. 一般地,这些类型

的未定式通过变形总可以化为"$\dfrac{0}{0}$"或"$\dfrac{\infty}{\infty}$"型,然后用洛必达法则求其极限.

例 5.1.7 求 $\lim\limits_{x\to+\infty}xe^{-x}$.

解 $\lim\limits_{x\to+\infty}xe^{-x}=\lim\limits_{x\to+\infty}\dfrac{x}{e^x}\overset{\frac{\infty}{\infty}}{=}\lim\limits_{x\to+\infty}\dfrac{1}{e^x}=0.$

例 5.1.8 求 $\lim\limits_{x\to 0}\left(\dfrac{1}{\sin x}-\dfrac{1}{x}\right)$.

解 $\lim\limits_{x\to 0}\left(\dfrac{1}{\sin x}-\dfrac{1}{x}\right)=\lim\limits_{x\to 0}\dfrac{x-\sin x}{x\sin x}\overset{\frac{0}{0}}{=}\lim\limits_{x\to 0}\dfrac{1-\cos x}{\sin x+x\cos x}\overset{\frac{0}{0}}{=}\lim\limits_{x\to 0}\dfrac{\sin x}{2\cos x-x\sin x}=0.$

例 5.1.9 求 $\lim\limits_{x\to 0^+}x^x$.

解 这是"0^0"型,利用对数恒等式得 $\lim\limits_{x\to 0^+}x^x=\lim\limits_{x\to 0^+}e^{\ln x^x}=\lim\limits_{x\to 0^+}e^{x\ln x}=e^{\lim\limits_{x\to 0^+}x\ln x}$

而

$$\lim\limits_{x\to 0^+}x\ln x=\lim\limits_{x\to 0^+}\dfrac{\ln x}{\dfrac{1}{x}}\overset{\frac{\infty}{\infty}}{=}\lim\limits_{x\to 0^+}\dfrac{\dfrac{1}{x}}{-\dfrac{1}{x^2}}=0,$$

所以

$$\lim\limits_{x\to 0^+}x^x=e^0=1.$$

思考题 5.1

1. 洛必达法则的条件是什么?结论是什么?哪些极限可用洛必达法则计算?

2. 下列各题中的运算是否正确?若不正确,请改正.

(1) $\lim\limits_{x\to\infty}\dfrac{e^x-e^{-x}}{e^x+e^{-x}}=\lim\limits_{x\to\infty}\dfrac{e^{-x}(e^{2x}-1)}{e^{-x}(e^{2x}+1)}=\lim\limits_{x\to\infty}\dfrac{(e^{2x}-1)}{(e^{2x}+1)}$

$=\lim\limits_{x\to\infty}\dfrac{(e^{2x}-1)'}{(e^{2x}+1)'}=\lim\limits_{x\to\infty}\dfrac{2e^{2x}}{2e^{2x}}=1.$

(2) $\lim\limits_{x\to\infty}\dfrac{x-\sin x}{x+\sin x}=\lim\limits_{x\to\infty}\dfrac{(x-\sin x)'}{(x+\sin x)'}=\lim\limits_{x\to\infty}\dfrac{1-\cos x}{1+\cos x}$

$=\lim\limits_{x\to\infty}\dfrac{(1-\cos x)'}{(1+\cos x)'}=\lim\limits_{x\to\infty}\dfrac{\sin x}{-\sin x}=-1.$

(3) $\lim\limits_{x\to 0}\dfrac{e^x-\cos x}{x\sin x}=\lim\limits_{x\to 0}\dfrac{e^x+\sin x}{x\cos x+\sin x}=\lim\limits_{x\to 0}\dfrac{e^x+\cos x}{2\cos x-x\sin x}=\dfrac{2}{2}=1.$

练习题 5.1

1. 用洛必达法则求下列极限:

(1) $\lim\limits_{x \to 0} \dfrac{\sin ax}{\sin bx} (b \neq 0)$;

(2) $\lim\limits_{x \to \pi} \dfrac{\sin 3x}{\tan 5x}$;

(3) $\lim\limits_{x \to a} \dfrac{\sin x - \sin a}{x - a}$;

(4) $\lim\limits_{x \to 0} \dfrac{e^x - e^{-x}}{\sin x}$;

(5) $\lim\limits_{x \to \frac{\pi}{2}} \dfrac{\ln \sin x}{(\pi - 2x)^2}$;

(6) $\lim\limits_{x \to a} \dfrac{x^m - a^m}{x^n - a^n}$;

(7) $\lim\limits_{x \to 0^+} \dfrac{\ln \tan 7x}{\ln \tan 2x}$;

(8) $\lim\limits_{x \to \frac{\pi}{2}} \dfrac{\tan x}{\tan 3x}$;

(9) $\lim\limits_{x \to \infty} \dfrac{x^3}{e^{x^2}}$;

(10) $\lim\limits_{x \to +\infty} \dfrac{\ln\left(1 + \dfrac{1}{x}\right)}{\operatorname{arccot} x}$;

(11) $\lim\limits_{x \to +\infty} \dfrac{x^2 + \ln x}{x \ln x}$;

(12) $\lim\limits_{x \to +\infty} \dfrac{1.1^x}{x^{10}}$.

2. 计算下列极限:

(1) $\lim\limits_{x \to 0^+} x^n \ln x$;

(2) $\lim\limits_{x \to \frac{\pi}{2}} (\sec x - \tan x)$;

(3) $\lim\limits_{x \to 1} \left(\dfrac{x}{x-1} - \dfrac{1}{\ln x} \right)$;

(4) $\lim\limits_{x \to 1} (1-x) \tan\left(\dfrac{\pi}{2} x \right)$;

(5) $\lim\limits_{x \to 0^+} x^{\sin x}$;

(6) $\lim\limits_{x \to 0^+} (\cot x)^{\sin x}$;

(7) $\lim\limits_{x \to +\infty} (\ln x)^{\frac{1}{x}}$;

(8) $\lim\limits_{x \to 1} x^{\frac{1}{1-x}}$.

5.2 拉格朗日中值定理及函数的单调性

本节介绍微分中值定理,即拉格朗日(Lagrange)中值定理及其应用.

5.2.1 拉格朗日中值定理

定理 5.3(拉格朗日中值定理) 如果函数 $y = f(x)$ 满足:

(1) 在闭区间 $[a,b]$ 上连续;

(2) 在开区间 (a,b) 内可导.

则至少存在一点 $\xi \in (a,b)$,使得

$$f'(\xi) = \frac{f(b) - f(a)}{b - a} \quad \text{或} \quad f(b) - f(a) = f'(\xi)(b - a).$$

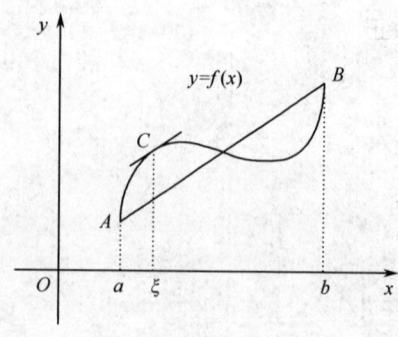

图 5.2.1

结合图 5.2.1,我们来观察定理 5.3 的几何意义,因为 $f'(\xi)$ 为点 C 处的切线的斜率,而 $\dfrac{f(b) - f(a)}{b - a}$ 为弦 AB 的斜率. 因此,拉格朗日中值定理的几何意义是:对于连续且除端点外处处具有不垂直于 x 轴的切线的曲线弧 AB 而言,在这弧上至少存在一点 C,使得在点 C 处的切线平行于弦 $\overline{AB}$.

由拉格朗日中值定理,还可以得出下面的推论.

推论　如果函数 $f(x)$ 在区间 (a,b) 内,恒有 $f'(x)=0$,则 $f(x)$ 在区间 (a,b) 内恒等于常数.

证明　在区间 (a,b) 内任取两点 x_1,x_2,且 $x_1<x_2$,于是在区间 $[x_1,x_2]$ 上函数 $f(x)$ 满足定理 5.3 的条件,从而可得

$$f(x_1)-f(x_2)=f'(\xi)(x_2-x_1),\text{其中 } \xi\in(x_1,x_2).$$

因为 $f'(\xi)=0$,所以

$$f(x_1)=f(x_2).$$

由于 x_1,x_2 是 (a,b) 内任意两点,因此,上式表明 $f(x)$ 在 (a,b) 内的函数值处处相等,即 $f(x)$ 在区间 (a,b) 内恒等于常数.

5.2.2　函数的单调性

我们在第 2 章中已经介绍了函数的单调性,下面介绍用导数来研究函数的单调性.

定理 5.4　设函数 $y=f(x)$ 在 $[a,b]$ 上连续,在 (a,b) 内可导,若

(1) 在 (a,b) 内 $f'(x)>0$,则函数 $y=f(x)$ 在 $[a,b]$ 上单调增加.

(2) 在 (a,b) 内 $f'(x)<0$, 则函数 $y=f(x)$ 在 $[a,b]$ 上单调减少.

证明　在 $[a,b]$ 上任取两点 x_1,x_2,且 $x_1<x_2$,由拉格朗日中值定理得

$$f(x_2)-f(x_1)=f'(\xi)(x_2-x_1),(x_1<\xi<x_2).$$

由于 $x_2-x_1>0$,因此若在 (a,b) 内 $f'(x)>0$,则有 $f'(\xi)>0$,于是

$$f(x_2)-f(x_1)=f'(\xi)(x_2-x_1)>0,$$

即

$$f(x_1)<f(x_2).$$

所以,函数 $f(x)$ 在 $[a,b]$ 上单调增加.

同理,如果 (a,b) 内 $f'(x)<0$,则有 $f'(\xi)<0$, 于是 $f(x_1)>f(x_2)$,所以,函数 $f(x)$ 在 $[a,b]$ 上单调减少.

定理 5.4 中的闭区间 $[a,b]$ 若为开区间 (a,b) 或无限区间,结论也成立.

注意:有的可导函数仅在有限个点处导数为零,在其余点处导数均为正(或负),则函数在该区间内仍为单调增加(或单调减少).例如,幂函数 $y=x^3$ 的导数 $y'=3x^2$,只有当 $x=0$ 时, $y'=0$,而当 $x\neq0$ 时, $y'>0$,因而幂函数 $y=x^3$ 在 $(-\infty,+\infty)$ 上单调增加.

例 5.2.1　判定函数 $y=e^x-x-1$ 的单调性.

解　函数的定义域为 $(-\infty,+\infty)$. $y'=e^x-1$,令 $y'=0$ 解得 $x=0$,如表 5.2.1 所示.

表 5.2.1

x	$(-\infty,0)$	0	$(0,+\infty)$
y'	$-$	0	$+$
y	↘	0	↗

由表 5.2.1 知,在 $(-\infty,0)$ 内 $y'<0$,所以函数 $y=e^x-x-1$ 在 $(-\infty,0]$ 上单调减少;在 $(0,+\infty)$ 内 $y'>0$,所以函数 $y=e^x-x-1$ 在 $[0,+\infty)$ 上单调增加(表中"↗"表示

单调增加,"↘"表示单调减少).

例 5.2.2 讨论函数 $f(x)=(x-1)x^{\frac{2}{3}}$ 的单调性.

解 函数 $f(x)$ 的定义域 $(-\infty,+\infty)$,而

$$f'(x)=\frac{2}{3}x^{-\frac{1}{3}}(x-1)+x^{\frac{2}{3}}=\frac{5x-2}{3\sqrt[3]{x}}.$$

令 $f'(x)=0$ 得 $x=\frac{2}{5}$. 此外,显然 $x=0$ 为 $f(x)$ 的不可导点. 于是,$x=0$,$x=\frac{2}{5}$ 把函数的定义域划分为 3 个子区间 $(-\infty,0)$,$\left(0,\frac{2}{5}\right)$,$\left(\frac{2}{5},+\infty\right)$. 列表 5.2.2 讨论如下.

表 5.2.2

x	$(-\infty,0)$	0	$\left(0,\frac{2}{5}\right)$	$\frac{2}{5}$	$\left(\frac{2}{5},+\infty\right)$
$f'(x)$	+	不存在	−	0	+
$f(x)$	↗	0	↘	$-\frac{3}{5}\sqrt[3]{\frac{4}{25}}$	↗

所以函数 $f(x)$ 在 $(-\infty,0]$ 和 $\left[\frac{2}{5},+\infty\right)$ 上单调增加,在 $\left[0,\frac{2}{5}\right]$ 上单调减少.

从以上例子可以看到,有些函数在它的定义区间上不是单调的,但用导数等于零或导数不存在的点划分函数的定义区间后,就可以使函数在每个部分区间上单调. 因此,确定函数的单调性的一般步骤如下.

(1) 确定函数的定义域.

(2) 求出使 $f'(x)=0$ 和 $f'(x)$ 不存在的点,并以这些点为分界点把定义域分成若干个子区间.

(3) 确定 $f'(x)$ 在各个子区间内的符号,从而判定出 $f(x)$ 的单调性.

根据函数的单调性,还可以证明一些不等式.

例 5.2.3 证明:当 $x>1$ 时,$e^x>ex$.

证明 设 $f(x)=e^x-ex$,则 $f(x)$ 在 $[1,+\infty)$ 上连续,且 $f(1)=0$,在 $(1,+\infty)$ 内,有

$$f'(x)=e^x-e>0,$$

由定理 5.4 知 $f(x)$ 在 $[1,+\infty)$ 上单调增加.

所以,当 $x>1$ 时,$f(x)>f(1)=0$,即 $e^x-ex>0$,从而 $e^x>ex$.

思考题 5.2

1. 怎样利用导数来确定函数的单调区间? 怎样判断函数的单调性?

2. 判定方程 $\sin x=x$ 有几个实根,并证明.

练习题 5.2

1. 下列函数在指定的区间上是否满足拉格朗日中值定理的条件? 如果满足找出使定理结论成立的 ξ 的值.

(1) $f(x)=2x^2+x+1,[-1,3]$;　　(2) $f(x)=\ln x,[1,e]$;

(3) $f(x)=\arctan x,[0,1]$;　　(4) $f(x)=\sqrt[3]{x^2},[-1,2]$.

2. 证明函数 $y=px^2+qx+r$ 在 $[a,b]$ 上应用拉格朗日中值定理时所求得的点 $\xi=\dfrac{1}{2}(a+b)$.

3. 证明恒等式：$\arctan x+\text{arccot} x=\dfrac{\pi}{2},x\in(-\infty,+\infty)$.

4. 判定下列函数在指定区间内的单调性：

(1) $f(x)=\arctan x-x,(-\infty,+\infty)$;

(2) $f(x)=x+\cos x,[0,2\pi]$;

(3) $f(x)=\tan x,\left[-\dfrac{\pi}{2},\dfrac{\pi}{2}\right]$.

5. 确定下列函数的单调区间.

(1) $f(x)=2x^3-6x^2-18x-7$;　　(2) $f(x)=\sqrt[3]{x^2}$;

(3) $f(x)=2x^2-\ln x$;　　(4) $f(x)=(x-1)(x+1)^3$;

(5) $f(x)=e^{-x^2}$;　　(6) $f(x)=x+\sqrt{1-x}$;

(7) $f(x)=x-2\sin x,0\leqslant x\leqslant 2\pi$;　　(8) $f(x)=\ln(x+\sqrt{1+x^2})$.

6. 证明下列不等式：

(1) 当 $x>0$ 时，$x>\ln(1+x)$;

(2) 当 $x>1$ 时，$\ln x>\dfrac{2(x-1)}{x+1}$;

(3) 当 $0<x<\dfrac{\pi}{2}$ 时，$\sin x+\tan x>2x$.

5.3　函数的极值与最值

极值是函数的一种局部性态，它能帮助我们进一步把握函数的变化状况，为准确描绘函数图形提供不可缺少的信息，它又是研究函数的最大值和最小值问题的关键所在.

5.3.1　函数的极值

1. 函数的极值的定义

首先，来观察图 5.3.1，函数 $y=f(x)$ 在 C_1、C_4 的函数值 $f(C_1)$、$f(C_4)$ 比它们近旁各点的函数值都大，而在点 C_2、C_5 的函数值 $f(C_2)$、$f(C_5)$ 比它们近旁各点的函数值都小. 对于这种性质的点和对应的函数值，我们给出如下的定义.

定义 5.1　设函数 $y=f(x)$ 在点 x_0 的某个邻域内有定义，若对于该邻域内任意的 $x(x\neq x_0)$，恒有

(1) $f(x_0)>f(x)$，则称 $f(x_0)$ 为函数 $f(x)$ 的极大值，并 x_0 称为极大值点.

(2) $f(x_0)<f(x)$，则称 $f(x_0)$ 为函数 $f(x)$ 的极小值，并 x_0 称为极小值点.

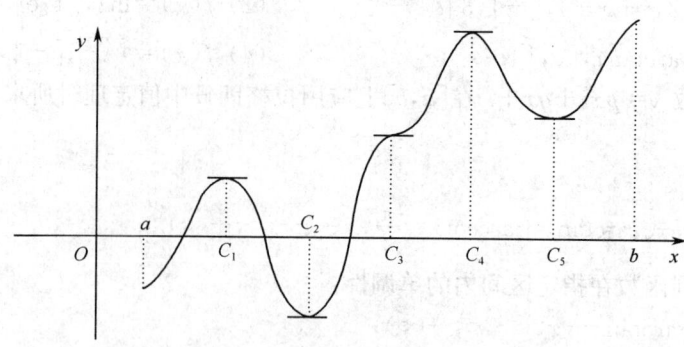

图 5.3.1

函数的极大值与极小值统称为极值,极大值点与极小值点统称为极值点.

例如,图 5.3.1 中 $f(C_1)$、$f(C_4)$ 都是函数 $f(x)$ 的极大值,C_1、C_4 是 $f(x)$ 的极大点;$f(C_2)$、$f(C_5)$ 是函数 $f(x)$ 的极小值,C_2、C_5 是 $f(x)$ 的极小点.

关于函数的极值作以下几点说明.

(1) 函数的极值概念是局部性的,也就是说,如果 $f(x_0)$ 是函数 $f(x)$ 的一个极大值,那只是就极大点 x_0 附近的一个局部范围来说的,在函数的整个定义域中,它不见得是最大值,如图 5.3.1 所示,函数 $f(x)$ 在 $[a,b]$ 上的最大值是 $f(b)$,并不是 $f(C_1)$ 和 $f(C_4)$.关于极小值也类似;

(2) 函数的极大值未必比极小值大.如图 5.3.1 中,$f(C_1)$ 就比 $f(C_5)$ 小;

(3) 函数的极值一定出现在区间内部,在区间端点处不能取得极值;而函数的最大值、最小值可能出现在区间内部,也可能在区间的端点处取得.

2. 函数的极值的判定和求法

由图 5.3.1 看到,在函数取得极值处,曲线的切线是水平的,即在极值点处函数的导数为零;反之,曲线上有水平切线的地方,即在使导数为零的点处函数不一定取得极值.例如,在点 C_3 处,曲线虽有水平的切线,即 $f'(C_3)=0$,但 $f(C_3)$ 并不是极值.我们把导数为零的点(即方程 $f'(x)=0$ 的根)叫做函数 $f(x)$ 的驻点.

下面,给出函数取得极值的必要条件.

定理 5.5 设函数 $f(x)$ 在点 x_0 处可导,且在点 x_0 处取得极值,则 $f'(x_0)=0$.
注意:

(1) 可导函数的极值点必定是它的驻点;反之,函数 $f(x)$ 的驻点未必是极值点.例如 $f(x)=x^3$,$x=0$ 是驻点,但不是极值点;

(2) 有些函数的极值点可以不是驻点.例如 $f(x)=|x|$,$x=0$ 是极值点,但在该点处,函数的导数不存在.

定理 5.6(极值存在的第一充分条件) 设函数 $f(x)$ 在点 x_0 的某个邻域内连续,且在该邻域内可导(在 x_0 处可以不可导),则

(1) 如果当 $x<x_0$ 时,$f'(x)>0$,而当 $x>x_0$ 时,$f'(x)<0$,那么函数 $f(x)$ 在 x_0 处取得极大值;

(2) 如果当 $x<x_0$ 时,$f'(x)<0$,而当 $x>x_0$ 时,$f'(x)>0$,那么函数 $f(x)$ 在 x_0 处取得极小值.

如图 5.3.2 所示,当 x 渐增地经过 x_0 时,如果 $f'(x)$ 的符号由正变负,则函数 $f(x)$ 在 x_0 处取得极大值;如果 $f'(x)$ 的符号由负变正,则函数 $f(x)$ 在 x_0 处取得极小值.注意,如果当 x 渐增地经过 x_0 时,$f'(x)$ 的符号并未改变,那么函数 $f(x)$ 在 x_0 处没有极值.

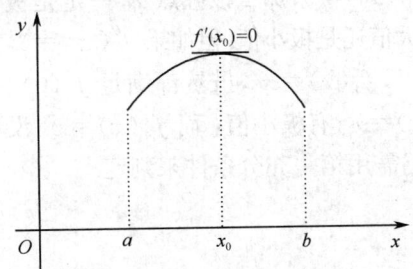 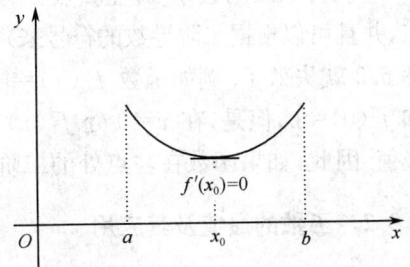

图 5.3.2

根据上面的两个定理,我们可以得到求 $f(x)$ 的极值的步骤如下.

(1) 求出函数的定义域;

(2) 求出导数 $f'(x)$;

(3) 求出 $f(x)$ 的全部驻点及导数不存在的点;

(4) 用驻点及导数不存在的点把函数的定义域划分为若干区间,考察每个部分区间内的 $f'(x)$ 的符号,利用定理 5.2 确定是否是极值点,是极大点还是极小点;

(5) 求出各极值点的函数值,即得函数 $f(x)$ 的全部极值.

例 5.3.1 求函数 $f(x)=x-\dfrac{3}{2}\sqrt[3]{x^2}$ 的极值.

解 (1) $f(x)$ 的定义域为 $(-\infty,+\infty)$.

(2) $f'(x)=1-x^{-\frac{1}{3}}=\dfrac{\sqrt[3]{x}-1}{\sqrt[3]{x}}$.

(3) 令 $f'(x)=0$ 得驻点为 $x=1$,又当 $x=0$ 时 $f'(x)$ 不存在.

(4) 列表 5.3.1 讨论如下.

表 5.3.1

x	$(-\infty,0)$	0	$(0,1)$	1	$(1,+\infty)$
$f'(x)$	$+$	不存在	$-$	0	$+$
$f(x)$	↗	极大值 0	↘	极小值 $-\dfrac{1}{2}$	↗

由上表可知,函数 $f(x)$ 的极大值为 $f(0)=0$,极小值为 $f(1)=-\dfrac{1}{2}$.

当函数 $f(x)$ 在驻点处的二阶导数存在且不为零时,也可以利用下列定理来判定

$f(x)$在驻点处取得极大值还是极小值.

定理 5.7(极值存在的第二充分条件) 设函数 $f(x)$ 在点 x_0 处具有二阶导数且 $f'(x_0)=0$,$f''(x_0)\neq0$,则

(1) 当 $f''(x_0)<0$ 时,函数 $f(x)$ 在 x_0 处取得极大值;

(2) 当 $f''(x_0)>0$ 时,函数 $f(x)$ 在 x_0 处取得极小值.

说明:如果函数 $f(x)$ 在驻点 x_0 处的二阶导数 $f''(x_0)\neq0$,那么该驻点 x_0 一定是极值点,并且可以根据二阶导数的符号来判定 $f(x_0)$ 是极大值还是极小值.但如果 $f''(x_0)=0$,定理 5.3 就失效了.例如函数 $f_1(x)=-x^4$,$f_2(x)=x^4$,$f_3(x)=x^3$,虽然都满足 $f'(0)=0$ 和 $f''(0)=0$,但是,在 $x=0$ 处 $f_1(x)$ 有极大值,$f_2(x)=x^4$ 有极小值,而 $f_3(x)=x^3$ 没有极值.因此,如果函数在驻点处的二阶导数为零,则仍需用第一充分条件来判定.

5.3.2 函数的最值及其应用

在一些实际问题中,我们常常需要解决在一定的条件下"用料最省"、"效率最高"、"产量最多"、"成本最低"等问题,这些问题反映在数学上就是函数的最大值、最小值问题.

1. 函数的最大值和最小值

定义 5.2 已知闭区间 $[a,b]$ 上的连续函数 $f(x)$,当 $[a,b]$ 上任一点 x_0 处的函数值 $f(x_0)$ 与区间上其余各点的函数值 $f(x)$ 相比较时,若

(1) $f(x)\leqslant f(x_0)$ 成立,则称 $f(x_0)$ 为函数 $f(x)$ 在区间 $[a,b]$ 上的最大值,称点 x_0 为函数 $f(x)$ 在区间 $[a,b]$ 上的最大点;

(2) $f(x)\geqslant f(x_0)$ 成立,则称 $f(x_0)$ 为函数 $f(x)$ 在区间 $[a,b]$ 上的最小值,称点 x_0 为函数 $f(x)$ 在区间 $[a,b]$ 上的最小点.

最大值和最小值统称为最值.

由极值与最值的定义可知,极值是局部性概念,而最值是整体性概念,根据闭区间上连续函数最大值、最小值的性质可知,闭区间 $[a,b]$ 上的连续函数 $f(x)$,在 $[a,b]$ 上一定有最大值和最小值.函数的最值可能出现在区间内部,也可能在区间的端点处取得.如果最值在区间 (a,b) 内部取得,则这个最值一定是函数的极值.因此,求函数 $f(x)$ 在 $[a,b]$ 上的最值的方法是:

(1) 求出 $f(x)$ 在开区间 (a,b) 内所有可能是极值点的函数值;

(2) 计算端点的函数值 $f(a)$,$f(b)$;

(3) 比较以上函数值,其中最大的就是函数的最大值,最小的就是函数的最小值.

例 5.3.2 求函数 $f(x)=x^3-3x^2-9x+5$ 在 $[-2,6]$ 上的最大值和最小值.

解 (1) 因为 $f'(x)=3x^2-6x-9=3(x^2-2x-3)=3(x+1)(x-3)$,令 $f'(x)=0$,得驻点为 $x_1=-1$,$x_2=3$.它们对应的函数值为 $f(-1)=10$,$f(3)=-22$;

(2) 区间 $[-2,6]$ 端点处的函数值为 $f(-2)=3$,$f(6)=59$;

(3) 比较以上各函数值,可知在 $[-2,6]$ 上,函数的最大值为 $f(6)=59$,最小值为 $f(3)=-22$.

特别地,如果函数 $f(x)$ 在某个开区间内可导且有唯一的极值点 x_0,则当 $f(x_0)$ 是极

大值时，$f(x_0)$就是 $f(x)$ 在该区间上的最大值；当 $f(x_0)$ 是极小值时，$f(x_0)$ 就是 $f(x)$ 在该区间上的最小值.

2. 最大值、最小值应用举例

在实际问题中，如果函数 $f(x)$ 在某区间(a,b)内只有一个驻点 x_0，而且从实际问题本身又可以知道 $f(x)$ 在该区间内必定有最大值或最小值，则 $f(x_0)$ 就是所要求的最大值或最小值.

例 5.3.3 用边长为 48cm 的正方形铁皮做一个无盖的铁盒时，在铁皮的四角各截去一个面积相等的小正方形[见图 5.3.3(a)]，然后把四边折起，就能焊成铁盒[见图 5.3.3(b)]．问在四角截去多大的正方形，方能使所做的铁盒容积最大?

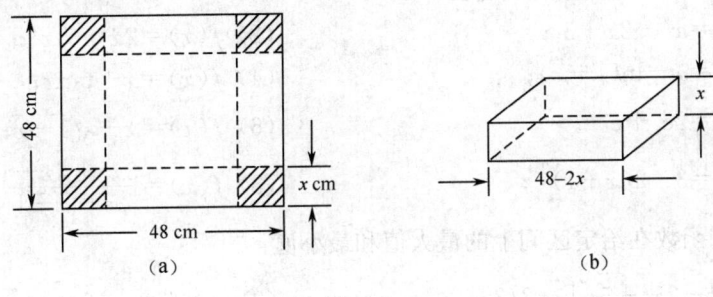

图 5.3.3

解 设截去的小正方形的边长为 $x$cm，铁盒的容积为 Vcm³，则根据题意，有

$$V = x(48 - 2x)^2 \quad (0 < x < 24).$$

问题归结为：求 x 为何值时，函数 V 在区间$(0, 24)$内取得最大值.

求导数得

$$V' = (48 - 2x)^2 + x \cdot 2(48 - 2x)(-2) = 12(24 - x)(8 - x).$$

令 $V' = 0$，求得在$(0, 24)$内函数的驻点为

$$x = 8.$$

由于铁盒必然存在最大容积，而现在函数在$(0, 24)$内只有一个驻点，因此，当 $x = 8$ 时，函数 V 取得最大值．也就是说，当所截去的小正方形的边长为 8cm 时，铁盒的容积最大.

例 5.3.4 某商店每月可销售某种商品 2.4 万件，每件商品每月的库存费为 4.8 元．商店分批进货，每批订购费为 3600 元；如果销售是均匀的（即商品库存数为批量的一半）．问每批订购多少件商品，可使每月的订购费与库存费之和最少? 这笔费用是多少?

解 设每批订购商品 x 件，每月的订购费与库存费之和为 y，根据题意得

$$y = \frac{24000}{x} \times 3600 + \frac{x}{2} \times 4.8 = \frac{86400000}{x} + \frac{12}{5}x \quad (0 < x \leqslant 24000),$$

$$y' = -\frac{86400000}{x^2} + 2.4,$$

令 $y' = 0$，解得 $x = 6000$ 或 $x = -6000$（舍去）.

这时 $y|_{x=6000}=\dfrac{24\,000}{6000}\times3600+\dfrac{6000}{2}\times4.8=14\,400+14\,400=28\,800$(元).

从实际问题分析确实存在最小费用,并且驻点是唯一的,所以每批订购商品 6000 件时,可使用每月的订购费与库存费之和最少;这笔费用是 28800 元.

思考题 5.3

1. 函数可能的极值点有哪些? 怎样确定函数的极值? 怎样确定函数的最值?

2. 试问 a 为何值时,函数 $f(x)=a\sin x+\dfrac{1}{3}\sin3x$ 在 $x=\dfrac{\pi}{3}$ 处取得极值? 它是极大值还是极小值? 并求此极值.

练习题 5.3

1. 求下列函数的极值点与极值:

(1) $f(x)=x^2-2x+3$; (2) $f(x)=2x^3-3x^2$;

(3) $f(x)=x-\ln(1+x)$; (4) $f(x)=x+\tan x$;

(5) $f(x)=2e^x+e^{-x}$; (6) $f(x)=x+\sqrt{1-x}$;

(7) $f(x)=3-2(x+1)^{\frac{1}{3}}$; (8) $f(x)=\dfrac{3x^2+4x+4}{x^2+x+1}$.

2. 求下列函数在给定区间上的最大值和最小值:

(1) $y=x^4-2x^2+5$,$[-2,2]$; (2) $y=\sin2x-2$,$\left[-\dfrac{\pi}{2},\dfrac{\pi}{2}\right]$;

(3) $y=x+\sqrt{1-x}$,$[-5,1]$; (4) $f(x)=\dfrac{x}{x^2+1}$,$[0,+\infty)$.

3. 某车间靠墙壁在盖一间长方形小屋,现有存砖只够砌 20 米长的墙壁,问应围成怎样的长方形才能使这间小屋的面积最大?

4. 从长为 8cm,宽为 5cm 的矩形纸板的 4 个角上剪去相同的小正方形,折成一个无盖的盒子,要使盒子的容积最大,剪去的小正方形的边长应为多少?

5. 甲轮船位于乙轮船东 75n mile,以每小时 12n mile 的速度向西行驶,而乙轮船则以每小时 6n mile 的速度向北行驶,问经过多少时间,两船相距最近?

6. 某企业生产每批某种产品 x 单位的总成本为 $C(x)=3+x$(万元),得到的总收入为 $R(x)=6x-x^2$,为了提高经济效率,每批生产产品多少个单位,才能使总利润最大?

7. 某厂生产某种商品,其年销售量为 100 万件,每批生产需要增加准备费 1000 元,而每件商品每年的库存费为 0.05 元. 如果销售是均匀的,问应分几批生产,可使年生产准备费与库存费之和最少?

*5.4 曲 率

在工程技术中,有时需要考虑曲线的弯曲程度,如在设计铁路或公路的弯道时,必须考虑弯道处的弯曲程度;在机械和土建工程中,各种梁在荷载作用下,要弯曲变形. 在

---
*:选学,后同。

数学上,我们用曲率来表示曲线的弯曲程度.

5.4.1　曲率的概念

先从几何图形直观地分析曲线的弯曲程度与哪些因素有关. 观察图 5.4.1,在图5.4.1(a)中,曲线 L 上的动点从 M 点移动到 N 点,曲线上 M 点的切线相应地变动为 N 点的切线,若把切线转过的角度(简称转角)记为 $\Delta\alpha$,则 $\Delta\alpha$ 愈大,弧 MN 弯曲得愈厉害;在图 5.4.1(b)中,弧 MN 与 M_1N_1 的切线转角都是 $\Delta\alpha$,则较短的弧 M_1N_1 比较长的弧 MN 弯曲得厉害.

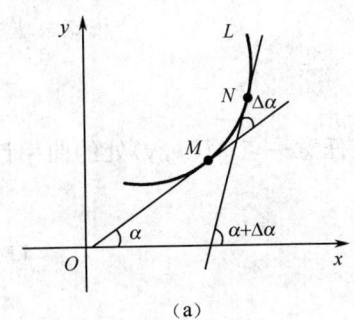　　　　　　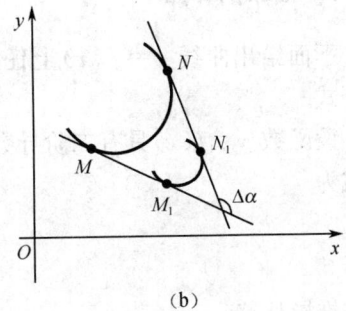

(a)　　　　　　　　　　　　　　　　　(b)

图 5.4.1

这就是说,曲线的弯曲程度与曲线的弧长和它的切线的转角这两个因素有关,于是应当以单位弧长上曲线切线转角的值来衡量曲线的弯曲程度.

定义 5.3　弧 MN 的切线转角 $\Delta\alpha$ 与该弧长 Δs 之比的绝对值,叫做该弧的平均曲率,记为 $\overline{K}$,即

$$\overline{K} = \left|\frac{\Delta\alpha}{\Delta s}\right|.$$

曲线上各点附近的弯曲程度不一定处处相同,所以弧的平均曲率,一般只能表示整段弧的平均弯曲程度. 当弧愈短时,平均曲率就愈能近似地表示弧上某一点附近的弯曲程度,因此我们给出如下的定义.

定义 5.4　当 N 点沿曲线 L 趋近于 M 点时,若弧 MN 的平均曲率的极限存在,则称此极限为曲线 L 在 M 点的曲率,记作 K,即

$$K = \lim_{\Delta s \to 0}\left|\frac{\Delta\alpha}{\Delta s}\right| = \left|\frac{\mathrm{d}\alpha}{\mathrm{d}s}\right|.$$

定义 5.4 表明,曲线的曲率是曲线切线倾斜角关于弧长的变化率的绝对值.

注意:

(1) 因为只考虑曲线弯曲程度的大小,所以曲率 K 只取非负值;

(2) 曲率的单位为弧度/单位长.

例 5.4.1　已知圆的半径为 R,求圆上任一段弧的平均曲率和任一点处的曲率.

解　(1) 如图 5.4.2 所示,在圆上任取一段弧 AB,由平面几何知道,弧 AB 上切线的转角 $\Delta\alpha$ 等于圆心角,于是弧 AB 的弧长 $\Delta s = R \cdot \Delta\alpha$. 因此,弧 AB 的平均曲率为

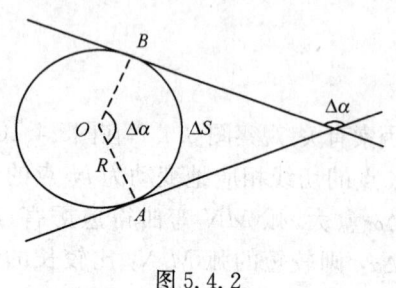

图 5.4.2

$$\overline{K} = \left| \frac{\Delta \alpha}{\Delta s} \right| = \left| \frac{\Delta \alpha}{R \cdot \Delta \alpha} \right| = \frac{1}{R}.$$

(2) 圆上任一点的曲率为

$$K = \lim_{\Delta s \to 0} \left| \frac{\Delta \alpha}{\Delta s} \right| \lim_{\Delta s \to 0} \frac{1}{R} = \frac{1}{R}.$$

上述结论表明,圆周上任一点的曲率相等,其值等于圆半径的倒数. 这就是说,圆的弯曲程度处处一样,且半径越小,曲率越大,即弯曲得越厉害.

5.4.2　曲率的计算

下面给出曲线 $y = f(x)$ 上任意点处的曲率计算公式.

设函数 $y = f(x)$ 具有二阶导数,则曲线 $y = f(x)$ 在任意一点 $M(x, y)$ 处的曲率计算公式为

$$K = \frac{|y''|}{(1 + y'^2)^{\frac{3}{2}}}. \tag{5.1}$$

推导从略.

例 5.4.2　求直线上各点处的曲率.

解　设直线方程为 $y = kx + b$,因为 $y' = k, y'' = 0$ 代入公式 5.1,得

$$K = \frac{|y''|}{(1 + y'^2)^{\frac{3}{2}}} = 0,$$

即直线的曲率为零. 这与人们"直线没有弯曲"的直觉是一致的.

5.4.3　曲率圆和曲率半径

在例 5.4.1 中,我们已经知道,圆周上每一点的曲率是常数,而且等于它的半径的倒数. 至于一般的曲线,它在各点的曲率一般都不相同. 但在研究曲线某点的曲率时,往往可以用一个圆弧来代替该点附近的曲线(如图 5.4.3 所示). 对于这样的圆弧所在的圆,我们给出下面的定义:

定义 5.5　如果一个圆满足下列 3 个条件:

(1) 在 M 点与曲线有公切线;

(2) 与曲线在 M 点附近有相同的凹凸方向;

(3) 与曲线在 M 点有相同的曲率.

那么这个圆就叫做曲线在 M 点的曲率圆.

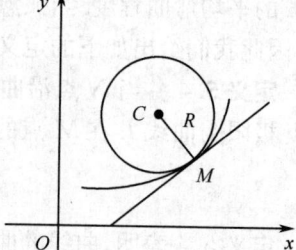

图 5.4.3

曲率圆的中心 C,叫做曲线在 M 点的曲率中心;曲率圆的半径 R,叫做曲线在 M 点的曲率半径.

由定义 5.5 可知,曲率中心必位于曲线在 M 点的法线上,且在曲线的凹向的一侧.

如果曲线在 M 点的曲率用 K 表示,那么在该点曲率圆的曲率也是 K. 由例 5.4.1 我

们知道

$$K = \frac{1}{R},$$

所以,曲率半径 R 就是

$$R = \frac{1}{K}.$$

将公式 5.1 代入上式得

$$R = \frac{(1 + y'^2)^{\frac{3}{2}}}{|y''|}. \tag{5.2}$$

这就是曲线在给定点处的曲率半径的计算公式.

例 5.4.3 求双曲线 $xy = 1$ 在点 $(1, 1)$ 处的曲率和曲率半径.

解 因为 $y = \dfrac{1}{x}$,所以 $y' = -\dfrac{1}{x^2}$,$y'' = \dfrac{2}{x^3}$. 从而 $y'|_{x=1} = -1$,$y''|_{x=1} = 2$.

代入公式 5.1,得曲线在点 $(1, 1)$ 处的曲率为

$$K = \frac{2}{[1 + (-1)^2]^{\frac{3}{2}}} = \frac{1}{\sqrt{2}} = \frac{\sqrt{2}}{2}.$$

从而曲线在点 $(1, 1)$ 处的曲率半径为

$$R = \frac{1}{K} = \sqrt{2}.$$

例 5.4.4 设工件内表面的截线为抛物线 $y = 0.4x^2$ (如图 5.4.4 所示). 现在要用砂轮磨削其内表面,问用直径多大的砂轮比较合适.

解 为了在磨削时不使砂轮与工件接触处附近的部分工件磨去太多,砂轮的半径应小于或等于抛物线上各点处曲率半径中的最小值. 为此,应先计算其曲率半径的最小值,即曲率的最大值.

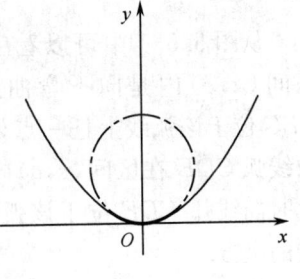

图 5.4.4

因为 $y' = 0.8x$,$y'' = 0.8$,所以曲线的曲率为

$$K = \frac{0.8}{[1 + (0.8x)^2]^{\frac{3}{2}}}.$$

因为 K 的分子是常数,所以只要分母最小,K 就最大. 当 $x = 0$ 时,分母最小,K 的值最大,这时,$K = 0.8$.

于是得曲率半径的最小值为

$$R = \frac{1}{K} = \frac{1}{0.8} = 1.25.$$

所以选用砂轮的半径不得超过 1.25 单位长,即直径不得超过 2.50 单位长.

思考题 5.4

1. 如图 5.4.5 所示,长半轴为 50cm,短半轴为 40cm 的椭圆形工件,现用圆柱形铣刀加工椭圆上短轴附近的一段弧,问选用直径多大的铣刀比较合适?

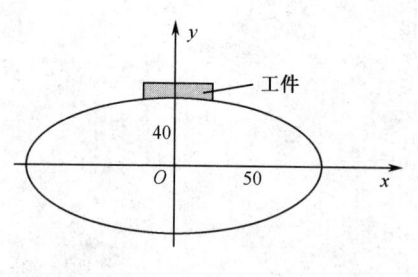

图 5.4.5

练习题 5.4

1. 求下列各曲线在给定点的曲率：

(1) $y=x^3$，点$(1,1)$；

(2) $y=4x-x^2$，顶点；

(3) $y=\ln(1-x^2)$，原点；

(4) $y=x\cos x$，原点．

2. 求下列各曲线在给定点的曲率和曲率半径：

(1) $y=e^x$，点$(0,1)$；　　　(2) $y=\tan x$，点$\left(\dfrac{\pi}{4},1\right)$．

3. 曲线 $y=\dfrac{1}{x}(x>0)$ 上曲率最大的点．

4. 求曲线 $y=\ln x$ 上曲率半径最小的点，并求出该点处的曲率半径．

5.5　函数图形的凹向与拐点

在研究曲线的形态时，除了要知道它是上升的还是下降的以外，还要了解曲线在上升或下降的过程中往哪个方向弯曲．本节，我们将介绍曲线的凹向与拐点．

5.5.1　曲线的凹向及其判别法

从图 5.5.1 中可以看出曲线弧 ABC 在区间(a,c)内是向下弯曲的，此时曲线弧 ABC 位于该弧线上任一点处切线的下方；而曲线弧 CDE 在区间(c,b)内是向上弯曲的，此时曲线弧 CDE 位于该弧线上任一点处切线的上方．

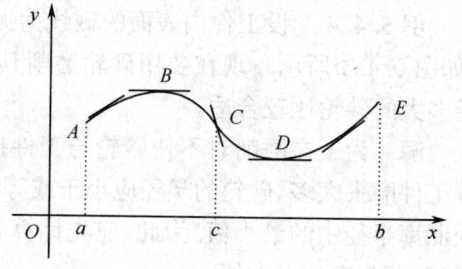

图 5.5.1

定义 5.6　如果在某区间内的曲线弧位于其上任意一点处切线的上方，则称此曲线弧在该区间内是凹的，此区间称为凹区间；如果在某区间内的曲线弧位于其上任意一点处切线的下方，则称此曲线弧在该区间内是凸的，此区间称为凸区间．

例如，图 5.5.1 中曲线弧 ABC 在区间(a,c)内是凸的，曲线弧 CDE 在区间(c,b)内是凹的．

定理 5.8（曲线凹向的判定定理）　设函数 $f(x)$ 在(a,b)内具有二阶导数，则

(1) 如果在(a,b)内，$f''(x)>0$，则曲线在(a,b)内是凹的；

(2) 如果在(a,b)内，$f''(x)<0$，则曲线在(a,b)内是凸的．

例 5.5.1　判定曲线 $y=e^x$ 的凹凸性．

解　因为 $y'=e^x$，$y''=e^x>0$，所以，$y=e^x$ 在定义域$(-\infty,+\infty)$内是凹的．

例 5.5.2　判定曲线 $y=x^3+x$ 的凹凸性．

解 因为 $y'=3x^2+1$，$y''=6x$，在 $(-\infty,0)$ 上，$f''(x)<0$，所以 $y=f(x)$ 在 $(-\infty,0)$ 内是凸的；在 $(0,+\infty)$ 上，$f''(x)>0$，所以 $y=f(x)$ 在 $(0,+\infty)$ 内是凹的.

一般地，在连续曲线 $y=f(x)$ 的定义区间内，除在有限个点处 $f''(x)=0$ 或 $f''(x)$ 不存在外，若在其余各点处的二阶导数 $f''(x)$ 均为正(或负)时，则曲线 $y=f(x)$ 在这个区间上为凹(或凸)的，这个区间就是曲线 $y=f(x)$ 的凹(或凸)区间；否则就以这些点为分界点划分函数 $y=f(x)$ 的定义区间，然后在各个区间上讨论曲线 $y=f(x)$ 的凹凸性.

5.5.2 曲线的拐点

定义 5.7 连续曲线上凹的曲线弧与凸的曲线弧的分界点叫做曲线的拐点.

由例 5.5.2 可知点 $(0,0)$ 就是曲线 $y=x^3+x$ 的拐点. 我们可以按下面的步骤来判定曲线 $y=f(x)$ 的拐点.

(1) 确定函数 $y=f(x)$ 的定义域；

(2) 求出使 $f''(x)=0$ 和 $f''(x)$ 不存在的点 x_0；

(3) 在点 x_0 的左右两侧判别二阶导数 $f''(x)$ 的符号：如果 $f''(x)$ 的符号相反，则点 $(x_0,f(x_0))$ 就是拐点；如果 $f''(x)$ 的符号相同，则点 $(x_0,f(x_0))$ 就不是拐点.

例 5.5.3 讨论曲线 $y=(x-1)\cdot\sqrt[3]{x^5}$ 的凹凸性与拐点.

解 函数的定义域为 $(-\infty,+\infty)$. 由于

$$y=x^{\frac{8}{3}}-x^{\frac{5}{3}},\ y'=\frac{8}{3}x^{\frac{5}{3}}-\frac{5}{3}x^{\frac{2}{3}},\ y''=\frac{40}{9}x^{\frac{2}{3}}-\frac{10}{9}x^{-\frac{1}{3}}=\frac{10}{9}\cdot\frac{4x-1}{\sqrt[3]{x}},$$

令 $y''=0$，得 $x=\frac{1}{4}$，又当 $x=0$ 时，y'' 不存在. 列表 5.5.1 考察 y'' 的符号.

表 5.5.1

x	$(-\infty,0)$	0	$\left(0,\frac{1}{4}\right)$	$\frac{1}{4}$	$\left(\frac{1}{4},+\infty\right)$
y''	$+$	不存在	$-$	0	$+$
曲线 y	∪	拐点	∩	拐点	∪

由上表可知，曲线在 $(-\infty,0)$ 和 $\left(\frac{1}{4},+\infty\right)$ 内是凹的，在内 $\left(0,\frac{1}{4}\right)$ 是凸的；由于 $y|_{x=0}=0$，$y|_{x=\frac{1}{4}}=-\frac{3}{32\sqrt[3]{2}}$，故曲线的拐点为 $(0,0)$ 和 $\left(\frac{1}{4},-\frac{3}{32\sqrt[3]{2}}\right)$.

5.5.3 曲线的渐近线

为了能够比较准确地描绘函数的图像，除了知道函数性态外，还应当了解曲线的渐近线. 下面，我们来讨论两种特殊的渐近线.

1. 水平渐近线

定义 5.8 若自变量 $x\to\infty$(有时仅当 $x\to+\infty$ 或 $x\to-\infty$)时，函数 $f(x)$ 以常数 C

为极限,即 $\lim\limits_{x\to\infty}f(x)=C$,则直线 $y=C$ 叫做曲线 $y=f(x)$ 的水平渐近线.

例如,因为 $\lim\limits_{x\to+\infty}\arctan x=\dfrac{\pi}{2}$,$\lim\limits_{x\to-\infty}\arctan x=-\dfrac{\pi}{2}$,所以直线 $y=\dfrac{\pi}{2}$ 和 $y=-\dfrac{\pi}{2}$ 是曲线 $y=\arctan x$ 的两条水平渐近线(如图 5.5.2 所示).

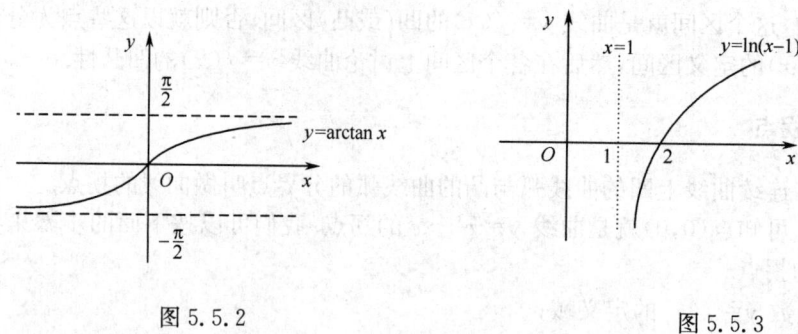

图 5.5.2 　　　　　　　　　　　　　图 5.5.3

2. 垂直渐近线

定义 5.9　若当自变量 $x\to x_0$(有时仅当 $x\to x_0^-$ 或 $x\to x_0^+$)时,函数 $f(x)$ 为无穷大量,即 $\lim\limits_{x\to x_0}f(x)=\infty$,则直线 $x=x_0$ 叫做曲线 $y=f(x)$ 的垂直渐近线.

例如,因为 $\lim\limits_{x\to 1^+}\ln(x-1)=-\infty$,所以直线 $x=1$ 是曲线 $y=\ln(x-1)$ 的垂直渐近线(如图 5.5.3 所示).

5.5.4　作函数图形的一般步骤

描点作图是作函数图像的基本方法,如果先利用微分法讨论函数和曲线的性态,然后再描点作图,就能使作出的图形较为准确.

利用导数描绘函数图像的一般步骤如下.

(1) 确定函数 $y=f(x)$ 的定义域,考察函数的奇偶性,判断曲线的对称性;

(2) 求出函数的一阶导数 $f'(x)$ 和二阶导数 $f''(x)$,解出方程 $f'(x)=0$ 和 $f''(x)=0$ 在定义域内的全部实根以及 $f'(x)$ 不存在的点和 $f''(x)$ 不存在的点,这些点把函数的定义域划分成几个部分区间;

(3) 考察在各个部分区间内 $f'(x)$ 和 $f''(x)$ 的符号,列表确定函数的单调性和极值,曲线的凹凸性和拐点;

(4) 确定曲线的水平渐近线和垂直渐近线;

(5) 根据以上讨论,再适当补充一些点,准确地描出已求出的点,把它们连成光滑的曲线,从而得到函数 $y=f(x)$ 的图像.

例 5.5.4　作函数 $y=\dfrac{4(x+1)}{x^2}-2$ 的图像.

解　(1) 函数的定义域为 $(-\infty,0)\cup(0,+\infty)$.

(2) $y'=-\dfrac{4(x+2)}{x^3}$,令 $y'=0$ 得驻点 $x=-2$.

(3) $y'' = \dfrac{8(x+3)}{x^4}$,令 $y'' = 0$ 得驻点 $x = -3$.

(4) 列表 5.5.2 讨论如下.

表 5.5.2

x	$(-\infty, -3)$	-3	$(-3, -2)$	-2	$(-2, 0)$	0	$(0, +\infty)$
y'	$-$	$-$	$-$	0	$+$	不存在	$-$
y''	$-$	0	$+$	$+$	$+$	不存在	$+$
y	$\searrow \cap$	拐点 $\left(-3, -\dfrac{26}{9}\right)$	$\searrow \cup$	极小值 -3	$\nearrow \cup$	间断	$\searrow \cup$

(5) 因为 $\lim\limits_{x \to 0}\left[\dfrac{4(x+1)}{x^2} - 2\right] = +\infty$,所以直线 $x = 0$ 是曲线的垂直渐近线;又

$\lim\limits_{x \to \infty}\left[\dfrac{4(x+1)}{x^2} - 2\right] = -2$,所以直线 $y = -2$ 是曲线的水平渐近线.

(6) 取辅助点:$M_1(1 - \sqrt{3}, 0)$,$M_2(1 + \sqrt{3}, 0)$,$M_3(1, 6)$,$M_4\left(4, -\dfrac{3}{4}\right)$.

综合上述讨论,作出函数的图像(如图 5.5.4 所示).

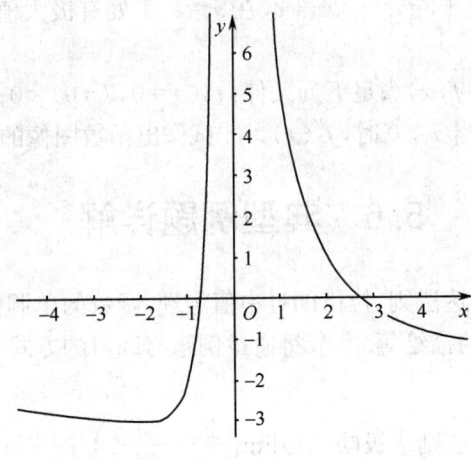

图 5.5.4

思考题 5.5

1. 怎样判断曲线的凹凸性?怎样求曲线的拐点?

2. 怎样确定曲线的渐近线?怎样描绘函数曲线?

3. 作函数曲线,使它分别满足条件:

(1) 它的一阶和二阶导数处处为正;

(2) 它的一阶导数处处为正,而二阶导数处处为负;

(3) 它的一阶导数处处为负;

(4)它的一阶和二阶导数处处为负.

练习题 5.5

1. 求下列曲线的凹凸区间和拐点：

(1) $y=x+\dfrac{1}{x}$ $(x>0)$；

(2) $y=(x-4)^{\frac{5}{3}}$；

(3) $y=2x^3+3x^2+x+2$；

(4) $y=xe^{-x}$.

2. 求下列曲线的渐近线：

(1) $y=3+\dfrac{1}{x}$；

(2) $y=\text{arc cot}x$；

(3) $y=e^{-(x-1)^2}$；

(4) $y=\dfrac{2}{(x+3)^2}$.

3. 作出下列函数的图像：

(1) $y=2-x-x^3$；

(2) $y=e^{\frac{1}{x}}$；

(3) $y=\ln(x^2+1)$；

(4) $y=\dfrac{2x-1}{(x-1)^2}$.

4. 已知曲线 $y=x^3+ax^2-9x+4$ 在 $x=1$ 有拐点，试确定系数 a，并求曲线的拐点坐标和凹凸区间.

5. a,b 为何值时，点 $(1,3)$ 为曲线 $y=ax^3+bx^2$ 的拐点？

6. 设三次曲线 $y=x^3+3ax^2+3bx+c$，在 $x=-1$ 处有极大值，点$(0,3)$是拐点，试确定 a,b,c 的值.

7. 已知连续函数 $y=f(x)$ 满足下列条件：$f(0)=0,f'(0)=0$；当 $|x|>0$ 时，$f'(x)>0$；当 $x<0$ 时，$f''(x)<0$，当 $x>0$ 时，$f''(x)>0$. 试作出函数图像的大致形状.

5.6　典型例题详解

本章主要介绍了洛必达法则，拉格朗日中值定理，函数的单调性与极值，函数的最值，曲线的凹凸性，函数图像的描绘等. 本节将通过例题与练习的方式来进一步掌握和理解所学的知识.

例 5.6.1　用洛必达法则求极限：(1)$\lim\limits_{x\to0}\left(\dfrac{1}{x}-\dfrac{1}{e^x-1}\right)$；　(2) $\lim\limits_{x\to0}\left(\dfrac{\sin x}{x}\right)^{\frac{1}{x^2}}$.

解　(1) $\lim\limits_{x\to0}\left(\dfrac{1}{x}-\dfrac{1}{e^x-1}\right)\overset{\infty-\infty}{=\!=\!=}\lim\limits_{x\to0}\dfrac{e^x-x-1}{xe^x-x}\overset{\frac{0}{0}}{=\!=\!=}\lim\limits_{x\to0}\dfrac{e^x-1}{e^x+xe^x-1}\overset{\frac{0}{0}}{=\!=\!=}\lim\limits_{x\to0}\dfrac{e^x}{e^x+e^x+xe^x}=\dfrac{1}{2}.$

(2) 因为$\lim\limits_{x\to0}\dfrac{\sin x}{x}=1$，$\lim\limits_{x\to0}\dfrac{1}{x^2}=\infty$，所以$\lim\limits_{x\to0}\left(\dfrac{\sin x}{x}\right)^{\frac{1}{x^2}}$属于$1^\infty$未定式.

设 $y=\left(\dfrac{\sin x}{x}\right)^{\frac{1}{x^2}}$，两边取对数得

$$\ln y=\dfrac{1}{x^2}\ln\dfrac{\sin x}{x}.$$

因为

$$\lim_{x\to 0}\ln y = \lim_{x\to 0}\frac{\ln\frac{\sin x}{x}}{x^2}\overset{\frac{0}{0}}{=}\lim_{x\to 0}\frac{\frac{x}{\sin x}\cdot\frac{x\cos x-\sin x}{x^2}}{2x}=\lim_{x\to 0}\frac{x\cos x-\sin x}{2x^2\sin x}$$

$$=\frac{1}{2}\lim_{x\to 0}\frac{\cos x-x\sin x-\cos x}{2x\sin x+x^2\cos x}=-\frac{1}{2}\lim_{x\to 0}\frac{\sin x}{2\sin x+x\cos x}$$

$$=-\frac{1}{2}\lim_{x\to 0}\frac{1}{2+\frac{x}{\sin x}\cos x}=-\frac{1}{2}\times\frac{1}{3}=-\frac{1}{6},$$

所以

$$\lim_{x\to 0}\left(\frac{\sin x}{x}\right)^{\frac{1}{x^2}}=\lim_{x\to 0}y=\lim_{x\to 0}\mathrm{e}^{\ln y}=\mathrm{e}^{\lim_{x\to 0}\ln y}=\mathrm{e}^{-\frac{1}{6}}.$$

由例 5.6.1(1)知,对于 $\infty-\infty$ 型,可先进行通分化为 $\frac{0}{0}$(或$\frac{\infty}{\infty}$)型,再利用洛必达法则求解.

由例 5.6.1(2)知,对于幂指函数 $y=g(x)^{h(x)}$ 的极限,可两边取对数 $\ln y=h(x)\ln g(x)$,然后求 $\ln y$ 的极限,再用对数恒等式得出所求极限.

例 5.6.2　确定函数 $y=-24x+57x^2-67x^3+39x^4-9x^5$ 的单调区间和极值.

解　(1) 函数 $y=-24x+57x^2-67x^3+39x^4-9x^5$ 的定义域为 $(-\infty,+\infty)$.

(2) $y'=3(1-x)^2(3x-2)(4-5x)$.

(3) 函数 y 在定义域内无不可导的点,令 $y'=0$ 得驻点为 $x_1=1$, $x_2=\frac{2}{3}$, $x_3=\frac{4}{5}$.

(4) 列表 5.6.1 讨论如下.

表 5.6.1

x	$\left(-\infty,\frac{2}{3}\right)$	$\frac{2}{3}$	$\left(\frac{2}{3},\frac{4}{5}\right)$	$\frac{4}{5}$	$\left(\frac{4}{5},1\right)$	1	$(1,+\infty)$
y'	$-$	0	$+$	0	$-$	0	$-$
y	↘	极小值	↗	极大值	↘	无极值	↘

所以在 $\left(-\infty,\frac{2}{3}\right]$, $\left[\frac{4}{5},+\infty\right)$ 内函数单调减少;在 $\left[\frac{2}{3},\frac{4}{5}\right]$ 内函数单调增加.

$f\left(\frac{2}{3}\right)=-4$ 为极小值, $f\left(\frac{4}{5}\right)=-3.99872$ 为极大值.

例 5.6.3　试确定 a、b、c 的值,使三次曲线 $y=ax^3+bx^2+cx$ 有拐点$(1,2)$,并且在该点处切线的斜率为 1.

解　$y'=3ax^2+2bx+c$, $y''=6ax+2b$. 依题意得方程组

$$\begin{cases}a+b+c=2,\\3a+2b+c=1,\\6a+2b=0.\end{cases}$$

解之得 $a=1$, $b=-3$, $c=4$,于是 $y''=6x-6=6(x-1)$,所以 $(-\infty,1]$ 为凸区间, $[1,+\infty)$ 为凹区间,因此所求的 a、b、c 的值分别为 $a=1$, $b=-3$, $c=4$.

例 5.6.4　要设计一容积为 V 的圆柱形水池,已知底的单位造价是侧面的一半,问

水池的底半径和深为多少时可使造价最省?

解 设水池底半径为 r,水池深为 h,又设水池底的单位面积造价为 a,则水池侧面的单位面积造价为 $2a$.

从而,水池的总造价为

$$A = \pi r^2 a + 2\pi r h \cdot 2a.$$

因为 $V = \pi r^2 h$,所以 $h = \dfrac{V}{\pi r^2}$,代入总造价 A 的解析式,得到

$$A = \pi r^2 a + 4a\pi r \cdot \frac{V}{\pi r^2} = \pi a r^2 + \frac{4aV}{r} \quad (r > 0).$$

求导数得 $A' = 2\pi a r - \dfrac{4aV}{r^2}$,令 $A' = 0$,解得 $r = \sqrt[3]{\dfrac{2V}{\pi}}$.

从问题的实际情况分析,底半径过大或过小,均不能使 A 取得最小值(即不能使总造价最省),现在 $(0, +\infty)$ 内,只有唯一的驻点 $r = \sqrt[3]{\dfrac{2V}{\pi}}$,它一定是 A 的最小值点. 故当水池的底半径 $r = \sqrt[3]{\dfrac{2V}{\pi}}$,水池的深 $h = \dfrac{V}{\pi r^2} = \sqrt[3]{\dfrac{V}{4\pi}}$ 时,可使造价最省.

复习题五

1. 函数 $f(x) = 2x^2 - x + 1$ 在 $[-1, 2]$ 上满足拉格朗日中值定理,则 $\xi = $ _____.

2. 函数 $f(x) = x + \dfrac{1}{x}$ 的单调减区间为 _____.

3. 函数 $f(x) = x^2 - 2x$ 的极小值为 _____,函数 $f(x) = x(x-3)^2$ 的极大值点为 _____.

4. 函数 $y = xe^{-x}$ 在 $[-1, 2]$ 上的最大值为 _____.

5. 曲线 $y = x^3 - 2x + 3$ 的凸区间为 _____.

6. 曲线 $y = \dfrac{e^x}{x(x-1)}$ 的水平渐近线为 _____.

7. 函数取得最大值的点可能是 _____ 或 _____ 或 _____.

8. 函数 $y = x^3 - \dfrac{3}{2}x^2 - 6x + 1$ 单调减少且图形为凹的区间是 _____.

9. 设点 $(1, 3)$ 为曲线 $y = ax^3 + bx^2$ 的拐点,则 $a = $ _____,$b = $ _____.

10. 若 $f(x)$ 在 $[a, b]$ 上连续,(a, b) 内可导,则至少有一点 $\xi \in (a, b)$,使 $f(b) = $ _____.

11. 下列函数在给定区域内满足拉格朗日中值定理的是( ).

A. $f(x) = |x-1|, [0, 2]$; 　B. $f(x) = \sqrt[3]{x}, [-1, 1]$;

C. $f(x) = x + |x|, [-1, 2]$; 　D. $f(x) = \ln(x-2), [3, 6]$.

12. 下列各式能够用洛必达法则的是( ).

A. $\lim\limits_{x\to\infty}\dfrac{\sin x}{x^2}$；　　　B. $\lim\limits_{x\to\infty}\dfrac{x-\sin x}{x+\sin x}$；　　　C. $\lim\limits_{x\to0}\dfrac{2x^2+3x}{x^2+1}$；　　　D. $\lim\limits_{x\to\infty}\dfrac{x-\sin x}{x^3}$.

13. 下列命题正确的是(　　).

A. 驻点一定是极值点；　　　　　　　B. 驻点不是极值点；

C. 驻点不一定是极值点；　　　　　　D. 驻点是函数的零点.

14. 曲线 $y=3x^2-x^3$ 是凸的且具有一个极值点的区间为(　　).

A. $(-\infty,+\infty)$；　　　　　　　B. $(-\infty,1)$；

C. $(1,+\infty)$；　　　　　　　　　D. $(-1,+\infty)$.

15. 已知 $f(x)=a\sin x+\dfrac{1}{3}\sin3x$($a$ 为常数)在 $x=\dfrac{\pi}{3}$ 取得极值,则 $a=$(　　).

A. 2；　　　　B. 1；　　　　C. 0；　　　　D. -1.

16. 若 $f(x)$ 在区间 (a,b) 内恒有 $f'(x)<0,f''(x)>0$,则曲线 $f(x)$ 在此区间内是(　　).

A. 递减,凹的；　　B. 递减,凸的；　　C. 递增,凹的；　　D. 递增,凸的.

17. 设函数 $f(x)$ 在 $(-\infty,+\infty)$ 内二阶可导,且 $f(-x)=-f(x)$,如果当 $x>0$ 时, $f'(x)>0$,且 $f''(x)>0$,则当 $x<0$ 时,曲线 $y=f(x)$(　　).

A. 递增,凸的；　　B. 递增,凹的；　　C. 递减,凸的；　　D. 递减,凹的.

18. 如果 $f'(x_0)=f''(x_0)=0$,则 $f(x)$ 在 $x=x_0$ 处(　　).

A. 一定有极大值；　B. 一定有极小值；　C. 不一定有极值；　D. 一定没有极值.

19. 求下列各极限：

(1) $\lim\limits_{x\to0}\dfrac{x-\tan x}{x-\sin x}$；　　　　　　(2) $\lim\limits_{x\to0^+}\dfrac{1-e^{\frac{1}{x}}}{x+e^{\frac{1}{x}}}$；

(3) $\lim\limits_{x\to0^+}(\sin x)^{\frac{1}{\ln x}}$；　　　　　　(4) $\lim\limits_{x\to1}(1-x^2)\tan\dfrac{\pi}{2}x$.

20. 求下列函数 $f(x)=\sqrt[3]{x}(1-x)^{\frac{2}{3}}$ 单调区间和极值.

21. 判断曲线 $y=\ln(x^2+1)$ 的凹凸性,并求其拐点.

22. 求使函数 $f(x)=x^3+3kx^2-kx-1$ 没有极值的实数 k 的取值范围.

23. 设函数 $f(x)=ax^3+bx^2+cx+5$ 在 $x=-2$ 时取得极大值,在 $x=4$ 时取得极小值,而极大值与极小值的差为 27,试确定 a,b,c 的值.

24. 设圆柱形有盖茶缸容积 V 为常数,求表面积最小时,底半径 x 与高 y 之比.

第 6 章

不 定 积 分

前面,我们已经学习了一元函数微分学.从本章开始,将学习一元函数积分学.本章研究不定积分的概念、性质和基本积分法.

6.1 不定积分的概念及性质

在微分学中,对可微函数 $F(x)$ 都可求出 $F'(x)$,而在实际问题中,常常需要解决与其相反的问题.本节将介绍不定积分的概念及性质.

6.1.1 不定积分的概念

首先,我们给出以下定义.

定义 6.1 设函数 $f(x)$ 在某区间上有定义,如果存在函数 $F(x)$,对于该区间上的任意一点 x,都有 $F'(x)=f(x)$ 或 $\mathrm{d}F(x)=f(x)\mathrm{d}x$,则称函数 $F(x)$ 是 $f(x)$ 在该区间上的一个原函数.

例如,由于 $(\sin x)'=\cos x$,所以 $\sin x$ 是 $\cos x$ 的一个原函数.

又因为 $(\sin x+1)'=(\sin x-3)'=(\sin x)'=\cos x$,所以 $\cos x$ 的原函数是不唯一的.

定理 6.1 若 $F(x)$ 是 $f(x)$ 的一个原函数,则 $F(x)+C$(C 为任意常数)是 $f(x)$ 的全部原函数.

证明 一方面,因为 $[F(x)+C]'=F'(x)=f(x)$,所以,函数族 $F(x)+C$ 中的每一个函数都是 $f(x)$ 的原函数.

另一方面设 $\Phi(x)$ 是 $f(x)$ 的任意一个原函数,即 $\Phi'(x)=f(x)$,则

$$[\Phi(x)-F(x)]'=\Phi'(x)-F'(x)=f(x)-f(x)=0,$$

所以 $\Phi(x)-F(x)=C$(C 为常数),即 $\Phi(x)=F(x)+C$.

定理 6.2 若函数 $f(x)$ 在某一区间内连续,则函数 $f(x)$ 在该区间内存在原函数.

这个定理的证明将在下一章中给出.因为初等函数在定义域内连续,所以初等函数在定义域内都有原函数.

定义 6.2 若 $F(x)$ 是 $f(x)$ 在某个区间上的一个原函数,则 $F(x)+C$(C 为任意常数)称为 $f(x)$ 在该区间上的不定积分,记为

$$\int f(x)\mathrm{d}x,\text{即}\int f(x)\mathrm{d}x=F(x)+C.$$

其中符号 $\int$ 称为积分号,$f(x)$ 称为被积函数,$f(x)\mathrm{d}x$ 称为被积表达式,x 称为积分变量,C

称为积分常数.

根据不定积分的定义可知,求函数 $f(x)$ 的不定积分,只需求出 $f(x)$ 的一个原函数再加上积分常数 C 即可.

例 6.1.1 求下列不定积分:

(1) $\int \cos x \mathrm{d}x$; (2) $\int \mathrm{e}^{-x}\mathrm{d}x$.

解 (1) 因为 $(\sin x)' = \cos x$, 即 $\sin x$ 是 $\cos x$ 一个原函数,

所以

$$\int \cos x \mathrm{d}x = \sin x + C.$$

(2) 因为 $(-\mathrm{e}^{-x})' = \mathrm{e}^{-x}$. 即 $-\mathrm{e}^{-x}$ 是 e^{-x} 一个原函数,

所以

$$\int \mathrm{e}^{-x}\mathrm{d}x = -\mathrm{e}^{-x} + C.$$

例 6.1.2 求不定积分 $\int \dfrac{1}{x}\mathrm{d}x$.

解 当 $x > 0$ 时,因为 $(\ln x)' = \dfrac{1}{x}$, $\int \dfrac{1}{x}\mathrm{d}x = \ln x + C$.

当 $x < 0$ 时,因为 $[\ln(-x)]' = \dfrac{1}{x}$, $\int \dfrac{1}{x}\mathrm{d}x = \ln(-x) + C$.

所以

$$\int \dfrac{1}{x}\mathrm{d}x = \ln |x| + C \qquad (x \neq 0).$$

通常把求不定积分的方法称为积分法.

函数 $f(x)$ 的原函数 $F(x)$ 的图像称为函数 $f(x)$ 的积分曲线,其方程为 $y = F(x)$. 函数 $f(x)$ 的不定积分 $\int f(x)\mathrm{d}x$ 在几何上表示一簇积分曲线,它们的方程为 $y = F(x) + C$.

例 6.1.3 已知曲线上任一点的切线斜率等于该点处横坐标平方的 3 倍,且过点 $(0,1)$, 求此曲线方程.

解 设所求曲线方程为 $y = f(x)$. 由题意知 $y' = 3x^2$, 所以

$$y = \int 3x^2 \mathrm{d}x = x^3 + C,$$

又因为曲线经过点 $(0,1)$, 从而有 $1 = 0^3 + C$, 即 $C = 1$. 于是,所求的曲线方程为 $y = x^3 + 1$.

从不定积分的定义可知,不定积分与导数(或微分)是两种互逆的运算,它们的关系是:

(1) $\left[\int f(x)\mathrm{d}x\right]' = f(x)$; 或 $\mathrm{d}\left[\int f(x)\mathrm{d}x\right] = f(x)\mathrm{d}x$.

此式表明,若先求积分后求导数(或求微分),则两者的作用互相抵消.

(2) $\int F'(x)\mathrm{d}x = F(x) + C$；或 $\int \mathrm{d}F(x) = F(x) + C$.

此式表明,若先求导数(或求微分)后求积分,则两者的作用互相抵消后还相差一个常数.

6.1.2　不定积分的性质

性质 6.1　两个函数代数和的不定积分等于两个函数不定积分的代数和,即

$$\int [f(x) \pm g(x)]\mathrm{d}x = \int f(x)\mathrm{d}x \pm \int g(x)\mathrm{d}x.$$

性质 6.2　$\int kf(x)\mathrm{d}x = k\int f(x)\mathrm{d}x$　(k 为不等于零的常数).

6.1.3　不定积分的基本积分公式

由于积分运算是微分运算的逆运算,所以从基本导数公式,可以直接得到基本积分公式.

例如,由导数公式

$$\left(\frac{x^{\alpha+1}}{\alpha+1}\right)' = x^{\alpha} \qquad (\alpha \neq -1),$$

得积分公式

$$\int x^{\alpha}\mathrm{d}x = \frac{x^{\alpha+1}}{\alpha+1} + C \qquad (\alpha \neq -1).$$

类似地,可以推导出其他基本积分公式如下.

(1) $\int k\mathrm{d}x = kx + C$　　(k 为常数)；　(2) $\int x^{\alpha}\mathrm{d}x = \frac{1}{\alpha+1}x^{\alpha+1} + C$　　($\alpha \neq -1$)；

(3) $\int \frac{1}{x}\mathrm{d}x = \ln|x| + C$；　　　　(4) $\int \mathrm{e}^x\mathrm{d}x = \mathrm{e}^x + C$；

(5) $\int a^x\mathrm{d}x = \frac{1}{\ln a}a^x + C$；　　　(6) $\int \sin x\mathrm{d}x = -\cos x + C$；

(7) $\int \cos x\mathrm{d}x = \sin x + C$；　　　(8) $\int \sec^2 x\mathrm{d}x = \tan x + C$；

(9) $\int \csc^2 x\mathrm{d}x = -\cot x + C$；　　(10) $\int \sec x\tan x\mathrm{d}x = \sec x + C$；

(11) $\int \csc x\cot x\mathrm{d}x = -\csc x + C$；　(12) $\int \frac{1}{\sqrt{1-x^2}}\mathrm{d}x = \arcsin x + C$；

(13) $\int \frac{1}{1+x^2}\mathrm{d}x = \arctan x + C$.

以上各不定积分是基本积分公式,它是求不定积分的基础,必须熟记,并会用公式和性质求一些简单函数的不定积分.

例 6.1.4　求不定积分 $\int (x^3 - 2\sin x + 2^x)\mathrm{d}x$.

解　$\int (x^3 - 2\sin x + 2^x)\mathrm{d}x = \int x^3\mathrm{d}x - 2\int \sin x\mathrm{d}x + \int 2^x\mathrm{d}x$

$$= \frac{1}{4}(x^4 + C_1) - 2(-\cos x + C_2) + \frac{2^x}{\ln 2} + C_3$$

$$= \frac{1}{4}x^4 + 2\cos x + \frac{2^x}{\ln 2} + \left(\frac{1}{4}C_1 - 2C_2 + C_3\right)$$

$$= \frac{1}{4}x^4 + 2\cos x + \frac{2^x}{\ln 2} + C.$$

其中 $C = \frac{1}{4}C_1 - 2C_2 + C_3$，即各积分常数可以合并. 因此，求代数和的不定积分时，只需在最后加上一个常数 C 即可.

例 6.1.5　求不定积分 $\int \tan^2 x \mathrm{d}x$.

解　$\int \tan^2 x \mathrm{d}x = \int (\sec^2 x - 1)\mathrm{d}x = \int \sec^2 x \mathrm{d}x - \int \mathrm{d}x = \tan x - x + C.$

例 6.1.6　设一质点以速度 $v = 2\cos t$ m/s 作直线运动，开始时质点的位移为 5m，求质点的运动规律.

解　质点的运动规律是指位移 s 是时间 t 的函数. 设所求运动规律为 $s = s(t)$，于是有 $v = s'(t) = 2\cos t, s(t) = \int 2\cos t \mathrm{d}t = 2\sin t + C.$

由条件 $s(0) = 5$，代入上式，得 $C = 5$，所以质点运动规律为 $s = 2\sin t + 5.$

思考题 6.1

1. 若 $f(x)$ 的一个原函数为 $x^3 - \mathrm{e}^x$，求 $\int f(x)\mathrm{d}x$

2. 若 $f(x)$ 的一个原函数为 x^5，则 $f(x) = ?$

3. 若 $\int f(x)\mathrm{d}x = 3^x + \cos x + C$，则 $f(x) = ?$

4. 若 $f(x)$ 的一个原函数为 $\sin x$，则 $\int f'(x)\mathrm{d}x = ?$

5. 若 $f(x)$ 的一个原函数为 $\sin x$，则 $\left[\int f(x)\mathrm{d}x\right]' = ?$

6. 若 $f(x) = \ln x$，则 $\int (\mathrm{e}^{2x} + \mathrm{e}^x)f'(\mathrm{e}^x)\mathrm{d}x = ?$

练习题 6.1

1. 求下列不定积分：

(1) $\int \frac{1}{x^2}\mathrm{d}x$;

(2) $\int x^2 \sqrt{x}\mathrm{d}x$;

(3) $\int (3\mathrm{e})^x \mathrm{d}x$;

(4) $\int a^x \mathrm{e}^x \mathrm{d}x$;

(5) $\int \mathrm{e}^{x+3}\mathrm{d}x$;

(6) $\int (x^5 + 3\mathrm{e}^x + \csc^2 x - 2^x)\mathrm{d}x$;

(7) $\int \left(\frac{x}{2} + \frac{3}{x}\right)^2 \mathrm{d}x$;

(8) $\int \cos^2 \frac{x}{2}\mathrm{d}x$.

2. 已知函数 $f(x)$ 的导数为 $3x^2 + 1$，且当 $x = 1$ 时，$y = 3$，求函数 $f(x)$.

3. 已知一条曲线在任一点的切线斜率等于该点横坐标的倒数，且曲线过点 $(\mathrm{e}^3, 5)$，

求曲线方程.

6.2 不定积分的积分法

利用不定积分的性质及基本积分公式,只能计算很有限的简单的不定积分,对于更多的比较复杂的不定积分,还需要建立一些基本的积分方法,换元法就是其中之一.

6.2.1 换元积分法

1. 第一换元法(凑微分法)

第一换元法是求复合函数的不定积分的基本方法.

例 6.2.1 求 $\int \cos 3x \mathrm{d}x$.

解 因为 $\mathrm{d}(3x) = 3\mathrm{d}x$,所以

$$\int \cos 3x \mathrm{d}x = \frac{1}{3}\int 3\cos 3x \mathrm{d}x = \frac{1}{3}\int \cos 3x \mathrm{d}(3x)$$

$$\xupupdownarrow{\diamond u = 3x} \frac{1}{3}\int \cos u \mathrm{d}u = \frac{1}{3}\sin u + C \xupupdownarrow{\text{回代}} \frac{1}{3}\sin 3x + C.$$

经验证计算正确.

上例中,将公式 $\int \cos x \mathrm{d}x = \sin x + C$ 中的 x 换成了 $u = 3x$,得到对应的公式

$$\int \cos u \mathrm{d}u = \sin u + C.$$

一般地,有以下定理.

定理 6.3 若 $\int f(x)\mathrm{d}x = F(x) + C$,则 $\int f(u)\mathrm{d}u = F(u) + C$,其中 $u = \varphi(x)$ 是可导函数.

(证明从略).

这个定理表明:在基本积分公式中,把自变量 x 换成任一可导函数 $u = \varphi(x)$ 后公式仍成立. 这就扩充了基本积分公式的使用范围. 应用定理求积分的一般步骤为

$$\int f[\varphi(x)]\varphi'(x)\mathrm{d}x \xupupdownarrow{\text{凑微分}} \int f[\varphi(x)]\mathrm{d}\varphi(x)$$

$$\xupupdownarrow{\diamond u = \varphi(x)} \int f(u)\mathrm{d}u \xupupdownarrow{\text{公式}} F(u) + C$$

$$\xupupdownarrow{\text{回代}} F[\varphi(x)] + C.$$

以上求积分的方法,叫做第一换元积分法或凑微分法.

例 6.2.2 求 $\int \mathrm{e}^{5x}\mathrm{d}x$.

解 因为 $\mathrm{d}x = \frac{1}{5}\mathrm{d}(5x)$,所以

$$\int e^{5x} dx \xrightarrow{\text{凑微分}} \frac{1}{5} \int e^{5x} d(5x) \xrightarrow{\text{令} u = 5x} \frac{1}{5} \int e^u du \xrightarrow{\text{公式}} \frac{1}{5} e^u + C \xrightarrow{\text{回代}} \frac{1}{5} e^{5x} + C.$$

第一换元法关键在于凑微分,即把不定积分中的哪一部分凑成 $d\varphi(x)$,这是一种技巧,需要熟记下列一些等式.

$$dx = \frac{1}{a} d(ax + b); \quad x dx = \frac{1}{2} dx^2; \quad \frac{1}{\sqrt{x}} dx = 2 d\sqrt{x}; \quad \frac{1}{x^2} dx = -d\frac{1}{x};$$

$$\frac{1}{x} dx = d\ln|x|; \quad e^x dx = de^x; \quad \cos x dx = d\sin x; \quad \sin x dx = -d\cos x;$$

$$\sec^2 x dx = d\tan x; \quad \csc^2 x dx = -d\cot x; \quad \frac{1}{1+x^2} dx = d\arctan x \text{ 等.}$$

利用以上等式可以对下列类型的不定积分凑微分进行计算.

$$\int f(ax + b) dx = \frac{1}{a} \int f(ax + b) d(ax + b) (a \neq 0),$$

$$\int f(x^2) \cdot x dx = \frac{1}{2} \int f(x^2) dx^2,$$

$$\int f(\sqrt{x}) \cdot \frac{1}{\sqrt{x}} dx = 2 \int f(\sqrt{x}) d\sqrt{x},$$

$$\int f\left(\frac{1}{x}\right) \cdot \frac{1}{x^2} dx = -\int f\left(\frac{1}{x}\right) d\frac{1}{x},$$

$$\int f(\ln x) \cdot \frac{1}{x} dx = \int f(\ln x) d\ln x \ (x > 0),$$

$$\int f(e^x) \cdot e^x dx = \int f(e^x) de^x,$$

$$\int f(\sin x) \cdot \cos x dx = \int f(\sin x) d\sin x,$$

$$\int f(\cos x) \cdot \sin x dx = -\int f(\cos x) d\cos x,$$

$$\int f(\tan x) \cdot \sec^2 x dx = \int f(\tan x) d\tan x,$$

$$\int f(\cot x) \cdot \csc^2 x dx = -\int f(\cot x) d\cot x,$$

$$\int f(\arcsin x) \cdot \frac{1}{\sqrt{1-x^2}} dx = \int f(\arcsin x) d\arcsin x,$$

$$\int f(\arctan x) \cdot \frac{1}{1+x^2} dx = \int f(\arctan x) d\arctan x \text{ 等.}$$

方法熟悉后,换元的中间步骤可省略,凑成以上某种形式后直接用公式写出结果.

例 6.2.3 求下列不定积分:

(1) $\int (2x+5)^{10} dx$;   (2) $\int \frac{1}{x \ln x} dx$;   (3) $\int \frac{\arctan x}{1+x^2} dx$.

解 (1) $\int (2x+5)^{10} dx = \frac{1}{2} \int (2x+5)^{10} d(2x+5)$

$$= \frac{1}{2} \cdot \frac{1}{11} (2x+5)^{11} + C$$

$$= \frac{1}{22}(2x+5)^{11}+C.$$

(2) $\int \frac{1}{x\ln x}dx = \int \frac{1}{\ln x}\cdot\frac{1}{x}dx = \int \frac{1}{\ln x}d\ln x = \ln|\ln x|+C.$

(3) $\int \frac{\arctan x}{1+x^2}dx = \int \arctan x\cdot\frac{1}{1+x^2}dx = \int \arctan x d\arctan x = \frac{1}{2}(\arctan x)^2+C.$

2. 第二换元法

第一换元法是先凑微分,再用新变量 u 替换 $\varphi(x)$. 但是有些积分是不容易凑微分的,需要新的积分法. 例如,在求不定积分 $\int f(x)dx$ 时,用一个新变量 t 的函数 $\varphi(t)$ 替换 x, $[x=\varphi(t)$ 严格单调、可导],且 $\varphi'(t)\neq 0$. 一般表达式为

$$\int f(x)dx \xrightarrow{\text{令}\,x=\varphi(t)} \int f[\varphi(t)]d\varphi(t) = \int f[\varphi(t)]\varphi'(t)dt$$

$$= F(t)+C \xrightarrow[\text{回代}]{t=\varphi^{-1}(x)} F[\varphi^{-1}(x)]+C.$$

以上求积分的方法,叫做第二换元积分法.

第二换元积分法与第一换元积分法相反,第一换元积分法是用新变量 u 替换 $\varphi(x)$, 第二换元积分法是用一个新变量 t 的函数 $\varphi(t)$ 替换 x.

例 6.2.4 求不定积分 $\int \frac{1}{\sqrt{x}+1}dx.$

解 为了消去根式,令 $\sqrt{x}=t$, 即 $x=t^2$, 则 $dx=2tdt$, 于是

$$\int \frac{1}{\sqrt{x}+1}dx = \int \frac{1}{t+1}2tdt = 2\int \frac{t+1-1}{t+1}dt = 2\int\left(1-\frac{1}{t+1}\right)dt$$

$$= 2t-2\ln|t+1|+C = 2\sqrt{x}-2\ln(\sqrt{x}+1)+C.$$

6.2.2 分部积分法

分部积分法是基本积分法之一,它是由两个函数乘积的微分运算法则推得的一种求积分的基本方法. 这种方法常用于被积函数是两种不同类型函数的积分,如 $\int x^2 3^x dx, \int x^2\sin x dx, \int x\ln x dx, \int e^x\cos x dx$ 等.

设函数 $u=u(x), v=v(x)$ 具有连续导数 $u'=u'(x), v'=v'(x)$, 根据乘积微分运算法则 $d(uv)=vdu+udv$, 得

$$udv = d(uv)-vdu,$$

两边积分,得

$$\int udv = uv-\int vdu.$$

上式称为分部积分公式,利用上式求不定积分的方法称为分部积分法.

运用分部积分法的关键是选择 u, dv. 一般原则是:

(1) 使 v 容易求出.

(2) 新积分 $\int v\mathrm{d}u$ 要比原积分 $\int u\mathrm{d}v$ 容易积出.

例 6.2.5 求下列不定积分:

(1) $\int x\cos x\mathrm{d}x$; (2) $\int x\ln x\mathrm{d}x$; (3) $\int \arcsin x\mathrm{d}x$.

解 (1) 设 $u=x,\mathrm{d}v=\cos x\mathrm{d}x=\mathrm{d}\sin x$,则

$$\int x\cos x\mathrm{d}x=\int x\mathrm{d}\sin x=x\sin x-\int \sin x\mathrm{d}x=x\sin x+\cos x+C.$$

分部积分法运用熟练后,选取 $u,\mathrm{d}v$ 的步骤不必写出.

(2) $\int x\ln x\mathrm{d}x=\int \ln x\mathrm{d}\dfrac{x^2}{2}=\dfrac{x^2}{2}\ln x-\int \dfrac{x^2}{2}\mathrm{d}\ln x$

$=\dfrac{x^2}{2}\ln x-\dfrac{1}{2}\int x\mathrm{d}x=\dfrac{1}{2}x^2\ln x-\dfrac{1}{4}x^2+C.$

(3) $\int \arcsin x\mathrm{d}x=x\arcsin x-\int x\mathrm{d}\arcsin x=x\arcsin x-\int \dfrac{x}{\sqrt{1-x^2}}\mathrm{d}x$

$=x\arcsin x+\dfrac{1}{2}\int \dfrac{\mathrm{d}(1-x^2)}{\sqrt{1-x^2}}=x\arcsin x+\sqrt{1-x^2}+C.$

例 6.2.6 求 $\int \mathrm{e}^x\cos x\mathrm{d}x$.

解 $\int \mathrm{e}^x\cos x\mathrm{d}x=\int \cos x\mathrm{d}\,\mathrm{e}^x=\mathrm{e}^x\cos x-\int \mathrm{e}^x\mathrm{d}\cos x$

$=\mathrm{e}^x\cos x+\int \mathrm{e}^x\sin x\mathrm{d}x=\mathrm{e}^x\cos x+\int \sin x\,\mathrm{d}\mathrm{e}^x$

$=\mathrm{e}^x\cos x+\mathrm{e}^x\sin x-\int \mathrm{e}^x\,\mathrm{d}\sin x$

$=\mathrm{e}^x(\sin x+\cos x)-\int \mathrm{e}^x\cos x\mathrm{d}x,$

移项得

$$2\int \mathrm{e}^x\cos x\mathrm{d}x=\mathrm{e}^x(\sin x+\cos x)+C_1.$$

因此

$$\int \mathrm{e}^x\cos x\mathrm{d}x=\dfrac{1}{2}\mathrm{e}^x(\sin x+\cos x)+C.$$

注意:两次分部积分后,出现了循环现象,又回到原来的不定积分,两者系数不同,可通过移项整理得到积分结果,这在分部积分中是常用的技巧.

分部积分常见类型及 u 和 $\mathrm{d}v$ 的选取归纳如下:

(1) $\int x^n\mathrm{e}^x\mathrm{d}x,\int x^n\sin\beta x\mathrm{d}x,\int x^n\cos\beta x\mathrm{d}x$,可设 $u=x^n$.

(2) $\int x^n\arcsin x\mathrm{d}x,\int x^n\arctan x\mathrm{d}x,\int x^n\ln x\mathrm{d}x$,可设 $u=\arcsin x,\arctan x,\ln x$.

(3) $\int \mathrm{e}^{\alpha x}\sin\beta x\mathrm{d}x,\int \mathrm{e}^{\alpha x}\cos\beta x\mathrm{d}x$,设哪个函数为 u 都可以.

上述情况中 x^n 换为多项式时仍成立.

积分运算比微分运算要复杂得多,为了方便,在数学手册中,常把一些函数的不定积分汇编成表,这种表称为积分表.积分表是按被积函数的类型加以编排的.求积分时,可根据被积函数的类型,在积分表内查得结果,有时需要经过变形才能在简易积分表中查到.

思考题 6.2

1. 第一换元积分法(即凑微分法)与第二换元积分法的区别是什么?

2. 运用分部积分公式 $\int u\mathrm{d}v = uv - \int v\mathrm{d}u$ 的关键是什么?选取 u 和 $\mathrm{d}v$ 遵循什么原则?

3. 对于不定积分 $\int f(x)g(x)\mathrm{d}x$,一般应按什么规律选取 u 和 $\mathrm{d}v$?

练习题 6.2

1. 求下列不定积分:

(1) $\int \mathrm{e}^{2x}\mathrm{d}x$;

(2) $\int (2x+1)^5\mathrm{d}x$;

(3) $\int \dfrac{1}{x^2}\mathrm{e}^{\frac{1}{x}}\mathrm{d}x$;

(4) $\int \dfrac{x}{9+x^2}\mathrm{d}x$;

(5) $\int \dfrac{1}{9+x^2}\mathrm{d}x$;

(6) $\int \dfrac{\sin(2\sqrt{x}-1)}{\sqrt{x}}\mathrm{d}x$;

(7) $\int \dfrac{1}{x\ln^2 x}\mathrm{d}x$;

(8) $\int \dfrac{\arcsin x}{\sqrt{1-x^2}}\mathrm{d}x$;

(9) $\int \dfrac{\cos x}{1+\sin^2 x}\mathrm{d}x$;

(10) $\int \cos^2 x\mathrm{d}x$;

(11) $\int \dfrac{1+\tan x}{\cos^2 x}\mathrm{d}x$;

(12) $\int \dfrac{1}{x^2-1}\mathrm{d}x$;

(13) $\int \dfrac{1}{1+\sqrt{3x}}\mathrm{d}x$;

(14) $\int \dfrac{x^2}{\sqrt{9-x^2}}\mathrm{d}x$;

(15) $\int \dfrac{1}{x\sqrt{x^2-4}}\mathrm{d}x$;

(16) $\int \dfrac{\mathrm{d}x}{\sqrt{a^2+x^2}}$.

2. 求下列不定积分:

(1) $\int x\sin x\mathrm{d}x$;

(2) $\int \ln(1+x^2)\mathrm{d}x$;

(3) $\int x\cos 2x\mathrm{d}x$;

(4) $\int \arccos x\mathrm{d}x$;

(5) $\int x^2\arctan x\mathrm{d}x$;

(6) $\int x^2\mathrm{e}^{3x}\mathrm{d}x$;

(7) $\int (x^2-5x+7)\cos 2x\mathrm{d}x$;

(8) $\int \mathrm{e}^{3x}\cos 2x\mathrm{d}x$.

6.3　典型例题详解

在前面我们已经讲了不定积分的概念和性质,也给出了不定积分的积分技巧和一定数量的例题.但由于计算不定积分与求导数相比有较大的灵活性,较难掌握其解法.下面,再根据被积函数的特点,用类比、归纳的方法,综合几种情形,分析解答部分例题.

例 6.3.1 求下列不定积分:

(1) $\int \sin^2 x\mathrm{d}x$;

(2) $\int \sin^3 x\mathrm{d}x$;

(3) $\int \sin^4 x\mathrm{d}x$.

解 (1) $\int \sin^2 x\,\mathrm{d}x = \dfrac{1}{2}\int (1-\cos 2x)\,\mathrm{d}x = \dfrac{1}{2}x - \dfrac{1}{4}\int \cos 2x\,\mathrm{d}(2x)$

$$= \dfrac{1}{2}x - \dfrac{1}{4}\sin 2x + C.$$

(2) $\int \sin^3 x\,\mathrm{d}x = \int (1-\cos^2 x)\sin x\,\mathrm{d}x = -\int (1-\cos^2 x)\,\mathrm{d}\cos x$

$$= -\cos x + \dfrac{1}{3}\cos^3 x + C.$$

(3) $\int \sin^4 x\,\mathrm{d}x = \int \left(\dfrac{1-\cos 2x}{2}\right)^2 \mathrm{d}x = \dfrac{1}{4}\int (1-2\cos 2x + \cos^2 2x)\,\mathrm{d}x$

$$= \dfrac{1}{4}x - \dfrac{1}{4}\int \cos 2x\,\mathrm{d}(2x) + \dfrac{1}{8}\int (1+\cos 4x)\,\mathrm{d}x$$

$$= \dfrac{3}{8}x - \dfrac{1}{4}\sin 2x + \dfrac{1}{32}\sin 4x + C.$$

例 6.3.2   求下列不定积分：

(1) $\displaystyle\int \dfrac{1}{\sqrt{9-x^2}}\,\mathrm{d}x$；   (2) $\displaystyle\int \dfrac{x}{\sqrt{9-x^2}}\,\mathrm{d}x$；   (3) $\displaystyle\int \dfrac{x^2}{\sqrt{9-x^2}}\,\mathrm{d}x$.

解 (1) $\displaystyle\int \dfrac{1}{\sqrt{9-x^2}}\,\mathrm{d}x = \dfrac{1}{3}\int \dfrac{1}{\sqrt{1-\left(\frac{x}{3}\right)^2}}\,\mathrm{d}x = \int \dfrac{1}{\sqrt{1-\left(\frac{x}{3}\right)^2}}\,\mathrm{d}\dfrac{x}{3} = \arcsin\dfrac{x}{3} + C$；

(2) $\displaystyle\int \dfrac{x}{\sqrt{9-x^2}}\,\mathrm{d}x = -\dfrac{1}{2}\int \dfrac{1}{\sqrt{9-x^2}}\,\mathrm{d}(9-x^2) = -\sqrt{9-x^2} + C$；

(3) $\displaystyle\int \dfrac{x^2}{\sqrt{9-x^2}}\,\mathrm{d}x \xlongequal{\text{令}\,x=3\sin u} \int \dfrac{9\sin^2 u}{3\sqrt{1-\sin^2 u}}\,\mathrm{d}(3\sin u) = 9\int \sin^2 u\,\mathrm{d}u$

$$= \dfrac{9}{2}u - \dfrac{9}{4}\sin 2u + C = \dfrac{9}{2}u - \dfrac{9}{2}\sin u\cos u + C$$

$$\xlongequal{\text{回代}} \dfrac{9}{2}\arcsin\dfrac{x}{3} - \dfrac{1}{2}x\sqrt{9-x^2} + C.$$

例 6.3.3   求下列不定积分：

(1) $\displaystyle\int \dfrac{1}{1+\mathrm{e}^x}\,\mathrm{d}x$； (2) $\displaystyle\int \dfrac{1}{\mathrm{e}^x+\mathrm{e}^{-x}}\,\mathrm{d}x$；(3) $\displaystyle\int \dfrac{1}{\mathrm{e}^x-\mathrm{e}^{-x}}\,\mathrm{d}x$.

解 (1) $\displaystyle\int \dfrac{1}{1+\mathrm{e}^x}\,\mathrm{d}x = \int \dfrac{1+\mathrm{e}^x-\mathrm{e}^x}{1+\mathrm{e}^x}\,\mathrm{d}x = \int \left(1-\dfrac{\mathrm{e}^x}{1+\mathrm{e}^x}\right)\mathrm{d}x$

$$= x - \int \dfrac{1}{1+\mathrm{e}^x}\,\mathrm{d}\mathrm{e}^x = x - \ln(1+\mathrm{e}^x) + C.$$

(2) $\displaystyle\int \dfrac{1}{\mathrm{e}^x+\mathrm{e}^{-x}}\,\mathrm{d}x = \int \dfrac{\mathrm{e}^x}{\mathrm{e}^{2x}+1}\,\mathrm{d}x = \int \dfrac{1}{1+\mathrm{e}^{2x}}\,\mathrm{d}\mathrm{e}^x = \arctan\mathrm{e}^x + C.$

(3) $\displaystyle\int \dfrac{1}{\mathrm{e}^x-\mathrm{e}^{-x}}\,\mathrm{d}x = \int \dfrac{\mathrm{e}^x}{\mathrm{e}^{2x}-1}\,\mathrm{d}x = \int \dfrac{1}{(\mathrm{e}^x-1)(\mathrm{e}^x+1)}\,\mathrm{d}\mathrm{e}^x$

$$= \dfrac{1}{2}\int \left(\dfrac{1}{\mathrm{e}^x-1} - \dfrac{1}{\mathrm{e}^x+1}\right)\mathrm{d}\mathrm{e}^x = \dfrac{1}{2}\ln\left|\dfrac{\mathrm{e}^x-1}{\mathrm{e}^x+1}\right| + C.$$

由以上 3 个例题可看出，被积函数在形式上类似，但所用的积分方法或积分公式是不

同的,这种积分技巧需要在积分计算过程中积累经验.有些不定积分需要同时使用换元法与分部积分法.

例 6.3.4 求下列不定积分:

(1) $\int e^{\sqrt[3]{x}}dx$;   (2) $\int \dfrac{\ln(1+x)}{\sqrt{x}}dx$.

解 (1) 先用第二换元法,再用分部积分法.令 $\sqrt[3]{x}=t$,则 $x=t^3$,$dx=3t^2dt$,于是有

$$\int e^{\sqrt[3]{x}}dx =3\int t^2 e^t dt = 3\int t^2 de^t = 3t^2 e^t - 6\int te^t dt = 3t^2 e^t - 6\int tde^t$$

$$=3t^2 e^t - 6te^t + 6\int e^t dt = 3t^2 e^t - 6te^t + 6e^t + C,$$

代回原变量,得

$$\int e^{\sqrt[3]{x}}dx = 3x^{\frac{2}{3}}e^{\sqrt[3]{x}} - 6x^{\frac{1}{3}}e^{\sqrt[3]{x}} + 6e^{\sqrt[3]{x}} + C = 3e^{\sqrt[3]{x}}(x^{\frac{2}{3}} - 2x^{\frac{1}{3}} + 2) + C.$$

(2) 先凑微分,再用分部积分法.

$$\int \frac{\ln(1+x)}{\sqrt{x}}dx = 2\int \ln(1+x)d\sqrt{x} = 2\sqrt{x}\ln(1+x) - 2\int \sqrt{x}d[\ln(1+x)]$$

$$=2\sqrt{x}\ln(1+x) - 2\int \frac{\sqrt{x}}{1+x}dx. \tag{6.1}$$

求式(6.1)右端的不定积分 $\int \dfrac{\sqrt{x}}{1+x}dx$,用第二换元积分法.令 $\sqrt{x}=t$ 则 $x=t^2$,$dx=2tdt$,于是有

$$\int \frac{\sqrt{x}}{1+x}dx = \int \frac{2t^2}{1+t^2}dt = 2\int \left(1 - \frac{1}{1+t^2}\right)dt$$

$$=2(t - \arctan t) + C = 2(\sqrt{x} - \arctan\sqrt{x}) + C.$$

代入式(6.1),得

$$\int \frac{\ln(1+x)}{\sqrt{x}}dx = 2\sqrt{x}\ln(1+x) - 4(\sqrt{x} - \arctan\sqrt{x}) + C.$$

例 6.3.5 求 $\int \dfrac{e^{2x}}{\sqrt{e^x+1}}dx$

解法一 $\displaystyle \int \frac{e^{2x}}{\sqrt{e^x+1}}dx = \int \frac{e^x}{\sqrt{e^x+1}}de^x = \int \frac{e^x+1-1}{\sqrt{e^x+1}}d(e^x+1)$

$$=\int \left(\sqrt{e^x+1} - \frac{1}{\sqrt{e^x+1}}\right)d(e^x+1)$$

$$=\frac{2}{3}(e^x+1)^{\frac{3}{2}} - 2\sqrt{e^x+1} + C.$$

解法二 设 $\sqrt{e^x+1}=u$,则 $x=\ln(u^2-1)$,$dx=\dfrac{2u}{u^2-1}du$,于是

$$\int \frac{e^{2x}}{\sqrt{e^x+1}}dx = \int \frac{(u^2-1)^2}{u} \cdot \frac{2u}{u^2-1}du = 2\int (u^2-1)du$$

$$=2\left(\frac{1}{3}u^3-u\right)+C=\frac{2}{3}(u^2-3)u+C=\frac{2}{3}(e^x-2)\sqrt{e^x+1}+C.$$

解法三 $\displaystyle\int\frac{e^{2x}}{\sqrt{e^x+1}}dx=\int\frac{e^x}{\sqrt{e^x+1}}de^x=2\int e^xd\sqrt{e^x+1}$

$$=2e^x\sqrt{e^x+1}-2\int\sqrt{e^x+1}\,de^x$$

$$=2e^x\sqrt{e^x+1}-2\int\sqrt{e^x+1}\,d(e^x+1)$$

$$=2e^x\sqrt{e^x+1}-\frac{4}{3}(e^x+1)^{\frac{3}{2}}+C.$$

例 6.3.5 说明了同一个不定积分可以用多种方法计算,进一步说明了积分计算的灵活性,需要熟悉基本积分公式,熟练掌握各种恒等变形和各种积分方法.用不同的方法计算同一个积分,可能得到不同的结果,只要运算无误,这是正常的,只要积分结果的导数相同即可.

复习题六

1. 求下列不定积分:

(1) $\displaystyle\int e^{x-5}dx$;　　(2) $\displaystyle\int\frac{(x+1)^2}{x\sqrt{x}}dx$;　　(3) $\displaystyle\int\frac{3x^2+1}{x^2(x^2+1)}dx$;

(4) $\displaystyle\int\frac{e^{2x}-1}{1+e^x}dx$;　　(5) $\displaystyle\int\sec x(\sec x-\tan x)dx$;

(6) $\displaystyle\int\sin x\left(2\csc x-\cot x+\frac{1}{\sin^3 x}\right)dx$.

2. 已知一条曲线在任一点的切线斜率等于该点横坐标的倒数,求过点 $(1,1)$ 的曲线方程.

3. 已知一物体由静止开始作直线运动,其速度 $v(t)=3t^2\mathrm{m/s}$,求

(1) 物体的运动规律;

(2) 3s 末物体离开出发点的距离是多少?

(3) 物体走完 1000m 需要多长时间?

4. 求下列不定积分:

(1) $\displaystyle\int\frac{x}{\sqrt{1-2x^2}}dx$;　　(2) $\displaystyle\int\frac{e^x}{e^x-3}dx$;　　(3) $\displaystyle\int\frac{e^{\sqrt{x}}}{\sqrt{x}}dx$;　　(4) $\displaystyle\int 2^{ax+b}dx$;

(5) $\displaystyle\int x^3\sin(2-x^4)dx$;　　(6) $\displaystyle\int\frac{1}{x(1+\ln^2 x)}dx$;　　(7) $\displaystyle\int\frac{\tan^3 x}{\cos^2 x}dx$;

(8) $\displaystyle\int\frac{\sqrt[3]{(\arctan x)^2}}{1+x^2}dx$;　　(9) $\displaystyle\int\frac{2x+3}{x^2+3x-5}dx$;　　(10) $\displaystyle\int\frac{x+\cos x}{x^2+2\sin x}dx$.

5. 求下列不定积分:

(1) $\displaystyle\int\frac{1}{1+\sqrt{2+x}}dx$;　　(2) $\displaystyle\int\frac{1}{\sqrt{x}+\sqrt[3]{x}}dx$;　　(3) $\displaystyle\int\frac{1}{x\sqrt{4-x^2}}dx$;

(4) $\displaystyle\int \frac{\sqrt{x^2-9}}{x^2}\mathrm{d}x$;　　　　(5) $\displaystyle\int x^2(2-x)^{10}\mathrm{d}x$;　　　　(6) $\displaystyle\int \frac{1}{\sqrt{\mathrm{e}^x+1}}\mathrm{d}x$.

6. 求下列不定积分:

(1) $\displaystyle\int x\mathrm{e}^{10x}\mathrm{d}x$;　　　　(2) $\displaystyle\int (2x-1)\sin x\mathrm{d}x$;　　　　(3) $\displaystyle\int (\arcsin x)^2\mathrm{d}x$;

(4) $\displaystyle\int \sec^3 x\mathrm{d}x$　　　　(5) $\displaystyle\int \frac{\ln(\ln x)}{x}\mathrm{d}x$;　　　　(6) $\displaystyle\int \cos^2\sqrt{x}\mathrm{d}x$.

7. 设某函数当 $x=1$ 时有极小值,当 $x=-1$ 时有极大值 4,又知道这个函数的导数具有形式 $y'=3x^2+bx+c$,求此函数.

8. 设函数 $f(x)$ 的图像上有一拐点 $P(2,4)$,在拐点处切线的斜率为 -3,又知函数的二阶导数具有形式 $y''=6x+c$,求函数 $f(x)$.

9. 已知一物体以速度 $v(t)=3t^2+4t+2(\mathrm{m/s})$ 作直线运动,当 $t=2\mathrm{s}$,物体经过的路程 $s=16\mathrm{m}$,求物体的运动规律.

10. 设生产某产品的边际成本为 $C'(x)=2x+10(元/单位)$,固定成本为 20 元,求总成本函数.

第7章

定 积 分

本章重点是研究定积分概念、微积分基本定理,建立关于定积分的换元法和分部法. 定积分不论在理论上还是在实际应用中,都有着十分重要的意义,它是高等数学中重要的概念之一.

7.1　定积分的概念与性质

本节将在分析两个典型实例的基础上,引出定积分的概念,从而讨论定积分的性质.

7.1.1　两个实例

1. 曲边梯形的面积

所谓曲边梯形是指如图 7.1.1 所示的图形,它的三条边是直线段,其中有两条直线段垂直于第三条为底边的直线段,而其第四条边是曲线.

下边讨论怎样计算曲边梯形的面积.

我们设想:把曲边梯形放在直角坐标系中,沿着 y 轴方向将曲边梯形切割成许多小曲边梯形,用小矩形面积近似代替小曲边梯形的面积,进而用所有小矩形面积之和近似代替曲边梯形面积如图 7.1.2 所示,显然,分割越细,误差越小,当无限细分时,则所有小矩形面积之和的极限就是曲边梯形面积的精确值.

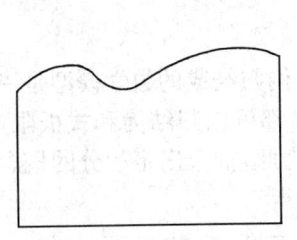

图 7.1.1

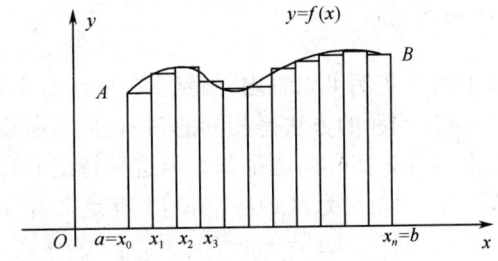

图 7.1.2

根据以上设想,可按四步来计算曲边梯形面积 A.

(1) 分割:任取分点 $a=x_0<x_1<x_2<\cdots<x_{n-1}<x_n=b$,把底边 $[a,b]$ 分成 n 个小区间 $[x_{i-1},x_i]$ $(i=1,2,\cdots,n)$. 小区间长度记为 $\Delta x_i=x_i-x_{i-1}(i=1,2,\cdots,n)$.

(2) 取近似:在每个小区间 $[x_{i-1},x_i]$ 上任取一点 ξ_i,以 $f(\xi_i)$ 为高,Δx_i 为底作小矩

形,用小矩形面积 $f(\xi_i)\Delta x_i$ 近似代替相应的小曲边梯形的面积 ΔA_i,即

$$\Delta A_i \approx f(\xi_i)\Delta x_i (i=1,2,\cdots,n).$$

（3）求和:把 n 个小矩形面积相加即得曲边梯形面积 A 的近似值,即

$$A = \sum_{i=1}^{n}\Delta A_i \approx \sum_{i=1}^{n} f(\xi_i)\Delta x_i.$$

（4）取极根:当分点个数 n 无限增加,且小区间长度的最大值 $\lambda(\lambda=\max\{\Delta x_i\})$ 趋近于零时,上述和式极限就是曲边梯形面积的精确值,即

$$A = \lim_{\lambda \to 0}\sum_{i=1}^{n} f(\xi_i)\Delta x_i.$$

2. 变速直线运动的路程

设某物体作直线运动,已知速度 $v=v(t)$ 是时间间隔 $[T_1,T_2]$ 上的连续函数,且 $v(t) \geqslant 0$,求这段时间内所走的路程 S.

物体作变速直线运动时,不能像匀速直线运动那样用速度乘以时间求其路程,因速度是连续变化的,故可用类似于求曲边梯形面积方法来计算路程 S.

（1）分割:任取分点 $T_1=t_0 < t_1 < t_2 < \cdots < t_{n-1} < t_n = T_2$ 把时间间隔 $[T_1,T_2]$ 分成 n 个小段,第 i 小段长为 $\Delta t_i = t_i - t_{i-1}(i=1,2,\cdots,n)$.

（2）取近似:把每一小段 $[t_{i-1},t_i]$ 上的运动视作匀速,任取时刻 $\xi_i \in [t_{i-1},t_i]$,作乘积 $v(\xi_i)\Delta t_i$,显然这一小段时间所走路程 ΔS_i 可近似为

$$\Delta S_i \approx \Delta t_i v(\xi_i) \ (i=1,2,\cdots,n).$$

（3）求和:把 n 个小段时间上的路程相加,得到总路程 S 的近似值,即

$$S \approx \sum_{i=1}^{n} v(\xi_i)\Delta t_i (i=1,2,\cdots,n).$$

（4）取极限:记 n 个小区间长度的最大值为 λ,即 $\lambda=\max\{\Delta t_i(i=1,2,\cdots,n)\}$,当 $\lambda \to 0$ 时,上述和式的极限就是变速直线运动物体在这段时间内所走的路程,即

$$S = \lim_{\lambda \to 0}\sum_{i=1}^{n} v(\xi_i)\Delta t_i.$$

7.1.2 定积分的概念

从以上两个实例可以看出,虽然实际问题意义不同,但它们归结成的数学模型是一致的,就是说解决问题的方法是相同的,并且最后所得到的结果都可以归结为和式极限,在科学技术上有许多实际问题都归结为这种特定的和式极限. 为此,抽象出定积分的概念.

定义 7.1 设函数 $f(x)$ 在 $[a,b]$ 上有定义,任取分点

$$a = x_0 < x_1 < x_2 < \cdots < x_{n-1} < x_n = b,$$

把 $[a,b]$ 分成 n 个小区间 $[x_{i-1},x_i]$ $(i=1,2,\cdots,n)$,其长度记为 $\Delta x_i = x_i - x_{i-1}$,$\lambda = \max\{\Delta x_i\}(i=1,2,\cdots,n)$.

在每个小区间 $[x_{i-1},x_i]$ 上任取一点 ξ_i,作乘积 $f(\xi_i)\Delta x_i$ 的和式

$$\sum_{i=1}^{n} f(\xi_i)\Delta x_i,$$

如果 $\lambda \to 0$ 时和式的极限存在,则称此极限为函数 $f(x)$ 在区间 $[a,b]$ 上的定积分,记为

$\int_a^b f(x)\mathrm{d}x$,即

$$\int_a^b f(x)\mathrm{d}x = \lim_{\lambda \to 0} \sum_{i=1}^n f(\xi_i)\Delta x_i,$$

其中 $f(x)$ 称为被积函数,$f(x)\mathrm{d}x$ 称为被积表达式,x 称为积分变量,$[a,b]$ 称为积分区间,a 和 b 分别称为积分下限和上限,符号 $\int_a^b f(x)\mathrm{d}x$ 读作函数 $f(x)$ 从 a 到 b 的定积分.

由定义 7.1 知,曲边梯形面积 $A = \int_a^b f(x)\mathrm{d}x$;变速运动路程 $S = \int_{T_1}^{T_2} v(t)\mathrm{d}t$.

关于定积分的定义,作以下几点说明:

(1) 所谓和式极限 $\lim\limits_{\lambda \to 0} \sum\limits_{i=1}^n f(\xi_i)\Delta x_i$ 存在,是指其极限值与 $[a,b]$ 的分割和点 ξ_i 的取法均无关.

(2) 定积分是和式的极限,它是由函数 $f(x)$ 与区间 $[a,b]$ 所确定的,它与积分变量记号无关,即 $\int_a^b f(x)\mathrm{d}x = \int_a^b f(t)\mathrm{d}t = \int_a^b f(u)\mathrm{d}u$.

(3) 闭区间上的连续函数或只有有限个第一类间断点的函数是可积的.

(4) 定积分定义中要求积分限 $a < b$,为此,补充如下规定:

① 当 $a = b$ 时,$\int_a^b f(x)\mathrm{d}x = 0$;

② 当 $a > b$ 时,$\int_a^b f(x)\mathrm{d}x = -\int_b^a f(x)\mathrm{d}x$.

7.1.3　定积分的几何意义

由定积分的定义可得:在区间 $[a,b]$ 上,若函数 $f(x) \geqslant 0$,则 $\int_a^b f(x)\mathrm{d}x$ 在几何上表示为由曲线 $y = f(x)$,直线 $x = a$,$x = b$ 和 x 轴围成的曲边梯形的面积,即

$$\int_a^b f(x)\mathrm{d}x = A.$$

在区间 $[a,b]$ 上,若函数 $f(x) < 0$,则 $\int_a^b f(x)\mathrm{d}x$ 在几何上意义表示由曲线 $y = f(x)$,直线 $x = a$,$x = b$ 和 x 轴围成曲边梯形(在 x 轴下方) 面积的相反数,即

$$\int_a^b f(x)\mathrm{d}x = -A.$$

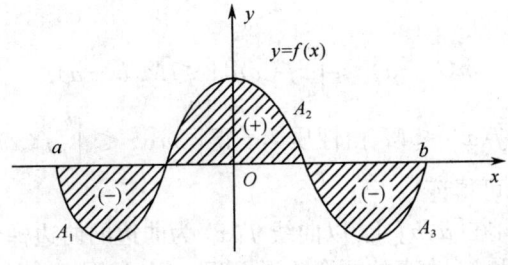

图 7.1.3

在区间$[a,b]$上,若$f(x)$有正有负,则$\int_a^b f(x)\mathrm{d}x$在几何上表示曲线$y=f(x)$在x轴上方部分和x轴下方部分"带号面积"(规定:位于x轴下方的图形之带号面积为负,其绝对值等于该图形的面积;位于x轴上方的图形之带号面积为正,其绝对值等于该图形的面积.)的代数和.如图7.1.3所示,有

$$\int_a^b f(x)\mathrm{d}x = A_2 - A_1 - A_3.$$

7.1.4 定积分的性质

下面,我们介绍定积分的基本性质.注意,下列各性质中的函数在积分区间上都假设是可积的.

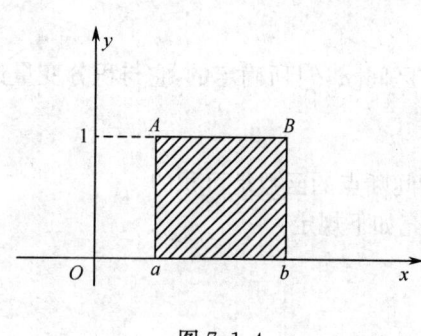

图 7.1.4

性质 7.1　如果在区间$[a,b]$上$f(x)\equiv 1$,那么$\int_a^b 1\mathrm{d}x = \int_a^b \mathrm{d}x = b-a$.

该性质的几何解释如图7.1.4所示.

性质 7.2　被积函数的常数因子可以提到积分号外面,即

$$\int_a^b kf(x)\mathrm{d}x = k\int_a^b f(x)\mathrm{d}x.$$

性质 7.3　两个函数代数和的定积分等于它们定积分的代数和,即

$$\int_a^b [f(x)\pm g(x)]\mathrm{d}x = \int_a^b f(x)\mathrm{d}x \pm \int_a^b g(x)\mathrm{d}x.$$

性质 7.4(积分区间的分割性质)　如果积分区间$[a,b]$被点c分割成两个区间$[a,c]$和$[c,b]$,那么

$$\int_a^b f(x)\mathrm{d}x = \int_a^c f(x)\mathrm{d}x + \int_c^b f(x)\mathrm{d}x.$$

注意:无论c是$[a,b]$的内分点还是外分点,上述性质都成立.

性质 7.5(积分的比较性质)　如果在区间$[a,b]$上有$f(x)\leqslant g(x)$,那么

$$\int_a^b f(x)\mathrm{d}x \leqslant \int_a^b g(x)\mathrm{d}x.$$

推论　由性质7.5可得$\left|\int_a^b f(x)\mathrm{d}x\right| \leqslant \int_a^b |f(x)|\mathrm{d}x$.

性质 7.6(积分估值定理)　设函数$f(x)$在区间$[a,b]$上的最大值为M,最小值为m,则

$$m(b-a) \leqslant \int_a^b f(x)\mathrm{d}x \leqslant M(b-a).$$

证明　因为$m\leqslant f(x)\leqslant M$,由性质7.5得$\int_a^b m\mathrm{d}x \leqslant \int_a^b f(x)\mathrm{d}x \leqslant \int_a^b M\mathrm{d}x$,再利用性质7.1和性质7.2即可得证.

该性质几何解释是:在$[a,b]$上,以曲线$f(x)$为曲边的曲边梯形的面积介于以$[a,b]$的长度为底,分别以m和M为高的两个矩形面积之间,如图7.1.5所示.

性质 7.7(积分中值定理)　如果函数$f(x)$在$[a,b]$上连续,那么至少存在一点$\xi\in$

[a,b]，使得
$$\int_a^b f(x)\mathrm{d}x = f(\xi)(b-a).$$

证明　因为 $f(x)$ 在 $[a,b]$ 上连续，所以 $f(x)$ 在 $[a,b]$ 上有最大值 M 和最小值 m，由性质 7.6 得
$$m(b-a)\leqslant\int_a^b f(x)\mathrm{d}x\leqslant M(b-a),$$
同除以 $(b-a)$ 得
$$m\leqslant\frac{1}{b-a}\int_a^b f(x)\mathrm{d}x\leqslant M.$$

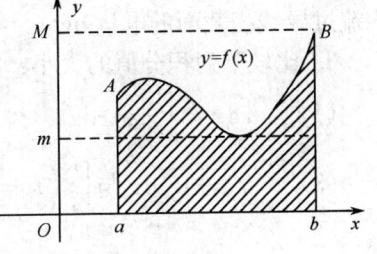

图 7.1.5

由闭区间上连续函数的介值定理知道在 $[a,b]$ 上至少存在一点 ξ，使
$$f(\xi)=\frac{1}{b-a}\int_a^b f(x)\mathrm{d}x.$$
于是得
$$\int_a^b f(x)\mathrm{d}x = f(\xi)(b-a).$$

当 $b<a$ 时，上式仍成立.

该性质的几何解释是：在 $[a,b]$ 上，以曲线 $y=f(x)$ 为曲边的曲边梯形的面积等于以 $[a,b]$ 的长度为底，$[a,b]$ 中一点 ξ 的函数值 $f(\xi)$ 为高的矩形的面积.

例 7.1.1　估计定积分 $\int_{-1}^2 \mathrm{e}^{-x^2}\mathrm{d}x$ 的值.

解　因为 $f'(x)=(\mathrm{e}^{-x^2})'=-2x\mathrm{e}^{-x^2}$，令 $f'(x)=0$，得驻点 $x=0$.
比较驻点 $x=0$ 和区间端点 $x=-1,x=2$ 的函数值为
$$f(0)=\mathrm{e}^0=1,f(-1)=\mathrm{e}^{-1}=\frac{1}{\mathrm{e}},f(-2)=\mathrm{e}^{-4}.$$
得最大值 $M=1$，最小值 $m=\mathrm{e}^{-4}$，区间长
$$b-a=2-(-1)=3,$$
利用估值定理得
$$3\mathrm{e}^{-4}\leqslant\int_{-1}^2 \mathrm{e}^{-x^2}\mathrm{d}x\leqslant 3.$$

思考题 7.1

1. 如何表达定积分的几何意义？利用定积分的几何意义推证下列积分的值.

(1) $\int_{-1}^1 |x|\mathrm{d}x$;　　(2) $\int_0^{2\pi}\sin x\mathrm{d}x$;　　(3) $\int_0^a \sqrt{a^2-x^2}\mathrm{d}x$.

2. 判断下列说法是否正确，不正确的请予更正.

(1) $f(x)$ 在 $[a,b]$ 上连续是 $f(x)$ 在 $[a,b]$ 上可积的充分条件，但不是必要条件；

(2) 若 $a\leqslant x\leqslant b$，有 $f(x)\leqslant g(x)$，则 $\int_a^b f(x)\mathrm{d}x\leqslant\int_a^b g(x)\mathrm{d}x$ 成立.

3. 由曲线 $y=2x^2$，直线 $x=2,x=4$ 及 x 轴所围成的曲边梯形，试用定积分表示该曲边梯形面积 A.

练习题 7.1

1. 利用定积分的性质，估计定积分 $\int_{-1}^1 (4x^4-2x^3+5)\mathrm{d}x$ 的值.

2. 已知某时刻 t 导线的电流强度 $i(t)=4\sin2t$,试用定积分表示在时间间隔 $[T_1,T_2]$ 内流过导线横截面的电量 $q(t)$.

3. 比较下列积分值的大小:

(1) $\displaystyle\int_0^1 x\mathrm{d}x$ 与 $\displaystyle\int_0^1 \sin x\mathrm{d}x$;

(2) $\displaystyle\int_0^1 \mathrm{e}^x\mathrm{d}x$ 与 $\displaystyle\int_0^1 (1+x)\mathrm{d}x$;

(3) $\displaystyle\int_0^1 \sqrt{1+x^3}\mathrm{d}x$ 与 $\displaystyle\int_0^1 \left(1+\dfrac{1}{2}x^3\right)\mathrm{d}x$;

(4) $\displaystyle\int_1^2 \ln x\mathrm{d}x$ 与 $\displaystyle\int_1^2 (\ln x)^2\mathrm{d}x$.

7.2 变上限的定积分与微积分基本公式

通过定义来计算定积分的值是一件十分困难的事. 本节将介绍一种简便有效的计算方法,这就是牛顿-莱布尼茨(Newton-Leibniz) 公式,即微积分基本公式.

7.2.1 变上限的定积分

我们知道,定积分 $\displaystyle\int_a^b f(t)\mathrm{d}t(f(t)\geqslant 0)$ 在几何上表示曲线 $y=f(t)$ 在区间 $[a,b]$ 上曲边梯形 $AabB$ 的面积. 如果 x 是区间 $[a,b]$ 上的任意一点,同样,定积分 $\displaystyle\int_a^x f(t)\mathrm{d}t$ 表示曲线 $y=f(t)$ 在部分区间 $[a,x]$ 上曲边梯形 $AaxC$ 的面积,如图 7.2.1 中阴影部分的面积. 当 x 在区间 $[a,b]$ 上变化时,阴影部分面积也随之变化,即 $\Phi(x)=\displaystyle\int_a^x f(t)\mathrm{d}t$ 在变化.

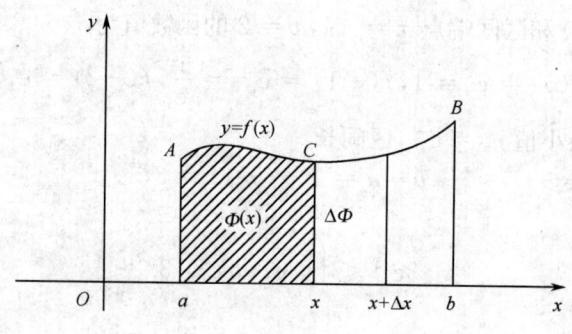

图 7.2.1

定义 7.2 设函数 $f(x)$ 在 $[a,b]$ 上可积,$x\in[a,b]$,则上限为变量 x 的定积分 $\displaystyle\int_a^x f(t)\mathrm{d}t$ 称为变上限定积分,它是 x 的函数,记作 $\Phi(x)$,即

$$\Phi(x)=\int_a^x f(t)\mathrm{d}t, \qquad x\in[a,b].$$

变上限的定积分的几何意义如图 7.2.1 所示,它具有下面的重要性质.

定理 7.1 若函数 $f(x)$ 在区间 $[a,b]$ 上连续,则变上限定积分 $\Phi(x)=\displaystyle\int_a^x f(t)\mathrm{d}t$ 在区间 $[a,b]$ 上可导,并且它的导数等于被积函数,即

$$\Phi'(x) = \left[\int_a^x f(t)\mathrm{d}t\right]' = f(x).$$

（证明从略）.

定理 7.1 告诉我们变上限定积分 $\Phi(x) = \int_a^x f(t)\mathrm{d}t$ 是函数 $f(x)$ 在 $[a,b]$ 上的一个原函数，从而有如下推论.

推论　连续函数的原函数一定存在.

这样就解决了前面遗留下来的原函数的存在问题.

例 7.2.1　已知 $\Phi(x) = \int_0^x \mathrm{e}^{t^2}\mathrm{d}t$，求 $\Phi'(x)$ 在 $x = 0$ 处的值.

解　根据定理 7.1，得 $\Phi'(x) = \left(\int_0^x \mathrm{e}^{t^2}\mathrm{d}t\right)' = \mathrm{e}^{x^2}$，故 $\Phi'(0) = \mathrm{e}^0 = 1$.

例 7.2.2　已知 $F(x) = \int_x^0 \cos(3t+1)\mathrm{d}t$，求 $F'(x)$.

解　根据定理 7.1，得
$$F'(x) = \left[\int_x^0 \cos(3t+1)\mathrm{d}t\right]' = \left[-\int_0^x \cos(3t+1)\mathrm{d}t\right]' = -\cos(3x+1).$$

7.2.2　微积分基本公式

定理 7.2　设 $f(x)$ 在 $[a,b]$ 上连续，$F(x)$ 是 $f(x)$ 在 $[a,b]$ 上的一个原函数，则
$$\int_a^b f(x)\mathrm{d}x = F(b) - F(a).$$

证明　由定理 7.1 知道 $\Phi(x) = \int_a^x f(t)\mathrm{d}t$ 是 $f(x)$ 在 $[a,b]$ 上的一个原函数，又由题设知 $F(x)$ 是 $f(x)$ 在 $[a,b]$ 上的一个原函数，由原函数性质知，同一函数的两个不同原函数只相差一个常数，即
$$F(x) - \int_a^x f(t)\mathrm{d}t = C \quad (a \leqslant x \leqslant b).$$
将 $x = a, x = b$ 分别代入上式，相减得
$$F(b) - F(a) = \int_a^b f(t)\mathrm{d}t - \int_a^a f(t)\mathrm{d}t = \int_a^b f(t)\mathrm{d}t,$$
再把积分变量 t 换成 x，得
$$\int_a^b f(x)\mathrm{d}x = F(b) - F(a).$$

上式称为牛顿-莱布尼茨公式，也称为微积分基本公式. 该公式揭示了定积分与原函数（或不定积分）之间的联系，它把定积分问题转化为求原函数（或不定积分）的问题，从而给定积分计算找到了一条捷径，它是整个积分学最重要的公式之一. 为了方便，常采用下面的格式：
$$\int_a^b f(x)\mathrm{d}x = F(b) - F(a) = F(x)\Big|_a^b.$$

例 7.2.3　计算下列定积分：

(1) $\int_1^3 \left(x + \dfrac{1}{x}\right)^2 \mathrm{d}x$；　　　　(2) $\int_0^{\frac{\pi}{3}} \sin x\mathrm{d}x$.

解　因为各被积函数在相应区间内连续，所以都满足定理 7.2 的条件，由牛顿-莱布

尼茨公式,得

(1) $\int_1^3 \left(x+\dfrac{1}{x}\right)^2 \mathrm{d}x = \int_1^3 \left(x^2+2+\dfrac{1}{x^2}\right)\mathrm{d}x = \left(\dfrac{x^3}{3}+2x-\dfrac{1}{x}\right)\Big|_1^3 = 13\dfrac{1}{3}$;

(2) $\int_0^{\frac{\pi}{3}} \sin x \mathrm{d}x = -\cos x \Big|_0^{\frac{\pi}{3}} = \dfrac{1}{2}$.

例 7.2.4　求 $\int_0^\pi \sqrt{1-\sin^2 x}\ \mathrm{d}x$ 的值.

解　由于 $\sqrt{1-\sin^2 x} = |\cos x|$,根据定积分对区间的分割性质,得

$$\int_0^\pi \sqrt{1-\sin^2 x}\mathrm{d}x = \int_0^\pi |\cos x|\mathrm{d}x = \int_0^{\frac{\pi}{2}} \cos x \mathrm{d}x + \int_{\frac{\pi}{2}}^\pi (-\cos x)\mathrm{d}x$$

$$= \sin x \Big|_0^{\frac{\pi}{2}} - \sin x \Big|_{\frac{\pi}{2}}^\pi = 1-(-1) = 2.$$

思考题 7.2

1. 若 $f(x) = \int_1^{x^2} \dfrac{\sin t}{t}\mathrm{d}t$,那么 $f'(x) = \dfrac{\sin x^2}{x^2}$ 对吗?

2. 设 $f(x)$ 连续,问 $\left(\int_a^x f(t)\mathrm{d}t\right)\Big|_x^1$ 与 a 有关吗?

3. 计算 $\int_{-2}^2 \dfrac{1}{x^3}\mathrm{d}x = -\dfrac{1}{2x^2}\Big|_{-2}^2 = \left(-\dfrac{1}{8}\right)-\left(-\dfrac{1}{8}\right) = 0$ 对吗?

4. 在使用牛顿-莱布尼茨公式时,要求被积函数 $f(x)$ 在积分区间 $[a,b]$ 上连续,问在 $[a,b]$ 区间上有第一类间断点和第二间断点时,还能否用牛顿-莱布尼茨公式计算定积分? 为什么?

练习题 7.2

1. 计算下列定积分:

(1) $\int_0^2 (3x^3-x+5)\mathrm{d}x$;

(2) $\int_0^\pi (2x+\sin x)\mathrm{d}x$;

(3) $\int_1^2 \dfrac{\ln x}{x}\mathrm{d}x$;

(4) $\int_0^{\frac{\pi}{2}} |\sin x-\cos x|\mathrm{d}x$.

2. 设 $f(x) = \begin{cases} 2x-1, & x \leqslant 2 \\ x^2+x-3, & x > 2 \end{cases}$,求 $\int_0^4 f(x)\mathrm{d}x$.

3. 求下列函数的导数:

(1) $y = \int_0^x \ln(3t^2+1)\mathrm{d}t$;

(2) $y = \int_{x^2}^0 \arctan t^3 \mathrm{d}t$.

7.3　定积分的积分法

本节主要讨论定积分的换元积分法和分部积分法.

7.3.1　定积分的换元积分法

若函数 $f(x)$ 在积分区间 $[a,b]$ 上连续,函数 $x = \varphi(t)$ 在区间 $[\alpha,\beta]$ 上有连续导数 $\varphi'(t)$,当 t 在 $[\alpha,\beta]$ 上变化时,$x = \varphi(t)$ 的值在 $[a,b]$ 上变化,并且 $\varphi(\alpha) = a, \varphi(\beta) = b$,则

$$\int_a^b f(x)\mathrm{d}x = \int_\alpha^\beta f[\varphi(t)]\varphi'(t)\mathrm{d}t.$$

上式称为定积分的换元公式.

例 7.3.1　计算 $\int_0^1 x^2 \sqrt{1-x^2}\mathrm{d}x$.

解　设 $x = \sin t$, 则 $\mathrm{d}x = \cos t\mathrm{d}t$. 当 $x = 0$ 时, $t = 0$; 当 $x = 1$ 时, $t = \dfrac{\pi}{2}$, 于是有

$$\int_0^1 x^2 \sqrt{1-x^2}\mathrm{d}x = \int_0^{\frac{\pi}{2}} \sin^2 t\cos^2 t\mathrm{d}t = \frac{1}{4}\int_0^{\frac{\pi}{2}} \sin^2 2t\mathrm{d}t$$

$$= \frac{1}{8}\int_0^{\frac{\pi}{2}} (1-\cos 4t)\mathrm{d}t = \frac{1}{8}\left(t - \frac{1}{4}\sin 4t\right)\Bigg|_0^{\frac{\pi}{2}} = \frac{\pi}{16}.$$

在使用定积分的换元公式时, 要注意"换元同时换限", 即通过关系式 $x = \varphi(t)$, 上 (下) 限对应变化, 下限对下限, 上限对上限.

例 7.3.2　设函数 $f(x)$ 在对称区间 $[-a,a]$ 上连续, 求证:

(1) $\int_{-a}^a f(x)\mathrm{d}x = \int_0^a [f(x) + f(-x)]\mathrm{d}x$;

(2) 若 $f(x)$ 为偶函数, 则 $\int_{-a}^a f(x)\mathrm{d}x = 2\int_0^a f(x)\mathrm{d}x$;

(3) 若 $f(x)$ 为奇函数, 则 $\int_{-a}^a f(x)\mathrm{d}x = 0$.

证明　(1) 根据定积分对区间的可加性, 得

$$\int_{-a}^a f(x)\mathrm{d}x = \int_{-a}^0 f(x)\mathrm{d}x + \int_0^a f(x)\mathrm{d}x \tag{7.1}$$

对 $\int_{-a}^0 f(x)\mathrm{d}x$ 采用换元积分法, 令 $x = -t$, $\mathrm{d}x = -\mathrm{d}t$, 当 $x = -a$ 时, $t = a$; 当 $x = 0$ 时, $t = 0$, 于是

$$\int_{-a}^0 f(x)\mathrm{d}x = -\int_a^0 f(-t)\mathrm{d}t = \int_0^a f(-t)\mathrm{d}t = \int_0^a f(-x)\mathrm{d}x \tag{7.2}$$

将 (7.2) 式代入 (7.1) 式中, 得

$$\int_{-a}^a f(x)\mathrm{d}x = \int_{-a}^0 f(x)\mathrm{d}x + \int_0^a f(x)\mathrm{d}x = \int_0^a f(-x)\mathrm{d}x + \int_0^a f(x)\mathrm{d}x$$

$$= \int_0^a [f(-x) + f(x)]\mathrm{d}x;$$

(2) 因为 $f(x)$ 为偶函数, 即 $f(-x) = f(x)$, 得

$$\int_{-a}^a f(x)\mathrm{d}x = \int_0^a [f(-x) + f(x)]\mathrm{d}x = \int_0^a 2f(x)\mathrm{d}x = 2\int_0^a f(x)\mathrm{d}x;$$

(3) 因为 $f(x)$ 是奇函数, 即 $f(-x) = -f(x)$, 得

$$\int_{-a}^a f(x)\mathrm{d}x = \int_0^a [f(-x) + f(x)]\mathrm{d}x = \int_0^a [-f(x) + f(x)]\mathrm{d}x = 0.$$

本题结果可作为公式使用.

例 7.3.3　计算下列定积分的值:

(1) $\displaystyle\int_{-1}^{1} x^2 |x| \,\mathrm{d}x$;　　　　(2) $\displaystyle\int_{-\sqrt{3}}^{\sqrt{3}} \frac{x^5 \sin^2 x}{1 + x^2 + x^4} \,\mathrm{d}x$.

解　(1) 由于被积函数 $x^2 |x|$ 是 $[-1, 1]$ 上的偶函数,于是有

$$\int_{-1}^{1} x^2 |x| \,\mathrm{d}x = 2\int_{0}^{1} x^3 \,\mathrm{d}x = 2 \cdot \frac{1}{4} x^4 \Big|_{0}^{1} = \frac{1}{2}.$$

(2) 由于被积函数 $\dfrac{x^5 \sin^2 x}{1 + x^2 + x^4}$ 在 $[-\sqrt{3}, \sqrt{3}]$ 上为奇函数,于是有

$$\int_{-\sqrt{3}}^{\sqrt{3}} \frac{x^5 \sin^2 x}{1 + x^2 + x^4} \,\mathrm{d}x = 0.$$

例 7.3.4　设函数 $f(x)$ 是以 T 为周期的连续函数,证明对任意常数 a,有

$$\int_{a}^{a+T} f(x) \,\mathrm{d}x = \int_{0}^{T} f(x) \,\mathrm{d}x.$$

证明　因为 $\displaystyle\int_{a}^{a+T} f(x) \,\mathrm{d}x = \int_{a}^{0} f(x) \,\mathrm{d}x + \int_{0}^{T} f(x) \,\mathrm{d}x + \int_{T}^{a+T} f(x) \,\mathrm{d}x$　　　(7.3)

在最后一项积分中,令 $x - T = u$,则 $\mathrm{d}x = \mathrm{d}u$,当 $x = T$ 时,$u = 0$;当 $x = a + T$ 时,$u = a$,于是

$$\int_{T}^{a+T} f(x) \,\mathrm{d}x = \int_{0}^{a} f(u+T) \,\mathrm{d}u = -\int_{a}^{0} f(u) \,\mathrm{d}u = -\int_{a}^{0} f(x) \,\mathrm{d}x,$$

代入(7.3)式中,得

$$\int_{a}^{a+T} f(x) \,\mathrm{d}x = \int_{a}^{0} f(x) \,\mathrm{d}x + \int_{0}^{T} f(x) \,\mathrm{d}x - \int_{a}^{0} f(x) \,\mathrm{d}x = \int_{0}^{T} f(x) \,\mathrm{d}x.$$

本题结果可作为公式使用.

7.3.2　定积分的分部积分法

由不定积分的分部积分法,不难导出定积分的分部积分法.

设函数 $u = u(x)$ 和 $v = v(x)$ 在区间 $[a, b]$ 上有连续导数,则有

$$\int_{a}^{b} u(x) v'(x) \,\mathrm{d}x = \left[u(x) v(x) \right] \Big|_{a}^{b} - \int_{a}^{b} v(x) u'(x) \,\mathrm{d}x,$$

上式称为定积分的分部积分公式,可简记为 $\displaystyle\int_{a}^{b} u \,\mathrm{d}v = [uv] \Big|_{a}^{b} - \int_{a}^{b} v \,\mathrm{d}u$.

例 7.3.5　计算 $\displaystyle\int_{0}^{1} x\mathrm{e}^{-x} \,\mathrm{d}x$.

解　$\displaystyle\int_{0}^{1} x\mathrm{e}^{-x} \,\mathrm{d}x = -\int_{0}^{1} x\,\mathrm{d}(\mathrm{e}^{-x}) = -\left(x\mathrm{e}^{-x} \Big|_{0}^{1} - \int_{0}^{1} \mathrm{e}^{-x} \,\mathrm{d}x \right) = -\mathrm{e}^{-1} - \mathrm{e}^{-x} \Big|_{0}^{1} = 1 - \frac{2}{\mathrm{e}}$.

思考题 7.3

1. 下面的运算是否正确?为什么?

(1) $\displaystyle\int_{-1}^{1} \frac{\mathrm{d}x}{1 + x^2} \xlongequal{x = \frac{1}{t}} \int_{-1}^{1} \frac{\mathrm{d}\frac{1}{t}}{1 + \frac{1}{t^2}} = -\int_{-1}^{1} \frac{\mathrm{d}t}{1 + t^2} = -\int_{-1}^{1} \frac{\mathrm{d}x}{1 + x^2}$,移项得 $\displaystyle\int_{-1}^{1} \frac{\mathrm{d}x}{1 + x^2} = 0$.

(2) $\displaystyle\int_{-\frac{\pi}{2}}^{\frac{\pi}{2}} \sqrt{\cos x - \cos^3 x} \,\mathrm{d}x = \int_{-\frac{\pi}{2}}^{\frac{\pi}{2}} (\cos x)^{\frac{1}{2}} \sin x \,\mathrm{d}x = -\int_{-\frac{\pi}{2}}^{\frac{\pi}{2}} (\cos x)^{\frac{1}{2}} \,\mathrm{d}\cos x$

$$=-\frac{2}{3}\cos^{\frac{3}{2}}x\Big|_{-\frac{\pi}{2}}^{\frac{\pi}{2}}=0.$$

2. 应用定积分换元法时,强调换元必须换限,凑微分法是换元法的一种,用凑微分法时是否一定要换积分限呢?

练习题 7.3

1. 计算下列定积分:

(1) $\displaystyle\int_0^{\frac{\pi}{4}}\frac{\mathrm{d}x}{1+\sin x}$;

(2) $\displaystyle\int_{-2}^{2}\frac{\mathrm{e}^x}{\mathrm{e}^x+1}\mathrm{d}x$;

(3) $\displaystyle\int_0^{8}\frac{1}{\sqrt[3]{x}+1}\mathrm{d}x$;

(4) $\displaystyle\int_{-\pi}^{\pi}x^6\sin x\mathrm{d}x$;

(5) $\displaystyle\int_{-1}^{1}\arccos x\mathrm{d}x$;

(6) $\displaystyle\int_{-2}^{2}\frac{x^3+x^2}{x^2+1}\mathrm{d}x$.

2. 证明 $\displaystyle\int_0^{\frac{\pi}{2}}f(\sin x)\mathrm{d}x=\int_0^{\frac{\pi}{2}}f(\cos x)\mathrm{d}x$,并求 $I_n=\displaystyle\int_0^{\frac{\pi}{2}}\sin^n x\mathrm{d}x$ 的值(n 为正整数).

7.4　广　义　积　分

前面几节讨论的定积分,积分区间为有限区间且被积函数在其上有界.但在实际问题中,经常遇到积分区间为无限区间或被积函数为无界的情形,前者称为无穷区间上的广义积分,后者称为无界函数的广义积分,两者统称为广义积分.相应地,把前面讨论的定积分称为常义积分.

7.4.1　无穷区间上的广义积分

定义 7.3　设函数 $f(x)$ 在 $[a,+\infty)$ 上连续.极限 $\displaystyle\lim_{b\to+\infty}\int_a^b f(x)\mathrm{d}x$ 称为 $f(x)$ 在 $[a,+\infty)$ 上的广义积分,记为

$$\int_a^{+\infty}f(x)\mathrm{d}x,\quad 即 \int_a^{+\infty}f(x)\mathrm{d}x=\lim_{b\to+\infty}\int_a^b f(x)\mathrm{d}x,$$

若极限存在,称广义积分收敛;若极限不存在,则称广义积分发散.

类似地,可定义 $f(x)$ 在 $(-\infty,b]$ 上的广义积分为

$$\int_{-\infty}^b f(x)\mathrm{d}x=\lim_{a\to-\infty}\int_a^b f(x)\mathrm{d}x,$$

若极限存在,称广义积分收敛,否则称广义积分发散.

定义 $f(x)$ 在 $(-\infty,+\infty)$ 上的广义积分为

$$\int_{-\infty}^{+\infty}f(x)\mathrm{d}x=\int_{-\infty}^c f(x)\mathrm{d}x+\int_c^{+\infty}f(x)\mathrm{d}x\,(c\,为任意实数).$$

当上式右边的两个广义积分都收敛时,称广义积分 $\displaystyle\int_{-\infty}^{+\infty}f(x)\mathrm{d}x$ 收敛,否则称广义积分 $\displaystyle\int_{-\infty}^{+\infty}f(x)\mathrm{d}x$ 发散.

上述各广义积分统称为无穷区间上的广义积分.讨论广义积分的敛散性,关键是讨论

$\int_{-\infty}^{b} f(x)dx$ 和 $\int_{a}^{+\infty} f(x)dx$ 的敛散性. 确定广义积分的敛散性, 其基本思想是先计算定积分, 再取极限, 最后根据定义判断.

为书写方便, 实际中常略去极限符号, 形式上直接利用牛顿-莱布尼茨公式的书写格式.

设 $F(x)$ 是 $f(x)$ 的一个原函数, 并记

$$F(+\infty) = \lim_{x \to +\infty} F(x), F(-\infty) = \lim_{x \to -\infty} F(x),$$

则上述 3 种情况的广义积分可表示为

$$\int_{a}^{+\infty} f(x)dx = F(x)\Big|_{a}^{+\infty} = F(+\infty) - F(a);$$

$$\int_{-\infty}^{b} f(x)dx = F(x)\Big|_{-\infty}^{b} = F(b) - F(-\infty);$$

$$\int_{-\infty}^{+\infty} f(x)dx = F(x)\Big|_{-\infty}^{+\infty} = F(+\infty) - F(-\infty).$$

例 7.4.1 计算广义积分 $\int_{0}^{+\infty} e^{-x}dx$.

解法一 用定义去求解.

$$\int_{0}^{+\infty} e^{-x}dx = \lim_{b \to +\infty} \int_{0}^{b} e^{-x}dx = \lim_{b \to +\infty}\left(-e^{-x}\Big|_{0}^{b}\right) = \lim_{b \to +\infty}(-e^{-b} + 1) = 1.$$

解法二 $\int_{0}^{+\infty} e^{-x}dx = -e^{-x}\Big|_{0}^{+\infty} = 1.$

显然解法二比解法一简洁方便.

例 7.4.2 讨论分析 $\int_{a}^{+\infty} \frac{1}{x^p}dx(a > 0)$ 的敛散性.

解 (1) 当 $p = 1$ 时, $\int_{a}^{+\infty} \frac{1}{x}dx = \ln x\Big|_{a}^{+\infty} = +\infty$, 该广义积分发散;

(2) 当 $p > 1$ 时, $\int_{a}^{+\infty} \frac{1}{x^p}dx = \frac{1}{1-p} \cdot x^{1-p}\Big|_{a}^{+\infty} = \frac{1}{(p-1)a^{p-1}}$, 该广义积分收敛;

(3) 当 $p < 1$ 时, $\int_{a}^{+\infty} \frac{1}{x^p}dx = \frac{1}{1-p} \cdot x^{1-p}\Big|_{a}^{+\infty} = +\infty$, 该广义积分发散.

因此, $\int_{a}^{+\infty} \frac{1}{x^p}dx, (a > 0)$ 在 $p \leqslant 1$ 时发散, 在 $p > 1$ 时收敛.

*7.4.2 被积函数有无穷间断点的广义积分

定义 7.4 设函数 $f(x)$ 在 $(a, b]$ 上连续, 且 $\lim_{x \to a^+} f(x) = \infty$, 取 $\varepsilon > 0$, 称极限

$$\lim_{\varepsilon \to 0^+} \int_{a+\varepsilon}^{b} f(x)dx$$

为 $f(x)$ 在 $(a, b]$ 上的广义积分, 记为 $\int_{a}^{b} f(x)dx = \lim_{\varepsilon \to 0^+} \int_{a+\varepsilon}^{b} f(x)dx$, 若该极限存在, 则称广义积分 $\int_{a}^{b} f(x)dx$ 收敛; 若极限不存在, 则称 $\int_{a}^{b} f(x)dx$ 发散.

注意, 积分记号与闭区间上的常义积分一样.

类似地,当 b 为 $f(x)$ 的无穷间断点时,即 $\lim\limits_{x \to b^-} f(x) = \infty$,$f(x)$ 在 $[a,b)$ 上的广义积分定义为

$$\int_a^b f(x)\mathrm{d}x = \lim_{\varepsilon \to 0^+} \int_a^{b-\varepsilon} f(x)\mathrm{d}x,$$

若极限存在,则广义积分收敛,否则为发散.

当无穷间断点 c 位于 $[a,b]$ 内部时,则定义广义积分 $\int_a^b f(x)\mathrm{d}x$ 为

$$\int_a^b f(x)\mathrm{d}x = \int_a^c f(x)\mathrm{d}x + \int_c^b f(x)\mathrm{d}x,$$

上式右边两项均为广义积分,只有两项都收敛时,才称 $\int_a^b f(x)\mathrm{d}x$ 是收敛的,否则 $\int_a^b f(x)\mathrm{d}x$ 是发散的.

以上 3 种广义积分统称为无界函数的广义积分,也称为瑕积分,3 个公式中的无穷间断点称为 $f(x)$ 的瑕点.

计算无界函数的广义积分时,为了书写方便,也常常删去极限符号,直接利用牛顿-莱布尼茨公式的书写格式.

设 $F(x)$ 为 $f(x)$ 在挖去瑕点的区间上的一个原函数,并记 $F(a^+) = \lim\limits_{x \to a^+} F(x)$,$F(b^-) = \lim\limits_{x \to b^-} F(x)$,则

(1) 仅 a 为瑕点时

$$\int_{a^+}^b f(x)\mathrm{d}x = F(x)\Big|_{a^+}^b = F(b) - F(a^+);$$

(2) 仅 b 为瑕点时

$$\int_a^{b^-} f(x)\mathrm{d}x = F(x)\Big|_a^{b^-} = F(b^-) - F(a);$$

(3) 仅 c 为瑕点时

$$\int_a^b f(x)\mathrm{d}x = \int_a^{c^-} f(x)\mathrm{d}x + \int_{c^+}^b f(x)\mathrm{d}x = F(x)\Big|_a^{c^-} + F(x)\Big|_{c^+}^b$$
$$= F(c^-) - F(a) + F(b) - F(c^+).$$

例 7.4.3　计算广义积分 $\int_0^1 \dfrac{\mathrm{d}x}{\sqrt{1-x^2}}$.

解　函数 $\dfrac{1}{\sqrt{1-x^2}}$ 在 $[0,1)$ 上连续,1 是它的一个瑕点,所以

$$\int_0^1 \frac{\mathrm{d}x}{\sqrt{1-x^2}} = \arcsin x\Big|_0^{1^-} = \frac{\pi}{2}.$$

例 7.4.4　计算广义积分 $\int_0^1 \ln x\,\mathrm{d}x$.

解　因为 $x = 0$ 是瑕点,所以,$\int_0^1 \ln x\,\mathrm{d}x = \int_{0^+}^1 \ln x\,\mathrm{d}x = (x\ln x - x)\Big|_{0^+}^1 = -1.$

思考题 7.4

1. 下列解法是否正确?为什么?

$$\int_{-1}^{1} \frac{\mathrm{d}x}{x} = \ln |x| \Big|_{-1}^{1} = 0.$$

2. 记号 $f'_+(a)$ 与 $f'(a^+)$ 一样吗?为什么?

练习题 7.4

判断下列广义积分的敛散性,若收敛,则计算它的值:

1. $\int_{1}^{+\infty} \mathrm{e}^{-\sqrt{x}} \mathrm{d}x$;　　　　　2. $\int_{-\infty}^{+\infty} \frac{\mathrm{d}x}{x^2 + 2x + 2}$;　　　　　3. $\int_{-\infty}^{0} x\mathrm{e}^x \mathrm{d}x$;

4. $\int_{4}^{6} (x-4)^{-\frac{2}{3}} \mathrm{d}x$;　　　　5. $\int_{0}^{1} \ln x \mathrm{d}x$;　　　　　6. $\int_{0}^{1} \frac{\arcsin x}{\sqrt{1-x^2}} \mathrm{d}x$.

7.5　典型例题详解

本章主要讲了定积分的概念和定积分的计算,下面通过例题与练习的方式来进一步加深对定积分概念的理解,巩固掌握定积分的计算方法.

例 7.5.1　计算 $\int_{\frac{1}{e}}^{e} |\ln x| \mathrm{d}x$.

解　先将被积函数的绝对值符号去掉,$x \in \left[\frac{1}{e}, 1\right]$ 时,$|\ln x| = -\ln x$;$x \in [1, e]$ 时 $|\ln x| = \ln x$,所以原积分要分区间积分,即

$$\int_{\frac{1}{e}}^{e} |\ln x| \mathrm{d}x = \int_{\frac{1}{e}}^{1} |\ln x| \mathrm{d}x + \int_{1}^{e} |\ln x| \mathrm{d}x = -\int_{\frac{1}{e}}^{1} \ln x \mathrm{d}x + \int_{1}^{e} \ln x \mathrm{d}x$$

$$= -\left(x\ln x \Big|_{\frac{1}{e}}^{1} - \int_{\frac{1}{e}}^{1} \mathrm{d}x\right) + \left(x\ln x \Big|_{1}^{e} - \int_{1}^{e} \mathrm{d}x\right) = 2\left(1 - \frac{1}{e}\right).$$

例 7.5.2　证明 $\int_{0}^{a} x^3 f(x^2) \mathrm{d}x = \frac{1}{2} \int_{0}^{a^2} x f(x) \mathrm{d}x$.

证明　令 $x^2 = t(x > 0)$,则 $x = \sqrt{t}$,$\mathrm{d}x = \frac{1}{2} t^{-\frac{1}{2}} \mathrm{d}t$,且当 $x = 0$ 时 $t = 0$;当 $x = a$ 时,$t = a^2$. 于是

$$\int_{0}^{a} x^3 f(x^2) \mathrm{d}x = \int_{0}^{a^2} t^{\frac{3}{2}} f(t) \frac{1}{2} \cdot t^{-\frac{1}{2}} \mathrm{d}t = \frac{1}{2} \int_{0}^{a^2} t f(t) \mathrm{d}t = \frac{1}{2} \int_{0}^{a^2} x f(x) \mathrm{d}x.$$

例 7.5.3　比较 $\int_{1}^{2} \ln x \mathrm{d}x$ 与 $\int_{1}^{2} (1+x) \mathrm{d}x$ 的大小.

解　因为在区间 $[1, 2]$ 上,$\ln x < 1$,而 $1 + x > 2$,从而

$$1 + x > \ln x,$$

所以

$$\int_{1}^{2} \ln x \mathrm{d}x < \int_{1}^{2} (1+x) \mathrm{d}x.$$

复习题七

1. 判断正误：

(1) 一切初等函数在其定义区间上都有原函数；

(2) 若 $\int_a^b f(x)\mathrm{d}x = 0$，则在 $[a,b]$ 上 $f(x) \equiv 0$；

(3) $f(x)$ 在 $[a,b]$ 上连续是 $f(x)$ 在 $[a,b]$ 上可积的充分条件，但不是必要条件.

(4) 若 $f(x)$，$g(x)$ 在 $[a,b]$ 上都不可积，则 $f(x)+g(x)$ 在 $[a,b]$ 上必不可积.

(5) 若 $[c,d] \subset [a,b]$，则有 $\int_c^d f(x)\mathrm{d}x \leqslant \int_a^b f(x)\mathrm{d}x$.

2. 选择题：

(1) 设 $f(x)$ 在 $[a,b]$ 上连续，则 $f(x)$ 必有（　）.

A. 导函数；　　　　B. 原函数；　　　C. 极值；

D. 不定积分；　　　E. 最大值与最小值.

(2) 设连续函数 $f(x)$ 在区间 I 上不恒为零，$F_1(x)$、$F_2(x)$ 是 $f(x)$ 的两个不同的原函数，则在 I 上有（　）.

A. $F_1(x) = cF_2(x)$；　　　B. $F_1(x) - F_2(x) = c$；　　　C. $F_1(x) + F_2(x) = c$；

D. $\dfrac{F_1(x)}{F_2(x)} = c$；　　　E. $F_2(x) - F_1(x) = c$.

(3) 连续曲线 $y = f(x)$ 在区间 $[a,b]$ 上与 x 轴围成 3 块面积 S_1、S_2、S_3，其中 S_1、S_3 在 x 轴下方，S_2 在 x 轴上方，已知 $S_1 = 2S_2 - q$，$S_2 + S_3 = p$，$p \neq q$，则 $\int_a^b f(x)\mathrm{d}x = （　）$.

A. $q - p$；　　　B. $p - q$；　　　C. $p + q$；　　　D. $-p - q$.

(4) 下列积分中是广义积分的有（　）.

A. $\int_1^e \dfrac{\mathrm{d}x}{x\ln x}$；　　　B. $\int_{-1}^1 (x-1)^3 \mathrm{d}x$；　　　C. $\int_{-1}^1 x^{-\frac{1}{3}}\mathrm{d}x$；

D. $\int_0^3 \dfrac{\mathrm{d}x}{(x^{\frac{3}{2}} - 5)^2}$；　　　E. $\int_{-\frac{\pi}{2}}^{\frac{\pi}{2}} \csc x\,\mathrm{d}x$.

3. 求下列定积分的值.

(1) $\int_0^\pi \sqrt{1 + \sin 2x}\,\mathrm{d}x$；　　　(2) $\int_4^9 \dfrac{\sqrt{x}}{\sqrt{x} - 1}\mathrm{d}x$；　　　(3) $\int_0^4 \dfrac{x+2}{\sqrt{2x+1}}\mathrm{d}x$；

(4) $\int_0^{\frac{\pi}{2}} (1 + \cos x)^2 \sin x\,\mathrm{d}x$；　　　(5) $\int_0^\pi \cos^6 x\,\mathrm{d}x$；　　　(6) $\int_{-1}^1 \dfrac{x^3}{x+3}\mathrm{d}x$；

(7) $\int_1^{+\infty} \dfrac{\mathrm{d}x}{x(x+1)}$；　　　(8) $\int_1^2 \dfrac{\mathrm{d}x}{\sqrt{x}(1-x)}$.

第8章

定积分的应用

定积分是一种实用性很强的数学方法,在科学技术中有着广泛的应用.本章介绍定积分在几何、物理和工程上的一些应用,重点是掌握用微元法将实际问题表示成定积分的分析方法.

8.1 定积分的几何应用

本节将主要介绍定积分应用的微元法以及用微元法来求平面图形的面积与平行截面面积已知的立体的体积等.

8.1.1 定积分应用的微元法

在用定积分方法计算某个量时,关键是如何把所求的量用定积分表达出来,常用的方法就是所谓的微元法.

在第 7 章引入定积分概念时,把由曲线 $y = f(x) [f(x) \geqslant 0]$ 和直线 $x = a, x = b$ 及 x 轴所围的曲边梯形的面积 A 表示成了定积分 $\int_a^b f(x) \mathrm{d}x$. 即

$$A = \int_a^b f(x) \mathrm{d}x = \lim_{\lambda \to 0} \sum_{i=1}^n f(\xi_i) \Delta x_i.$$

不难发现,在和式极限 $\lim\limits_{\lambda \to 0} \sum\limits_{i=1}^n f(\xi_i) \Delta x_i$ 中, $f(\xi_i) \Delta x_i$ 为曲边梯形的面积 A 在代表性小区间 $[x_{i-1}, x_i]$ 上所分布的部分面积 ΔA_i 的近似值.因此,我们只要把 ξ_i 换为 x、Δx_i 换为 $\mathrm{d}x$,则 $f(\xi_i) \Delta x_i$ 就可以写成 $f(x) \mathrm{d}x$,这就是说 $f(x) \mathrm{d}x$ 是曲边梯形的面积 A 在代表性小区间 $[x, x+\mathrm{d}x]$ 上所分布的部分面积 ΔA_i 的近似值.而 $f(x) \mathrm{d}x$ 正是将曲边梯形的面积 A 表示成定积分 $\int_a^b f(x) \mathrm{d}x$ 的被积式.因此,今后我们可以把实际问题中的"待求量"A 通过如下两步表示成定积分.

第一步:选积分变量 $x \in [a, b]$,任取一个微小区间 $[x, x+\mathrm{d}x]$,然后写出这个小区间上所对应的"待求量"A 的部分量 ΔA 的近似值,记为 $\mathrm{d}A = f(x) \mathrm{d}x$,称为 A 的微元.

第二步:将微元 $\mathrm{d}A = f(x) \mathrm{d}x$ 在 $[a, b]$ 上积分(无限累加),即得 $A = \int_a^b f(x) \mathrm{d}x$.

上述解决问题的方法称为微元法,关于微元 $\mathrm{d}A = f(x) \mathrm{d}x$ 做以下两点说明.

(1) $f(x) \mathrm{d}x$ 是 ΔA 的近似表达式,应该足够准确.确切地说,就是要求它们的差

$\Delta A - f(x)\mathrm{d}x$ 是比 Δx 高阶的无穷小. 这样, 微元 $f(x)\mathrm{d}x$ 实际上是所求量的微分 $\mathrm{d}A$.

　　(2) 如何求微元是解决问题的关键, 要分析问题的实际意义及数量关系, 一般可在局部 $[x, x+\mathrm{d}x]$ 上, 以"常代变"、"匀代不匀"、"直代曲"的思路(局部线性化), 写出局部上所求量的近似值, 即微元 $\mathrm{d}A = f(x)\mathrm{d}x$.

　　下面, 我们用微元法来讨论定积分在几何及其他方面的一些应用.

8.1.2　用定积分求平面图形的面积

　1. 直角坐标系下的面积计算

　　用微元法, 我们不难将下列图形的面积表示为定积分.

　　(1) 曲线 $y = f(x) [f(x) \geqslant 0]$, $x = a$, $x = b$ 及 x 轴所围图形(如图 8.1.1 所示)的面积的微元 $\mathrm{d}A = f(x)\mathrm{d}x$, 则面积 $A = \displaystyle\int_a^b f(x)\mathrm{d}x$.

　　(2) 曲线 $y = f(x)$(有正有负), $x = a$, $x = b$ 及 x 轴所围图形(如图 8.1.2 所示)的面积的微元 $\mathrm{d}A = |f(x)|\mathrm{d}x$, 则面积 $A = \displaystyle\int_a^b |f(x)|\mathrm{d}x$.

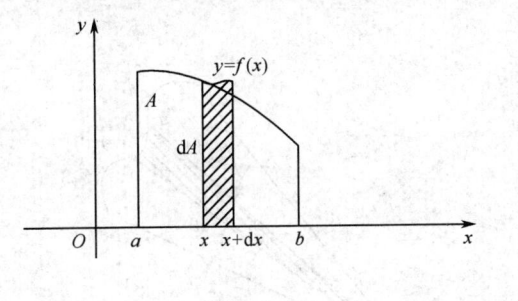

图 8.1.1

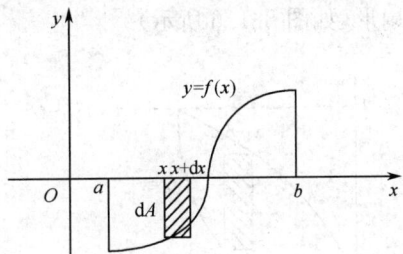

图 8.1.2

　　(3) 由上下两条曲线 $y = f(x)$, $y = g(x)$ $(f(x) \geqslant g(x))$, $x = a$, $x = b$ 所围图形(如图 8.1.3 所示)的面积的微元 $\mathrm{d}A = [f(x) - g(x)]\mathrm{d}x$, 则面积

$$A = \int_a^b [f(x) - g(x)]\mathrm{d}x.$$

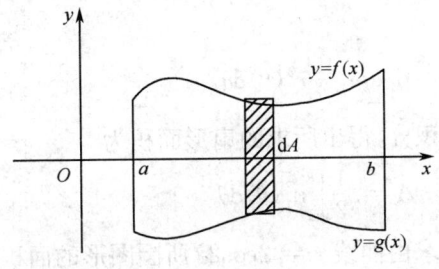

图 8.1.3

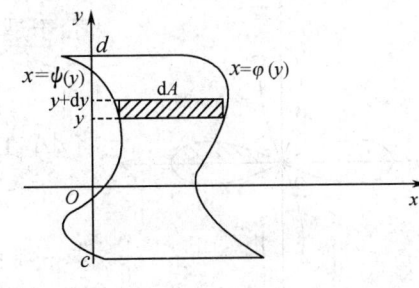

图 8.1.4

（4）由左右两条曲线 $x=\varphi(y)$，$x=\psi(y)$ 及 $y=c$，$y=d$ 所围图形（如图 8.1.4 所示）的面积的微元 $\mathrm{d}A=[\varphi(y)-\psi(y)]\mathrm{d}y$，则面积 $A=\int_c^d[\varphi(y)-\psi(y)]\mathrm{d}y$.

例 8.1.1　求两条抛物线 $y^2=x$，$y=x^2$ 所围成的图形的面积.

解　画出简图（如图 8.1.5 所示），解方程组 $\begin{cases} y^2=x \\ y=x^2 \end{cases}$，求得两曲线的交点为 $(0,0)$ 及 $(1,1)$，从而，积分区间为 $[0,1]$.

取积分变量，写出面积微元

$$\mathrm{d}A=(\sqrt{x}-x^2)\mathrm{d}x,$$

所以，两曲线所围成的图形的面积为

$$A=\int_0^1(\sqrt{x}-x^2)\mathrm{d}x=\left(\frac{2}{3}x^{\frac{3}{2}}-\frac{1}{3}x^3\right)\Big|_0^1=\frac{1}{3}.$$

2. 极坐标系中的面积计算

当一个图形的边界曲线用极坐标方程 $r=r(\theta)$ 来表示时，用极坐标计算面积比在直角坐标系下求面积方便. 曲线 $r=r(\theta)$ 及两条射线 $\theta=\alpha$，$\theta=\beta(\alpha<\beta)$ 所围成的图形称为曲边扇形（如图 8.1.6 所示）.

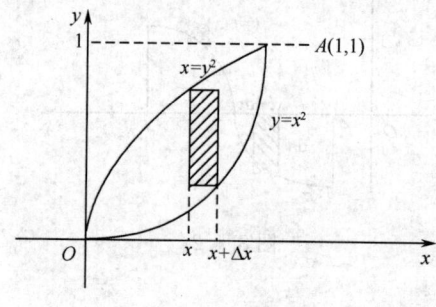

图 8.1.5

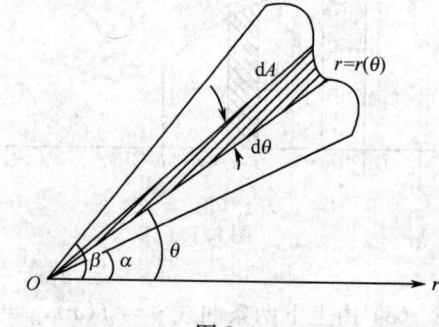

图 8.1.6

求曲边扇形的面积，取 θ 为积分变量，其变化范围 $[\alpha,\beta]$，在微小区间 $[\theta,\theta+\mathrm{d}\theta]$ 上"以常代变"，即以小扇形的面积微元 $\mathrm{d}A$ 作为其面积的近似值. 于是

$$\mathrm{d}A=\frac{1}{2}r^2(\theta)\mathrm{d}\theta,$$

将 $\mathrm{d}A$ 在 $[\alpha,\beta]$ 上积分，得出所求的扇形面积为

$$A=\frac{1}{2}\int_\alpha^\beta r^2(\theta)\mathrm{d}\theta.$$

例 8.1.2　求由曲线 $r=2\cos 2\theta$ 所围图形的面积.

解　作简图（如图 8.1.7 所示），由于图形的对称性，

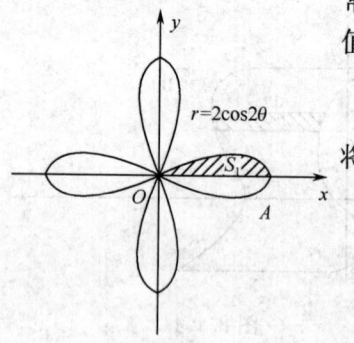

图 8.1.7

只需计算 S_1，点 A 的幅角为 0，点 O 的幅角为 $\frac{\pi}{4}$，且 θ 由 0

变到 $\frac{\pi}{4}$ 时，恰好画出弧 AO. 所以

$$S = 8S_1 = 8 \times \frac{1}{2} \int_0^{\frac{\pi}{4}} (2\cos 2\theta)^2 \, d\theta = 4 \int_0^{\frac{\pi}{4}} 4\cos^2 2\theta \, d\theta$$

$$= 8 \int_0^{\frac{\pi}{4}} (1 + \cos 4\theta) \, d\theta = 8 \times \left(\theta + \frac{1}{4} \sin 4\theta \right) \Big|_0^{\frac{\pi}{4}} = 2\pi.$$

*8.1.3 用定积分求平行截面面积为已知的立体的体积

设有一物体（如图 8.1.8 所示），它被垂直于 x 轴的平面所截，截面面积 $A(x)$ 为 x 的已知的连续函数，这种物体的体积也可以用定积分来计算.

取 x 为积分变量，积分区间为 $[a, b]$，在 $[a, b]$ 上取代表区间 $[x, x + dx]$，相应薄片的体积近似等于底面积为 $A(x)$、高为 dx 的柱体体积，即体积微元 $dV = A(x)dx$，从而，所求立体的体积 $V = \int_a^b A(x) \, dx$.

例 8.1.3（如图 8.1.9 所示）　一平面经过半径为 R 的圆柱体的底圆中心，并与底面交成 α 角，截得楔形立体，求这楔形立体的体积.

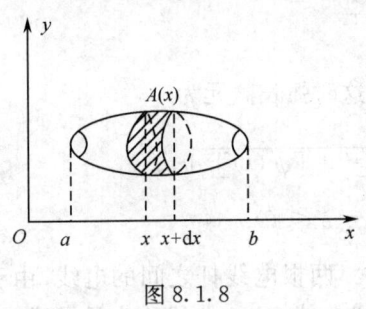

图 8.1.8　　　　　　　　　　图 8.1.9

解　取平面与圆柱体底面的交线为 x 轴，底面上过圆心且垂直 x 轴的直线为 y 轴，建立坐标系，则底面圆的方程为 $x^2 + y^2 = R^2$. 过 x 轴上的点 x 作垂直于 x 轴的平面，截立体所得截面是直角三角形，该直角三角形的两条直角边的长度分别为 y 及 $y\tan\alpha$，因此截面面积为

$$A(x) = \frac{1}{2} y \cdot y\tan\alpha = \frac{1}{2} y^2 \tan\alpha = \frac{1}{2} (R^2 - x^2) \tan\alpha,$$

因此

$$V = \int_{-R}^{R} A(x) \, dx = \int_{-R}^{R} \frac{1}{2} (R^2 - x^2) \tan\alpha \, dx$$

$$= \frac{1}{2} \tan\alpha \left(R^2 x - \frac{1}{3} x^3 \right) \Big|_{-R}^{R} = \frac{2}{3} R^3 \tan\alpha.$$

注意：此题也可以用过 y 轴上的点 y 作垂直于 y 轴的平面截立体所得的截面来计算.

*8.1.4 用定积分求平面曲线的弧长

设一曲线 $y = f(x)$ 在 $[a, b]$ 上具有一阶连续的导数 $f'(x)$，我们来计算从 $x = a$ 到

$x = b$ 的一段弧的长度 s(如图 8.1.10 所示).

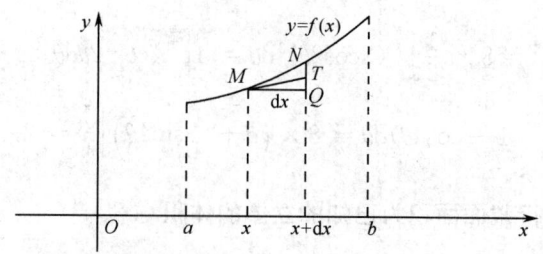

图 8.1.10

我们仍采用微元法,取 x 为积分变量,$x \in [a, b]$,在微小区间 $[x, x+dx]$ 内,用切线段 MT 近似代替小弧段 $\overset{\frown}{MN}$,得弧长微元为

$$ds \approx MT = \sqrt{MQ^2 + QT^2} = \sqrt{(dx)^2 + (dy)^2}$$
$$= \sqrt{1 + (y')^2}\,dx = \sqrt{1 + [f'(x)]^2}\,dx.$$

上式称为弧微分公式. 于是所求的弧长为

$$s = \int_a^b \sqrt{1 + (y')^2}\,dx.$$

若曲线由参数方程 $\begin{cases} x = \varphi(t) \\ y = \psi(t) \end{cases} (t \in [\alpha, \beta])$ 给出,这时弧长微元为

$$ds = \sqrt{(dx)^2 + (dy)^2} = \sqrt{[\varphi'(t)]^2 + [\psi'(t)]^2}\,dt,$$

因此,所求的弧长为 $s = \int_\alpha^\beta \sqrt{[\varphi'(t)]^2 + [\psi'(t)]^2}\,dt \quad (\alpha \leqslant \beta).$

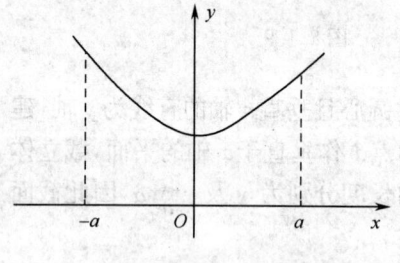

图 8.1.11

例 8.1.4 两根电线杆之间的电线,由于自身重量而下垂成曲线,这一曲线称为悬链线. 已知悬链线方程为 $y = \dfrac{a}{2}\left(e^{\frac{x}{a}} + e^{-\frac{x}{a}}\right)(a > 0)$,求从 $x = -a$ 到 $x = a$ 这一段的弧长(如图 8.1.11 所示).

解 由于弧长公式中被积函数比较繁杂,因此,在代入公式前,要将 ds 充分化简,然后再求积分.

$$ds = \sqrt{1 + (y')^2}\,dx = \frac{1}{2}\left(e^{\frac{x}{a}} + e^{-\frac{x}{a}}\right)dx,$$

故这段弧长为

$$s = \int_{-a}^a \frac{1}{2}\left(e^{\frac{x}{a}} + e^{-\frac{x}{a}}\right)dx = \frac{1}{2}a\left(e^{\frac{x}{a}} - e^{-\frac{x}{a}}\right)\Big|_{-a}^a = a\left(e - \frac{1}{e}\right).$$

思考题 8.1

1. 什么叫微元法?用微元法解决实际问题的思路及步骤如何?

2. 利用定积分的微元法解决问题时,取法是唯一的吗?

3. 用定积分求平面图形的面积一般分为几步?

练习题 8.1

1. 求直线 $y = 4x$ 与曲线 $y = x^3$ 所围成的平面图形的面积.

2. 求曲线 $y = x^2$, $y = (x-2)^2$ 与 x 轴围成的平面图形的面积.

3. 求摆线 $\begin{cases} x = a(t - \sin t) \\ y = a(1 - \cos t) \end{cases}$ 在 $0 \leqslant t \leqslant 2\pi$ 间的一段弧长 $(a > 0)$.

8.2 定积分的物理应用

定积分应用非常广泛,自然科学中许多问题都可以化成定积分这种数学模型来解决,下面列举一些物理上的应用实例,旨在加强读者运用微元法建立积分表达式的技巧,提高分析问题和解决问题的能力.

1. 引力

由万有引力定律知道,质量分别为 m_1, m_2 的两个质点,相距 r 时的引力为

$$F = k\frac{m_1 m_2}{r^2} \quad (k \text{ 为引力系数}).$$

如果要计算位于一条直线上的一根细杆对一质点的引力,由于细杆上各点与该质点的距离是变化的,因此不能用上述公式计算,但可以采用定积分的微元法计算.

例 8.2.1 设有一长为 L,质量为 M 的均匀细杆,另有一质量为 m 的质点 B 与杆在一条直线上,它到杆的近端距离为 a,计算细杆对质点的引力.

解 建立如图 8.2.1 所示的坐标系,以 x 为积分变量,变化区间为 $[0, L]$,在杆上取微小区间 $[x, x + dx]$,此段杆长 dx,质量为 $\frac{M}{L}dx$,由于 dx 很小. 可将其视为质量集中于点 x 处,且与质点 B 间距离为 $x + a$ 的质点. 根据万有引力定律,这一小段细杆对质点的引力微元为

$$dF = \frac{km\dfrac{M}{L}}{(x+a)^2}dx,$$

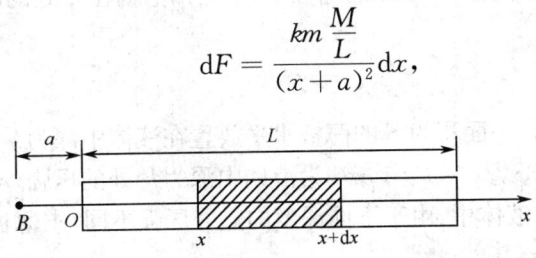

图 8.2.1

故,细杆对质点的引力为

$$F = \int_0^L \frac{km\dfrac{M}{L}}{(x+a)^2}dx = \frac{kmM}{L}\int_0^L \frac{1}{(x+a)^2}dx = \frac{kmM}{L}\left[-\frac{1}{(x+a)}\right]\Big|_0^L = \frac{kmM}{a(L+a)}.$$

注意:当质点与细杆不在一条直线上时,由于细杆每一小段对质点的引力的方向不

同,此时引力不可以直接相加,必须把引力分解为水平方向和垂直方向的分力后,分别按水平和垂直方向计算相加.

2. 做功

从物理学知道,如果物体在运动中受到一个不变的力 F 作用,使物体沿力的方向移动距离 s,则力 F 对物体所做的功为 $W = Fs$.

如果物体在运动中受到的力是变化的,显然上述公式不适用. 我们可以采用定积分的微元法来解决此类问题.

例 8.2.2　在原点有一个带电量为 $+q$ 的点电荷,周围形成一个电场,求单位正电荷在该电场中从距原点 a 处沿射线方向移至距原点 $b(a < b)$ 处时,电场力 $F(x)$ 所做的功.

解　根据库仑定律知道:一单位正电荷放在电场中距离原点为 r 的点处,电场对它作用力的大小为 $F = k\dfrac{q}{r^2}$(k 为常数),方向指向最远处.

因此,在单位正电荷移动过程中,电场对它的作用力是变力,取 r 为积分变量,变化区间为 $[a,b]$,在 $[a,b]$ 中任取微小区间 $[r,r+dr]$ 上,电场力可近似看做不变,并用在点 r 处单位正电荷受到的电场力来代替,于是得到它移动 dr 所做功的近似值,即功的微元为 $dW = k\dfrac{q}{r^2}dr$.

所以,电场力对单位正电荷在 $[a,b]$ 上移动所做的功为

$$W = \int_a^b k\frac{q}{r^2}dr = -kq\left.\frac{1}{r}\right|_a^b = kq\left(\frac{1}{a} - \frac{1}{b}\right).$$

若移至无穷远处,则做功为

$$W = \int_a^{+\infty} k\frac{q}{r^2}dr = -kq\left.\frac{1}{r}\right|_a^{+\infty} = \frac{kq}{a}.$$

此时,电场力做功称为电场中该点的电位 V,于是知电场在 a 处的电位为 $V = \dfrac{kq}{a}$.

3. 液体的压力

由物理学知道,如果有一面积为 S 的薄板水平放置在液体中深为 h 的地方,那么薄板一侧所受的压力为 $F = PS$,其中 $P = \rho gh$ 为液体中深为 h 处的压强(ρ 是液体的密度).

如果此薄板垂直放入液体中,由于不同深度的点处压强不同,求薄板一侧所受液体的压力则要用定积分来解决.

例 8.2.3　一闸门呈倒置的等腰梯形垂直位于水中,两底长度分别为 4m 和 6m,高为 6m,当闸门上底正好位于水面时,求闸门一侧受到的水压力(水密度为 $\rho = 10^3\,\mathrm{kg/m^3}$).

解　建立如图 8.2.2 所示的坐标系,则 AB 方程为

$$y = -\frac{x}{6} + 3,$$

取 x 为积分变量,在变化区间 $[0,6]$ 上任取微小区间 $[x,x+dx]$,在水下深 xm 处的压强为 $9.8x\,\mathrm{kN/m^2}$,因此,压力微元为

$$dP = 9.8x \cdot 2\left(-\frac{x}{6}+3\right)dx,$$

则闸门受到的水压力为

$$P = \int_0^6 9.8x \cdot 2\left(-\frac{x}{6}+3\right)dx = 9.8\left(3x^2-\frac{x^3}{9}\right)\Big|_0^6$$

$$= 9.8 \times 84 \approx 8.23 \times 10^5 \text{(N)}.$$

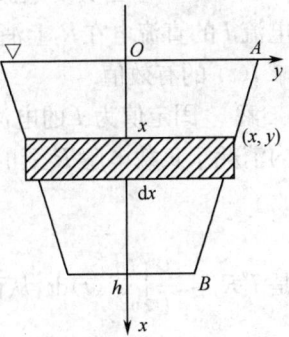

图 8.2.2

工程技术上的一些问题如平均电流、平均电压和平均功率等,也可用定积分方法来求解.

例 8.2.4 在纯电阻电路中,有一正弦电流 $i(t) = I_m \sin\omega t$ 经过电阻 R,求 $i(t)$ 在一个周期上的平均功率(其中 I_m, ω 均为常数).

解 由电路知识得,电路中的电压 u 和功率 p 分别为 $u = iR = RI_m\sin\omega t$ 和 $p = i^2R = R(I_m\sin\omega t)^2$,因此,功率 p 在 $\left[0, \frac{2\pi}{\omega}\right]$ 上的平均功率(功率的平均值)为

$$\bar{p} = \frac{1}{\frac{2\pi}{\omega}-0}\int_0^{\frac{2\pi}{\omega}} RI_m^2\sin^2\omega t\,dt = \frac{\omega RI_m^2}{2\pi}\int_0^{\frac{2\pi}{\omega}} \frac{1-\cos2\omega t}{2}\,dt$$

$$= \frac{I_m^2R}{4\pi}\int_0^{\frac{2\pi}{\omega}}(1-\cos2\omega t)\,d(\omega t) = \frac{1}{2}I_m^2R = \frac{1}{2}I_mU_m \quad (U_m = I_mR).$$

这说明纯电阻电路中正弦电流的平均功率等于电流与电压峰值之积的一半. 对于一般周期为 T 的交变电流 $i(t)$,它在 R 上消耗的功率为 $p = u(t)i(t) = i^2(t)R$,在 $[0, T]$ 上的平均功率 $\bar{p} = \frac{1}{T}\int_0^T i^2(t)R\,dt$.

思考题 8.2

1. 设一物体受连续的变力 $F(x)$ 作用沿力的方向作直线运动,则物体从 $x = a$ 到 $x = b$ 变力所做的功为 $W =$ _____,其中 _____ 为变力 $F(x)$ 使物体由 $[a, b]$ 内的任一闭区间 $[x, x + dx]$ 的左端点 x 到右端点 $x + dx$ 所做功的近似值,也称其为 _____.

2. 从定积分思路出发,如何计算连续函数 $f(x)$ 在区间 $[a, b]$ 上的平均值?

练习题 8.2

1. 一个底半径为 Rm,高为 Hm 的圆柱形水桶,注满水后要把桶内的水全部吸出,需要做多少功(水的密度为 10^3kg/m^3,g 取 10m/s^2)?

2. 洒水车上的水箱是一个横放的椭圆柱体,椭圆的长轴长 2m,短轴长 1m,求装满水时水箱一端所受的总压力?

8.3 典型例题详解

本章主要讲了如何用微元法来求解几何量、物理量和经济量等.下面我们继续通过例题与练习的方式来进一步掌握、理解这种方法.

例8.3.1　当交变电流 $i(t)$ 在一个周期内消耗于负载电阻 R 上的平均功率等于固定值电流 I 的直流电在 R 上消耗的功率时,称 I 为 $i(t)$ 的有效值,即电流 $i(t)$ 的有效值为 I,试求 $i(t)$ 的有效值.

解　固定值为 I 的电流在电阻 R 上消耗的功率为 I^2R. 对于交变电流 $i(t)$ 在一个周期内消耗于负载电阻 R 上的平均功率为

$$\bar{p} = \frac{1}{T}\int_0^T i^2(t)R\,dt = \frac{R}{T}\int_0^T i^2(t)\,dt,$$

于是 $I^2R = \dfrac{R}{T}\displaystyle\int_0^T i^2(t)\,dt$,从而得

$$I = \sqrt{\frac{1}{T}\int_0^T i^2(t)\,dt},$$

这就是交变电流 $i(t)$ 的有效值.

通常在交流电的电器上所标明的电流即为交变电流的有效值. 一般地把 $\sqrt{\dfrac{1}{b-a}\displaystyle\int_a^b f^2(t)\,dt}$ 称为连续函数 $f(x)$ 在 $[a,b]$ 上的均方根. 因此,周期性电流 $i(t)$ 的有效值就是它在一个周期上的均方根.

例 8.3.2　用一把铁锤将一枚铁钉击入木板,设木板对铁钉的阻力与铁钉击入木板的深度成正比,在击第一次时,将铁钉击入木板 1cm,如果铁锤每次击打铁钉所做的功相等,问第二次击打铁钉,铁钉又进入多少?若铁钉击入木板 5cm,问需击打多少下?

解　设击入深度为 x,由题意知,阻力 $F = kx$(k 为比例常数),铁锤第一次击打铁钉所做的功为

$$W_1 = \int_0^1 F\,dx = \int_0^1 kx\,dx = \frac{1}{2}k.$$

设第二次击打铁钉后,钉子进入总深度为 l,则铁锤第二次击打所做的功为

$$W_2 = \int_1^l F\,dx = \int_1^l kx\,dx = \frac{1}{2}k(l^2-1).$$

由于铁锤每次击打铁钉时所做的功相等,所以 $W_1 = W_2$,即 $\dfrac{k}{2} = \dfrac{1}{2}k(l^2-1)$,解得 $l = \sqrt{2}$.

因此,第二次击打铁钉后,铁钉又进入 $(\sqrt{2}-1)$cm.

铁锤每次击打铁钉所做的功为

$$W = W_1 = W_2 = \frac{1}{2}k,\text{即 } k = 2W.$$

要使铁钉击入木板 5cm,必须做功 $\displaystyle\int_0^5 F\,dx = \int_0^5 kx\,dx = \dfrac{25}{2}k = 25W$. 由于每次击打做功为 W,故必须击打 25 下,才能使钉子进入 5cm.

例 8.3.3　已知定滑轮距光滑的玻璃平面的高为 h,一物体受到通过定滑轮绳子的牵引,其力的大小为常数 F,沿着玻璃平面点 A 沿直线 AB 移到点 B 处(如图 8.3.1 所示),设点 A、B 及定滑轮所在平面垂直玻璃板,求力 F 对物体所做的功.

解　如果选取定滑轮在平面上的投影点为坐标原点 O,x 轴通过 A、B 两点,且它的正向是指向 A,在选定的坐标系中设 A 点坐标为 $x = a$,B 点坐标为 $x = b$,积分变量为

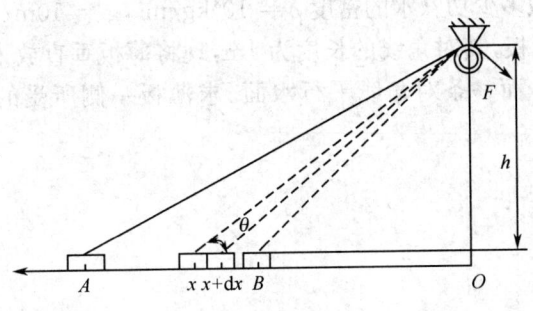

图 8.3.1

$b \leqslant x \leqslant a$，如图 8.3.1 所示，物体在运动过程中，虽然受到牵引力 F 大小始终不变，但方向在随着物体位置而变化，因此，该力在物体运动方向上分力的大小仍是个变力. 但在微小区间 $[x, x+\mathrm{d}x]$ 上该分力可以近似看作不变. 用在点 x 处的分力代替. 由图可知 $F_{水平} = -F\cos\theta = -\dfrac{Fx}{\sqrt{x^2+h^2}}$（$F_{水平}$ 表示 F 在水平方向分力的大小），式中负号是由于力的方向与坐标轴方向相反，于是力 F 在 $[x, x+\mathrm{d}x]$ 上对物体所做功的近似值，即功的微元为

$$\mathrm{d}W = -F\frac{x}{\sqrt{x^2+h^2}}\mathrm{d}x,$$

所以，力 F 对物体从 $x = a$ 移动到 $x = b$ 所做的功为

$$W = \int_a^b \mathrm{d}W = -F\int_a^b \frac{x\,\mathrm{d}x}{\sqrt{x^2+h^2}} = -\frac{F}{2}\int_a^b (x^2+h^2)^{-\frac{1}{2}}\mathrm{d}(x^2+h^2)$$

$$= \frac{F}{2}\left[2(x^2+h^2)^{\frac{1}{2}}\right]\Big|_b^a = F\left(\sqrt{a^2+h^2} - \sqrt{b^2+h^2}\right).$$

◀◀ 复习题八 ▶▶

1. 求由曲线 $y = \sqrt{3}x^2$ 与 $x^2 + y^2 = 4$ 所围的 x 轴以上部分图形的面积.

2. 求由曲线 $r = \sqrt{2}\cos\theta$，$r^2 = \sqrt{3}\sin 2\theta$ 所围的公共部分图形的面积.

3. 求曲线 $2y = x^2$ 上从点 $(0,0)$ 到点 $\left(1, \dfrac{1}{2}\right)$ 一段弧的长度.

4. 弹簧原长为 1m，每压缩 1cm 需力 5N，若将其从 80cm 压缩至 60cm，求所做的功.

5. 求函数 $y = 2xe^{-x}$ 在 $[0,2]$ 上的平均值.

6. 计算正弦交变电流 $i = I_m\sin\omega t$ 经半波整流后得到的电流

$$i = \begin{cases} I_m\sin\omega t, & 0 \leqslant t \leqslant \dfrac{\pi}{\omega} \\ 0, & \dfrac{\pi}{\omega} < t \leqslant \dfrac{2\pi}{\omega} \end{cases}$$ 的有效值.

7. 有一圆台形水池，高为 1m，上、下底半径分别为 2m 和 1m，其中盛满了水，现在要

将水全部抽尽,问需做多少功?(水的密度 $\rho = 10^3 \text{kg/m}^3$, $g = 10\text{m/s}^2$)

8. 一个正方形薄板,其对角线的长度为 1m,现将薄板垂直放入水中,使它的一个顶点位于离水面 1m 处,而一条对角线平行水面. 求薄板一侧所受的压力(水的密度 $\rho = 10^3 \text{kg/m}^3$).

第 9 章

常微分方程

函数是反映客观世界运动过程中量与量之间的一种关系,利用函数关系可以对客观事物的规律进行研究. 但是在大量的实际问题中,这种关系往往不能直接建立起来,只能得到含有待求函数的导数和微分的关系式,即所谓微分方程. 本章将从解决这类问题入手,引进微分方程的基本概念,重点介绍几种常用的微分方程的解法,而后介绍微分方程在几何、物理中的实际应用.

9.1 常微分方程的基本概念与分离变量法

本节主要介绍常微分方程的一些基本概念,并介绍一种求解微分方程的方法——分离变量法.

9.1.1 微分方程的基本概念

例 9.1.1 一曲线通过点$(1,3)$,且该曲线上任意一点 $M(x,y)$ 处的切线斜率为 $2x$,求该曲线方程.

解 设所求曲线方程为 $y=y(x)$,根据导数的几何意义得

$$\frac{\mathrm{d}y}{\mathrm{d}x}=2x, \tag{9.1}$$

两边积分得

$$y=\int 2x\mathrm{d}x=x^2+C \quad (C\text{为任意常数}),$$

由于曲线过点$(1,3)$,所以曲线方程 $y=y(x)$ 还应满足条件

$$y(1)=3, \tag{9.2}$$

即 $3=1^2+C$,解得 $C=2$,于是所求曲线方程为

$$y=x^2+2. \tag{9.3}$$

例 9.1.2 一物体以初速度 v_0 竖直上抛,设该物体在运动中只受重力影响,试确定物体运动的路程 s 与时间 t 的函数关系.

解 因为物体运动的加速度是路程 s 对时间 t 的二阶导数,且题设物体只受重力影响,所以由牛顿第二定律得

$$ms''(t)=-mg,$$

即

$$s''(t) = -g,\tag{9.4}$$

其中 m 为物体的质量,g 为重力加速度.

由于物体的运动速度 $v = s'(t)$,所以式(9.4)可以写成

$$\frac{\mathrm{d}v}{\mathrm{d}t} = -g,$$

上式两边积分一次得

$$s'(t) = v = -\int g \mathrm{d}t = -gt + C_1,\tag{9.5}$$

上式两边再积分一次得

$$s(t) = -\frac{1}{2}gt^2 + C_1 t + C_2,\tag{9.6}$$

其中 C_1, C_2 为任意常数.如果物体开始上抛时的路程为 s_0,则 $s(t)$ 还应满足下列条件

$$s'(0) = v_0, s(0) = s_0.$$

将以上二式分别代入式(9.5)、式(9.6),得 $C_1 = v_0, C_2 = s_0$,因此

$$s(t) = -\frac{1}{2}gt^2 + v_0 t + s_0,$$

即为所求函数关系.

从以上两个例子可以看到,在实际问题中,有时只能从含有未知函数导数的等式中来求未知函数,于是我们引进微分方程的概念:含有未知函数的导数(或微分)的等式称为微分方程.未知函数是一元函数的微分方程称为常微分方程,未知函数是多元函数的微分方程称为偏微分方程.

微分方程中,所含未知函数的导数的最高阶数称为微分方程的阶.如方程(9.1)是一阶微分方程,方程(9.4)是二阶微分方程.方程

$$y^{(n)} + 4x^2 y' + 7\sin(xy) - y^2 = \mathrm{e}^x$$

是 n 阶微分方程.

称微分方程中最高阶导数的次数为该方程的次数.如果微分方程中未知函数及其各阶导数都是一次,且不含这些变量的交叉项,如 $\sin(xy)$,称为线性微分方程.在线性微分方程中,如果未知函数的系数及其各阶导数的系数都是常数,则该方程称为常系数线性微分方程,否则称为变系数线性微分方程,如

$$\frac{\mathrm{d}s}{\mathrm{d}t} = 2t \qquad \text{一阶常系数线性微分方程;}$$

$$y'' + 2y' - 3y = 5\mathrm{e}^{2x} \qquad \text{二阶常系数线性微分方程;}$$

$$x^2 y'' + xy' + (x^2 - n^2)y = 0 \qquad \text{二阶变系数线性微分方程.}$$

定义9.1   如果一个函数代入微分方程后,方程两端恒等,则该函数称为微分方程的解.

例如,$y = x^3 + C$,$y = x^3 + 2$ 都是微分方程 $y' = 3x^2$ 的解.

如果一阶微分方程的解中含有一个任意常数,则称此解为该微分方程的通解.不含任意常数的解,称为微分方程的特解.

例如，$y = x^3 + C$ 是方程 $y' = 3x^2$ 的通解，而 $y = x^3 + 2$，$y = x^3 - 1$ 都是方程 $y' = 3x^2$ 的特解．确定任意常数取固定值的条件称为初始条件.

如例 9.1.1 的初始条件可以记作 $y(1) = 3$ 或 $y|_{x=1} = 3$．一般地，一阶微分方程的初始条件为

$$y(x_0) = y_0 \quad 或 \quad y|_{x=x_0} = y_0.$$

更一般地，如果二阶线性方程的解中含有两个独立的任意常数，则称该解为该二阶线性方程的通解.

9.1.2 分离变量法

定义 9.2 形如

$$\frac{\mathrm{d}y}{\mathrm{d}x} = f(x)g(y) \tag{9.7}$$

的方程，称为可分离变量的方程，其中 $f(x)$ 只是 x 的函数，$g(y)$ 只是 y 的函数.

求解步骤如下.

(1) 分离变量

$$\frac{\mathrm{d}y}{g(y)} = f(x)\mathrm{d}x.$$

(2) 两边积分

$$\int \frac{\mathrm{d}y}{g(y)} = \int f(x)\mathrm{d}x.$$

(3) 求出积分，得通解

$$G(y) = F(x) + C.$$

其中，$G(y)$，$F(x)$ 分别是 $\frac{1}{g(y)}$，$f(x)$ 的原函数.

例 9.1.3 求微分方程 $y' = -\dfrac{x}{y}$ 的通解.

解 分离变量得

$$y\mathrm{d}y = -x\mathrm{d}x,$$

两边积分

$$\int y\mathrm{d}y = -\int x\mathrm{d}x,$$

即

$$\frac{1}{2}y^2 = -\frac{1}{2}x^2 + \frac{C}{2},$$

于是，所求通解为

$$x^2 + y^2 = C \quad （其中 C 为任意常数）.$$

例 9.1.4 求微分方程 $y' = 2xy$ 的通解.

解 分离变量得

$$\frac{\mathrm{d}y}{y} = 2x\mathrm{d}x,$$

两边积分

$$\int \frac{\mathrm{d}y}{y} = 2 \int x \mathrm{d}x,$$

即

$$\ln|y| = x^2 + C_1,$$

于是

$$y = C\mathrm{e}^{x^2} \quad (其中 C = \pm\, \mathrm{e}^{C_1}).$$

易验证 $y=0$ 也是方程的解(分离变量时两边同除以 y 所丢失的解),故 C 可取零值,所以,原方程的通解为 $y=C\mathrm{e}^{x^2}$(C 为任意常数).

注意:本题在对 $\int \dfrac{\mathrm{d}y}{y}$ 积分时可简化为 $\int \dfrac{\mathrm{d}y}{y} = \ln y$,结果仍为 $y = C\mathrm{e}^{x^2}$.

例 9.1.5 求微分方程 $\mathrm{d}P = kP(N-P)\mathrm{d}t$($N$、$k>0$,且均为常数)的解,其中假设 $0<P<N$.

解 分离变量得

$$\frac{\mathrm{d}P}{P(N-P)} = k\mathrm{d}t,$$

两边积分

$$\int \frac{\mathrm{d}P}{P(N-P)} = \int k\mathrm{d}t,$$

即

$$\frac{1}{N}\int \left(\frac{1}{P} + \frac{1}{N-P}\right)\mathrm{d}P = k\int \mathrm{d}t,$$

于是

$$\frac{1}{N}\ln \frac{P}{N-P} = kt + C.$$

该方程称为逻辑斯蒂曲线方程,是生物学、经济学等学科中一条重要曲线.

思考题 9.1

1. 你能写出以 $y=C\mathrm{e}^x$ 为通解的一阶线性微分方程吗?

2. 同一微分方程的任意两个特解之间仅差一个常数吗?

练习题 9.1

1. 验证函数 $y=C\mathrm{e}^{-x}+x-1$ 是方程 $y'-x+y=0$ 的解,并指出是通解还是特解.

2. 求下列微分方程的通解:

(1) $(1+y)\mathrm{d}x+(x-1)\mathrm{d}y=0$;

(2) $y'=\dfrac{x^3}{y^3}$;

(3) $y'+\mathrm{e}^x y=0$;

(4) $y'=\dfrac{y}{\sqrt{1-x^2}}$.

3. 求下列微分方程的特解:

(1) $y' = e^{2x-y}, y|_{x=0} = 0$;

(2) $\dfrac{\mathrm{d}u}{\mathrm{d}t} = u + ut^2, u(0) = 5$.

9.2 一阶线性微分方程与可降阶的高阶微分方程

本节主要讨论一阶线性微分方程与可降阶的高阶微分方程的解法问题.

9.2.1 一阶线性微分方程

一阶线性微分方程的标准形式为

$$\frac{\mathrm{d}y}{\mathrm{d}x} + P(x)y = Q(x), \tag{9.8}$$

其中 $P(x), Q(x)$ 均为已知的连续函数. 当 $Q(x) = 0$ 时,方程

$$\frac{\mathrm{d}y}{\mathrm{d}x} + P(x)y = 0 \tag{9.9}$$

称为一阶线性齐次微分方程. 当 $Q(x) \neq 0$ 时,方程(9.8)称为一阶线性非齐次微分方程.

如一阶线性微分方程

$$3y' + 2y = x^2,$$

$$y' - \frac{2}{x+1}y = (x+1)^3,$$

$$y' - \frac{2}{x+1}y = 0,$$

前两个是非齐次的,最后一个是齐次的.

为了求方程(9.8)的解,先讨论对应齐次方程(9.9)的解,将方程(9.9)分离变量得

$$\frac{\mathrm{d}y}{y} = -P(x)\mathrm{d}x,$$

两边积分得

$$\ln|y| = -\int P(x)\mathrm{d}x + C_1,$$

$$y = C\,e^{-\int P(x)\mathrm{d}x}, \tag{9.10}$$

上式即为方程(9.9)的通解.

由于式(9.10)只能满足方程(9.9),不能满足方程(9.8),但是能否用适当的函数 $C(x)$ 代替常数 C,使得

$$y = C(x)e^{-\int P(x)\mathrm{d}x} \tag{9.11}$$

成为方程(9.8)的解. 为了求出 $C(x)$. 将式(9.11)代入方程(9.8)得

$$C'(x) = Q(x)e^{\int P(x)\mathrm{d}x}$$

两边积分得

$$C(x) = \int Q(x)e^{\int P(x)dx}dx + C.$$

于是得到方程(9.8)的解

$$y = e^{-\int P(x)dx}\left[\int Q(x)e^{\int P(x)dx}dx + C\right].\tag{9.12}$$

不难验证式(9.12)即为方程(9.8)的通解,上述求解方法称为常数变易法.

例9.2.1 求一阶线性微分方程

$$y' - \frac{2}{x+1}y = (x+1)^3$$

的通解.

解 (1) 对方程 $y' - \frac{2}{x+1}y = 0$ 分离变量得

$$\frac{dy}{y} = \frac{2dx}{x+1},$$

积分得

$$y = C(x+1)^2.$$

(2) 令 $y = C(x)(x+1)^2$ 代入原方程整理得

$$C'(x) = x+1,$$

积分得

$$C(x) = \int(x+1)dx = \frac{1}{2}(x+1)^2 + C,$$

于是原方程的通解

$$y = (x+1)^2\left[\frac{1}{2}(x+1)^2 + C\right]$$

$$= \frac{1}{2}(x+1)^4 + C(x+1)^2.$$

如果把通解(9.12)写成

$$y = Ce^{-\int P(x)dx} + e^{-\int P(x)dx}\int Q(x)e^{\int P(x)dx}dx,$$

则可以看到,通解 y 由两项构成,第一项是齐次方程(9.9)的通解,第二项是非齐次方程(9.8)的一个特解[由(9.12)式中 $C=0$ 得到],这是线性非齐次方程解的结构中一个重要结论.

例9.2.2 将一个温度为100 ℃的物体放在 20 ℃的恒温环境中冷却,求该物体温度变化的规律.

解 设 t 时刻物体温度为 $\theta(t)$,根据冷却定律,物体冷却的速度与温差$(\theta-20)$成正比,则

$$\begin{cases} \dfrac{d\theta}{dt} = -k(\theta-20), \\ \theta(0) = 100, \end{cases}\tag{9.13}$$

其中常数 $k>0$,负号表示温度是减少的,即 $\dfrac{\mathrm{d}\theta}{\mathrm{d}t}<0$.

方程(9.13)是一阶线性非齐次方程(也是可分离变量的),解得

$$\theta = 20 + C\mathrm{e}^{-kt}.$$

代入初始条件 $\theta(0)=100$,得 $C=80$,故所求物体温度变化的规律为

$$\theta = 20 + 80\,\mathrm{e}^{-kt}.$$

上式表明:冷却时间越长,物体温度越接近环境温度.

9.2.2　可降阶的高阶微分方程

1. $y^{(n)}=f(x)$ 型的微分方程

对上述方程只需对其连续积分 n 次即得通解.

例 9.2.3　求微分方程 $y'''=\mathrm{e}^{2x}+x$ 的通解.

解　对所给的方程连续积分 3 次,得

$$y'' = \int (\mathrm{e}^{2x}+x)\mathrm{d}x = \frac{1}{2}\mathrm{e}^{2x} + \frac{x^2}{2} + C_1,$$

$$y' = \int \left(\frac{1}{2}\mathrm{e}^{2x} + \frac{x^2}{2} + C_1\right)\mathrm{d}x = \frac{1}{4}\mathrm{e}^{2x} + \frac{x^3}{6} + C_1 x + C_2,$$

$$y = \int \left(\frac{1}{4}\mathrm{e}^{2x} + \frac{x^3}{6} + C_1 x + C_2\right)\mathrm{d}x = \frac{1}{8}\mathrm{e}^{2x} + \frac{x^4}{24} + \frac{C_1}{2}x^2 + C_2 x + C_3,$$

故原方程的通解为

$$y = \frac{1}{8}\mathrm{e}^{2x} + \frac{x^4}{24} + C x^2 + C_2 x + C_3,$$

其中 $C=\dfrac{C_1}{2}$.

2. $y''=f(x,y')$ 型的微分方程

方程特点:右端不显含未知函数 y,可令 $y'=P$,则 $y''=P'$,原方程可降为 P 为未知函数的一阶微分方程

$$P' = f(x,P).$$

若可以从该方程中求出其通解 $P=\varphi(x,C_1)$,即

$$y' = \varphi(x,C_1),$$

两边再积分,便得到原方程的通解.

例 9.2.4　求微分方程 $y''-\dfrac{2}{x+1}y'=0$ 的通解.

解　方程不显含未知函数 y,属于 $y''=f(x,y')$ 型,故令 $y'=P$,则原方程化为

$$P' - \frac{2}{x+1}P = 0,$$

即

$$\frac{\mathrm{d}P}{P} = \frac{2\mathrm{d}x}{x+1}.$$

两边积分,得

$$\ln P = \ln(x+1)^2 + \ln C_1,$$

所以

$$P = C_1(x+1)^2,$$

即

$$y' = P = C_1(x+1)^2,$$

因此 $y = \frac{1}{3}C_1(x+1)^3 + C_2$ 为所求的通解.

3. $y'' = f(y, y')$ 型的微分方程

方程特点:右端不显含自变量 x,作变量代换将其降阶.
令 $y' = P$,则

$$y'' = \frac{\mathrm{d}P}{\mathrm{d}x} = \frac{\mathrm{d}P}{\mathrm{d}y} \cdot \frac{\mathrm{d}y}{\mathrm{d}x} = P\frac{\mathrm{d}P}{\mathrm{d}y},$$

从而将所给方程化为一阶微分方程

$$P\frac{\mathrm{d}P}{\mathrm{d}y} = f(y, P).$$

若能求出其解 $P = \varphi(y, C_1)$,再由 $y' = \varphi(y, C_1)$ 求出原方程的解.

例 9.2.5 求微分方程 $yy'' - y'^2 = 0$ 的通解.

解 该方程不显含自变量 x,属于 $y'' = f(y, y')$ 型.故令 $y' = P$,则

$$y'' = P\frac{\mathrm{d}P}{\mathrm{d}y}.$$

原方程为

$$y \cdot P\frac{\mathrm{d}P}{\mathrm{d}y} - P^2 = 0,$$

即

$$P\left(y\frac{\mathrm{d}P}{\mathrm{d}y} - P\right) = 0.$$

若 $P \neq 0$,则

$$y\frac{\mathrm{d}P}{\mathrm{d}y} - P = 0,$$

分离变量得

$$\frac{\mathrm{d}P}{P} = \frac{\mathrm{d}y}{y},$$

积分得

$$\ln P = \ln y + \ln C_1,$$

即

$$P = C_1 y,$$

也即

$$y' = C_1 y,$$

分离变量得

$$\frac{\mathrm{d}y}{y} = C_1 \mathrm{d}x,$$

再积分得

$$\ln y = C_1 x + C_2,$$

于是

$$y = C e^{C_1 x} \qquad (C = e^{C_2}). \tag{9.14}$$

当 $P=0$ 时，$y'=0$，积分得 $y=C$，此解已经含在式(9.14)中(只需 $C_1=0$)，故原方程的通解为

$$y = C e^{C_1 x}.$$

思考题 9.2

1. 一阶线性非齐次微分方程的求解方法有哪两种？

2. 试给出可降阶的高阶微分方程的几种形式，并叙述各自的求解思路.

练习题 9.2

1. 解下列微分方程：

(1) $y' + y = e^{-x}$；

(2) $y' + y\cos x = e^{-\sin x}$；

(3) $6x \dfrac{\mathrm{d}y}{\mathrm{d}x} + 2y = 1$；

(4) $\dfrac{\mathrm{d}y}{\mathrm{d}x} + \dfrac{y}{x} = \dfrac{\sin x}{x}, y|_{x=\pi} = 1$.

2. 求下列微分方程的通解：

(1) $y''' = x + e^{-x}$；

(2) $y'' = \dfrac{1}{1+x^2}$；

(3) $y'' - y' = x$；

(4) $y'' + y'^2 = 0$；

(5) $yy'' - y'^2 = 0$.

3. 求解下列初值问题：

(1) $y''' = e^{2x}, y(1) = y'(1) = y''(1) = 0$；　(2) $y'' = \dfrac{3x^2}{1+x^3} y', y(0) = 1, y'(0) = 4$；

(3) $y'' = \dfrac{3}{2} y^2, y(3) = y'(3) = 1$.

9.3 二阶常系数线性微分方程

本节主要讨论二阶常系数线性微分方程解的特点及解法问题.

9.3.1 二阶常系数线性微分方程解的性质

定义 9.3 形如

$$y'' + py' + qy = 0 \quad (\text{其中 } p, q \text{ 均为常数}) \tag{9.15}$$

的方程,称为二阶常系数齐次线性微分方程.

如方程 $y'' + y' - 6y = 0$, $y'' - 4y' + 4y = 0$ 都是二阶常系数齐次线性微分方程.

定理 9.1(齐次线性方程解的叠加原理) 如果函数 y_1, y_2 是方程(9.15)的两个解,则 $y = C_1 y_1 + C_2 y_2$ 也是方程(9.15)的解,其中 C_1, C_2 均为任意常数.

证 因为 y_1, y_2 是方程(9.15)的解,所以

$$y''_1 + py'_1 + qy_1 = 0, \quad y''_2 + py'_2 + qy_2 = 0,$$

将 $y = C_1 y_1 + C_2 y_2$ 代入方程(9.15)左端,得

$$(C_1 y''_1 + C_2 y''_2) + p(C_1 y'_1 + C_2 y'_2) + q(C_1 y_1 + C_2 y_2)$$
$$= C_1(y''_1 + py'_1 + qy_1) + C_2(y''_2 + py'_2 + qy_2) = 0,$$

即 $y = C_1 y_1 + C_2 y_2$ 是方程(9.15)的解.

注意到在 $y = C_1 y_1 + C_2 y_2$ 中虽含有两个任意常数,但不一定是方程(9.15)的通解.

例如

$$y_1 = e^x, \quad y_2 = 3e^x$$

均为方程

$$y'' - y = 0$$

的解,但 $y = C_1 y_1 + C_2 y_2 = C_1 e^x + C_2 \cdot 3e^x = (C_1 + 3C_2)e^x = Ce^x$(其中 $C = C_1 + 3C_2$ 仍为任意常数),y 中只含一个任意常数,显然 y 不是方程 $y'' - y = 0$ 的通解. 那么 y_1, y_2 具备什么条件才能组合成方程的通解呢? 为此引进如下定义和定理.

定义 9.4 设 $y = y_1(x)$ 与 $y = y_2(x)$ 是定义在某区间内的两个函数,如果存在不为零的常数 k,使得

$$\frac{y_1(x)}{y_2(x)} = k$$

成立,则称 $y_1(x)$ 与 $y_2(x)$ 在该区间内线性相关;否则,称 $y_1(x)$ 与 $y_2(x)$ 在该区间内线性无关.

如定义 9.4 中 $\frac{y_1}{y_2} = \frac{1}{3}$,$y_1$ 与 y_2 线性相关,$\frac{e^{2x}}{e^x} = e^x \neq$ 常数,所以 e^{2x} 与 e^x 线性无关.

因此,当 y_1 与 y_2 线性无关时,$y = C_1 y_1 + C_2 y_2$ 中的两个任意常数 C_1 与 C_2 是相互独立的.

定理 9.2(齐次线性方程的通解结构) 如果函数 $y_1(x), y_2(x)$ 是方程(9.15)的两个

线性无关解,则函数
$$y = C_1 y_1 + C_2 y_2 \quad (C_1, C_2 \text{ 为任意常数})$$
是方程(9.15)的通解.

证明从略.

例 9.3.1　验证 $y_1 = e^{2x}, y_2 = e^x$ 是微分方程 $y'' - 3y' + 2y = 0$ 的解,并写出该方程的通解.

解　将 y_1, y_2 分别代入方程左端,得
$$(e^{2x})'' - 3(e^{2x})' + 2e^{2x} = (4 - 6 + 2)e^{2x} = 0,$$
$$(e^x)'' - 3(e^x)' + 2e^x = (1 - 3 + 2)e^x = 0,$$
所以 y_1, y_2 都是该方程的解.

又因为 $\dfrac{y_1}{y_2} = \dfrac{e^{2x}}{e^x} = e^x \neq$ 常数,所以 y_1 与 y_2 线性无关. 于是由定理 9.2,所给方程的通解为
$$y = C_1 e^{2x} + C_2 e^x \quad (C_1, C_2 \text{ 为任意常数}).$$

定义9.5　形如
$$y'' + py' + qy = f(x) \tag{9.16}$$
[其中 p, q 均为常数,$f(x) \neq 0$]的方程,称为二阶常系数非齐次线性微分方程,并称方程(9.15)为方程(9.16)对应的齐次方程.

定理 9.3(非齐次线性方程的通解结构)　如果 y^* 是方程(9.16)的一个特解,$Y = C_1 y_1 + C_2 y_2$ 是方程(9.15)的通解,则
$$y = Y + y^* = C_1 y_1 + C_2 y_2 + y^*$$
是方程(9.16)的通解.

证　将 $y = Y + y^*$ 代入方程(9.16)左端,得
$$(Y + y^*)'' + p(Y + y^*)' + q(Y + y^*) = (Y'' + pY' + qY) + (y^{*''} + py^{*'} + qy^*)$$
$$= 0 + f(x) = f(x),$$
即 $y = Y + y^*$ 是方程(9.16)的解.

又因为 Y 中含有两个独立的任意常数,即 y 中含有两个独立的任意常数,故 $y = Y + y^*$ 是方程(9.16)的通解.

9.3.2　二阶常系数齐次线性微分方程的求解方法

对于齐次方程(9.15),欲求其通解,由定理 9.2,只须求出方程的两个线性无关的特解. 由于方程的左端是 y'',py',qy 三项之和,而右端为零,即未知函数 y 与其一阶导数 y',二阶导数 y'' 间只差常数因子. 而指数函数 $y = e^{rx}$(r 为常数)具有这个特点,于是令 $y = e^{rx}$ 为方程(9.15)的解,代入方程得
$$(r^2 + pr + q)e^{rx} = 0.$$
因为 $e^{rx} \neq 0$,所以
$$(r^2 + pr + q) = 0. \tag{9.17}$$

可见,只要 r 是方程(9.17)的一个根,e^{rx} 就是方程(9.15)的一个解.方程(9.17)称为齐次方程(9.15)的特征方程.特征方程的根称为特征根.由于特征方程的根只能有 3 种不同情况,相应地,齐次方程(9.15)的通解也有 3 种不同形式.

(1) 当特征方程(9.17)有两个不相等的实根 r_1 和 r_2 时,即 $r_1 \neq r_2$,方程(9.15)有两个线性无关的解 $y_1 = e^{r_1 x}$,$y_2 = e^{r_2 x}$,此时,方程(9.15)的通解为

$$y = C_1 e^{r_1 x} + C_2 e^{r_2 x}.$$

(2) 当特征方程(9.17)有两个相等的实根 $r_1 = r_2 = r$ 时,方程(9.15)只有一个解 $y_1 = e^{rx}$,但是经验证 $y_2 = x e^{rx}$ 也是方程(9.15)的一个解,且 y_1 与 y_2 线性无关,此时,方程(9.15)的通解为

$$y = (C_1 + C_2 x) e^{rx}.$$

(3) 当特征方程(9.17)有一对共轭复根 $r = \alpha \pm \beta i$ 时(其中 α, β 均为实常数,且 $\beta \neq 0$),方程(9.15)有两个线性无关的解 $y_1 = e^{(\alpha + i\beta)x}$ 和 $y_2 = e^{(\alpha - i\beta)x}$,由于这种复数形式的解不便于使用,通常利用欧拉公式

$$e^{i\theta} = \cos\theta + i\sin\theta$$

将 y_1 与 y_2 改写为

$$y_1 = e^{\alpha x}(\cos\beta x + i\sin\beta x),$$
$$y_2 = e^{\alpha x}(\cos\beta x - i\sin\beta x).$$

根据齐次线性方程解的叠加原理可知

$$y_1 = \frac{1}{2}(y_1 + y_2) = e^{\alpha x}\cos\beta x,$$

$$y_2 = \frac{1}{2i}(y_1 - y_2) = e^{\alpha x}\sin\beta x$$

是方程(9.15)的两个特解,显然它们线性无关,此时,方程(9.15)的通解为

$$y = e^{\alpha x}(C_1\cos\beta x + C_2\sin\beta x).$$

归纳得到求二阶常系数齐次线性微分方程 $y'' + py' + qy = 0$ 的通解步骤如下:

(1) 写出微分方程的特征方程 $r^2 + pr + q = 0$;

(2) 求出特征根 r_1 和 r_2;

(3) 根据 r_1 和 r_2 的 3 种不同情况,按表 9.3.1 写出方程的通解.

表 9.3.1

特征方程的根	通解形式
两个不等实根 $r_1 \neq r_2$	$y = C_1 e^{r_1 x} + C_2 e^{r_2 x}$
两个相等实根 $r_1 = r_2 = r$	$y = (C_1 + C_2 x) e^{rx}$
一对共轭复根 $r = \alpha \pm \beta i$	$y = e^{\alpha x}(C_1\cos\beta x + C_2\sin\beta x)$

例 9.3.2 求方程 $y'' + y' - 6y = 0$ 的通解.

解 方程 $y''+y'-6y=0$ 的特征方程为

$$r^2+r-6=0,$$

特征根为

$$r_1=2, r_2=-3,$$

故所求方程的通解为

$$y=C_1 e^{2x}+C_2 e^{-3x}.$$

例 9.3.3 求方程 $y''-4y'+4y=0$ 的通解.

解 方程 $y''-4y'+4y=0$ 的特征方程为

$$r^2-4r+4=0,$$

其特征根

$$r=r_1=r_2=2,$$

所以原微分方程的通解为

$$y=(C_1+C_2 x)e^{2x}.$$

例 9.3.4 求微分方程 $y''-4y'+13y=0$ 的通解.

解 所给微分方程的特征方程为

$$r^2-4r+13=0,$$

其特征根为一对共轭复根为

$$r_1=2+3i, r_2=2-3i,$$

所以,微分方程的通解为

$$y=e^{2x}(C_1 \cos 3x+C_2 \sin 3x).$$

思考题 9.3

如何求二阶线性非齐次微分方程 $y''-3y'+2y=1$ 的通解?

练习题 9.3

1. 下列各组函数哪些线性相关? 哪些线性无关?

(1) $3x$ 与 x^2; 　　　　　　(2) x^4 与 $\dfrac{1}{2}x^4$;

(3) e^x 与 $x^2 e^x$; 　　　　　(4) $\sin 2x$ 与 $\sin 3x$;

(5) $\ln(x^2+1)$ 与 $\ln(x^2+1)^3$; 　(6) $\dfrac{x}{2}$ 与 $\dfrac{3}{x}$.

2. 验证函数 $y_1=e^{4x}$ 与 $y_2=e^{-x}$ 是方程 $y''-3y'-4y=0$ 的两个解,并写出该方程的通解.

3. 求下列微分方程的通解:

(1) $y''+y'-2y=0$; 　　　　　(2) $y''+4y'=0$;

(3) $y''+4y=0$;　　　　　　　　(4) $y''-6y'+9y=0$;

(5) $y''+2y'+5y=0$;　　　　　　(6) $y''-4y'+4y=0$.

4. 求下列初值问题:

(1) $y''-y=0,y|_{x=0}=2,y'|_{x=0}=0$;

(2) $y''+y=0,y|_{x=0}=1,y'|_{x=0}=1$;

(3) $y''-4y'+3y=0,y|_{x=0}=6,y'|_{x=0}=10$;

(4) $y''+4y'+4y=0,y|_{x=0}=0,y'|_{x=0}=1$.

9.4　拉普拉斯变换的概念

本节主要介绍拉普拉斯变换的基本概念和方法.

定义 9.6　设函数 $f(t)$ 的定义域为 $[0,+\infty)$,如果广义积分

$$\int_0^{+\infty} f(t)\mathrm{e}^{-st}\,\mathrm{d}t,$$

在 s 的某一取值范围内收敛,则由此积分确定了一个关于 s 的函数,记作 $F(s)$,即

$$F(s) = \int_0^{+\infty} f(t)\mathrm{e}^{-st}\,\mathrm{d}t. \tag{9.18}$$

函数 $F(s)$ 叫做函数 $f(t)$ 的拉普拉斯(Laplace)变换,简称拉氏变换,式(9.18)称为函数 $f(t)$ 的拉氏变换式,用记号 $L[f(t)]$ 表示,即

$$L[f(t)] = F(s).$$

函数 $F(s)$ 也可叫做 $f(t)$ 的像函数.

若 $F(s)$ 是 $f(t)$ 的拉氏变换,则称 $f(t)$ 是 $F(s)$ 的拉氏逆变换(或叫做像函数 $F(s)$ 的像原函数),记作

$$f(t) = L^{-1}[F(s)].$$

注意:

(1) 在拉氏变换中,只要求 $f(t)$ 在 $[0,+\infty)$ 内有定义即可. 为了研究方便,以后总假定在 $(-\infty,0)$ 内,$f(t)\equiv 0$. 在以后的研究中,规定所研究的 t 均属于 $[0,+\infty)$.

(2) 在此我们规定只讨论 s 是实数情况.

例 9.4.1　求单位阶梯函数 $u(t)=\begin{cases}0,t<0,\\1,t\geqslant 0\end{cases}$ 的拉氏变换.

解　由拉普拉斯变换的定义,知

$$L[u(t)] = \int_0^{+\infty} \mathrm{e}^{-st}\,\mathrm{d}t,$$

此积分在 $s>0$ 时收敛,且有

$$\int_0^{+\infty} \mathrm{e}^{-st}\,\mathrm{d}t = \frac{1}{s} \qquad (s>0),$$

所以

$$L[u(t)] = \frac{1}{s} \qquad (s>0).$$

例 9.4.2 求指数函数 $f(t)=\mathrm{e}^{at}$(a 是常数)的拉氏变换.

解 由式(9.18)有

$$L[\mathrm{e}^{at}]=\int_0^{+\infty}\mathrm{e}^{at}\mathrm{e}^{-st}\mathrm{d}t=\int_0^{+\infty}\mathrm{e}^{-(s-a)t}\mathrm{d}t,$$

此广义积分在 $s>a$ 时收敛,有

$$\int_0^{+\infty}\mathrm{e}^{-(s-a)t}\mathrm{d}t=\frac{1}{s-a},$$

所以

$$L[\mathrm{e}^{at}]=\frac{1}{s-a}\qquad(s>a).$$

例 9.4.3 求 $f(t)=at$(a 为常数)的拉氏变换.

解 由式(9.18)有

$$
\begin{aligned}
L[at]&=\int_0^{+\infty}at\mathrm{e}^{-st}\mathrm{d}t=-\frac{a}{s}\int_0^{+\infty}t\mathrm{d}\mathrm{e}^{-st}\\
&=-\frac{a}{s}\left[t\mathrm{e}^{-st}\right]\Big|_0^{+\infty}+\frac{a}{s}\int_0^{+\infty}\mathrm{e}^{-st}\mathrm{d}t\\
&=-\frac{a}{s^2}\left[\mathrm{e}^{-st}\right]\Big|_0^{+\infty}\\
&=\frac{a}{s^2}.
\end{aligned}
$$

下面我们给出狄拉克函数的拉氏变换.

在许多实际问题中,常常会遇到一种集中在极短时间内作用的量,这种瞬间作用的量不能用通常的函数表示.为此假设

$$\delta_\tau(t)=\begin{cases}0,&t<0,\\\dfrac{1}{\tau},&0\leqslant t\leqslant\tau,\\0,&t>\tau,\end{cases}$$

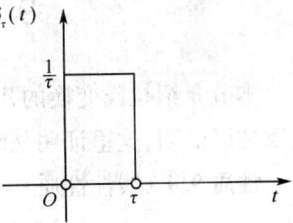

图 9.4.1

其中 τ 是很小的正数.当 $\tau\to0$ 时,$\delta_\tau(t)$ 的极限 $\delta(t)=\lim\limits_{\tau\to0}\delta_\tau(t)$ 叫做狄拉克函数,简称 δ 函数.$\delta_\tau(t)$ 的图形如图 9.4.1 所示.

狄拉克函数的特点是:当 $t\neq0$ 时,$\delta(t)=0$,而当 $t=0$ 时,$\delta(t)$ 的值为无穷大,即

$$\delta(t)=\begin{cases}0,&t\neq0,\\\infty,&t=0,\end{cases}$$

显然,对任何 $\tau>0$,有

$$\int_{-\infty}^{+\infty}\delta_\tau(t)\mathrm{d}t=\int_0^\tau\frac{1}{\tau}\mathrm{d}t=1,$$

所以规定

$$\int_{-\infty}^{+\infty}\delta(t)\mathrm{d}t=1.$$

工程技术中常将 $\delta(t)$ 叫做单位脉冲函数.

例 9.4.4　求 $\delta(t)$ 函数的拉氏变换.

解　先对 $\delta_\tau(t)$ 作拉氏变换

$$L[\delta_\tau(t)] = \int_0^{+\infty} \delta_\tau(t) \mathrm{e}^{-st} \mathrm{d}t = \int_0^\tau \frac{1}{\tau} \mathrm{e}^{-st} \mathrm{d}t = \frac{1}{\tau s}(1 - \mathrm{e}^{-\tau s}).$$

$\delta(t)$ 的拉氏变换为

$$L[\delta(t)] = \lim_{\tau \to 0} L[\delta_\tau(t)] = \lim_{\tau \to 0} \frac{1 - \mathrm{e}^{-\tau s}}{\tau s},$$

用洛必达法则计算此极限,得

$$\lim_{\tau \to 0} \frac{1 - \mathrm{e}^{-\tau s}}{\tau s} = \lim_{\tau \to 0} \frac{s \mathrm{e}^{-\tau s}}{s} = 1,$$

所以

$$L[\delta(t)] = 1.$$

思考题 9.4

1. 应用拉氏变换的条件是什么? 对广义积分的收敛讨论是针对于哪个函数的?

2. 在拉氏变换中为什么总假定在 $(-\infty, 0)$ 内 $f(t) \equiv 0$,可用其他条件代替吗?

练习题 9.4

求下列函数的拉氏变换:

(1) $u(t) = \begin{cases} 0, & t < 0; \\ 3, & t \geqslant 0; \end{cases}$　　　(2) $3t$;　　　(3) e^{2t}.

9.5　拉氏变换的运算性质

本节介绍拉氏变换的几个主要性质. 这些性质都可由拉氏变换的定义及相应的运算性质加以证明,这里证明从略.

性质 9.1（线性性质）　若 a、b 是常数,且

$$L[f_1(t)] = F_1(s), \qquad L[f_2(t)] = F_2(s),$$

则

$$L[af_1(t) + bf_2(t)] = aL[f_1(t)] + bL[f_2(t)] = aF_1(s) + bF_2(s).$$

性质 9.1 表明,函数的线性组合的拉氏变换等于各函数的拉氏变换的线性组合.

性质 9.1 可以推广到有限个函数的线性组合的情形.

例 9.5.1　求函数 $f(t) = \dfrac{1}{a}(1 - \mathrm{e}^{-at})$ 的拉氏变换.

解　由性质 9.1,有

$$L\left[\frac{1}{a}(1 - \mathrm{e}^{-at})\right] = \frac{1}{a} L[1 - \mathrm{e}^{-at}]$$

$$= \frac{1}{a}\{L[1] - L[\mathrm{e}^{-at}]\}$$

$$= \frac{1}{a}\left(\frac{1}{s} - \frac{1}{s+a}\right) = \frac{1}{s(s+a)}.$$

性质 9.2(平移性质)　若 $L[f(t)] = F(s)$,则

$$L[e^{at}f(t)] = F(s-a).$$

性质 9.2 表明,像原函数乘以 e^{at} 的拉氏变换,等于其像函数作位移 a 个单位,因此性质 9.2 称为平移性质.

例 9.5.2　求 $L[te^{at}]$.

解　由平移性质及 $L[t] = \frac{1}{s^2}$,得

$$L[te^{at}] = \frac{1}{(s-a)^2}.$$

性质 9.3(延滞性质)　若 $L[f(t)] = F(s)$,则

$$L[f(t-a)] = e^{-as}F(s).$$

注意:函数 $f(t-a)$ 与 $f(t)$ 相比,滞后了 a 个单位,若 t 表示时间,性质 9.3 表明,时间延迟了 a 个单位,例如:正弦型函数曲线 $y = A\sin\left(x - \frac{\pi}{4}\right)$ 起点是 $\left(\frac{\pi}{4}, 0\right)$,比曲线 $y = A\sin x$ 的起点滞后了 $\frac{\pi}{4}$ 个单位,相当于像函数乘以指数因子 e^{-as},因此这个性质叫做延滞性质,如图 9.5.1 所示.

例 9.5.3　求函数

$$u(t-a) = \begin{cases} 0, & t < a, \\ 1, & t \geq a, \end{cases}$$

的拉氏变换.

解　由 $L[u(t)] = \frac{1}{s}$ 及性质 9.3 可得

$$L[u(t-a)] = \frac{1}{s}e^{-as}.$$

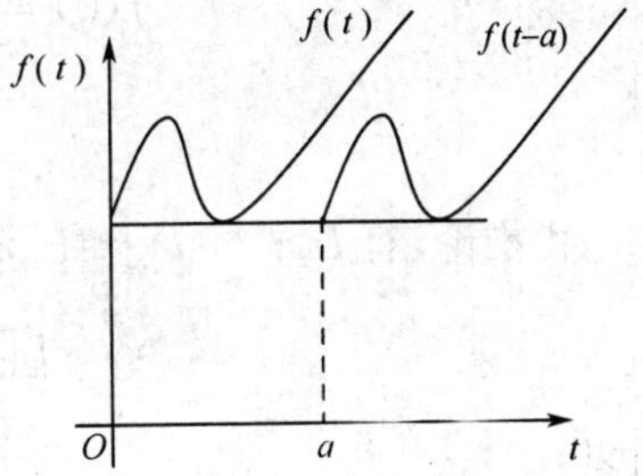

性质 9.4(微分性质)　若 $L[f(t)] = F(s)$,并设 $f(t)$ 在 $[0, +\infty)$ 上连续,$f'(t)$ 为分段连续函数,则

$$L[f'(t)] = sF(s) - f(0).$$

图 9.5.1

性质 9.4 表明,一个函数求导后取拉氏变换,等于这个函数的拉氏变换乘以参数 s 再减去这个函数的初值.

性质 9.4 可以推广到函数 $f(t)$ 在 $[0, +\infty)$ 上的 n 阶导函数都是分段连续函数的情形.

推论　若 $L[f(t)] = F(s)$,则

$$L[f^{(n)}(t)] = s^n F(s) - [s^{n-1}f(0) + s^{n-2}f'(0) + \cdots + f^{n-1}(0)].$$

特别地,若 $f(0) = f'(0) = \cdots = f^{(n-1)}(0) = 0$,则

$$L[f^{(n)}(t)] = s^n F(s) \qquad (n = 1, 2, \cdots).$$

性质 9.4 使我们有可能将 $f(t)$ 的微分方程化作 $F(s)$ 的代数方程. 因此性质 9.4 在解微分方程中有重要作用.

例 9.5.4 利用微分性质求 $L[\sin\omega t]$.

解 令 $f(t)=\sin\omega t$, 则

$$f(0)=0, f'(t)=\omega\cos\omega t; f'(0)=\omega, f'(t)=-\omega^2\sin\omega t.$$

由上式及推论得

$$L[-\omega^2\sin\omega t]=L[f''(t)]=s^2F(s)-sf(0)-f'(0),$$

即

$$-\omega^2 L[\sin\omega t]=s^2 L[\sin\omega t]-\omega.$$

移项并化简, 即得

$$L[\sin\omega t]=\frac{\omega}{s^2+\omega^2},$$

同理可得

$$L[\cos\omega t]=\frac{s}{s^2+\omega^2}.$$

例 9.5.5 利用微分性质, 求 $f(t)=t^m$ 的拉氏变换. 其中 m 是正整数.

解 由

$$f(0)=f'(0)=\cdots=f^{(m-1)}(0)=0,$$

且

$$f^{(m)}(t)=m!.$$

由推论, 有 $L[f^{(m)}(t)]=L[m!]=s^m F(s)$, 而

$$L[m!]=m!\cdot L[1]=\frac{m!}{s},$$

所以

$$F(s)=\frac{m!}{s^{m+1}},$$

因此

$$L[t^m]=\frac{m!}{s^{m+1}}.$$

性质 9.5(积分性质) 若 $L[f(t)]=F(s)$, 且 $f(t)$ 在 $[0,+\infty)$ 上连续, 则

$$L\left[\int_0^t f(x)\mathrm{d}x\right]=\frac{F(s)}{s}.$$

性质 9.5 表明, 一个函数积分后取拉氏变换, 等于这个函数的拉氏变换除以参数 s.

性质 9.5 也可以推广到有限次积分的情形

$$L\left[\overbrace{\int_0^t \mathrm{d}x\int_0^t \mathrm{d}x\cdots\int_0^t f(x)\mathrm{d}x}^{n\text{次}}\right]=\frac{F(s)}{s^n} \qquad (n=1,2,\cdots).$$

性质 9.6 若 $L[f(t)]=F(s)$,则当 $a>0$ 时,$L[f(at)]=\dfrac{1}{a}F(s)$.

性质 9.7 若 $L[f(t)]=F(s)$,则 $L[t^n f(t)]=(-1)^n F^{(n)}(s)$.

性质 9.8 若 $L[f(t)]=F(s)$,则 $L\left[\dfrac{f(t)}{t}\right]=\displaystyle\int_s^{+\infty}F(s)\mathrm{d}s$.

另外,人们并不总是用定义求函数的拉氏变换,还可以查表求拉氏变换.现将常用函数的拉氏变换列于附录 C 以供查用.

例 9.5.6 查表求 $L\left[\dfrac{\sin t}{t}\right]$.

解

$$L[\sin t]=\frac{1}{s^2+1}=F(s),$$

再由性质 9.8,得

$$L\left[\frac{\sin t}{t}\right]=\int_s^{+\infty}\frac{1}{s^2+1}\mathrm{d}s=\arctan s\Big|_s^{+\infty}=\frac{\pi}{2}-\arctan s.$$

思考题 9.5

1. 画图说明拉氏变换的平移性质.

2. 对于附录 C 拉氏变换表中没有列的基本初等函数的拉氏变换应如何去求?

练习题 9.5

1. 求下列函数的拉氏变换:

(1) $2\sin 3t+3\cos 2t$;　　(2) $\cos\left(2t+\dfrac{\pi}{3}\right)$;

(3) $t\sin 3t$;　　　　　　(4) $\mathrm{e}^{3t}\cos 2t$.

2. 利用微分性质求 $L[\cos\omega t]$.

3. 某动态电路的输入-输出方程为 $\dfrac{\mathrm{d}^2}{\mathrm{d}t^2}r(t)+a_1\dfrac{\mathrm{d}}{\mathrm{d}t}r(t)+a_0 r(t)=0$. 响应及其一阶导数的原始值分别为 $r(0)$ 及 $r'(0)$.求响应的像函数(其中 a_1、a_0 为常数,利用微分性质).

4. 求 $\dfrac{1}{s^2}$、$\dfrac{1}{s^3}$、$\dfrac{1}{s^n}$ 的像原函数(利用积分性质).

9.6 拉氏变换的逆变换

前面研究了由已知函数 $f(t)$ 求它的像函数 $F(s)$ 的问题.本节讨论相反问题——已知像函数 $F(s)$,求它的像原函数 $f(t)$,即拉氏变换的逆变换.

在求像原函数时,常从拉氏变换表中查找,同时要结合拉氏变换的性质.因此把常用的拉氏变换的性质用逆变换的形式列出如下.

设 $L[f_1(t)]=F_1(s)$,　　$L[f_2(t)]=F_2(s)$,　$L[f(t)]=F(s)$.

性质 9.9(线性性质)

$$L^{-1}[aF_1(s)+bF_2(s)]=aL^{-1}[F_1(s)]+bL^{-1}[F_2(s)]$$

$$=af_1(t)+bf_2(t)(a,b \text{ 为常数}).$$

性质 9.10(平移性质)

$$L^{-1}[F(s-a)]=e^{at}L^{-1}[F(s)]=e^{at}f(t).$$

性质 9.11(延滞性质)

$$L^{-1}[e^{as}F(s)]=f(t-a)u(t-a).$$

例 9.6.1 求 $F(s)=\dfrac{2s+3}{s^2-2s+5}$ 的拉氏逆变换.

解 $f(t)=L^{-1}\left[\dfrac{2s+3}{s^2-2s+5}\right]=L^{-1}\left[\dfrac{2s+3}{(s-1)^2+4}\right]$

$$=L^{-1}\left[\dfrac{2s-2}{(s-1)^2+4}+\dfrac{5}{(s-1)^2+4}\right]$$

$$=2L^{-1}\left[\dfrac{s-1}{(s-1)^2+4}\right]+\dfrac{5}{2}L^{-1}\left[\dfrac{2}{(s-1)^2+4}\right]$$

$$=2e^t\cos2t+\dfrac{5}{2}e^t\sin2t \qquad \text{(查附录 C 得)}$$

$$=e^t\left(2\cos2t+\dfrac{5}{2}\sin2t\right).$$

例 9.6.1 告诉我们,求拉氏变换逆变换的要点是:通过初等变换将目标函数 $F(s)$ 分解成几个简单函数的代数和的形式,再通过拉氏变换逆变换的性质及查拉氏变换表求出其像原函数.

例 9.6.2 求 $F(s)=\dfrac{s+9}{s^2+5s+6}$ 的拉氏逆变换.

解 先将 $F(s)$ 分解为部分分式之和

$$\dfrac{s+9}{s^2+5s+6}=\dfrac{s+9}{(s+2)(s+3)}=\dfrac{A}{s+2}+\dfrac{B}{s+3}.$$

用待定系数法求得

$$A=7, \qquad B=-6,$$

所以

$$\dfrac{s+9}{s^2+5s+6}=\dfrac{7}{s+2}-\dfrac{6}{s+3},$$

则有

$$f(t)=L^{-1}\left[\dfrac{s+9}{s^2+5s+6}\right]=L^{-1}\left[\dfrac{7}{s+2}-\dfrac{6}{s+3}\right]$$

$$=7L^{-1}\left[\dfrac{1}{s+2}\right]-6L^{-1}\left[\dfrac{1}{s+3}\right]$$

$$=7e^{-2t}-6e^{-3t}.$$

例 9.6.3 求 $F(s)=\dfrac{s^2}{(s+2)(s^2+2s+2)}$ 的拉氏逆变换.

解 先将 $F(s)$ 分解为部分分式之和.

设

$$F(s) = \frac{s^2}{(s+2)(s^2+2s+2)}$$

$$= \frac{A}{s+2} + \frac{Bs+C}{s^2+2s+2}.$$

用待定系数法,求得 $A=2, B=-1, C=-2$,所以

$$F(s) = \frac{2}{s+2} - \frac{s+2}{s^2+2s+2}$$

$$= \frac{2}{s+2} - \frac{s+1}{(s+1)^2+1} - \frac{1}{(s+1)^2+1},$$

于是

$$f(t) = L^{-1}[F(s)]$$

$$= L^{-1}\left[\frac{2}{s+2} - \frac{s+1}{(s+1)^2+1} - \frac{1}{(s+1)^2+1}\right]$$

$$= L^{-1}\left[\frac{2}{s+2}\right] - L^{-1}\left[\frac{s+1}{(s+1)^2+1}\right] - L^{-1}\left[\frac{1}{(s+1)^2+1}\right]$$

$$= 2e^{-2t} - e^{-t}L^{-1}\left[\frac{s}{s^2+1}\right] - e^{-t}L^{-1}\left[\frac{1}{s^2+1}\right]$$

$$= 2e^{-2t} - e^{-t}(\cos t + \sin t).$$

思考题 9.6

1. 拉氏变换的性质与拉氏逆变换的性质是一一对应的吗? 列表讨论.

2. 画图说明拉氏逆变换的平移性质.

练习题 9.6

1. 求下列各函数的拉氏逆变换:

(1) $F(s) = \frac{2}{s-3}$;   (2) $F(s) = \frac{2}{2s+1}$;   (3) $F(s) = \frac{3s}{s^2+9}$;

(4) $F(s) = \frac{2}{9s^2+1}$;   (5) $F(s) = \frac{s-3}{s^2+9}$.

2. 求下列各函数的拉氏逆变换:

(1) $F(s) = \frac{3}{(s-1)(s-2)}$;   (2) $F(s) = \frac{2s}{9s^2+1}$;

(3) $F(s) = \frac{3}{s^2+4s+8}$;   (4) $F(s) = \frac{s^2}{(s+2)(s^2-2s+2)}$.

9.7 拉氏变换及其逆变换的应用

拉氏变换及其逆变换可用来求解常系数一阶乃至高阶线性微分方程.

例 9.7.1 求微分方程 $y'+3y=0$ 的满足初始条件 $y|_{t=0}=1$ 的特解.

解 我们先对方程两边求其拉氏变换,并设 $L[y]=F(s)$,则

$$L[y'+3y] = L(0),$$

$$L[y'] + 3L[y] = 0,$$

$$sF(s) - y|_{t=0} + 3F(s) = 0.$$

所以,将 $y|_{t=0} = 1$ 代入上式可得 $(s+3)F(s) = 1$, $F(s) = \dfrac{1}{s+3}$.

再利用拉氏变换的逆变换可求出方程的解为

$$y = L^{-1}[F(s)] = L^{-1}\left[\frac{1}{s+3}\right] = e^{-3t}.$$

通过此例题,我们可以发现利用拉氏变换求线性微分方程解的一般步骤:

(1) 利用拉氏变换将常系数线性微分方程化成像函数的代数方程;

(2) 从像函数的代数方程求出像函数;

(3) 利用拉氏变换的逆变换求出像原函数,该像原函数就是方程的解.

例 9.7.2 求微分方程 $y'' + 4y' - 5y = e^{2t}$ 的满足初始条件 $y|_{t=0} = 0$, $y'|_{t=0} = 0$ 的特解.

解 对方程两边求其拉氏变换,并设 $L[y] = F(s)$,则

$$L[y'' + 4y' - 5y] = L(e^{2t}), L[y''] + 4L[y'] - 5L[y] = L(e^{2t}),$$

$$s^2 F(s) - sy|_{t=0} - y'|_{t=0} + 4sF(s) - 4y|_{t=0} - 5F(s) = \frac{1}{s-2}.$$

将 $y|_{t=0} = 0$, $y'|_{t=0} = 0$ 代入上式,得

$$F(s) = \frac{1}{(s-1)(s-2)(s+5)},$$

利用待定系数法可将上式分解成 3 个分式的代数和,即

$$F(s) = -\frac{\frac{1}{6}}{s-1} + \frac{\frac{1}{7}}{s-2} + \frac{\frac{1}{42}}{s+5},$$

再利用拉氏变换的逆变换可求出方程的解为

$$y = L^{-1}[F(s)] = L^{-1}\left[\frac{1}{(s-1)(s-2)(s+5)}\right]$$

$$= -\frac{1}{6}L^{-1}\left[\frac{1}{s-1}\right] + \frac{1}{7}L^{-1}\left[\frac{1}{s-2}\right] + \frac{1}{12}L^{-1}\left[\frac{1}{s+5}\right]$$

$$= -\frac{1}{6}e^t + \frac{1}{7}e^{2t} + \frac{1}{42}e^{-5t}.$$

思考题 9.7

1. 考虑拉普拉斯变换及其逆变换的应用方面的优势和缺陷.

2. 试考虑一下怎样用拉氏变换求解高阶微分方程.

练习题 9.7

利用拉普拉斯变换及其逆变换解下列微分方程:

(1) $y' - y = 0$, $y(0) = 1$;

(2) $y' - 5y = 10e^{-3t}$, $y(0) = 0$;

(3) $y'' + 4y = 0$, $y'(0) = 3$, $y(0) = 0$;

(4) $y'' + 9y = 9t$, $y'(0) = 1$, $y(0) = 0$;

(5) $y''-2y'+5y=0$，$y'(0)=1$，$y(0)=0$；

(6) $y''-4y'+4y=0$，$y'(0)=1$，$y(0)=0$；

(7) $y''-9y'+8y=0$，$y'(0)=9$，$y(0)=0$；

(8) $y''+4y'+5y=0$，$y'(0)=2$，$y(0)=0$.

9·8 典型例题详解

例9.8.1 求微分方程 $y'-3y=0$ 的通解.

解一 将方程 $y'-3y=0$ 分离变量，得

$$\frac{\mathrm{d}y}{y}=3\mathrm{d}x,$$

两边积分

$$\int\frac{\mathrm{d}y}{y}=3\int\mathrm{d}x,$$

即

$$\ln|y|=3x+C_1,$$

所以

$$|y|=\mathrm{e}^{3x+C_1},$$
$$y=\pm\mathrm{e}^{C_1}\mathrm{e}^{3x}.$$

故所求通解为

$$y=C\mathrm{e}^{3x} \quad （其中 C 为任意常数）.$$

解二 方程 $y'-3y=0$ 的特征方程为 $r-3=0$，特征根 $r=3$，所以，原微分方程的通解为

$$y=C\mathrm{e}^{3x}（C 为任意常数）.$$

可见，一阶方程 $y'+py=0$（p 为常数）还可以用特征方程法求解，且解法简便.

例 9.8.2 求微分方程 $2y''=3y^2$ 满足初始条件 $y(3)=1$，$y'(3)=1$ 的特解.

解 令 $y'=P(y)$，$y''=P\dfrac{\mathrm{d}P}{\mathrm{d}y}$，则原方程化为 $2P\dfrac{\mathrm{d}P}{\mathrm{d}y}=3y^2$，

即

$$2P\mathrm{d}P=3y^2\mathrm{d}y,$$

两边积分，得

$$P^2=y^3+C_1.$$

由初始条件 $y(3)=1$，$y'(3)=1$ 得 $C_1=0$，所以

$$P^2=y^3,$$

即

$$P=y^{\frac{3}{2}} \quad （因为 y'(3)=1>0，故 P 取正号），$$

也即

$$\frac{\mathrm{d}y}{\mathrm{d}x} = y^{\frac{3}{2}} \quad \text{或} \quad y^{-\frac{3}{2}}\mathrm{d}y = \mathrm{d}x,$$

两边积分,得

$$-2y^{-\frac{1}{2}} = x + C_2.$$

代入初始条件 $y(3)=1$,得 $C_2=-5$,代入上式整理得

$$y = \frac{4}{(x-5)^2},$$

即为所求特解.

注意:在上述解法中,因为可以由初始条件确定 C_1 的值,使求解较简便,且有时可根据初始条件确定正负号.

例 9.8.3 空气中自由落下初始质量为 $M_0\,\mathrm{g}$ 的雨点均匀地蒸发着,设蒸发速度为 $m\,\mathrm{g/s}$,空气阻力和雨点速度成正比,设雨点初速度为零,求雨点运动速度和时间的关系.

解 设时刻 t 时雨点速度为 $v(t)$,质量为 M_0-mt,由牛顿第二定律得

$$(M_0-mt)\frac{\mathrm{d}v}{\mathrm{d}t} = (M_0-mt)g - kv,$$

即

$$\frac{\mathrm{d}v}{\mathrm{d}t} + \frac{k}{M_0-mt}v = g \quad \text{(其中 } g \text{ 为重力加速度).} \tag{9.19}$$

初始条件为

$$v(0) = 0.$$

方程(9.19)为一阶线性方程,其通解为

$$v = \mathrm{e}^{-\int \frac{k}{M_0-mt}\mathrm{d}t}\left[\int g\mathrm{e}^{\int \frac{k}{M_0-mt}\mathrm{d}t}\mathrm{d}t + C\right]$$

$$= \frac{g}{k-m}(M_0-mt) + C(M_0-mt)^{\frac{k}{m}},$$

代入初始条件 $v(0)=0$,得

$$C = \frac{g}{m-k}M_0^{1-\frac{k}{m}},$$

所以雨点运动速度与时间的关系为

$$v = \frac{g}{k-m}(M_0-mt) + \frac{g}{m-k}M_0^{\frac{m-k}{m}}(M_0-mt)^{\frac{k}{m}}.$$

例 9.8.4 求微分方程 $y''=3y$ 满足初始条件 $y(0)=1$,$y'(0)=1$ 的特解.

解 对方程两边求其拉氏变换,并设 $L[y]=F(s)$,则

$$L[y''-3y] = L(0), \quad L[y''] - 3L[y] = 0,$$

$$s^2F(s) - sy|_{x=0} - y'|_{x=0} - 3F(s) = 0,$$

得

$$F(s) = \frac{s+1}{s^2-3} = \frac{s}{s^2-3} + \frac{1}{s^2-3}$$

$$= \frac{1}{2}\left(\frac{1}{s-\sqrt{3}} + \frac{1}{s+\sqrt{3}}\right) + \frac{1}{2\sqrt{3}}\left(\frac{1}{s-\sqrt{3}} - \frac{1}{s+\sqrt{3}}\right).$$

再利用拉氏变换的逆变换可求出方程的解为

$$y = L^{-1}[F(s)]$$

$$= \frac{1}{2}\left\{L^{-1}\left[\frac{1}{s-\sqrt{3}}\right] + L^{-1}\left[\frac{1}{s+\sqrt{3}}\right]\right\} + \frac{1}{2\sqrt{3}}\left\{L^{-1}\left[\frac{1}{s-\sqrt{3}}\right] - L^{-1}\left[\frac{1}{s+\sqrt{3}}\right]\right\}$$

$$= \frac{1}{2}(e^{\sqrt{3}t} + e^{-\sqrt{3}t}) + \frac{1}{2\sqrt{3}}(e^{\sqrt{3}t} - e^{-\sqrt{3}t}).$$

 复习题九

1. 判断题:

(1) 方程 $y^3 - y'' - x^2 y = 0$ 是三阶微分方程;

(2) 因为 $y_1 = e^{2x}$,$y_2 = 3e^{2x}$ 是方程 $y'' - 4y = 0$ 的两个特解,所以方程 $y'' - 4y = 0$ 的通解为 $y = C_1 e^{2x} + 3C_2 e^{2x}$;

(3) 如果知道 n 阶线性微分方程的 n 个线性无关的特解,就可以写出它的通解;

(4) 方程 $y'' - y'^2 = 0$ 可视为 $y'' = f(x, y')$ 型,也可视为 $y'' = f(y, y')$ 型.

2. 多项选择题:

(1) 已知函数 $y = 5x^2$ 是方程 $xy' = 2y$ 的解,则方程的通解为( )

A. $y = 5x^2 + C$;　　　　　　　B. $y = 5Cx^2$;

C. $y = (5 + C)x^2$;　　　　　　D. $y = 5(x^2 + C)$.

(2) 方程 $y' + \dfrac{x}{1+x^2} y = \dfrac{1}{2x(x^2+1)}$ 属于( )

A. 线性方程;　　　　　　　　　B. 二阶线性微分方程;

C. 线性齐次方程;　　　　　　　D. 线性非齐次方程.

3. 填空题:

(1) 方程 $y' + P(x)y = Q(x)$ 的通解为_____;

(2) 方程 $y'' + py' + qy = 0$ 的特征方程为_____;

(3) 方程 $\dfrac{dx}{dy} + 2xy = ye^{-y^2}$ 满足初始条件 $x|_{y=0} = 1$ 的特解为_____.

4. 解下列微分方程:

(1) 求方程 $(e^{x+y} - e^x)dx + (e^{x+y} + e^y)dy = 0$ 的通解;

(2) 求方程 $y''' = e^{-x}$ 满足初始条件 $y(0) = y'(0) = y''(0) = 1$ 的特解;

(3) 求方程 $y'' + 5y = 0$ 的通解;

(4) 求方程 $y''' + 4y' = 0$ 的通解.

5. 应用题:

(1) 某曲线过原点,且曲线上每一点处的切线斜率等于该点的横坐标与纵坐标之和,

求该曲线方程;

（2）一个重 P kg 的重物挂在弹簧下,把弹簧拉长了 a cm,再用手把弹簧拉长 A cm 后无初速度地松开,求弹簧的振动规律(不计介质阻力);

（3）将一个温度为 50℃ 的物体放在 20℃ 的恒温环境中冷却,已知物体冷却的速度与温差成正比,求物体温度变化的规律.

6. 写出拉氏变换函数的积分形式.

7. 写出拉氏变换及逆变换的性质.

8. 求函数 $e^{-\mu}\sin\omega t$ 和 $e^{-\mu}\cos\omega t$ 的拉普拉斯变换函数.

9. 求拉氏变换函数 $F(s)=\dfrac{e^{-\tau s}}{\sqrt{s}}$ 的像原函数.

10. 求拉氏变换函数 $F(s)=\dfrac{1}{2s}$ 及 $F(s)=\dfrac{1}{2s^2}$ 的像原函数.

11. 求拉氏变换函数 $F(s)=\dfrac{\pi}{2a}\dfrac{1}{s+a}$ 及 $F(s)=\dfrac{\pi}{2}\dfrac{1}{s(s+1)}$ 的像原函数.

12. 求解 $y'+\omega^2 a^2 y=e^t, y(0)=0$.

13. 求解 $y''+\omega^2 a^2 y=1, y'(0)=0, y(0)=0$.

第 10 章

向量与空间解析几何

本章首先介绍空间直角坐标系，然后简单介绍向量及其运算，从而建立空间的平面和直线方程，最后介绍一些常见的二次曲面及空间曲线.

10.1 空间直角坐标系与向量的概念

在平面直角坐标系内，可将平面上的任意点 P 与有序实数对 (x,y) 建立起一一对应关系，由此将平面曲线与方程建立了一一对应关系. 为了建立空间图形与方程的联系，我们需要建立空间的点与有序数组间的一一对应关系，这种对应关系可以通过建立空间直角坐标系来实现.

10.1.1 空间直角坐标系

在空间，任意取一点 O,经过点 O 作 3 条相互垂直的数轴,它们都以 O 为原点;一般具有相同的单位长度;3 条数轴分别称为 x 轴(横轴)、y 轴(纵轴)、z 轴(竖轴),统称为坐标轴. 3 个坐标轴正向一般构成右手系,即伸开右手,让拇指和四指垂直,当右手四指从 x 轴正向以逆时针旋转 $90°$ 角转向 y 轴正向时,大拇指的指向就是 z 轴的正向. 如图 10.1.1 所示. 这样就构成了空间直角坐标系. 点 O 称为坐标原点.

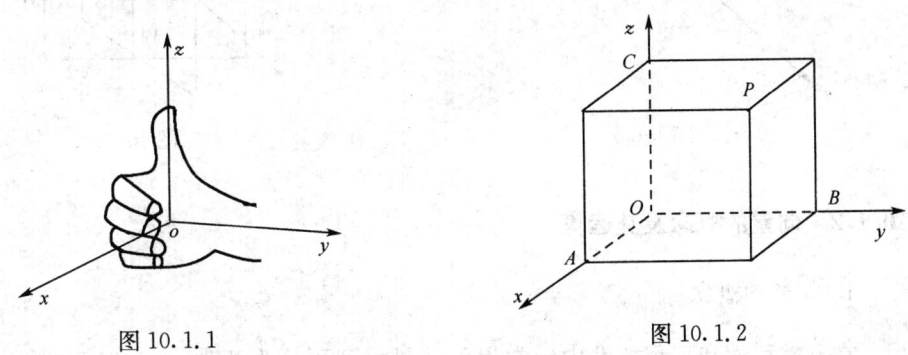

图 10.1.1   图 10.1.2

在空间直角坐标系中,任意两条坐标轴所确定的平面称为坐标面. 例如,由 x 轴和 y 轴所确定的坐标平面称为 xOy 平面,同理还有 yOz 平面和 xOz 平面.

对于空间任意点 P,可确定它的坐标如下:通过 P 点,作 3 个平面分别和 3 个坐标面平行,它们和坐标轴 Ox,Oy,Oz 依次交于 A、B、C,这 3 点在 Ox,Oy,Oz 上的坐标分别为 x,y,z(见图 10.1.2). 由立体几何知道,已给一个平面,经过平面外一点可以作唯一的一个平面,平行于所给平面.所以给定 P 点后,就唯一确定有序三数组 (x,y,z).反之,对任意一个有序三元数组 (x,y,z),可依次在坐标轴 Ox,Oy,Oz 上确定 A、B、C 三点(图 10.1.2),它们在各坐标轴的坐标是 x,y,z.经过 A、B、C 作平面平行于坐标面 yOz,xOz,xOy,这 3 个平面互相垂直,交于唯一的一点 P.可见任意一个有序三元数组 (x,y,z) 唯一确定空间一点 P.这样通过空间直角坐标系,我们就建立了空间的点 P 与有序三数组 (x,y,z) 之间一一对应关系.称 x,y,z 为点 P 的坐标,通常记为 $P(x,y,z)$,简记 (x,y,z).x,y 和 z 依次称为点 P 的横坐标、纵坐标和竖坐标.

坐标轴上和坐标面上的点,其坐标各有一定的特征.若点 $P(x,y,z)$ 在 x 轴上,则 $y=z=0$;在 y 轴上,则 $x=z=0$;在 z 轴上,则 $x=y=0$.若点 $P(x,y,z)$ 在 xOy 坐标面上,则 $z=0$;在 yOz 坐标面上,则 $x=0$;在 xOz 坐标面上,则 $y=0$.在平面上画空间直角坐标系时,为获得较好的立体或直觉的效果,一般地 z 轴与 y 轴成 $90°$ 角,x 轴与 y 轴,z 轴成 $135°$ 角;y 轴,z 轴上单位长度与实际上的大小一致,而 x 轴的单位长度取为实际大小的 $1/2$,如图 10.1.3 所示.

3 个坐标平面把空间分为 8 个部分,称为 8 个卦限,用大写罗马数字表示,其顺序规定为:第 I 到第 IV 卦限位于 xOy 面上侧,且第 I 卦限中点 $P(x,y,z)$ 的坐标满足 $x>0$,$y>0,z>0$,第 I 到第 VIII 卦限逆时针顺序排列;第 V 到第 VIII 卦限位于 xOy 面下侧,对应于 I,II,III,IV 卦限的分别称为 V,VI,VII,VIII 卦限(如图 10.1.4).

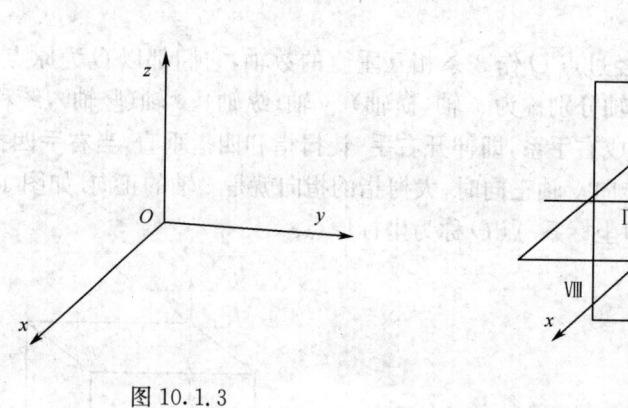

图 10.1.3　　　　　　　　　　　　　　　图 10.1.4.

10.1.2　向量的概念及其运算

1. 向量的概念

在自然科学和工程技术中经常遇到的量大致可分为两类:一类是只有大小的量.例如,长度、面积、密度、体积、流量等,这一类量称为数量(或标量);另一类是既有大小又有方向的量.例如:力、速度、加速度等,这一类量称为向量(或矢量).

图 10.1.5

在数学上,常用有向线段表示向量,有向线段的长度表示向量的大小,有向线段的方向表示向量的方向,以 A 为起点,B 为终点的有向线段表示的向量,记为 $\overrightarrow{AB}$(如图 10.1.5),其中第一个字母

A 是始点,第二个字母 B 是终点.习惯上也用小写黑体字母表示向量,比如 a,b,c 等.

向量 a 的大小称为向量的模(或向量的长度),记为 $|a|$.模等于 1 的向量称为单位向量;模等于 0 的向量称为零向量,记为 $\mathbf{0}$,零向量没有确定的方向,也可以认为其方向是任意的.

有些向量与其始点有关,有些向量与其始点无关,在数学上我们仅讨论与始点无关的向量,即两个向量,在空间经过平行移动能使它们重合,就认为这两个向量相等,方向相同,模相等的向量称为相等向量,例如图 10.1.6 中的 $a=b$.

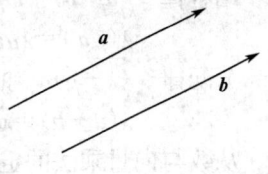

图 10.1.6

我们规定:一切零向量都相等.

2. 向量的运算

下面分别介绍向量的加法、减法以及数与向量的乘法运算.

(1) 向量的加法.

在物理的力学中,作用于一个质点的两个力 F_1 和 F_2 可以看做两个向量,它们的合力 F 就是以这两个力作为边的平行四边形的对角线上的向量. 我们这里关于两个向量的加法就是对合力这一概念作数学上的抽象和概括的结果.

定义 10.1(向量加法)　设已给向量 a,b,以任意点 O 为始点,作 $\overrightarrow{OA}=a,\overrightarrow{OB}=b$,再以 OA,OB 为边作平行四边形 $OACB$,则对角线上的向量 $\overrightarrow{OC}=c$ 就是 a,b 之和,记作 $a+b=c$(见图 10.1.7),这种求向量和的作图法称为平行四边形法则.

求向量和还有另一种方法(图 10.1.8):由于向量可以在空间平行移动,从空间一点 O 引向量 $\overrightarrow{OB}=b$,从 b 的终点 B 引向量 $\overrightarrow{BC}=a$,则向量 $\overrightarrow{OC}=c$,就是 a,b 之和,$c=a+b$($\overrightarrow{OC}=\overrightarrow{OB}+\overrightarrow{BC}$)这种作图法称为三角形法则.

3 个或 3 个以上向量相加时,可以由三角形法则推广如下:由空间任意一点 O 引 $\overrightarrow{OA_1}=a_1$,由 A_1 引 $\overrightarrow{A_1A_2}=a_2$ ⋯ 最后由 a_{n-1} 的终点 A_{n-1} 引 $\overrightarrow{A_{n-1}A_n}=a_n$,得一折线 $OA_1A_2\cdots A_n$(图 10.1.9 中 $n=4$),向量 $\overrightarrow{OA_n}=a$ 就是所给向量之和 $a=a_1+a_2+\cdots+a_n$.

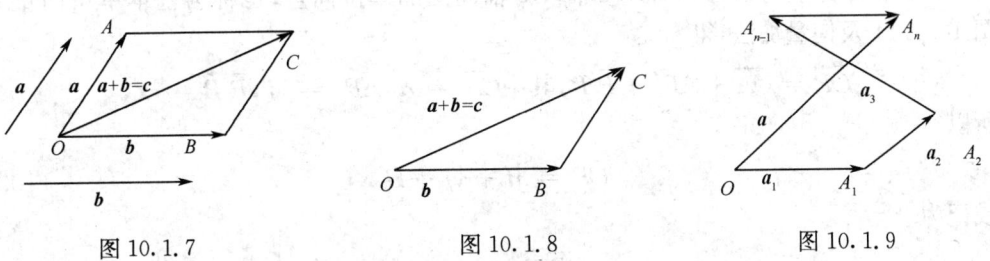

图 10.1.7　　　　　　　图 10.1.8　　　　　　　图 10.1.9

(2) 向量与数的乘法.

定义 10.2　设 λ 为一实数,a 为向量,则 λa 是一个向量.规定向量 λa 的模等 $|a|$ 与数 $|\lambda|$ 的乘积,即 $|\lambda a|=|\lambda|\,|a|$;当 $\lambda>0$ 时,λa 与 a 同方向,当 $\lambda<0$ 时,λa 与 a 反方向,当 $\lambda=0$ 时,λa 为零向量,则称向量 λa 为向量 a 与数 λ 的乘积.

向量的加法与数乘满足以下运算律(a、b、c 为向量,λ、μ 为实数):

交换律　$a+b=b+a$;

结合律　$(a+b)+c=a+(b+c)$,

　　　　$\lambda(\mu a)=\lambda\mu a=\mu(\lambda a)$;

分配律　$(\lambda+\mu)a=\lambda a+\mu a$,

　　　　$\lambda(a+b)=\lambda a+\lambda b$.

从数与向量乘法的定义可以看出,两个非零向量 a 与 b 平行的充要条件是

$$a=\lambda b(\lambda\neq 0).$$

我们把与非零向量 a 同方向的单位向量称为 a 的单位向量,记作 a^0,显然有

$$a^0=\frac{a}{|a|} \text{ 或 } a=|a|a^0.$$

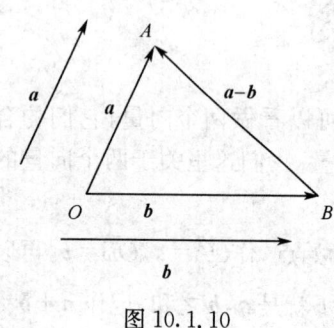

图 10.1.10

(3)向量的减法.

定义 10.3　若向量 a 与 b,长度相等,方向相反,则称 b 为 a 的负向量,记为 $-a$. 由向量与数的乘法可知 $-a=(-1)a$.

定义 10.4(向量减法)　$a-b=a+(-b)$

对已给向量 a,b,以任意点 O 为始点,作 $\overrightarrow{OA}=a$,$\overrightarrow{OB}=b$,则有 $\overrightarrow{OB}$ 的终点 B 到 $\overrightarrow{OA}$ 的终点 A 的向量 $\overrightarrow{BA}$ 即为 $a-b$(图 10.1.10). 这种作图法称为向量减法的三角形法则.

10.1.3　向量的坐标表达式

1. 向径及其坐标表示

始点为坐标原点,终点为空间一点 $P(x,y,z)$ 的向量 $\overrightarrow{OP}$ 称为点 P 的向径,如图 10.1.11 所示,记为 $\overrightarrow{OP}$.

设 i,j,k 分别为与 Ox 轴,Oy 轴,Oz 轴同向的单位向量,也称为基本单位向量. 由图 10.1.11 及向量加法,得

$$\overrightarrow{OP}=\overrightarrow{OA}+\overrightarrow{AP'}+\overrightarrow{P'P},\text{其中}\overrightarrow{OA}=xi,\overrightarrow{AP'}=yj,\overrightarrow{P'P}=zk,$$

所以

$$\overrightarrow{OP}=xi+yj+zk, \tag{10.1}$$

或记为

$$\overrightarrow{OP}=\{x,y,z\}. \tag{10.2}$$

式(10.1)称为向径 $\overrightarrow{OP}$ 按基本单位向量的分解式,xi,yj,zk 分别称为 $\overrightarrow{OP}$ 在 Ox 轴,Oy 轴,Oz 轴上的分向量;式(10.2)称为向径 $\overrightarrow{OP}$ 的坐标表示式,$\{x,y,z\}$ 称为向径 $\overrightarrow{OP}$ 的坐标.

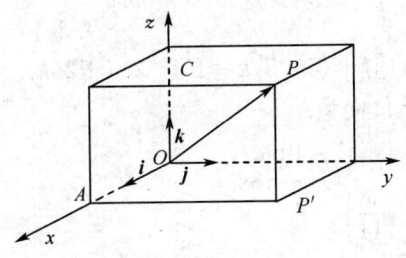

图 10.1.11

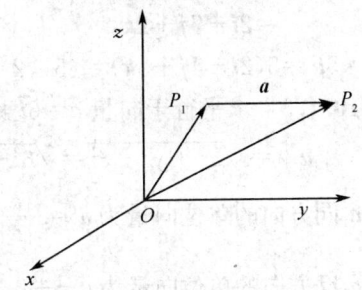

图 10.1.12

2. 向量 a 的坐标表示式

在空间直角坐标系下,有以 $P_1(x_1, y_1, z_1)$ 为始点, $P_2(x_2, y_2, z_2)$ 为终点的向量 a(见图 10.1.12),则由向量的减法,得

$$a = \overrightarrow{P_1P_2} = \overrightarrow{OP_2} - \overrightarrow{OP_1},$$

所以

$$a = (x_2 \boldsymbol{i} + y_2 \boldsymbol{j} + z_2 \boldsymbol{k}) - (x_1 \boldsymbol{i} + y_1 \boldsymbol{j} + z_1 \boldsymbol{k})$$
$$= (x_2 - x_1)\boldsymbol{i} + (y_2 - y_1)\boldsymbol{j} + (z_2 - z_1)\boldsymbol{k}. \tag{10.3}$$

或记为

$$a = \{x_2 - x_1, y_2 - y_1, z_2 - z_1\}. \tag{10.4}$$

式(10.3)称为向量 a 按基本单位向量的分解式. 式(10.4)称为向量 a 的坐标表示式.

由图 10.1.11 知,原点 $O(0,0,0)$ 到点 $P(x, y, z)$ 的向径 $\overrightarrow{OP}$ 的模为

$$|\overrightarrow{OP}| = \sqrt{x^2 + y^2 + z^2}. \tag{10.5}$$

一般地,向量 $\overrightarrow{P_1P_2}$ 的模为

$$|\overrightarrow{P_1P_2}| = \sqrt{(x_2 - x_1)^2 + (y_2 - y_1)^2 + (z_2 - z_1)^2}. \tag{10.6}$$

式(10.6)也是空间两点之间的距离公式.

更一般地,向量 $a = \{a_1, a_2, a_3\}$ 的模为 $|a| = \sqrt{a_1^2 + a_2^2 + a_3^2}$.

例 10.1.1 已知平行四边形两边 $\overrightarrow{OA} = a$, $\overrightarrow{OB} = b$,其对角线的中点为 D,如图10.1.13所示,求 $\overrightarrow{DO}$.

解 因 D 为对角线交点,所以 $\overrightarrow{DO}$ 的长为 $\overrightarrow{OC}$ 的一半,且 $\overrightarrow{DO}$ 与 $\overrightarrow{OC}$ 方向相反. 因为

$$\overrightarrow{OC} = a + b,$$

所以

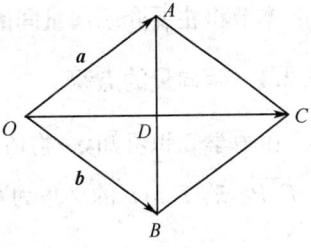

图 10.1.13

$$\overrightarrow{DO} = -\frac{1}{2}(a + b).$$

例 10.1.2 设 $a = \{4, 3, 7\}$, $b = \{2, -4, 5\}$,求 $a - b$, $5b$.

解 $a - b = (4\boldsymbol{i} + 3\boldsymbol{j} + 7\boldsymbol{k}) - (2\boldsymbol{i} - 4\boldsymbol{j} + 5\boldsymbol{k})$
$$= (4 - 2)\boldsymbol{i} + (3 + 4)\boldsymbol{j} + (7 - 5)\boldsymbol{k}$$

$$=2\boldsymbol{i}+7\boldsymbol{j}+2\boldsymbol{k},$$

$$5\boldsymbol{b}=5(2\boldsymbol{i}-4\boldsymbol{j}+5\boldsymbol{k})=(5\times2)\boldsymbol{i}+[5\times(-4)]\boldsymbol{j}+(5\times5)\boldsymbol{k}=10\boldsymbol{i}-20\boldsymbol{j}+25\boldsymbol{k}.$$

例 10.1.3 求平行于向量 $\boldsymbol{a}=6\boldsymbol{i}+7\boldsymbol{j}-6\boldsymbol{k}$ 的单位向量.

解 $|\boldsymbol{a}|=\sqrt{x^2+y^2+z^2}=\sqrt{6^2+7^2+(-6)^2}=11$,所以

与 $\boldsymbol{a}$ 同方向的单位向量为 $\boldsymbol{a}^0=\dfrac{\boldsymbol{a}}{|\boldsymbol{a}|}=\left\{\dfrac{6}{11},\dfrac{7}{11},-\dfrac{6}{11}\right\}$,

与 $\boldsymbol{a}$ 反方向的单位向量为 $\left\{-\dfrac{6}{11},-\dfrac{7}{11},\dfrac{6}{11}\right\}$.

思考题 10.1

1. 对于空间给定点 $P(x,y,z)$,请写出 P 点关于原点、坐标轴,坐标平面的对称点.

2. 如果把空间的一切单位向量的始点放在同一点,则它们的终点构成什么形状? 如果把一个平面上的一切单位向量的始点放在同一点,它们的终点又构成什么图形?

3. 设 $\boldsymbol{a}$、$\boldsymbol{b}$、$\boldsymbol{c}$ 两两不平行,则把 $\boldsymbol{b}$ 的始点与 $\boldsymbol{a}$ 的终点,$\boldsymbol{c}$ 的始点与 $\boldsymbol{b}$ 的终点,$\boldsymbol{a}$ 的始点与 $\boldsymbol{c}$ 的终点重合,那么 $\boldsymbol{a}$、$\boldsymbol{b}$、$\boldsymbol{c}$ 构成什么图形,$\boldsymbol{a}+\boldsymbol{b}+\boldsymbol{c}$ 等于什么?

练习题 10.1

1. 在空间直角坐标系中描出下列各点:

A$(-2,1,3)$;　　B$(2,-6,9)$;　　C$(3,-2,-5)$;　　D$(-5,-2,3)$.

2. 指出点 $P_1(1,-1,-1),P_2(-1,2,2),P_3(-2,-5,1)$ 所在的卦限.

3. 求点 $M(2,-1,3)$ 关于原点、Oy 轴、xOz 平面的对称点.

4. 已知向量 $\boldsymbol{a}=\boldsymbol{i}+\boldsymbol{j}+\boldsymbol{k}$ 和 $\boldsymbol{b}=2\boldsymbol{i}-3\boldsymbol{j}-5\boldsymbol{k}$,求 $\boldsymbol{a}+\boldsymbol{b},\boldsymbol{a}-\boldsymbol{b},3\boldsymbol{b}$.

5. 已知空间两点 $P_1(1,2,-1)$ 和 $P_2(0,-1,1)$,求 $2|\overrightarrow{P_1P_2}|$.

6. 已知 $\boldsymbol{a}=\boldsymbol{i}+\boldsymbol{j}+5\boldsymbol{k},\boldsymbol{b}=2\boldsymbol{i}-3\boldsymbol{j}+5\boldsymbol{k}$,求与 $\boldsymbol{a}-3\boldsymbol{b}$ 反方向的单位向量.

10.2 向量的点积与叉积

本节将主要介绍向量间的两种乘法运算:点积和叉积.

10.2.1 两向量的点积

由力学知识可知,一物体在恒力 $\boldsymbol{F}$ 作用下,沿直线从点 P_1 移动到点 P_2,位移向量为 $\boldsymbol{s}=\overrightarrow{P_1P_2}$,若 $\boldsymbol{F}$ 与 $\boldsymbol{s}$ 的夹角为 θ,则力 $\boldsymbol{F}$ 所做的功

$$W=|\boldsymbol{F}||\boldsymbol{s}|\cos\theta.$$

功 W 是由两个向量的模与其夹角余弦的积所确定的一个数量. 在自然科学和工程实际中,还有许多量可以表示成两向量的模与其夹角余弦之积,因此我们可以抽象出两个向量的点积概念.

定义 10.5 设 $\boldsymbol{a},\boldsymbol{b}$ 为任意两个向量,则称 $|\boldsymbol{a}||\boldsymbol{b}|\cos\theta$ 为它们的点积(或数积),用 $\boldsymbol{a}\cdot\boldsymbol{b}$ 或 $\boldsymbol{a}\,\boldsymbol{b}$ 来表示,即

$$\boldsymbol{a}\cdot\boldsymbol{b}=|\boldsymbol{a}||\boldsymbol{b}|\cos\theta, \tag{10.7}$$

其中 θ 是 $\boldsymbol{a},\boldsymbol{b}$ 之间的夹角,$0\leqslant\theta\leqslant\pi$.

根据定义,上面恒力做功问题,可以写为 $W = \boldsymbol{F} \cdot \boldsymbol{S}$.

向量的点积满足以下运算律:

交换律　$\boldsymbol{a} \cdot \boldsymbol{b} = \boldsymbol{b} \cdot \boldsymbol{a}$;

结合律　$\lambda(\boldsymbol{a} \cdot \boldsymbol{b}) = (\lambda \boldsymbol{a}) \cdot \boldsymbol{b} = \boldsymbol{a} \cdot (\lambda \boldsymbol{b})$;

分配律　$(\boldsymbol{a} + \boldsymbol{b}) \cdot \boldsymbol{c} = \boldsymbol{a} \cdot \boldsymbol{c} + \boldsymbol{b} \cdot \boldsymbol{c}$.

由点积的定义还可以得出如下结论:

(1) $\boldsymbol{a} \cdot \boldsymbol{a} = \boldsymbol{a}^2 = |\boldsymbol{a}|^2$.

(2) 两个非零向量 $\boldsymbol{a}$ 和 $\boldsymbol{b}$ 垂直的充分必要条件是 $\boldsymbol{a} \cdot \boldsymbol{b} = 0$.

(3) 两个非零向量 $\boldsymbol{a}$ 和 $\boldsymbol{b}$ 之间的夹角公式

$$\cos\theta = \frac{\boldsymbol{a} \cdot \boldsymbol{b}}{|\boldsymbol{a}| \, |\boldsymbol{b}|}. \tag{10.8}$$

(4) 对基本单位向量 $\boldsymbol{i}, \boldsymbol{j}, \boldsymbol{k}$ 有

$$\boldsymbol{i} \cdot \boldsymbol{i} = \boldsymbol{j} \cdot \boldsymbol{j} = \boldsymbol{k} \cdot \boldsymbol{k} = 1,$$
$$\boldsymbol{i} \cdot \boldsymbol{j} = \boldsymbol{j} \cdot \boldsymbol{k} = \boldsymbol{k} \cdot \boldsymbol{i} = 0.$$

(5) 设 $\boldsymbol{a} = \{a_x, a_y, a_z\}, \boldsymbol{b} = \{b_x, b_y, b_z\}$,则两个向量点积的坐标表示式

$$\boldsymbol{a} \cdot \boldsymbol{b} = a_x b_x + a_y b_y + a_z b_z. \tag{10.9}$$

(6) 由两个向量点积的坐标表示式,可得两个非零向量 $\boldsymbol{a}$ 和 $\boldsymbol{b}$ 垂直的充分必要条件是

$$a_x b_x + a_y b_y + a_z b_z = 0, \tag{10.10}$$

夹角公式是

$$\cos\theta = \frac{a_x b_x + a_y b_y + a_z b_z}{\sqrt{a_x^2 + a_y^2 + a_z^2} \, \sqrt{b_x^2 + b_y^2 + b_z^2}}. \tag{10.11}$$

例 10.2.1　设 $\boldsymbol{a} = \{3, 2, 1\}, \boldsymbol{b} = \left\{2, \dfrac{4}{3}, k\right\}$,试确定 k 使(1)$\boldsymbol{a} \perp \boldsymbol{b}$,(2)$\boldsymbol{a} /\!/ \boldsymbol{b}$.

解　(1) 因为 $\boldsymbol{a} \perp \boldsymbol{b}$,所以

$$\boldsymbol{a} \cdot \boldsymbol{b} = a_x b_x + a_y b_y + a_z b_z$$
$$= 3 \times 2 + 2 \times \frac{4}{3} + 1 \times k = 0,$$

解之得 $k = -\dfrac{26}{3}$.

(2) 因为 $\boldsymbol{a} /\!/ \boldsymbol{b}$,数与向量的乘法可知 $\boldsymbol{a} = \lambda \boldsymbol{b}$,即

$$\frac{a_x}{b_x} = \frac{a_y}{b_y} = \frac{a_z}{b_z},$$

解之得 $k = \dfrac{2}{3}$.

例 10.2.2　设 $\boldsymbol{a} = \{-1, -1, 4\}, \boldsymbol{b} = \{-1, 2, -2\}$,求 $\boldsymbol{a}, \boldsymbol{b}$ 的夹角 θ.

解　由夹角公式

$$\cos\theta = \frac{a_x b_x + a_y b_y + a_z b_z}{\sqrt{a_x^2 + a_y^2 + a_z^2} \, \sqrt{b_x^2 + b_y^2 + b_z^2}}$$
$$= \frac{(-1) \times (-1) + (-1) \times 2 + 4 \times (-2)}{\sqrt{(-1)^2 + (-1)^2 + 4^2} \, \sqrt{(-1)^2 + 2^2 + (-2)^2}}$$

$$=-\frac{\sqrt{2}}{2},$$

所以 $\theta=\frac{3\pi}{4}$.

10.2.2　两向量的叉积

由力学知识可知,恒力 F 对某中心 O 的力矩是一向量 M(见图 10.2.1),它的模为

$$|M|=|\overrightarrow{OA}||F|\sin\theta,$$

其中 θ 是向量 $\overrightarrow{OA}$ 与力 F 的夹角,向量 M 同时垂直于 $\overrightarrow{OA}$ 和 F,并且 $\overrightarrow{OA}$, F 和 M 正向符合右手规则,这是由两个具有实际物理意义的向量 $\overrightarrow{OA}$ 和 F 确定另一个向量的问题,在自然科学与工程技术中还有许多"由两个向量按上述规律确定一新向量"的问题. 一般地,有下面的定义.

定义 10.6　设 a,b 为任意两个向量,则它们的叉积(或向量积)是一个向量,用 $a\times b$,即 $c=a\times b$ 表示,并且

(1) $|c|=|a\times b|=|a||b|\sin\theta(0\leqslant\theta\leqslant\pi)$;

(2) c 垂直于 a 和 b,且 a,b,c 符合右手法则(见图 10.2.2).

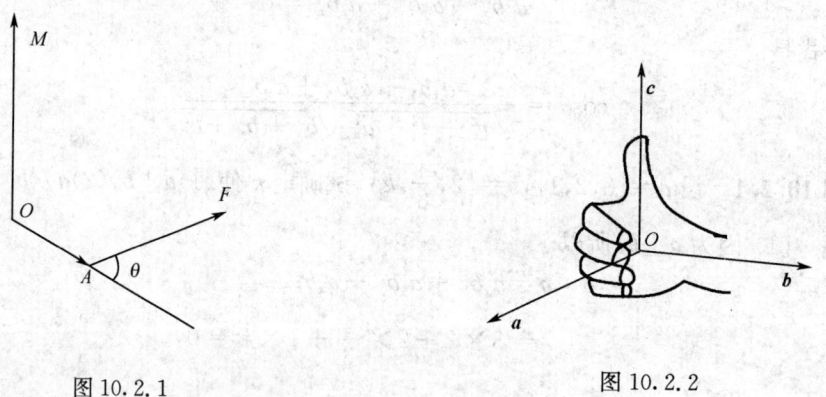

图 10.2.1　　　　　　　　　　　　图 10.2.2

根据叉积的定义,恒力 F 对点 O 的力矩 M 可表示为 $M=\overrightarrow{OA}\times F$.

叉积满足以下运算律(a,b,c 为向量,λ 为实数):

$a\times b=-b\times a$(说明叉积不满足交换律);

$\lambda(a\times b)=(\lambda a)\times b=a\times(\lambda b)$;

$a\times(b+c)=a\times b+a\times c$.

从叉积的定义可以推出:

(1) 向量 a 和 b 的叉积的模 $|a\times b|$ 在几何上表示以 a, b 为邻边的平行四边形的面积(见图 10.2.3).

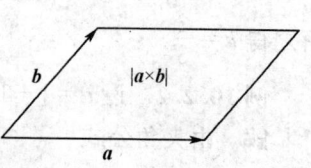

(2) 对于两个非零向量 a 和 b,若 $a//b$,则 $a\times b=0$;反

图 10.2.3

之,若 $a\times b=0$,则 $\theta=0$ 或 π,即 $a//b$. 所以,两个非零向量 a 和 b 平行充分必要条件是 a

$\times b = 0.$

（3）两个非零向量 a 和 b 的夹角公式

$$\sin\theta = \frac{|a \times b|}{|a||b|}.$$

（4）对基本单位向量 i, j, k 有

$$i \times i = j \times j = k \times k = 0,$$

$$i \times j = k, j \times k = i, k \times i = j.$$

（5）设 $a = \{a_x, a_y, a_z\}, b = \{b_x, b_y, b_z\}$，则两个向量叉积的坐标表示式为

$$a \times b = (a_y b_z - a_z b_y)i + (a_z b_x - a_x b_z)j + (a_x b_y - a_y b_x)k.$$

例 10.2.3 设 $a = \{-1, 0, 1\}, b = \{2, 3, 0\}$，求 $a \times b$

解 $a \times b = (a_y b_z - a_z b_y)i + (a_z b_x - a_x b_z)j + (a_x b_y - a_y b_x)k$

$= [0 \times 0 - 1 \times 3]i + [1 \times 2 - (-1) \times 0]j + [(-1) \times 3 - 0 \times 2]k$

$= -3i + 2j - 3k.$

思考题 10.2

1. 任意两个向量 a 和 $b, a \perp b$ 的充要条件 $a \cdot b = 0; a // b$ 的充要条件 $a \times b = 0$；是否成立？为什么？

2. 若 $a \times c = b \times c$ 且 $c \neq 0$，能否得出结论 $a = b$？

3. $(a \times b)^2 + (a \cdot b)^2 = a^2 \cdot b^2.$

练习题 10.2

1. 设 $a = \{3, -1, 2\}, b = \{1, 2, -1\}$，求 $a \cdot b, a$ 和 b 的夹角 θ.

2. 试证明两向量 $a = \{3, 2, 1\}, b = \{2, -3, 0\}$ 互相垂直.

3. 已知三点 $A(1, 1, 1), B(2, 2, 1), C(2, 1, 2)$ 求 $\overrightarrow{AB}$ 和 $\overrightarrow{AC}$ 的夹角 θ.

4. 设 $a = i + 2j - k, b = -i + j$，求 $a \times b$.

5. 已知 $|a| = 1, |b| = 2, |a \times b| = \sqrt{3}$，求 a 和 b 的夹角.

6. 如果两力的和与差成直角，求证此两力的大小相等.

7. 已知三角形的顶点 $A(1, -1, 2), B(3, 3, 1), C(3, 1, 3)$，用向量求 $\triangle ABC$ 的面积.

10.3　平面与直线

本节重点讨论在空间直角坐标系中如何利用向量建立平面和直线的方程.

10.3.1　平面方程

1. 平面的点法式方程

定义10.7 若一个非零向量垂直于一已知平面，则称这个向量为平面的法向量.

设 $P_0(x_0, y_0, z_0)$ 在平面 π 上, π 的法向量 $n = \{A, B, C\}$，由此我们来建立这个平面的方程（见图 10.3.1）.

设 $P(x, y, z)$ 为所求平面 π 上任一点，那么可得向量 $\overrightarrow{P_0 P} = \{x - x_0, y - y_0, z - z_0\}$. 在

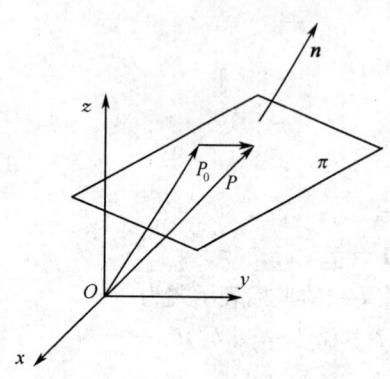

图 10.3.1

立体几何中知:一条直线垂直于一个平面,则该直线垂直于该平面内的任意直线. 所以有 n 垂直 $\overrightarrow{P_0P}$,由两向量垂直的充要条件知 $n \cdot \overrightarrow{P_0P} = 0$,即

$$A(x - x_0) + B(y - y_0) + C(z - z_0) = 0.$$

$$(10.12)$$

由于平面 π 上任意点的坐标都满足方程 (10.12),而满足方程(10.12)的坐标都是平面 π 上的点,因此方程(10.12)就是所求的平面方程.

因为方程(10.12)是由给定点 $P_0(x_0, y_0, z_0)$ 和法向量 $n = \{A, B, C\}$ 所确定的,所以方程(10.12)称为平面的点法式方程.

2. 平面的一般式方程

由式(10.12)可得

$$Ax + By + Cz - (Ax_0 + By_0 + Cz_0) = 0,$$

若令 $D = -(Ax_0 + By_0 + Cz_0)$,则平面的点法式方程(10.12)可写为

$$Ax + By + Cz + D = 0,$$

说明平面方程是 x、y、z 的三元一次方程.

反之,对任一三元一次方程 $Ax + By + Cz + D = 0$(A、B、C 不同时为零),可任取满足该方程的一组数 x_0, y_0, z_0,那么有 $Ax_0 + By_0 + Cz_0 + D = 0$,则由 $Ax + By + Cz + D - (Ax_0 + By_0 + Cz_0 + D) = 0$ 可得

$$A(x - x_0) + B(y - y_0) + C(z - z_0) = 0.$$

这是过点 (x_0, y_0, z_0) 以 $n = \{A, B, C\}$ 为法向量的平面方程,所以

$$Ax + By + Cz + D = 0$$

$$(10.13)$$

表示一个平面,称式(10.13)为平面的一般式方程.

3. 平面的截距式方程

设一平面不通过原点,也不平行于任何坐标轴,并与 x、y、z 三轴分别交于 $P(a, 0, 0)$,$Q(0, b, 0)$,$R(0, 0, c)$ 3 点(图 10.3.2),由于 P、Q、R 在平面上,所以满足式(10.13),则有

$$\begin{cases} Aa + D = 0, \\ Bb + D = 0, \\ Cc + D = 0. \end{cases}$$

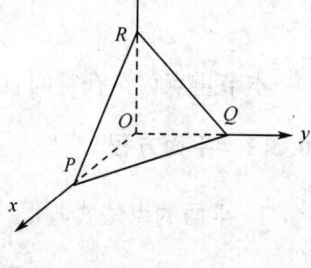

图 10.3.2

解方程组得

$$A = -\frac{D}{a}, B = -\frac{D}{b}, C = -\frac{D}{c}.$$

由于平面不过原点,所以 $D \neq 0$,代入所求平面方程 $Ax+By+Cz+D=0$,化简后得

$$\frac{x}{a}+\frac{y}{b}+\frac{z}{c}=1. \tag{10.14}$$

式(10.14)称为平面的截距式方程,a、b、c 分别为平面在 x,y,z 轴上的截距.

对于不过原点的平面,利用平面的截距式方程,确定平面与 3 个坐标轴的交点,连接这 3 个交点,即为所求平面的图形.

例 10.3.1　求过点 $P_1(0,1,-3)$,$P_2(-1,-1,2)$,$P_3(1,-2,2)$ 的平面方程.

解　因为向量 $\overrightarrow{P_1P_2}=\{-1,-2,5\}$ 和 $\overrightarrow{P_2P_3}=\{2,-1,0\}$ 在所求平面上,所以可取所求平面的法向量为 $\boldsymbol{n}=\overrightarrow{P_1P_2}\times\overrightarrow{P_2P_3}$,即

$$\begin{aligned}
\boldsymbol{n} &= \overrightarrow{P_1P_2}\times\overrightarrow{P_2P_3} \\
&= (a_yb_z-a_zb_y)\boldsymbol{i}+(a_zb_x-a_xb_z)\boldsymbol{j}+(a_xb_y-a_yb_x)\boldsymbol{k} \\
&= [-2\times0-5\times(-1)]\boldsymbol{i}+[5\times2-(-1)\times0]\boldsymbol{j}+[-1\times(-1)-(-2)\times2]\boldsymbol{k} \\
&= 5\boldsymbol{i}+10\boldsymbol{j}+5\boldsymbol{k}.
\end{aligned}$$

由平面的点法式方程得所求平面方程为

$$5(x-0)+10(y-1)+5(z+3)=0,$$

即

$$x+2y+z+1=0.$$

例 10.3.2　写出平面 $4x-3y+6z-12=0$ 的截距式方程,并画图.

解　将 $4x-3y+6z-12=0$ 化为平面的截距式方程

$$\frac{x}{3}+\frac{y}{-4}+\frac{z}{2}=1,$$

表明该平面过点 $A(3,0,0)$,$B(0,-4,0)$,$C(0,0,2)$. 在空间直角坐标系中作出 A,B,C 并连接这 3 点即得平面的图形(见图 10.3.3).

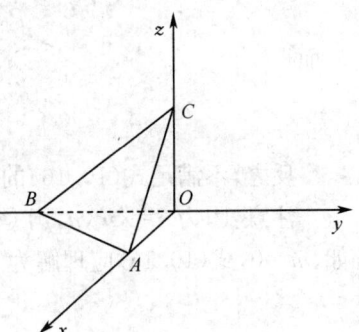

图 10.3.3

10.3.2　直线方程

1. 直线的一般式方程

空间任意一条直线都可以看作两个平面的交线,由此,一条直线在空间直角坐标系中就可以由两个平面方程来表示.

设已知直线为 L,通过 L 的两个不平行平面 $\pi_1:A_1x+B_1y+C_1z+D_1=0$ 与 $\pi_2:A_2x+B_2y+C_2z+D_2=0$,那么直线 L 上任意点的坐标都满足这两个平面方程;反之,满足这两个平面方程的点一定在直线 L 上. 因此,这两个系数不成比例的三元一次方程组

$$\begin{cases} A_1 x + B_1 y + C_1 z + D_1 = 0, \\ A_2 x + B_2 y + C_2 z + D_2 = 0, \end{cases} \tag{10.15}$$

表示直线 L,我们称方程组(10.15)为空间直线 L 的一般式方程(见图10.3.4).

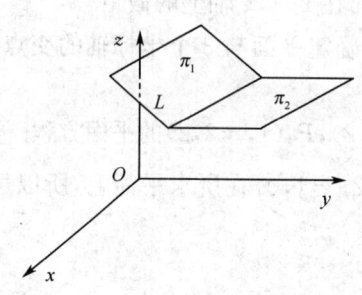

图 10.3.4

注意:通过空间一直线 L 的平面有无限多个,只要在这无限多个平面中任意选取两个,把这两个平面方程联立起来,所得的方程组就表示直线 L.

2. 直线的点向式方程

一直线 l 过空间一点 $P_0(x_0, y_0, z_0)$ 且与一已知非零向量 $S = \{m, n, p\}$ 平行,则直线 l 在空间的位置就完全确定了,向量 S 称为直线 l 的方向向量,下面我们建立直线 l 的方程.

如图(10.3.5)所示,设 $P(x, y, z)$ 为直线 l 上不重合于 P_0 的任意一点,那么 $\overrightarrow{P_0 P}$ 平行于 S,由数量与向量的乘积可知,$\overrightarrow{P_0 P} = \lambda S$. 由于

$$\overrightarrow{P_0 P} = \{x - x_0, y - y_0, z - z_0\},$$

从而得

$$\frac{x - x_0}{m} = \frac{y - y_0}{n} = \frac{z - z_0}{p}. \tag{10.16}$$

反之,不满足式(10.16)的点一定不在直线 l 上,所以称为直线 l 的点向式方程.

注意:因为 $S = \{m, n, p\}$ 是非零向量,所以 m, n, p 不同时为零,若其中某个为零时,例如,$m = 0$,式(10.16)应理解为

$$\begin{cases} x - x_0 = 0, \\ \dfrac{y - y_0}{n} = \dfrac{z - z_0}{p}. \end{cases}$$

若两个为零时,例如 $m = n = 0$,式(10.16)应理解为 $\begin{cases} x - x_0 = 0, \\ y - y_0 = 0. \end{cases}$

3. 直线的参数方程

由式(10.16),设其比值为 λ,则有

$$\frac{x - x_0}{m} = \frac{y - y_0}{n} = \frac{z - z_0}{p} = \lambda,$$

那么直线 l 的方程可写成如下形式

$$\begin{cases} x = x_0 + \lambda m, \\ y = y_0 + \lambda n, \\ z = z_0 + \lambda p, \end{cases} \tag{10.17}$$

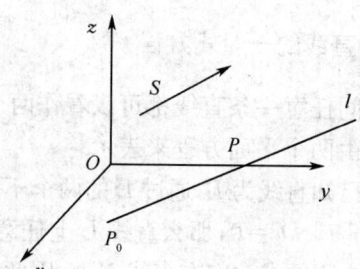

图 10.3.5

式(10.17)称为直线 l 的参数方程,λ 为参数.

例 10.3.3 求过点 $P(1,-4,6)$ 且和平面 $2x-3y+5z-7=0$ 垂直的直线的方程.

解 因为所求直线垂直于已知平面,所以平面的法向量平行于所求直线的方向向量,可取 $\boldsymbol{S}=\boldsymbol{n}=\{2,-3,5\}$,由直线的点向式方程得所求直线为

$$\frac{x-1}{2}=\frac{y+4}{-3}=\frac{z-6}{5}.$$

例 10.3.4 把直线的一般式方程 $\begin{cases}2x-y+3z-6=0,\\3x+2y-4z+5=0\end{cases}$ 化为直线的点向式方程和参数方程.

解 因为两平面的法向量分别为 $\boldsymbol{n}_1=\{2,-1,3\}$,$\boldsymbol{n}_2=\{3,2,-4\}$ 且所求直线的方向向量同时垂直 $\boldsymbol{n}_1$ 与 $\boldsymbol{n}_2$,所以可以取 $\boldsymbol{S}=\boldsymbol{n}_1\times\boldsymbol{n}_2$,即

$$\begin{aligned}\boldsymbol{S}=\boldsymbol{n}_1\times\boldsymbol{n}_2&=(a_yb_z-a_zb_y)\boldsymbol{i}+(a_zb_x-a_xb_z)\boldsymbol{j}+(a_xb_y-a_yb_x)\boldsymbol{k}\\&=[(-1)\times(-4)-3\times2]\boldsymbol{i}+[3\times3-2\times(-4)]\boldsymbol{j}+[2\times2-(-1)\times3]\boldsymbol{k}\\&=-2\boldsymbol{i}+17\boldsymbol{j}+7\boldsymbol{k}.\end{aligned}$$

再求直线的点 P,不妨设 $z=0$,代入直线的一般式得

$$\begin{cases}2x-y-6=0,\\3x+2y+5=0,\end{cases}$$

解之得 $x=1,y=-4$,于是直线过点 $P(1,-4,0)$.

所以直线的点向式方程为

$$\frac{x-1}{-2}=\frac{y+4}{17}=\frac{z-0}{7},$$

令上式的比值为 λ,则直线的参数方程为 $\begin{cases}x=1-2\lambda,\\y=-4+17\lambda,\\z=7\lambda.\end{cases}$

思考题 10.3

1. 根据平面的一般式方程 $Ax+By+Cz+D=0$,讨论:平面过原点;过各坐标轴;平行各坐标轴;平行于各坐标平面时方程的表达方式.

2. 根据直线的点向式方程 $\dfrac{x-x_0}{m}=\dfrac{y-y_0}{n}=\dfrac{z-z_0}{p}$,讨论:直线平行各坐标轴和直线平行于各坐标平面时方程的表达方式.

3. 已知空间不重合的两点 $P_1(x_1,y_1,z_1)$ 和 $P_2(x_2,y_2,z_2)$,请建立由 P_1,P_2 所确定的直线方程.

练习题 10.3

1. 一平面过点 $(-3,0,5)$ 且平行于平面 $x+3y-2z+6=0$,求此平面方程.

2. 一平面平行于 x 轴,并经过两点 $(4,0,-2)$ 和 $(5,1,7)$,求此平面方程.

3. 一直线过点 $(1,-5,0)$ 且与平面 $4x-3y+5z-4=0$ 垂直,求此直线方程.

4. 求过点 $(2,3,4)$ 且和两平面 $x+y-2z-1=0$ 与 $x+2y-z+1=0$ 平行的直线方程.

5. 将直线的一般式方程 $\begin{cases} 3x+2y+4z-11=0, \\ 2x+y-3z-1=0 \end{cases}$ 化成直线的点向式方程.

6. 已知平面 π_1 的截距为 $1,2,2$,平面 π_2 截距为 $2,1,-2$,求此两平面的夹角.

7. 求直线 $\dfrac{x+3}{1}=\dfrac{y+2}{2}=\dfrac{z}{-2}$ 与平面 $2x+2y+z-1=0$ 的夹角.

10.4　空间曲面与曲线

本节介绍空间曲面与曲线的方程.

10.4.1　空间曲面的一般概念

在空间解析几何中,任何曲面都可以看作空间中点的几何轨迹,曲面所具有的性质是它的一切点所共有的. 在空间直角坐标系下,设以 (x,y,z) 为曲面 Σ 上任意一点坐标,我们用 x,y,z 间的一个方程 $F(x,y,z)=0$ 来表示曲面 Σ 上所有点的共同性质. 如果曲面 Σ 和这个三元方程

$$F(x,y,z) = 0 \tag{10.18}$$

之间有如下关系:

(1) 曲面 Σ 上任意一点坐标均满足方程(10.18);

(2) 坐标均满足方程(10.18)的点一定都在曲面 Σ 上.

那么方程(10.18)就称为曲面 Σ 的方程,而曲面 Σ 称为该方程的图形.

对曲面的研究主要有下列两个基本问题:

(1) 已知一曲面作为点的几何轨迹时,建立这个曲面方程;

(2) 已知一个三元方程 $F(x,y,z)=0$ 时,研究这个方程式所表示的曲面形状.

10.4.2　母线平行于坐标轴的柱面方程

我们知道在平面解析几何中方程 $x^2+y^2=R^2$ 表示以原点为圆心,以 R 为半径的圆. 那么在空间直角坐标系下,方程 $x^2+y^2=R^2$ 又表示怎样的图形? 因为方程中不含有竖坐标 z,所以在 xOy 平面上,这个方程就表示一个圆心在原点,半径为 R 的圆,在该圆上任取一点 $P_0(x_0,y_0,0)$,有 $x_0^2+y_0^2=R^2$ 成立,过 P_0 作平行于 z 轴的直线 P_0P,那么直线 P_0P 上任意点的坐标 (x_0,y_0,z) 均满足该方程. 当 P_0 沿圆周移动时,平行于 z 轴的直线 P_0P 就形成一个曲面,这个曲面称为圆柱面,反之,在此圆柱面上的点的坐标一定满足这个方程. 所以这圆柱面的方程就是(见图 10.4.1)

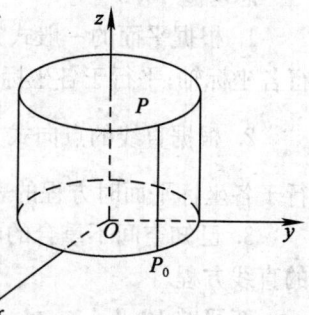

图 10.4.1

$$x^2 + y^2 = R^2,$$

其中 xOy 平面上的圆周 $x^2+y^2=R^2$ 称为该圆柱面的准线,过圆周与 z 轴平行的直线称为圆柱面的母线. 下面我们抽象出柱面的一般性定义.

定义 10.8 平行于定直线并沿定曲线 L 移动的直线 C 所形成的曲面称为柱面. 定曲线 L 称为柱面的准线, 动直线 C 称为柱面的母线.

在空间解析几何中, 凡是曲面方程中仅出现两个变量, 这个方程就表示母线平行于坐标轴的柱面, 其母线为不出现在方程中那个变量的同名坐标轴. 所以, 方程 $F(x,y)=0$ 表示母线平行于 z 轴的柱面; 方程 $G(y,z)=0$ 表示母线平行于 x 轴的柱面; 方程 $Q(x,z)=0$ 表示母线平行于 y 轴的柱面.

例 10.4.1 (1) 方程 $z=1-y^2$ 表示母线平行于 x 轴的柱面, 它的准线为 yOz 平面上抛物线 $z=1-y^2$, 这个柱面称为抛物柱面 (见图 10.4.2).

(2) 平面方程 $x+z-3=0$ 表示母线平行 y 轴的柱面, 其准线为 xOz 平面上直线 $x+z-3=0$ (见图 10.4.3).

(3) 方程 $y^2-x^2=4$ 表示母线平行于 z 轴的柱面, 它的准线为 xOy 平面上的双曲线 $y^2-x^2=4$, 这个柱面称为双曲柱面 (见图 10.4.4).

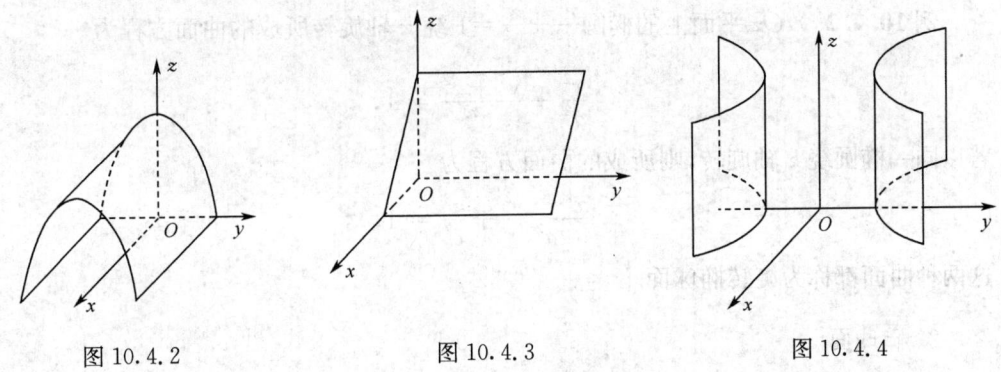

图 10.4.2   图 10.4.3   图 10.4.4

10.4.3 二次曲面

在空间直角坐标系中, 变量 x,y,z 的一次方程所表示的平面称为一次曲面, 变量 x,y,z 的二次方程所表示的曲面称为二次曲面, 例如, 圆柱面、双曲柱面等.

下面我们首先介绍旋转曲面; 然后研究几种常见的二次曲面图形, 由方程研究这些曲面图形时, 常采用一系列平行于坐标面的平面去截曲面, 由截得的曲线 (即截痕) 形状, 可以获得曲面整体的轮廓, 使空间的立体图形转化为平面曲线来研究, 这种方法称为截痕法.

1. 旋转曲面

由一已知平面曲线 L 绕其平面上定直线 C 旋转所形成的曲面称为旋转曲面. 这定直线 C 称为旋转曲面的轴, 曲线 L 称为旋转曲面的母线. 例如, 一个圆绕它的一个直径转动所生成的曲面, 就是以这个圆的半径为半径的球面.

已知一曲线 L 在 yOz 坐标面上, 它的方程为 $f(y,z)=0$, 以 z 轴为旋转轴, 得到一个旋转曲面, 它的方程可以如下求得.

设 $P_0(0,y_0,z_0)$ 为曲线 L 上的任意一点 (见图 10.4.5), 则有 $f(y_0,z_0)=0$, 当曲线 L

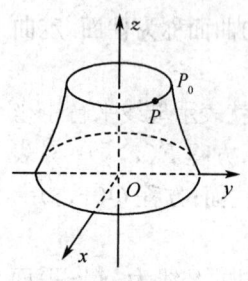

绕 z 轴旋转时,点 P_0 也绕 z 轴旋转到另一点 $P(x,y,z)$,这时 $z=z_0$ 保持不变,且 P 点与 z 轴的距离 d 恒等于 $|y_0|$,但 $d=\sqrt{x^2+y^2}$,所以有 $y_0=\pm\sqrt{x^2+y^2}$,将 y_0,z_0 代入 $f(y_0,z_0)=0$,就得到点 P 的坐标应满足的方程

$$f(\pm\sqrt{x^2+y^2},z)=0, \qquad (10.19)$$

而坐标满足方程(10.19)的点一定在曲面上,所以方程(10.19)就是所求旋转曲面的方程.

图 10.4.5

同理,曲线 L 绕 y 轴旋转所得旋转曲面方程为

$$f(y,\pm\sqrt{x^2+z^2})=0.$$

对于其他坐标面上的已知曲线,绕该坐标面上任意一条坐标轴旋转形成的旋转面方程,可以用类似的方法求得.

例 10.4.2 xOz 平面上的椭圆 $\dfrac{x^2}{a^2}+\dfrac{z^2}{c^2}=1$ 绕 x 轴旋转所成的曲面方程为

$$\frac{x^2}{a^2}+\frac{y^2+z^2}{c^2}=1,$$

若以同一椭圆绕 z 轴旋转,则所成的曲面方程为

$$\frac{x^2+y^2}{a^2}+\frac{z^2}{c^2}=1,$$

这两种曲面都称为旋转椭球面.

2. 椭球面

由方程

$$\frac{x^2}{a^2}+\frac{y^2}{b^2}+\frac{z^2}{c^2}=1 \quad (a>0,\quad b>0,\quad c>0) \qquad (10.20)$$

所表示的曲面称为椭球面,a,b,c 为椭球面的半轴(见图 10.4.6).

由式(10.20)可知

$$\frac{x^2}{a^2}\leqslant 1,\frac{y^2}{b^2}\leqslant 1,\frac{z^2}{c^2}\leqslant 1,即\ |x|\leqslant a,\ |y|\leqslant b,\ |z|\leqslant c.$$

因此,该椭球面被由 $x=\pm a,y=\pm b,z=\pm c$ 的六个平面所围成的长方体而包含.下面用截痕法来讨论椭球面的形状.椭球面[式(10.20)]用 xOy 平面($z=0$)和平行于 xOy 平面的平面 $z=h$ 去截,得到的截线(即截痕)方程为

$$\begin{cases} \dfrac{x^2}{a^2}+\dfrac{y^2}{b^2}=1, \\ z=0 \end{cases} 和 \begin{cases} \dfrac{x^2}{a^2\left(1-\dfrac{h^2}{c^2}\right)}+\dfrac{y^2}{b^2\left(1-\dfrac{h^2}{c^2}\right)}=1, \\ z=h. \end{cases}$$

前者是 xOy 平面上的椭圆,两个半轴分别为 a 和 b;后者是在

平面 $z=h$ 上的椭圆,两个半轴分别为 $\dfrac{a}{c}\sqrt{c^2-h^2}$ 和

$\dfrac{b}{c}\sqrt{c^2-h^2}$,当 h 变化时,这些椭圆的中心都在 z 轴上.

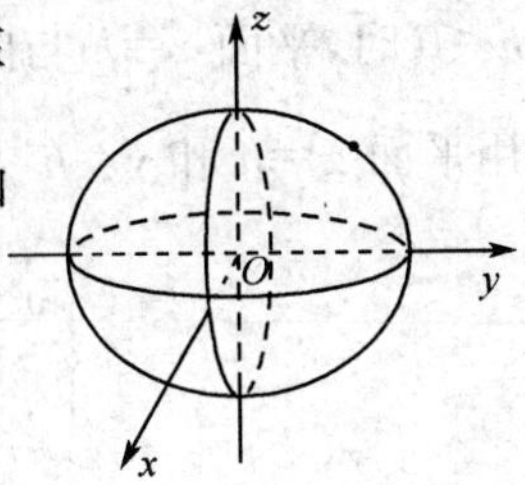

　　当 $|h|<c$ 且由零逐渐增大时,截痕曲线逐渐缩小;

　　当 $h=\pm c$ 时,截痕由曲线缩为一点;

　　当 $|h|>c$ 时,椭球面[式(10.20)]不与平面 $z=h$ 相交.

图 10.4.6

　　同理,用其他坐标平面或平行于其他坐标平面的平面去截此椭球面,所得截痕有类似的结果.

　　在方程(10.20)中,若 a,b,c 中有两个相等,例如 $a=b$,式(10.20)变为 $\dfrac{x^2+y^2}{a^2}+\dfrac{z^2}{c^2}=1$,

它可以看做椭圆 $\begin{cases}\dfrac{x^2}{a^2}+\dfrac{z^2}{c^2}=1,\\ y=0\end{cases}$ 或 $\begin{cases}\dfrac{y^2}{b^2}+\dfrac{z^2}{c^2}=1,\\ x=0\end{cases}$ 绕 z 轴旋转而成的曲面,此椭球面称为旋转

椭球面.

　　在方程(10.20)中,若 $a=b=c$ 时,式(10.20)化为 $x^2+y^2+z^2=a^2$,它表示球心在原点,半径为 a 的球面.

　　3. 椭圆抛物面

　　由方程

$$\frac{x^2}{a^2}+\frac{y^2}{b^2}=z \quad (a>0,b>0) \tag{10.21}$$

所表示的曲面称为椭圆抛物面.

　　从式(10.21)可以看出,$z\geqslant 0$,所以曲面在 xOy 平面的上方.

　　用 xOy 平面去截曲面(10.21),截痕为一点 $(0,0,0)$,该点称为椭圆抛物面的顶点.

　　用平面 $z=h(h>0)$ 去截该曲面,截痕曲线为

$$\begin{cases}\dfrac{x^2}{a^2 h}+\dfrac{y^2}{b^2 h}=1,\\ z=h,\end{cases}$$

这是 $z=h$ 上的椭圆,该椭圆的中心在 z 轴上,半轴分别为 $a\sqrt{h},b\sqrt{h}$,当 h 增大时,所截得的椭圆也越来越大.

$h<0$ 时,平面 $z=h$ 与曲面不相交.

用平面 $x=h$ 和 $y=h$ 去截曲面,截痕曲线分别为

$$\begin{cases} y^2=b^2\left(z-\dfrac{h^2}{a^2}\right), \\ x=h \end{cases} 和 \begin{cases} x^2=a^2\left(z-\dfrac{h^2}{b^2}\right), \\ y=h. \end{cases}$$

它们分别为平面 $x=h$ 及 $y=h$ 上的抛物线,它们的对称轴平行于 z 轴,两顶点分别为 $\left(h,0,\dfrac{h^2}{a^2}\right)$ 及 $\left(0,h,\dfrac{h^2}{b^2}\right)$.

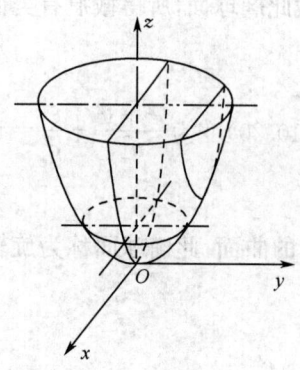

图 10.4.7

综上所述,椭圆抛物面形状如图 10.4.7. 当 $a=b$ 时,式 (10.21)为 $x^2+y^2=a^2z$,它表示由 $x^2=a^2z$ 或 $y^2=a^2z$ 绕 z 轴旋转而成的抛物面,称为旋转抛物面.

4. 单叶双曲面和双叶双曲面

方程

$$\frac{x^2}{a^2}+\frac{y^2}{b^2}-\frac{z^2}{c^2}=1 \tag{10.22}$$

表示的曲面称为单叶双曲面.

方程

$$\frac{x^2}{a^2}+\frac{y^2}{b^2}-\frac{z^2}{c^2}=-1 \tag{10.23}$$

表示的曲面称为双叶双曲面.

我们用与上面类似的截痕法来讨论式(10.21)和式(10.22),可以分别得到单叶双曲面的图形(见图 10.4.8)及双叶双曲面的图形(见图 10.4.9).

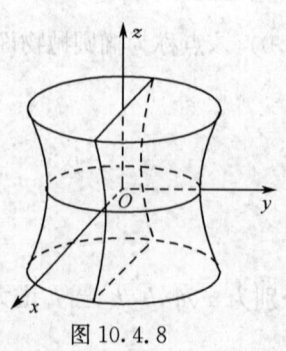

图 10.4.8

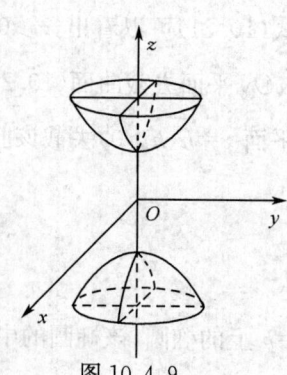

图 10.4.9

10.4.4 空间曲线及其在坐标面上的投影

1. 空间曲线的方程

在平面解析几何里,曲线由 x、y 的一个方程 $F(x,y)=0$ 表示,但是,在空间,一个含有 x,y,z 的方程 $F(x,y,z)=0$ 代表一张曲面. 我们曾把空间直线看作两个平面的交线,对于一般的空间曲线,也可以看作为两个曲面的交线.

设曲面 Σ_1 的方程为 $F_1(x,y,z)=0$,曲面 Σ_2 的方程为 $F_2(x,y,z)=0$,它们的交线是曲线 C(图 10.4.10). 因为曲线 C 上的任何点都同时在这两个曲面上,所以 C 上的所有点的坐标都满足这两个曲面的方程,即

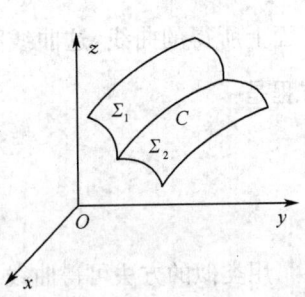

$$\begin{cases} F_1(x,y,z) = 0, \\ F_2(x,y,z) = 0. \end{cases} \tag{10.24}$$

图 10.4.10

反之,坐标同时满足式(10.24)的点一定在它们的交线 C 上,所以曲线 C 可用式(10.27)表示,称式(10.27)为曲线 C 的一般方程.

注意:曲线 C 的表达方式不唯一. 因为通过空间一条曲线的曲面有无穷多个,因此表示曲线的方程组也有无穷多种.

空间曲线也可以用参数方程表示,它的一般形式为

$$\begin{cases} x = x(t), \\ y = y(t), \qquad (t \text{ 为参数且 } \alpha \leqslant t \leqslant \beta). \\ z = z(t), \end{cases} \tag{10.25}$$

例 10.4.3 方程组 $\begin{cases} x^2+y^2=4, \\ 2x+3y+3z=12 \end{cases}$ 表示怎样的曲线?

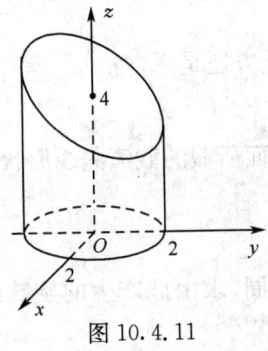

图 10.4.11

解 方程组中第一个方程表示圆柱面,其母线平行于 z 轴,准线为 xOy 平面上的圆,圆心在原点,半径为 2;方程组中第二个方程表示平面,它在 x,y,z 轴上的截距分别为 6,4,4,所以方程组表示的曲线是圆柱面与平面的交线(见图 10.4.11).

2. 空间曲线在坐标面上的投影

设空间曲线 C 的方程为 $\begin{cases} F_1(x,y,z)=0, \\ F_2(x,y,z)=0, \end{cases}$ 下面研究曲线

C 在 xOz 平面上投影曲线的方程.

由方程(10.24)消去 y 得方程

$$F(x,z)=0. \tag{10.26}$$

方程(10.26)表示一个母线平行于 y 轴的柱面. 由于在曲线 C 上的点的坐标必满足式(10.26),因此曲线 C 在式(10.26)表示的柱面上. 这个柱面称为曲线 C 关于 xOz 平面的投影柱面. 投影柱面与 xOz 平面的交线,一般说正是将空间曲线 C 投影到 xOz 平面上所得的曲线,这曲线称为空间曲线 C 在 xOz 平面上的投影曲线,简称投影. 它的方程是

$$\begin{cases} F(x,z)=0, \\ y=0. \end{cases} \tag{10.27}$$

用类似的方法可得曲线 C 在 xOy 平面和 yOz 平面上投影曲线的方程.

例 10.4.4 求出曲线 $\begin{cases} \dfrac{x^2}{16}+\dfrac{y^2}{4}-\dfrac{z^2}{4}=1, \\ x-2z+3=0 \end{cases}$ 在 xOy 平面上的投影柱面和投影曲线的方程.

解 从所给方程组中消去 z,得

$$4y^2=6x+25,$$

因此所给曲线在 xOy 平面上的投影柱面方程为 $4y^2=6x+25$.

投影曲线方程为 $\begin{cases} 4y^2=6x+25, \\ z=0. \end{cases}$

思考题 10.4

1. 对于一个母线平行于坐标轴的柱面,它的准线是不是唯一确定的?

2. 方程 $\dfrac{x^2}{a^2}+\dfrac{y^2}{b^2}=-z$ 表示什么曲面? 曲面在 xOy 平面的上方还是下方?

3. 试用截痕法讨论单叶双曲面 $\dfrac{x^2}{a^2}+\dfrac{y^2}{b^2}-\dfrac{z^2}{c^2}=1$ 被三坐标平面所截的截痕曲线形状.

练习题 10.4

1. yOz 平面内的曲线 $g(y,z)=0$ 分别绕 y 轴,z 轴旋转一周,求由此产生的旋转面的方程.

2. 方程 $\dfrac{x^2}{4}+\dfrac{y^2}{9}=1$ 表示什么曲面,并画出图形.

3. 指出下列方程在平面直角坐标系和空间直角坐标系中分别表示什么图形:

(1) $y=2$;   (2) $x^2-y^2=4$;

(3) $\dfrac{x}{4}-\dfrac{y}{9}=1$;   (4) $\begin{cases}x+y=2,\\3x-5y=7.\end{cases}$

4. 方程 $x^2-4y^2-z^2=-1$ 表示什么曲线,并画出图形.

5. 指出下列方程所表示的曲面名称,并画出图形.

(1) $(x-1)^2+(y-2)^2+(z+1)^2=4$;

(2) $4x^2+y^2-z^2=-9$;

(3) $4x^2+8y^2+z^2=16$;

(4) $x^2+y^2=1-4z$.

6. 考察曲面 $\dfrac{x^2}{25}-\dfrac{y^2}{9}+\dfrac{z^2}{16}=1$ 在平面 $x=0,y=0,y=3,z=0,z=1,z=4,z=4\sqrt{2}$ 上截痕的曲线形状.

7. 求曲线 $\begin{cases}x^2+2y^2=z^2,\\x-z+1=0\end{cases}$ 在 yOz 平面上的投影柱面和投影曲线的方程.

10.5   典型例题详解

例 10.5.1   若空间点 $P(x,y,z)$ 的坐标满足条件: $xyz<0$,问 P 点可以在空间中的哪几个卦限?

解   因为 $xyz<0$,所以有

$x>0,y>0,z<0$ 在第五卦限;

$x>0,y<0,z>0$ 在第四卦限;

$x<0,y>0,z>0$ 在第二卦限;

$x<0,y<0,z<0$ 在第七卦限.

例 10.5.2   已知 $\triangle ABC$ 两边的向量 $\overrightarrow{AB}$ 和 $\overrightarrow{AC}$,D 是 BC 边上的中点,试用 $\overrightarrow{AB}$ 和 $\overrightarrow{AC}$ 表示中线向量 $\overrightarrow{AD}$(如图 10.5.1).

解   因为 D 为 $\overrightarrow{BC}$ 边上的中点,所以也是 $\overrightarrow{AE}$ 的中点,因此有 $\overrightarrow{AD}=\dfrac{1}{2}\overrightarrow{AE}$.

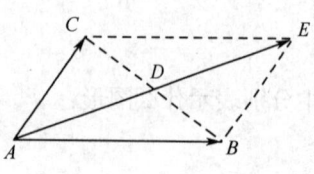

图 10.5.1

根据向量的加法法则 $\overrightarrow{AE}=\overrightarrow{AB}+\overrightarrow{AC}$,所以

$$\overrightarrow{AD}=\frac{1}{2}(\overrightarrow{AB}+\overrightarrow{AC}).$$

例 10.5.3   设有 3 个力同时作用点 $A(3,2,-1)$,它们的大小分别为 3 N、4 N 和 7 N,其方向分别与 $\boldsymbol{a}=\{2,1,2\},\boldsymbol{b}=\{0,0,3\},\boldsymbol{c}=\{0,1,0\}$ 同向,使该质点从 A 位移到 $B(1,3,0)$(单位:m),求此三合力所做的功.

解   设三力依次为 $\boldsymbol{F}_1,\boldsymbol{F}_2,\boldsymbol{F}_3$,根据题意有

$\boldsymbol{F}_1=|\boldsymbol{F}_1|\boldsymbol{a}^0,\boldsymbol{F}_2=|\boldsymbol{F}_2|\boldsymbol{b}^0,\boldsymbol{F}_3=|\boldsymbol{F}_3|\boldsymbol{c}^0$,而

$$\boldsymbol{a}^0=\frac{\boldsymbol{a}}{|\boldsymbol{a}|}=\frac{1}{3}(2\boldsymbol{i}+\boldsymbol{j}+2\boldsymbol{k}),$$

$$\boldsymbol{b}^0=\frac{\boldsymbol{b}}{|\boldsymbol{b}|}=\frac{1}{3}(3\boldsymbol{k})=\boldsymbol{k},\boldsymbol{c}^0=\frac{\boldsymbol{c}}{|\boldsymbol{c}|}=\boldsymbol{j},$$

所以

$$\boldsymbol{F}_1=2\boldsymbol{i}+\boldsymbol{j}+2\boldsymbol{k},\boldsymbol{F}_2=4\boldsymbol{k},\boldsymbol{F}_3=7\boldsymbol{j},$$

合力为

$$\boldsymbol{F}=\boldsymbol{F}_1+\boldsymbol{F}_2+\boldsymbol{F}_3=2\boldsymbol{i}+8\boldsymbol{j}+6\boldsymbol{k}.$$

又质点的位移向量为

$$\overrightarrow{AB}=-2\boldsymbol{i}+\boldsymbol{j}+\boldsymbol{k},$$

所以

$$W=\overrightarrow{AB}\cdot\boldsymbol{F}=2\times(-2)+8\times1+6\times1=10\ (\text{J}).$$

例 10.5.4   一平面通过不在一直线上三点 $(3,-1,2),(4,-1,-1)$ 和 $(2,0,2)$,求此平面方程.

解   设所求平面方程为 $Ax+By+Cz+D=0$.

根据题意有

$$\begin{cases}3A-B+2C+D=0,\\4A-B-C+D=0,\\2A+2C+D=0.\end{cases}$$

将 D 看为已知量,求解 A,B,C 的三元一次方程组得

$$A=-\frac{3}{8}D,B=-\frac{3}{8}D,C=-\frac{D}{8}.$$

将 A,B,C 代入所设平面方程 $-\dfrac{3}{8}Dx-\dfrac{3}{8}Dy-\dfrac{D}{8}z+D=0$, 即

$$3x+3y+z-8=0.$$

例 10.5.5　求 xOz 平面上直线 $z=ky$, 绕 z 轴旋转一周所形成旋转曲面方程, 并画图.

解　根据题意, 旋转曲面方程为 $z=\pm k\sqrt{x^2+y^2}$, 即

$$z^2=k^2(x^2+y^2).$$

此方程所表示的曲面(如图 10.5.2)称为圆锥面.

例 10.5.6　求旋转抛物面 $z=x^2+y^2$ 与平面 $y+z=1$ 的交线在各坐标面上投影曲线的方程.

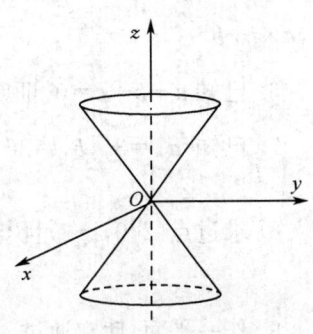

图 10.5.2

解　从所给方程 $\begin{cases} z=x^2+y^2 \\ y+z=1 \end{cases}$ 中消去 z, 得

$$x^2+\left(y+\frac{1}{2}\right)^2=\frac{5}{4},$$

因此在 xOy 平面上投影曲线方程为

$$\begin{cases} x^2+\left(y+\dfrac{1}{2}\right)^2=\dfrac{5}{4}, \\ z=0, \end{cases}$$

消去 y, 得

$$x^2+\left(z-\frac{3}{2}\right)^2=\frac{5}{4}.$$

因此在 xOz 平面上投影曲线方程为 $\begin{cases} x^2+\left(z-\dfrac{3}{2}\right)^2=\dfrac{5}{4}, \\ y=0. \end{cases}$

在 yOz 平面上投影曲线方程为 $\begin{cases} y+z=1, \\ x=0. \end{cases}$

复习题十

1. 求点 $P(a,b,c)$ 分别关于(1)xOz 平面、(2)x 轴、(3)原点的对称点的坐标.

2. 已知 $\boldsymbol{a}=\boldsymbol{i}+\boldsymbol{j}+5\boldsymbol{k},\boldsymbol{b}=2\boldsymbol{i}-3\boldsymbol{j}+5\boldsymbol{k}$, 求 $\boldsymbol{a}-3\boldsymbol{b}$ 的单位向量.

3. 已知 $P_1(x_1,y_1,z_1)$，$P_2(x_2,y_2,z_2)$，点 $P(x,y,z)$ 在线段 P_1P_2 上，且 $\overrightarrow{P_1P}=\lambda\overrightarrow{PP_2}$（$\lambda$ 为实数），求点 P 的坐标.

4. 已知 $a=3i-6j-k$，$b=i+4j-5k$，求（1）$|a^2|$；（2）$(3a+2b)\cdot(a-3b)$；（3）a 与 b 的夹角.

5. 已知 $a=3i+2j-k$，$b=i-j+2k$，求（1）$a\times b$；（2）$(a+2b)\times(2a-3b)$；（3）$(a+b)\times i$；（4）$a\times i+b$.

6. 已知 $a+b+c=0$，证明 $a\times b=b\times c=c\times a$.

7. 已知 $|a|=3$，$|b|=26$，$|a\times b|=72$，求 $a\cdot b$.

8. 求过点 $(2,0,-3)$ 且与直线 $\begin{cases}x-2y+4z-7=0\\3x+5y-2z+1=0\end{cases}$ 垂直的平面方程.

9. 作一平面，使它通过 z 轴，且与平面 $2x+y-\sqrt{5}z-7=0$ 的夹角为 $\dfrac{\pi}{3}$.

10. 求过点 $M_1(3,-2,1)$，$M_2(-1,0,2)$ 的直线方程.

11. 已知原点到平面 $\dfrac{x}{a}+\dfrac{y}{b}+\dfrac{z}{c}=1$ 的距离为 p，证明 $\dfrac{1}{a^2}+\dfrac{1}{b^2}+\dfrac{1}{c^2}=\dfrac{1}{p^2}$.

12. 将直线方程 $\begin{cases}x-5y+2z-1=0,\\5y=z-2\end{cases}$ 化成点向式方程和参数方程.

13. 求直线 $\begin{cases}x+3y+z=0,\\x-y-z=0\end{cases}$ 与平面 $x-y-z+1=0$ 间的夹角.

14. 将 xOz 平面上的曲线 $z^2=5x$ 绕 x 轴旋转一周，求所生成的旋转曲面方程.

15. 利用截痕法分析方程 $\dfrac{x^2}{a^2}+\dfrac{y^2}{b^2}-\dfrac{z^2}{c^2}=0$，并画出图形.

16. 一动点 $P(x,y,z)$ 到点 $A(2,0,-3)$ 的距离与到点 $B(4,-6,6)$ 的距离之比等于 3，求 P 点的轨迹.

17. 求两球面 $x^2+y^2+z^2=1$ 和 $x^2+(y-1)^2+(z-1)^2=1$ 的交线在 xOy 平面上投影曲线的方程.

18. 设曲线方程为 $\begin{cases}2y^2+z^2+4x=4z,\\y^2+3z^2-8x=12z,\end{cases}$ 试把此曲线用平行于 x 轴和 z 轴的柱面方程表示，并画草图.

第 11 章

多元函数微分学

在自然科学和工程技术中经常会遇到多于一个自变量的函数,这种函数称为多元函数. 本章将在一元函数的基础上,重点讨论二元函数的基本概念及其微分法和应用,因为从一元函数到二元函数会产生许多新问题,而从二元函数的概念和方法可以自然地推广到二元以上的函数.

11.1 多元函数的极限与连续

本节介绍多元函数的基本概念及其极限和连续.

11.1.1 多元函数

实际问题中,经常会遇到多个变量之间的依赖关系.

例 11.1.1 圆柱体的体积 V 和它的底半径 r、高 h 之间具有关系

$$V = \pi \cdot r^2 \cdot h,$$

这里,当 r、h 在集合 $\{(r,h) \mid r>0, h>0\}$ 内取定一对值时,V 的对应值就随之确定了.

例 11.1.2 设 R 是电阻 R_1 与 R_2 并联之后的总电阻,则它们之间具有关系

$$R = \frac{R_1 \cdot R_2}{R_1 + R_2},$$

这里,当 R_1, R_2 在集合 $\{(R_1, R_2) \mid R_1>0, R_2>0\}$ 内取定一对值时,R 的对应值也就随之确定了.

例 11.1.3 一定量的理想气体的压强 P,体积 V 和绝对温度 T 之间有如下关系

$$P = \frac{RT}{V} \quad (R \text{ 是常数}),$$

这里,当 T, V 在集合 $\{(T,V) \mid T>0, V>0\}$ 内取定一对值时,P 的对应值也就随之确定了.

以上几个例子,虽然来自不同的实际问题,但是都说明,在一定的条件下,3 个变量之间存在着一种依赖关系,这种关系给出了一个变量与另两个变量之间的对应法则,依照这个法则,当两个变量在允许的范围内取定一组数时,另一个变量有唯一确定的值与之对应. 由这些共性,我们可给出二元函数的定义.

1. 二元函数的定义

定义 11.1 设 D 是平面上的一个点集,如果对于每个点 $P(x,y) \in D$,变量 z 按照一定法则总有唯一确定的值与之对应,则称 z 是变量 x, y 的二元函数(或点 P 的函数),并记为

$$z = f(x,y) \text{ 或 } z = f(P).$$

点集 D 称为该函数的定义域，x,y 称为自变量，z 称为因变量，而数集 $\{z \mid z = f(x,y), (x,y) \in D\}$ 称为该函数的值域.

按照定义，在例 11.1.1、例 11.1.2 和例 11.1.3 中，体积 V 是 r 和 h 的函数，总电阻 R 是 R_1 与 R_2 的函数，压强 P 是 V 和 T 的函数，它们的定义域都是由实际问题来确定的. 当二元函数是用解析式表示时，定义域约定为使每个算式有意义的点的集合.

一元函数的自变量只有一个，因而函数的定义域比较简单，常见的是区间. 二元函数有两个自变量，它们的自变量或者是整个平面，或者是平面上的一部分. 由一条或几条光滑曲线所围成的具有连通性(如果一块部分平面内任意两点均可用完全属于此部分平面的折线段连接起来，这样的部分平面称为具有连通性)的部分平面，称为平面区域，简称区域. 二元函数的定义域通常为平面区域，围成区域的曲线称为区域的边界，边界上的点称为边界点，包括边界在内的区域称为闭域，不包括边界在内的区域称为开域. 如果区域延伸到无穷远处，则称为无界区域，否则称为有界区域.

把满足不等式

$$(x - x_0)^2 + (y - y_0)^2 < \delta^2 \quad (\delta > 0)$$

的点 $P(x,y)$ 的全体称为点 $P_0(x_0,y_0)$ 的 δ 邻域. 它是以点 P_0 为中心，δ 为半径的圆形开区域，称不包含点 P_0 的邻域为无心邻域.

常见的区域还有矩形域：$a < x < b, c < y < d$.

例 11.1.4 求二元函数 $z = \sqrt{x+y}$ 的定义域.

解 由根式函数的要求容易知道，自变量 x,y 所取的值必须满足不等式

$$x + y \geqslant 0$$

即函数的定义域为

$$D = \{(x,y) \mid x + y \geqslant 0\},$$

其几何图形为平面上位于直线 $y = -x$ 右方的半平面(如图 11.1.1 所示).

图 11.1.1

例 11.1.5 求二元函数 $z = \ln(16 - x^2 - y^2) + \dfrac{1}{\sqrt{x^2 + y^2 - 4}}$ 的定义域以及在点 $(2,3)$ 处的函数值.

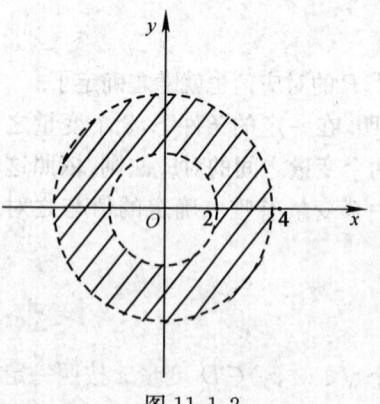

解 自变量 x,y 所取的值必须满足不等式

$$\begin{cases} 16 - x^2 - y^2 > 0, \\ x^2 + y^2 - 4 > 0, \end{cases}$$

即函数的定义域为 $D = \{(x,y) \mid 4 < x^2 + y^2 < 16\}$，其几何图形为平面上以原点为圆心，半径为 2 的圆和以原点为圆心，半径为 4 的圆所围成的圆环域(不包括边界曲线，如图 11.1.2 所示).

图 11.1.2　　　　函数在点 $(2,3)$ 处的函数值为 $z(2,3) = \ln 3 + \dfrac{1}{3}$.

2. 二元函数的几何意义

一元函数 $y=f(x)$ 通常表示平面上的一条曲线. 二元函数 $z=f(x,y),(x,y)\in D$ 其定义域 D 是平面上的一个区域,对于任取点 $P(x,y)\in D$,其对应的函数值为 $z=f(x,y)$,于是得到了空间内的一点 $M(x,y,z)$. 所有这样确定的点的集合就是二元函数 $z=f(x,y)$ 的图形,通常是一张空间曲面(如图 11.1.3 所示).

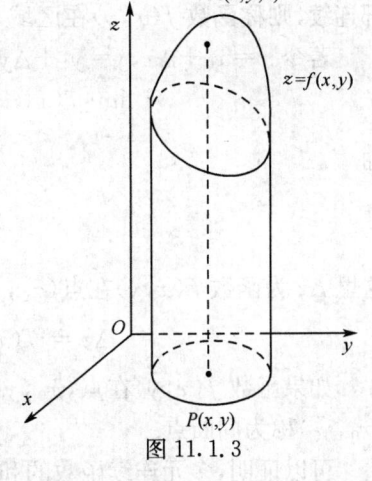

图 11.1.3

11.1.2 二元函数的极限与连续

1. 二元函数的极限

二元函数的极限在形式上与一元函数很相似. 考察一元函数的极限时,动点趋于定点的各种方式总是沿坐标轴进行的,而对于二元函数的情形,动点 P 可以沿平面上更为复杂的各种方式趋于定点 P_0.

定义 11.2 设二元函数 $z=f(x,y)$,如果当点 (x,y) 以任何方式接近于点 (x_0,y_0) 时,$f(x,y)$ 无限地接近于一个确定的常数 A,则称常数 A 为函数 $z=f(x,y)$ 在 $x\to x_0$,$y\to y_0$ 时的极限,记作

$$\lim_{\substack{x\to x_0\\y\to y_0}}f(x,y)=A \text{ 或 } f(x,y)\to A((x,y)\to(x_0,y_0)).$$

例 11.1.6 讨论二元函数 $f(x,y)=\begin{cases}\dfrac{xy}{x^2+y^2},&x^2+y^2\neq0,\\0,&x^2+y^2=0,\end{cases}$ 当 $(x,y)\to(0,0)$ 时是否存在极限?

解 令 $y=x$,即当点 (x,y) 沿直线 $y=x$ 趋于点 $(0,0)$ 时,有

$$\lim_{\substack{x\to0\\y\to0}}f(x,y)=\lim_{x\to0}\frac{x^2}{x^2+x^2}=\frac{1}{2}.$$

又令 $y=x^2$,即当点 (x,y) 沿曲线 $y=x^2$ 趋于点 $(0,0)$ 时,有

$$\lim_{\substack{x\to0\\y\to0}}f(x,y)=\lim_{x\to0}\frac{x^3}{x^2+x^4}=\lim_{x\to0}\frac{x}{1+x^2}=0.$$

可见沿不同路径函数趋于不同值,因此,该函数的极限不存在.

注意:一元函数极限的有些运算法则(如四则运算法则,夹逼定理等),可以相应地推广到二元函数.

2. 多元函数的连续性

利用多元函数极限的概念,可定义多元函数的连续性.

定义 11.3 设二元函数 $z=f(x,y)$ 在点 $P_0(x_0,y_0)$ 的某个邻域内有定义,若

$$\lim_{\substack{x\to x_0\\y\to y_0}}f(x,y)=f(x_0,y_0), \tag{11.1}$$

则称二元函数 $z=f(x,y)$ 在点 $P_0(x_0,y_0)$ 处连续. 若函数 $z=f(x,y)$ 在区域 D 上每一点都连续,则称函数 $f(x,y)$ 在区域 D 上连续.

若令 $x=x_0+\Delta x,y=y_0+\Delta y$,则式(11.1)可写成

$$\lim_{\substack{\Delta x\to 0\\ \Delta y\to 0}}[f(x_0+\Delta x,y_0+\Delta y)-f(x_0,y_0)]=0,$$

即

$$\lim_{\substack{\Delta x\to 0\\ \Delta y\to 0}}\Delta z=0.$$

这里 Δz 为函数 $f(x,y)$ 在点 (x_0,y_0) 处的全增量,即

$$\Delta z=f(x_0+\Delta x,y_0+\Delta y)-f(x_0,y_0).$$

如果函数 $f(x,y)$ 在点 (x_0,y_0) 处不连续,则称函数 $f(x,y)$ 在点 (x_0,y_0) 处间断,点 (x_0,y_0) 称为间断点.

可以证明,多元连续函数的和、差、积为连续函数,在分母不为零时,连续函数的商也是连续函数,连续函数的复合函数也是连续函数. 由此还可得出如下结论:一切多元初等函数在其定义区域内是连续的.

思考题 11.1

1. 比较一元函数与二元函数的极限、连续概念的异同.

2. 比照一元函数闭区间上的连续函数的性质,有界闭区域上的二元连续函数是否具有相应的性质?

练习题 11.1

1. 求下列各函数的表达式:

(1) 已知 $f(x,y)=x^2-y^2$,求 $f\left(x+y,\dfrac{y}{x}\right)$;

(2) 已知 $f\left(x+y,\dfrac{y}{x}\right)=x^2-y^2$,求 $f(x,y)$.

2. 求下列函数的定义域,并绘出定义域的图形:

(1) $z=\sqrt{4x^2+y^2-1}$;   (2) $z=\ln xy$;

(3) $u=\dfrac{1}{\sqrt{x}}-\dfrac{1}{\sqrt{y}}-\dfrac{1}{\sqrt{z}}$;   (4) $z=\sqrt{9-x^2-y^2}-\ln(y^2-x+1)$.

3. 求下列极限:

(1) $\lim\limits_{(x,y)\to(0,2)}\dfrac{\sin xy}{x}$;   (2) $\lim\limits_{(x,y)\to(0,0)}\dfrac{2-\sqrt{xy+4}}{xy}$;

4. 下列函数在何处是间断的:

(1) $u=\ln(x^2+y^2)$;   (2) $u=\dfrac{1}{y^2-2x}$.

11.2 偏 导 数

类似于对一元函数的研究过程,本节将介绍多元函数的偏导数.

11.2.1 偏导数的概念及其几何意义

与一元函数相似,多元函数也需要讨论变化率问题. 由于多元函数的自变量不止一个,因变量与自变量的关系要比一元函数复杂得多. 本节主要讨论当某一自变量在变化,而其他自变量不变化(视为常数)时,函数的变化率问题,它就是多元函数的偏导数.

以二元函数 $z=f(x,y)$ 为例,若只有自变量 x 变化,而自变量 y 固定(即看作常量),这时,$z=f(x,y)$ 就成了一元函数,因此可以利用一元函数的导数概念,得到二元函数对某一自变量的变化率,称之为二元函数 z 对于 x 的偏导数.

1. 偏导数的定义

定义 11.4 设函数 $z=f(x,y)$ 在点 (x_0,y_0) 的某一邻域内有定义,当 y 固定在 y_0,而 x 在 x_0 处有增量 Δx 时,相应地函数有增量

$$f(x_0+\Delta x,y_0)-f(x_0,y_0),$$

如果极限

$$\lim_{\Delta x \to 0} \frac{f(x_0+\Delta x,y_0)-f(x_0,y_0)}{\Delta x}$$

存在,则称此极限为函数 $z=f(x,y)$ 在点 (x_0,y_0) 处对 x 的偏导数,并记作

$$\frac{\partial z}{\partial x}\bigg|_{\substack{x=x_0\\y=y_0}}, \quad \frac{\partial f}{\partial x}\bigg|_{\substack{x=x_0\\y=y_0}}, \quad z_x\bigg|_{\substack{x=x_0\\y=y_0}}, \quad f_x(x_0,y_0).$$

类似地,当 x 固定在 x_0,而 y 在 y_0 处有增量 Δy 时,如果极限

$$\lim_{\Delta y \to 0} \frac{f(x_0,y_0+\Delta y)-f(x_0,y_0)}{\Delta y}$$

存在,则称此极限为函数 $z=f(x,y)$ 在点 (x_0,y_0) 处对 y 的偏导数,并记作

$$\frac{\partial z}{\partial y}\bigg|_{\substack{x=x_0\\y=y_0}}, \quad \frac{\partial f}{\partial y}\bigg|_{\substack{x=x_0\\y=y_0}}, \quad z_y\bigg|_{\substack{x=x_0\\y=y_0}}, \quad f_y(x_0,y_0).$$

如果函数 $z=f(x,y)$ 在区域 D 内每一点 (x,y) 处对 x 的偏导数都存在,这个偏导数仍是 x,y 的函数,称它为函数 $z=f(x,y)$ 对自变量 x 的偏导函数,记作

$$\frac{\partial z}{\partial x},\frac{\partial f}{\partial x},z_x,f_x(x,y).$$

类似地,可以定义函数 $z=f(x,y)$ 对自变量 y 的偏导函数,并记作

$$\frac{\partial z}{\partial y},\frac{\partial f}{\partial y},z_y,f_y(x,y).$$

由偏导函数概念可知,$f(x,y)$ 在点 (x_0,y_0) 处对 x 的偏导数 $f_x(x_0,y_0)$,其实就是偏导函数 $f_x(x,y)$ 在点 (x_0,y_0) 处的函数值;$f_y(x_0,y_0)$ 就是偏导函数 $f_y(x,y)$ 在点 (x_0,y_0) 处的函数值. 在不产生混淆的情况下,我们以后把偏导函数也简称为偏导数.

显然,偏导数的概念可推广到三元以上的函数情形. 例如,三元函数 $u=f(x,y,z)$ 在点 (x,y,z) 处对 x 的偏导数可以定义为

$$f_x(x,y,z) = \lim_{\Delta x \to 0} \frac{f(x+\Delta x, y, z) - f(x, y, z)}{\Delta x}.$$

由偏导数的定义不难看出,求多元函数的偏导数,并不需要新的方法,因为这里只有一个自变量在变化,其他自变量被看成是固定的,所以仍然是一元函数的导数.

例 11.2.1 求 $z = xy + \dfrac{x}{y}$ 的偏导数 $\dfrac{\partial z}{\partial x}, \dfrac{\partial z}{\partial y}$.

解 对 x 求导时,把 y 看作常量对 x 求导数,$\dfrac{\partial z}{\partial x} = y + \dfrac{1}{y}$.

对 y 求导时,把 x 看作常量对 y 求导数,$\dfrac{\partial z}{\partial y} = x - \dfrac{x}{y^2}$.

例 11.2.2 求 $z = x^y (x > 0, x \neq 1, y$ 为任意实数) 的偏导数 $\dfrac{\partial z}{\partial x}, \dfrac{\partial z}{\partial y}$.

解
$$\frac{\partial z}{\partial x} = y \cdot x^{y-1},$$
$$\frac{\partial z}{\partial y} = x^y \cdot \ln x.$$

例 11.2.3 求 $z = x^2 + 3xy + y^2$ 在点 $(1,2)$ 处的偏导数.

解法一 $\dfrac{\partial z}{\partial x} = 2x + 3y, \dfrac{\partial z}{\partial y} = 3x + 2y$

则
$$\left.\frac{\partial z}{\partial x}\right|_{\substack{x=1\\y=2}} = 8, \quad \left.\frac{\partial z}{\partial y}\right|_{\substack{x=1\\y=2}} = 7.$$

解法二 令 $z = f(x,y)$,则
$$f(x,2) = x^2 + 6x + 4, \quad f(1,y) = 1 + 3y + y^2,$$
则
$$f_x(1,2) = (2x+6)\Big|_{x=1} = 8,$$
$$f_y(1,2) = (3+2y)\Big|_{y=2} = 7.$$

求多元函数在某点处的偏导数时,用解法二有时会方便一些.

例 11.2.4 设 $f(x,y) = (1+xy)^y \ln(1+x^2+y^2)$,求 $f_x(1,0)$.

解 如果先求偏导数 $f_x(x,y)$,运算比较繁杂,可先求 $f(x,0)$,得
$$f(x,0) = \ln(1+x^2),$$
从而
$$f_x(x,0) = \frac{2x}{1+x^2}, \quad f_x(1,0) = 1.$$

例 11.2.5 已知理想气体的状态方程为 $PV = RT$(R 为常量),求证:$\dfrac{\partial P}{\partial V} \cdot \dfrac{\partial V}{\partial T} \cdot \dfrac{\partial T}{\partial P} = -1$.

证明 因为

$$P = \frac{RT}{V}, \frac{\partial P}{\partial V} = -\frac{RT}{V^2},$$

$$V = \frac{RT}{P}, \frac{\partial V}{\partial T} = \frac{R}{P},$$

$$T = \frac{PV}{R}, \frac{\partial T}{\partial P} = \frac{V}{R},$$

故

$$\frac{\partial P}{\partial V} \cdot \frac{\partial V}{\partial T} \cdot \frac{\partial T}{\partial P} = -\frac{RT}{V^2} \cdot \frac{R}{P} \cdot \frac{V}{R} = -\frac{RT}{VP} = -1.$$

上式这个结果说明,偏导数的记号是个整体符号,不能看成商的形式,否则这 3 个偏导数的积将是 1. 这与一元函数导数 $\dfrac{\mathrm{d}y}{\mathrm{d}x}$ 可看作函数微分 $\mathrm{d}y$ 与自变量微分 $\mathrm{d}x$ 之商是有区别的.

例 11.2.6　求函数

$$z = f(x,y) = \begin{cases} \dfrac{xy}{x^2 + y^2}, & x^2 + y^2 \neq 0, \\ 0, & x^2 + y^2 = 0 \end{cases}$$

在点 $(0,0)$ 处的偏导数.

解　由于 $\Delta x = x - 0 = x$,所以 $f_x(0,0) = \lim\limits_{x \to 0} \dfrac{f(0+x,0) - f(0,0)}{x} = \lim\limits_{x \to 0} \dfrac{0-0}{x} = 0$,同理可得

$$f_y(0,0) = 0.$$

在第 11.1 节中已经说明,此函数在点 $(0,0)$ 处不连续,此例表明,二元函数在一点不连续,但其偏导数却有可能存在.

2. 偏导数几何意义

设 $M_0(x_0, y_0, f(x_0, y_0))$ 为曲面 $z = f(x,y)$ 上的一点,过 M_0 作平面 $y = y_0$,与曲面相截得一条曲线,其方程为 $\begin{cases} y = y_0, \\ z = f(x, y_0), \end{cases}$　而偏导数 $f_x(x_0, y_0)$ 就是一元函数 $z = f(x, y_0)$ 在 x_0 处的导数 $\dfrac{\mathrm{d}}{\mathrm{d}x} f(x, y_0) \Big|_{x=x_0}$. 在几何上,它代表曲线在点 M_0 处的切线 $M_0 T_x$ 关于 x 轴的斜率(如图 11.2.1 所示)

$$\tan \alpha = f_x(x_0, y_0).$$

同理,偏导数 $f_y(x_0, y_0)$ 表示曲面 $z = f(x,y)$ 被平面 $x = x_0$ 所截得曲线 $\begin{cases} x = x_0, \\ z = f(x_0, y) \end{cases}$ 在点 M_0 处的切线关于 y 轴的斜率

$$\tan \beta = f_y(x_0, y_0).$$

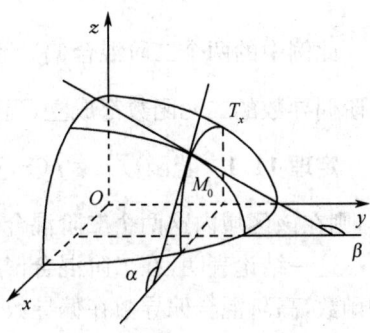

图 11.2.1

11.2.2 高阶偏导数

设函数 $z=f(x,y)$ 在区域 D 内具有偏导数

$$\frac{\partial z}{\partial x}=f_x(x,y),\frac{\partial z}{\partial y}=f_y(x,y).$$

一般地,在 D 内 $f_x(x,y)$、$f_y(x,y)$ 均是 x,y 的函数,若这两个函数的偏导数也存在,则称它们是函数的二阶偏导数.

按照对变量求导次序有下列 4 种二阶偏导数

$$\frac{\partial}{\partial x}\left(\frac{\partial z}{\partial x}\right)=\frac{\partial^2 z}{\partial x^2}=f_{xx}(x,y),$$

$$\frac{\partial}{\partial y}\left(\frac{\partial z}{\partial x}\right)=\frac{\partial^2 z}{\partial x\partial y}=f_{xy}(x,y),$$

$$\frac{\partial}{\partial x}\left(\frac{\partial z}{\partial y}\right)=\frac{\partial^2 z}{\partial y\partial x}=f_{yx}(x,y),$$

$$\frac{\partial}{\partial y}\left(\frac{\partial z}{\partial y}\right)=\frac{\partial^2 z}{\partial y^2}=f_{yy}(x,y),$$

其中 $f_{xy}(x,y)$ 与 $f_{yx}(x,y)$ 均称为二阶混合偏导数,类似地,可得到三阶、四阶和更高阶的导数. 二阶及二阶以上的偏导数统称为高阶偏导数.

例 11.2.7 求函数 $z=x^3y^2-3xy^2-xy$ 的二阶偏导数.

解 函数的一阶偏导数为

$$\frac{\partial z}{\partial x}=3x^2y^2-3y^2-y,\frac{\partial z}{\partial y}=2x^3y-6xy-x.$$

二阶偏导数为

$$\frac{\partial^2 z}{\partial x^2}=\frac{\partial}{\partial x}\left(\frac{\partial z}{\partial x}\right)=\frac{\partial}{\partial x}(3x^2y^2-3y^2-y)=6xy^2,$$

$$\frac{\partial^2 z}{\partial x\partial y}=\frac{\partial}{\partial y}\left(\frac{\partial z}{\partial x}\right)=\frac{\partial}{\partial y}(3x^2y^2-3y^2-y)=6x^2y-6y-1,$$

$$\frac{\partial^2 z}{\partial y\partial x}=\frac{\partial}{\partial x}\left(\frac{\partial z}{\partial y}\right)=\frac{\partial}{\partial x}(2x^3y-6xy-x)=6x^2y-6y-1,$$

$$\frac{\partial^2 z}{\partial y^2}=\frac{\partial}{\partial y}\left(\frac{\partial z}{\partial y}\right)=\frac{\partial}{\partial y}(2x^3y-6xy-x)=2x^3-6x.$$

此例中的两个二阶混合偏导数相等,即 $\frac{\partial^2 z}{\partial x\partial y}=\frac{\partial^2 z}{\partial y\partial x}$,但这个结论并不是对任意可求二阶偏导数的二元函数都成立,当两个二阶混合偏导数满足如下条件时,结论就成立.

定理 11.1 若函数 $z=f(x,y)$ 的两个二阶混合偏导数 $\frac{\partial^2 z}{\partial x\partial y}$ 及 $\frac{\partial^2 z}{\partial y\partial x}$ 在区域 D 内连续,则在该区域内这两个二阶混合偏导数必相等.

这一结论表明,在二阶混合偏导数连续的条件下,它与求导次序无关. 对于二元以上的函数,高阶混合偏导数在偏导数连续的条件下也与求导的次序无关.

思考题 11.2

1."二元函数在某点偏导数与函数在该点的连续性之间没有关系"这一命题正确吗?

为什么?

2. $\left(\dfrac{\partial z}{\partial x}\right)^2$ 与 $\dfrac{\partial^2 z}{\partial x^2}$ 是否等同? $\dfrac{\partial^2 z}{\partial x \partial y}$ 与 $\dfrac{\partial}{\partial x}\left(\dfrac{\partial z}{\partial y}\right)$ 是否等同? 为什么?

练习题 11.2

1. 求下列各函数的偏导数:

(1) $z = 2xy^2 - \sin x + 5y^3$;　　(2) $z = x^2 \sin y$;

(3) $z = \mathrm{e}^{xy}$;　　(4) $z = \dfrac{xy}{x+y}$;

(5) $z = \arctan \dfrac{2x}{y}$;　　(6) $z = (\cos x + x)^{y^2}$;

(7) $u = xy + yz + xz$;　　(8) $u = x^{yz^2}$.

2. 求下列各函数在指定点处的偏导数:

(1) $f(x, y) = \sin(x + 2y)$,求 $f_x\left(\dfrac{\pi}{2}, 0\right)$,$f_y\left(\dfrac{\pi}{2}, 0\right)$;

(2) $f(x, y) = \ln(1 + x^2 + y^2)$,求 $f_x(1, 2)$,$f_y(1, 2)$.

3. 求曲线 $\begin{cases} x = \sqrt{3}, \\ z = \sqrt{x^2 + y^2 + 1} \end{cases}$ 在点 $(\sqrt{3}, 1, \sqrt{5})$ 处的切线关于 y 轴的斜率.

4. 求下列各函数的二阶偏导数:

(1) $z = x^3 y - 3x^2 y^3$;　　(2) $z = y \ln x$;

(3) $z = \sin(xy^2)$;　　(4) $z = \mathrm{e}^{ax+by}$.

5. 求下列各函数在指定点处的二阶偏导数:

(1) $f(x, y) = \mathrm{e}^x(\cos y + x \sin y)$,求 $f_{xx}\left(0, \dfrac{\pi}{2}\right)$,$f_{xy}\left(0, \dfrac{\pi}{2}\right)$,$f_{yy}\left(0, \dfrac{\pi}{2}\right)$;

(2) $f(x, y, z) = xy^2 + yz^2 + zx^2$,求 $f_{xx}(1, 1, 2)$,$f_{xy}(1, 1, 2)$,$f_{xz}(1, 1, 2)$.

11.3　全　微　分

类似于对一元函数的研究过程,本节将介绍多元函数的微分问题——全微分.

11.3.1　全微分的定义

先看一个实例.

例 11.3.1　设矩形金属薄板长为 x,宽为 y. 薄板受热膨胀,长、宽各增加 Δx 和 Δy,则其面积 S 相应增加 ΔS(见图 11.3.1),且

$$\Delta S = (x + \Delta x)(y + \Delta y) - xy$$
$$= y\Delta x + x\Delta y + \Delta x \Delta y.$$

全增量 ΔS 由 $y\Delta x$,$x\Delta y$,$\Delta x \Delta y$ 三项组成.

从图 11.3.1 可以看出,$\Delta x \Delta y$ 这项比其余两项小得多. 令 $\rho = \sqrt{(\Delta x)^2 + (\Delta y)^2}$,当 $\rho \to 0$ 时,$\Delta x \Delta y$ 是比 ρ 高阶的无穷小,于是 ΔS 可表示为

$$\Delta S = y\Delta x + x\Delta y + o(\rho).$$

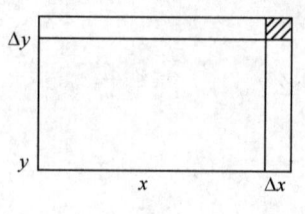

图 11.3.1

当 $\Delta x,\Delta y$ 很小时,便有

$$\Delta S \approx y\Delta x + x\Delta y.$$

类似于一元函数微分的概念,关于 Δx 和 Δy 的线性函数

$$y\Delta x + x\Delta y$$

称为函数 S 的全微分. 下面给出二元函数的全微分定义.

定义 11.5 如果二元函数 $z=f(x,y)$ 在点 (x,y) 处的全增量

$$\Delta z = f(x+\Delta x,y+\Delta y) - f(x,y)$$

可以表示为关于 $\Delta x,\Delta y$ 的线性函数与一个比 $\rho=\sqrt{(\Delta x)^2+(\Delta y)^2}$ 高阶的无穷小之和,即

$$\Delta z = f(x+\Delta x,y+\Delta y) - f(x,y) = A\Delta x + B\Delta y + o(\rho),$$

其中,A,B 与 $\Delta x,\Delta y$ 无关,只与 x 与 y 有关,则称函数 $f(x,y)$ 在点 (x,y) 处可微分. 并称 $A\Delta x+B\Delta y$ 是函数 $z=f(x,y)$ 在点 (x,y) 处的全微分,记作

$$dz = A\Delta x + B\Delta y.$$

对于一元函数 $y=f(x)$ 在点 x 处可微与在点 x 处可导是等价的,且 $dy=f'(x)\Delta x$,即 $A=f'(x)$. 对于二元函数有如下定理.

定理 11.2(可微的必要条件) 如果函数 $z=f(x,y)$ 在点 (x,y) 处可微分,则它在点 (x,y) 处的偏导数 $\frac{\partial z}{\partial x},\frac{\partial z}{\partial y}$ 存在,并有

$$dz = \frac{\partial z}{\partial x} \cdot \Delta x + \frac{\partial z}{\partial y} \cdot \Delta y.$$

证明从略.

一般地,我们用 dx 记 Δx,dy 记 Δy,并称为自变量 x,y 的微分,这样函数的全微分可写成

$$dz = \frac{\partial z}{\partial x}dx + \frac{\partial z}{\partial y}dy.$$

下面给出可微的充分条件.

定理 11.3(可微的充分条件) 如果函数 $z=f(x,y)$ 的偏导数 $\frac{\partial z}{\partial x}$ 和 $\frac{\partial z}{\partial y}$ 在点 (x,y) 连续,则函数在该点可微分. (证明从略)

与一元函数类似,二元函数 $z=f(x,y)$ 在点 (x,y) 处可微分,则函数在该点连续.

定理 11.4 若函数 $z=f(x,y)$ 在点 (x,y) 处可微,则它在该点处一定连续.

全微分的概念也可以推广到二元以上函数的情形,如果三元函数 $u=f(x,y,z)$ 可微分,那么

$$du = \frac{\partial u}{\partial x}dx + \frac{\partial u}{\partial y}dy + \frac{\partial u}{\partial z}dz.$$

例 11.3.2 求函数 $z=\tan(x+y^2)$ 的全微分.

解 因为

$$\frac{\partial z}{\partial x} = \sec^2(x+y^2),\frac{\partial z}{\partial y} = 2y\sec^2(x+y^2),$$

所以
$$dz = \sec^2(x+y^2)dx + 2y\sec^2(x+y)^2dy.$$

例 11.3.3 求函数 $z = e^{x^2y}$ 在点 $(2,1)$ 处的全微分.

解 因为
$$\frac{\partial z}{\partial x} = 2xye^{x^2y}, \quad \frac{\partial z}{\partial y} = x^2e^{x^2y},$$

$$\frac{\partial z}{\partial x}\bigg|_{(2,1)} = 4e^4, \quad \frac{\partial z}{\partial y}\bigg|_{(2,1)} = 4e^4,$$

故
$$dz = 4e^4dx + 4e^4dy.$$

例 11.3.4 求函数 $u = x + \sin\dfrac{y}{2} + e^{yz}$ 的全微分.

解 因为
$$\frac{\partial u}{\partial x} = 1, \quad \frac{\partial u}{\partial y} = \frac{1}{2}\cos\frac{y}{2} + ze^{yz}, \quad \frac{\partial u}{\partial z} = ye^{yz},$$

所以
$$du = dx + \left(\frac{1}{2}\cos\frac{y}{2} + ze^{yz}\right)dy + ye^{yz}dz.$$

11.3.2 全微分在近似计算中的应用

由全微分的定义可知,二元函数全微分具有类似于一元函数微分的两个性质:

(1) dz 是 Δx 和 Δy 的线性函数;

(2) 当 $(\Delta x, \Delta y) \to (0,0)$(即 $\rho \to 0$)时,dz 与 Δz 之差是比 ρ 高阶的无穷小量. 因此,当 Δx 和 Δy 都很小时,全增量可近似地用全微分代替,即
$$\Delta z \approx dz = f_x(x,y)\Delta x + f_y(x,y)\Delta y.$$

又
$$\Delta z = f(x+\Delta x, y+\Delta y) - f(x,y),$$

所以有
$$f(x+\Delta x, y+\Delta y) \approx f(x,y) + f_x(x,y)\Delta x + f_y(x,y)\Delta y.$$

例 11.3.5 当圆柱体的半径由 20cm 增加到 20.05cm,高由 40cm 减少到 39.95cm 时,求体积变化的近似值.

解 圆柱体的体积为
$$V = \pi r^2 h.$$

由于
$$dV = \frac{\partial V}{\partial r}\Delta r + \frac{\partial V}{\partial h}\Delta h = 2\pi rh\Delta r + \pi r^2\Delta h,$$

于是
$$\Delta V \approx 2\pi rh\Delta r + \pi r^2\Delta h.$$

将 $r=20, \Delta r=0.05, h=40, \Delta h=-0.05$ 代入上式,得圆柱体体积变化的近似值

$$\Delta V \approx 2\pi \cdot 20 \cdot 40 \cdot 0.05 + \pi \cdot 20^2 \cdot (-0.05)$$
$$= 251.33 - 62.83 = 188.5,$$

故体积约改变为 188.5cm^3.

例 11.3.6 求 $(1.02)^{4.96}$ 的近似值.

解 设函数 $f(x,y) = x^y$, 取 $x = 1, \Delta x = 0.02, y = 5, \Delta y = -0.04$, 则

$$f(1,5) = 1^5 = 1,$$

$$f_x(1,5) = yx^{y-1}\bigg|_{\substack{x=1 \\ y=5}} = 5,$$

$$f_y(1,5) = x^y\ln x\bigg|_{\substack{x=1 \\ y=5}} = 0,$$

所以由

$$f(x+\Delta x, y+\Delta y) \approx f(x,y) + f_x(x,y)\Delta x + f_y(x,y)\Delta y,$$

得

$$(1.02)^{4.96} \approx f(1,5) + f_x(1,5) \cdot 0.02 + f_y(1,5) \cdot (-0.04)$$
$$= 1 + 5 \times 0.02 - 0 \times 0.04 = 1.1.$$

思考题 11.3

1. 二元函数 $z = f(x,y)$ 在点 (x,y) 处连续与在该点偏导存在、可微之间有何关系?

2. 比照一元函数微分的几何意义, 多元函数全微分的几何意义是什么?

练习题 11.3

1. 求下列函数的全微分:

(1) $z = x\sin y + y\cos x$;   (2) $z = \ln(3x - 2y)$;

(3) $z = \dfrac{x^2 + y^2}{xy}$;   (4) $z = \dfrac{e^{xy}}{x+y}$;

(5) $u = z\cot(xy)$;   (6) $u = z^{\frac{y}{x}}$.

2. 求函数 $z = \arcsin(xy)$ 在 $x = 1, y = 0$ 处的全微分.

3. 求函数 $z = \dfrac{y}{x}$ 当 $x = 2, y = 1, \Delta x = 0.1, \Delta y = -0.2$ 时的全增量和全微分.

4. 利用全微分计算近似值:

(1) $(1.04)^{2.02}$;   (2) $\sqrt{(1.02)^3 + (1.97)^3}$.

5. 设有一无盖圆柱形容器, 容器的壁与底的厚度均为 0.1cm, 内高为 20cm, 内半径为 4cm, 求容器外壳体积的近似值.

11.4　多元复合函数微分法及偏导数的几何应用

求多元函数的偏导数和全微分统称为微分法. 前两节已经讨论了比较简单的多元函数的微分法, 本节将要讨论复合函数和隐函数的微分法. 一元复合函数、隐函数的求导法则在求导法中起着重要作用, 对于多元复合函数和隐函数的微分法则来说, 情况也是如此.

11.4.1 复合函数微分法

首先讨论二元复合函数的情形.

设 $z=f(u,v)$ 是 u,v 的函数,而 u,v 又是 x,y 的函数,即 $u=\varphi(x,y),v=\psi(x,y)$,于是 $z=f(\varphi(x,y),\psi(x,y))$ 是 x,y 的函数,称函数

$$z = f(\varphi(x,y),\psi(x,y))$$

是由 $z=f(u,v)$ 和 $u=\varphi(x,y),v=\psi(x,y)$ 复合而成的复合函数.

定理 11.5 设 $u=\varphi(x,y),v=\psi(x,y)$ 在点 (x,y) 具有对 x 及 y 的偏导数,函数 $z=f(u,v)$ 在相应点 (u,v) 具有连续偏导数,则复合函数 $z=f(\varphi(x,y),\psi(x,y))$ 在点 (x,y) 的两个偏导数存在,且

$$\left.\begin{aligned}\frac{\partial z}{\partial x}&=\frac{\partial z}{\partial u}\cdot\frac{\partial u}{\partial x}+\frac{\partial z}{\partial v}\cdot\frac{\partial v}{\partial x},\\\frac{\partial z}{\partial y}&=\frac{\partial z}{\partial u}\cdot\frac{\partial u}{\partial y}+\frac{\partial z}{\partial v}\cdot\frac{\partial v}{\partial y}.\end{aligned}\right\} \tag{11.2}$$

证明从略.

公式(11.2)是求二元复合函数偏导数的基本公式.

例 11.4.1 设 $z=e^u\sin v$,而 $u=xy,v=x+y$,求 $\dfrac{\partial z}{\partial x}$ 和 $\dfrac{\partial z}{\partial y}$.

解 因为

$$\frac{\partial z}{\partial u}=e^u\sin v,\frac{\partial z}{\partial v}=e^u\cos v,$$

$$\frac{\partial u}{\partial x}=y,\frac{\partial u}{\partial y}=x,\frac{\partial v}{\partial x}=1,\frac{\partial v}{\partial y}=1,$$

所以

$$\begin{aligned}\frac{\partial z}{\partial x}&=\frac{\partial z}{\partial u}\cdot\frac{\partial u}{\partial x}+\frac{\partial z}{\partial v}\cdot\frac{\partial v}{\partial x}\\&=e^u\sin v\cdot y+e^u\cos v\cdot 1\\&=e^{xy}[y\sin(x+y)+\cos(x+y)],\\\frac{\partial z}{\partial y}&=\frac{\partial z}{\partial u}\cdot\frac{\partial u}{\partial y}+\frac{\partial z}{\partial v}\cdot\frac{\partial v}{\partial y}\\&=e^u\sin v\cdot x+e^u\cos v\cdot 1\\&=e^{xy}[x\sin(x+y)+\cos(x+y)].\end{aligned}$$

例 11.4.2 设 $u=u(x,y)$,证明极坐标变换 $\begin{cases}x=r\cos\theta,\\y=r\sin\theta\end{cases}$ 下,有等式

$$\left(\frac{\partial u}{\partial r}\right)^2+\frac{1}{r^2}\left(\frac{\partial u}{\partial\theta}\right)^2=\left(\frac{\partial u}{\partial x}\right)^2+\left(\frac{\partial u}{\partial y}\right)^2.$$

解 因为

$$\frac{\partial u}{\partial r}=\frac{\partial u}{\partial x}\cdot\frac{\partial x}{\partial r}+\frac{\partial u}{\partial y}\cdot\frac{\partial y}{\partial r}=\frac{\partial u}{\partial x}\cdot\cos\theta+\frac{\partial u}{\partial y}\cdot\sin\theta,$$

$$\frac{\partial u}{\partial\theta}=\frac{\partial u}{\partial x}\cdot\frac{\partial x}{\partial\theta}+\frac{\partial u}{\partial y}\cdot\frac{\partial y}{\partial\theta}=\frac{\partial u}{\partial x}\cdot(-r\sin\theta)+\frac{\partial u}{\partial y}\cdot r\cos\theta,$$

所以

$$\left(\frac{\partial u}{\partial r}\right)^2 + \frac{1}{r^2}\left(\frac{\partial u}{\partial \theta}\right)^2 = \left(\frac{\partial u}{\partial x}\cos\theta + \frac{\partial u}{\partial y}\sin\theta\right)^2 + \frac{1}{r^2}\left(-\frac{\partial u}{\partial x}r\sin\theta + \frac{\partial u}{\partial y}r\cos\theta\right)^2$$

$$= \left(\frac{\partial u}{\partial x}\right)^2 + \left(\frac{\partial u}{\partial y}\right)^2.$$

11.4.2　隐函数的微分法

设三元方程 $F(x,y,z)=0$ 确定了一个二元的函数 $z=f(x,y)$. 考察恒等式

$$F(x,y,f(x,y)) = 0.$$

令 $u=x, v=y, w=z=f(x,y)$ 为中间变量,对恒等式两边分别对变量 x,y 求偏导,得

$$\frac{\partial F}{\partial u}\cdot\frac{\partial u}{\partial x} + \frac{\partial F}{\partial v}\cdot\frac{\partial v}{\partial x} + \frac{\partial F}{\partial w}\cdot\frac{\partial w}{\partial x} = 0,$$

$$\frac{\partial F}{\partial u}\cdot\frac{\partial u}{\partial y} + \frac{\partial F}{\partial v}\cdot\frac{\partial v}{\partial y} + \frac{\partial F}{\partial w}\cdot\frac{\partial w}{\partial y} = 0.$$

注意到 $u=x, v=y$,得

$$\frac{\partial F}{\partial x} + \frac{\partial F}{\partial z}\cdot\frac{\partial z}{\partial x} = 0, \quad \frac{\partial F}{\partial y} + \frac{\partial F}{\partial z}\cdot\frac{\partial z}{\partial y} = 0.$$

当 $\frac{\partial F}{\partial z}\neq 0$ 时,解出 $\frac{\partial z}{\partial x}$,得到二元隐函数的偏导数

$$\frac{\partial z}{\partial x} = -\frac{\dfrac{\partial F}{\partial x}}{\dfrac{\partial F}{\partial z}}, \quad \frac{\partial z}{\partial y} = -\frac{\dfrac{\partial F}{\partial y}}{\dfrac{\partial F}{\partial z}},$$

即

$$\frac{\partial z}{\partial x} = -\frac{F_x}{F_z}, \quad \frac{\partial z}{\partial y} = -\frac{F_y}{F_z}.$$

例 11.4.3　设 $x^2+y^2+z^2-4z=0$,求 $\dfrac{\partial z}{\partial x}, \dfrac{\partial z}{\partial y}$.

解一　将方程 $x^2+y^2+z^2-4z=0$ 中的 z 视为 x,y 的隐函数,对 x 求偏导数有

$$2x + 2z\cdot\frac{\partial z}{\partial x} - 4\cdot\frac{\partial z}{\partial x} = 0,$$

得

$$\frac{\partial z}{\partial x} = \frac{x}{2-z}.$$

类似地,得 $\dfrac{\partial z}{\partial y} = \dfrac{y}{2-z}$.

解二　令 $F(x,y,z)=x^2+y^2+z^2-4z$.

因为

$$F_x = 2x, \quad F_y = 2y, \quad F_z = 2z-4,$$

得

$$\frac{\partial z}{\partial x} = -\frac{F_x}{F_z} = \frac{x}{2-z},$$

$$\frac{\partial z}{\partial y} = -\frac{F_y}{F_z} = \frac{y}{2-z}.$$

11.4.3　偏导数的几何应用

1. 空间曲线的切线与法平面

设空间曲线 Γ 的参数方程为

$$\begin{cases} x = \varphi(t), \\ y = \psi(t), \\ z = \omega(t). \end{cases}$$

假定上式中的 3 个函数均可导,如图 11.4.1 所示.

考虑 Γ 上对应于 $t=t_0$ 的一点 $M(x_0, y_0, z_0)$,以及对应于 $t=t_0+\Delta t$ 的邻近一点 $M'(x_0+\Delta x, y_0+\Delta y, z_0+\Delta z)$,其割线 MM' 的方程为

$$\frac{x-x_0}{\Delta x} = \frac{y-y_0}{\Delta y} = \frac{z-z_0}{\Delta z},$$

对等式的分母同除以 Δt 得

$$\frac{x-x_0}{\dfrac{\Delta x}{\Delta t}} = \frac{y-y_0}{\dfrac{\Delta y}{\Delta t}} = \frac{z-z_0}{\dfrac{\Delta z}{\Delta t}}.$$

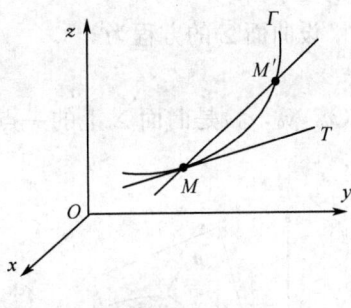

图 11.4.1

当 $\Delta t \to 0$ 时,$MM' \to MT$,曲线 Γ 在点 M 处的切线方程为

$$\frac{x-x_0}{\varphi'(t_0)} = \frac{y-y_0}{\psi'(t_0)} = \frac{z-z_0}{\omega'(t_0)},$$

其方向向量 $\tau\{\varphi'(t_0), \psi'(t_0), \omega'(t_0)\}$ 称为曲线 Γ 在点 M 处的切向量.

过点 M 与切线垂直的平面称为曲线 Γ 在点 M 处的法平面,它是过点 $M(x_0, y_0, z_0)$,以 τ 为法向量的平面,此法平面方程为

$$\varphi'(t_0)(x-x_0) + \psi'(t_0)(y-y_0) + \omega'(t_0)(z-z_0) = 0.$$

例 11.4.4　求螺旋线 $\begin{cases} x=2\cos t, \\ y=2\sin t, \\ z=3t, \end{cases}$ 在 $t_0=\dfrac{\pi}{6}$ 处的切线方程和法平面方程.

解　因为

$$x'(t) = -2\sin t, \quad y'(t) = 2\cos t, \quad z'(t) = 3,$$

当 $t_0=\dfrac{\pi}{6}$ 时螺旋线的相应点为 $\left(\sqrt{3}, 1, \dfrac{\pi}{2}\right)$,该点的切线的方向向量为

$$\{x'(t_0), y'(t_0), z'(t_0)\} = (-1, \sqrt{3}, 3).$$

因此,所求切线方程为

$$\frac{x-\sqrt{3}}{-1}=\frac{y-1}{\sqrt{3}}=\frac{z-\frac{\pi}{2}}{3}.$$

所求法平面方程为

$$-(x-\sqrt{3})+\sqrt{3}(y-1)+3\left(z-\frac{\pi}{2}\right)=0,$$

即

$$x-\sqrt{3}y-3z+\frac{3\pi}{2}=0.$$

2. 曲面的切平面与法线

通过曲面 Σ 上一点 $M(x_0,y_0,z_0)$,在曲面上可以作无穷多条曲线,若每条曲线在点 $M(x_0,y_0,z_0)$ 处都有一条切线,且这些切线都在同一平面上,则称该平面为曲面 Σ 在点 M 处的切平面.

设曲面 Σ 的方程为

$$F(x,y,z)=0,$$

$M(x_0,y_0,z_0)$ 是曲面 Σ 上的一点,假设函数 $F(x,y,z)$ 的偏导数在该点连续且不同时为零.

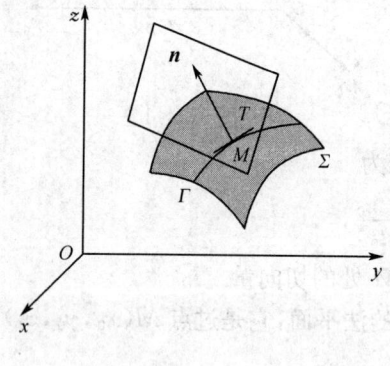

图 11.4.2

如图 11.4.2 所示,在曲面 Σ 上,过点 M 任意引一条曲线 Γ,设它的参数方程为

$$\begin{cases} x=\varphi(t), \\ y=\psi(t), \\ z=\omega(t). \end{cases}$$

点 $M(x_0,y_0,z_0)$ 对应于参数 $t=t_0$,且 $\varphi'(t_0),\phi'(t_0),\omega'(t_0)$ 不全为零.

因为曲线 Γ 在曲面 Σ 上,故有

$$F[\varphi(t),\psi(t),\omega(t)]\equiv 0.$$

上式两边对 t 求导,得

$$\left.\frac{\mathrm{d}F}{\mathrm{d}t}\right|_{t=t_0}=0,$$

即

$$F_x(x_0,y_0,z_0)\varphi'(t_0)+F_y(x_0,y_0,z_0)\psi'(t_0)+F_z(x_0,y_0,z_0)\omega'(t_0)=0.$$

引入向量

$$\boldsymbol{n}=\{F_x(x_0,y_0,z_0),F_y(x_0,y_0,z_0),F_z(x_0,y_0,z_0)\},$$
$$\boldsymbol{T}=\{\varphi'(t_0),\psi'(t_0),\omega'(t_0)\},$$

为曲线 Γ 在点 $M(x_0,y_0,z_0)$ 处的切向量.

因为 Γ 是过 M 点且在曲面 Σ 上的任意一条曲线,它们在点 M 的切线均垂直于同一非零向量 $\boldsymbol{n}$,所以,Σ 上过点 M 的一切曲线在 M 点的切线都位于同一个平面上.这个平面

称为曲面 Σ 在点 M 的切平面,其切平面方程为
$$F_x(x_0,y_0,z_0)(x-x_0)+F_y(x_0,y_0,z_0)(y-y_0)+F_z(x_0,y_0,z_0)(z-z_0)=0.$$
过点 $M(x_0,y_0,z_0)$ 而垂直于切平面的直线称为曲面在该点的法线,其法线方程为
$$\frac{x-x_0}{F_x(x_0,y_0,z_0)}=\frac{y-y_0}{F_y(x_0,y_0,z_0)}=\frac{z-z_0}{F_z(x_0,y_0,z_0)}.$$
曲面在一点的切平面之法向量称为曲面在该点的法向量,因此,向量
$$\boldsymbol{n}=\{F_x(x_0,y_0,z_0),F_y(x_0,y_0,z_0),F_z(x_0,y_0,z_0)\}$$
便是曲面 Σ 在点 M 处的一个法向量。

若曲面 Σ 的方程为
$$z=f(x,y),$$
令
$$F(x,y,z)=f(x,y)-z=0,$$
则
$$F_x=f_x,F_y=f_y,F_z=-1.$$
当偏导数 $f_x(x,y),f_y(x,y)$ 在点 (x_0,y_0) 连续时,曲面在点 $M(x_0,y_0,z_0)$ 的切平面方程为
$$f_x(x_0,y_0)(x-x_0)+f_y(x_0,y_0)(y-y_0)-(z-z_0)=0,$$
它又可写成
$$z-z_0=f_x(x_0,y_0)(x-x_0)+f_y(x_0,y_0)(y-y_0). \tag{11.3}$$
(11.3)式具有鲜明的几何意义. 方程的右端恰好是函数在点 (x_0,y_0) 处的全微分;方程的左端是切平面上点 (x_0,y_0) 的竖坐标 z 的改变量. 因此,函数 $z=f(x,y)$ 在点 (x_0,y_0) 处的全微分 $\mathrm{d}z$ 就是当自变量改变 $\Delta x,\Delta y$ 时,切平面竖坐标 z 的改变量,这就是全微分的几何意义(如图 11.4.3 所示).

特别地,当 $f_x(x_0,y_0)=f_y(x_0,y_0)=0$ 时,曲面在点 (x_0,y_0) 处的切平面为 $z-z_0=0$,此切平面平行于 xOy 坐标面,即曲面在点 (x_0,y_0) 处具有水平的切平面(如图 11.4.4 所示).

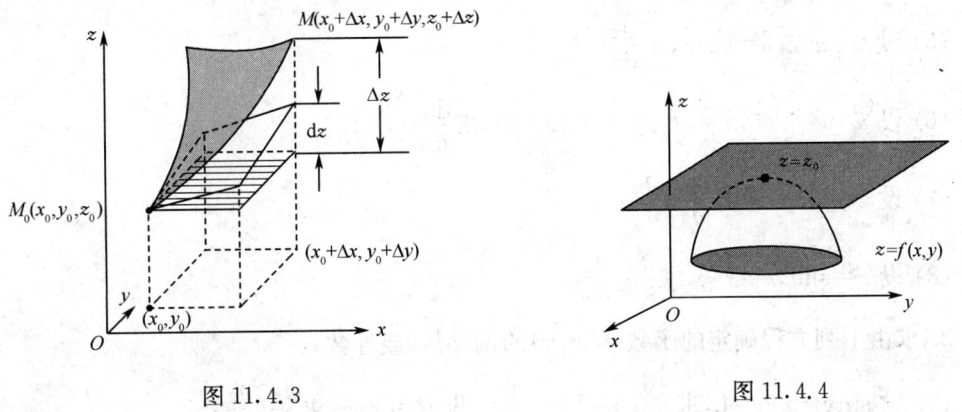

图 11.4.3

图 11.4.4

例 11.4.5 求球面 $x^2+y^2+z^2=14$ 在点 $(1,2,3)$ 处的切平面及法线方程.

解 令 $F(x,y,z)=x^2+y^2+z^2-14$,则

$$F_x = 2x, F_y = 2y, F_z = 2z,$$

于是,该球面在点$(1,2,3)$处的法向量为$\vec{n} = \{2,4,6\}$.所以,在点$(1,2,3)$处,此球面的切平面方程为

$$2(x-1) + 4(y-2) + 6(z-3) = 0,$$

即

$$x + 2y + 3z - 14 = 0.$$

法线方程为

$$\frac{x-1}{2} = \frac{y-2}{4} = \frac{z-3}{6} \quad 即$$

$$\frac{x-1}{1} = \frac{y-2}{2} = \frac{z-3}{3},$$

因为点$(0,0,0)$在法线上,可见法线通过球心.

思考题 11.4

比照一元函数的微分形式不变性,试说明二元函数的微分形式不变性的内容以及如何利用微分形式不变性求全微分.

练习题 11.4

1. 求下列复合函数的偏导数或导数:

(1) 设 $z = u^2 \ln v, u = xy, v = 3x - 2y,$求$\dfrac{\partial z}{\partial x}, \dfrac{\partial z}{\partial y}$;

(2) 设 $z = \dfrac{\sin v}{u}, u = \dfrac{y}{x}, v = x^2 y,$求$\dfrac{\partial z}{\partial x}, \dfrac{\partial z}{\partial y}$;

(3) 设 $z = e^w, u = xy, v = \ln(x - y),$求$\dfrac{\partial z}{\partial x}, \dfrac{\partial z}{\partial y}$;

(4) 设 $z = \dfrac{x}{y}, x = e^t, y = te^{2t},$求$\dfrac{dz}{dt}$;

(5) 设 $z = u^2 x, u = \cos x,$求$\dfrac{dz}{dx}$;

(6) 设 $u = e^{2x - y + z}, x = 3t^2, y = 2t^3, z = 5t,$求$\dfrac{du}{dt}$;

(7) 设 $z = (\ln y)^{xy},$求$\dfrac{\partial z}{\partial x}, \dfrac{\partial z}{\partial y}$;

(8) 设 $z = \sin t, t = x^2 y,$求$\dfrac{\partial z}{\partial x}, \dfrac{\partial z}{\partial y}$.

2. 求由下列方程确定的函数 $f(x,y)$ 的偏导数(或导数):

(1) 设 $\sin y - xy^2 = 0,$求$\dfrac{dy}{dx}$;　　　　(2) 设 $e^z = xyz,$求$\dfrac{\partial z}{\partial x}, \dfrac{\partial z}{\partial y}$;

(3) 设 $\dfrac{x}{z} = \ln \dfrac{z}{y},$求$\dfrac{\partial z}{\partial x}, \dfrac{\partial z}{\partial y}$;　　　　(4) 设 $x = y \tan z,$求$\dfrac{\partial^2 z}{\partial y^2}$.

3. 试用两种方法求 $y^x = x^y$ 的导数.

4. 求曲线 $x = t - \sin t, y = 1 - \cos t, z = 4\sin\dfrac{t}{2}$ 在点 $\left(\dfrac{\pi}{2} - 1, 1, 2\sqrt{2}\right)$ 处的切线方程和法平面方程.

5. 求曲线 $x = \dfrac{t}{1+t}, y = \dfrac{1+t}{t}, z = t^2$ 在对应于 $t = 1$ 的点处的切线方程和法平面方程.

6. 求曲面 $e^z - z + xy = 3$ 在点 $(2, 1, 0)$ 处的切平面方程和法线方程.

7. 求曲面 $z = \arctan\dfrac{y}{x}$ 在点 $\left(1, 1, \dfrac{\pi}{4}\right)$ 处的切平面方程和法线方程.

8. 求曲线 $x = t, y = t^2, z = t^3$ 上的点, 使曲线在该点处的切线平行于平面 $x + 2y + z = 4$.

9. 求抛物面 $z = x^2 + y^2$ 的切平面, 使该切平面平行于平面 $x - y + 2z = 0$.

11.5 多元函数的极值与最值

在很多工程、科技等实际问题中, 需要求多元函数的极值, 与一元函数类似, 利用多元函数的偏导数可以求得函数的极值. 本节我们着重讨论二元函数的情形.

11.5.1 多元函数的极值

定义 11.6 设函数 $z = f(x, y)$ 在点 (x_0, y_0) 的某个邻域内有定义, 如果对于该邻域内任何异于 (x_0, y_0) 的点 (x, y), 都有

$$f(x, y) < f(x_0, y_0) \quad \text{或} \quad f(x, y) > f(x_0, y_0),$$

则称函数在点 (x_0, y_0) 取得极大值(或极小值). 极大值与极小值统称为函数的极值; 使函数取得极值的点称为极值点.

二元函数的极值是一个局部概念, 这一概念很容易推广至多元函数.

例 11.5.1 讨论下述函数在原点 $(0, 0)$ 处是否取得极值:

(1) $z = x^2 + y^2$;

(2) $z = -\sqrt{x^2 + y^2}$;

(3) $z = xy$.

解 依定义可以判断:

(1) $z = x^2 + y^2$ 在点 $(0, 0)$ 处取得极小值 $f(0, 0) = 0$ [如图 11.5.1 所示, $(0, 0, 0)$ 是开口向上的旋转抛物面 $z = x^2 + y^2$ 的顶点];

(2) $z = -\sqrt{x^2 + y^2}$ 在点 $(0, 0)$ 处取得极大值 $f(0, 0) = 0$ [如图 11.5.2 所示, $(0, 0, 0)$ 是开口向下的锥面 $z = -\sqrt{x^2 + y^2}$ 的顶点];

(3) 点 $(0, 0)$ 不是马鞍面 $z = xy$ 的极值点(如图 11.5.3 所示).

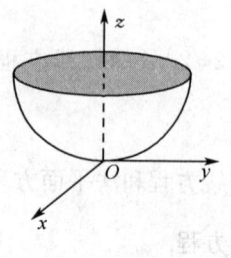

图 11.5.1

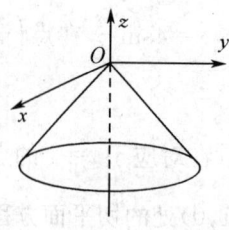

图 11.5.2

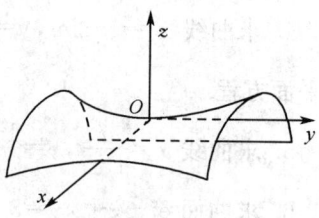

图 11.5.3

下面给出二元函数有极值的必要条件.

定理 11.6 设函数 $z=f(x,y)$ 在点 (x_0,y_0) 具有偏导数且取得极值,则它在该点的偏导数必为零,即

$$f_x(x_0,y_0)=f_y(x_0,y_0)=0.$$

证明从略.

使 $f_x(x,y)=0$,$f_y(x,y)=0$ 同时成立的点 (x_0,y_0),称为函数的驻点.

定理表明,可(偏)导函数的极值点必为驻点,反过来,函数的驻点却不一定是极值点.例如,$z=xy$ 在点 $(0,0)$ 不取得极值,但却是驻点.

此外,偏导数 $f_x(x_0,y_0)$ 或 $f_y(x_0,y_0)$ 不存在的点 (x_0,y_0) 也是函数的可能极值点.例如,$z=-\sqrt{x^2+y^2}$ 在点 $(0,0)$ 有极大值,但是其一阶偏导数

$$f_x(0,0)=\lim_{x\to 0}\frac{f(x,0)-f(0,0)}{x}\lim_{x\to 0}\frac{|x|}{x}$$

不存在. 当然,$f_y(0,0)$ 也不存在.

定理 11.7(极值存在的充分条件) 设函数 $z=f(x,y)$ 在点 (x_0,y_0) 的某邻域内具有二阶连续的偏导数,又 $f_x(x_0,y_0)=f_y(x_0,y_0)=0$,记

$$A=f_{xx}(x_0,y_0),B=f_{xy}(x_0,y_0),C=f_{yy}(x_0,y_0),$$

则

(1) 当 $AC-B^2>0$ 时,具有极值,且当 $A<0$ 时 $f(x_0,y_0)$ 为极大值,当 $A>0$ 时 $f(x_0,y_0)$ 为极小值;

(2) 当 $AC-B^2<0$ 时,$f(x_0,y_0)$ 非极值;

(3) 当 $AC-B^2=0$ 时,$f(x_0,y_0)$ 可能是极值,也可能不是极值,需另作判定.

例 11.5.2 求函数 $f(x,y)=x^3-y^3+3x^2+3y^2-9x$ 的极值.

解 函数具有二阶连续偏导数,故可能的极值点只可能为驻点,先解方程组

$$\begin{cases} f_x=3x^2+6x-9=3(x-1)(x+3)=0, \\ f_y=-3y^2+6y=-3y(y-2)=0, \end{cases}$$

求出全部驻点为 $(1,0)$,$(1,2)$,$(-3,0)$,$(-3,2)$.再求二阶偏导数

$$A=f_{xx}=6x+6,B=f_{xy}=0,C=f_{yy}=-6y+6.$$

列表 11.1.1.

表 11.1.1

驻点	$A=6x+6$	$B=0$	$C=-6y+6$	$AC-B^2$	结论
$(1,0)$	$12>0$	0	$6>0$	$72>0$	是极值点,且为极小值点
$(1,2)$	$12>0$	0	$-6<0$	$-72<0$	不是极值点
$(-3,0)$	$-12<0$	0	$6>0$	$-72<0$	不是极值点
$(-3,2)$	$-12<0$	0	$-6<0$	$72>0$	是极值点,且为极大值点

因此,在点 $(1,0)$ 处,函数取得极小值 $f(1,0)=-5$;在点 $(-3,2)$ 处,函数取得极大值 $f(-3,2)=31$.

定理 11.6、定理 11.7 的结论也可推广至多元函数.

11.5.2　多元函数的最值

与一元函数类似,对于有界闭区域 D 上连续二元函数 $f(x,y)$,一定能在该区域上取得最大值和最小值. 使函数取得最值的点既可能在 D 的内部,也可能在 D 的边界上.

若函数的最值在区域 D 的内部取得,这个最值也是函数的极值,它必在函数的驻点或使 $f_x(x,y)$、$f_y(x,y)$ 不存在的点取得.

若函数在 D 的边界上取得最值,可根据 D 的边界方程,将 $f(x,y)$ 化成定义在某个闭区间上的一元函数,进而利用一元函数求最值的方法求出最值。

综合上述讨论,有界闭区域 D 上的连续函数 $f(x,y)$ 最值求法如下:

(1) 求出在 D 的内部使 f_x,f_y 同时为零的点及使 f_x 或 f_y 不存在的点;

(2) 计算出 $f(x,y)$ 在 D 的内部的所有可能极值点处的函数值;

(3) 求出 $f(x,y)$ 在 D 的边界上的最值;

(4) 比较上述函数值的大小,最大者便是函数在 D 上的最大值;最小者便是函数在 D 上的最小值. 对于实际问题中的最值问题,往往从问题本身能断定它的最值一定在 D 的内部取得,而函数在 D 内又只有一个驻点,则该驻点处的函数值就是函数在 D 上的最值。

例 11.5.3　某厂要用铁板做成图11.5.4所示的一个体积为 $2\mathrm{m}^3$ 的有盖长方体水箱,当长、宽、高各取怎样的尺寸时,才能使用料最省?

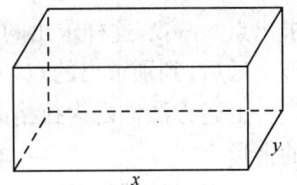

图 11.5.4

解　设水箱的长为 $x\mathrm{m}$,宽为 $y\mathrm{m}$,则高为 $\dfrac{2}{xy}\mathrm{m}$.

水箱的表面积为

$$A = 2\left(xy + y\cdot\frac{2}{xy} + x\cdot\frac{2}{xy}\right) = 2\left(xy + \frac{2}{x} + \frac{2}{y}\right),(x>0,y>0),$$

令

$$\begin{cases} A_x = 2\left(y-\dfrac{2}{x^2}\right)=0, \\ A_y = 2\left(x-\dfrac{2}{y^2}\right)=0, \end{cases}$$

解方程组得唯一驻点 $x=y=\sqrt[3]{2}$.

据问题的实际背景,水箱所用材料面积的最小值一定存在,并在开区域 $D:x>0$,

$y>0$ 内取得,又函数在 D 内只有唯一的驻点,因此,可断定当 $x=y=\sqrt[3]{2}$ 时,取得最小值,即当水箱的长、宽、高分别为 $\sqrt[3]{2}$m 时,所用材料最省.

11.5.3 条件极值

前面所讨论的极值问题,对于函数的自变量,除了限制它在定义域内之外,再无其他的约束条件,因此,我们称这类极值为无条件极值. 但是,在实际问题中,有时会遇到对函数的自变量还有附加条件的极值问题. 例如,例 11.5.3 中若设长方体的长宽高分别为 x,y,z,则其表面积为

$$A = 2(xy+yz+zx),$$

这里除了 $x>0,y>0,z>0$ 外,还需满足限制条件 $xyz=2$.

像这类自变量有附加条件的极值称为条件极值.

有些实际问题,可将条件极值化为无条件极值,如例 11.5.3;但对一些复杂的问题,条件极值很难化为无条件极值.

考虑函数 $z=f(x,y)$ 在限制条件 $\varphi(x,y)=0$ 下的条件极值问题,可先作拉格朗日函数

$$F(x,y,\lambda) = f(x,y) + \lambda\varphi(x,y),$$

其中 λ 为参数.

然后,求其对 x 与 y 的一阶偏导数,并解方程组

$$\begin{cases} \dfrac{\partial F}{\partial x} = f_x(x,y) + \lambda\varphi_x(x,y) = 0, \\[2mm] \dfrac{\partial F}{\partial y} = f_y(x,y) + \lambda\varphi_y(x,y) = 0, \\[2mm] \dfrac{\partial F}{\partial \lambda} = \varphi(x,y) = 0, \end{cases}$$

求出点 x,y,λ,这样求出的点 (x,y) 就是可疑条件极值点.

最后,判别求出的点 (x,y) 是否为极值点,通常由实际问题的实际意义判定.

上述方法称之为拉格朗日乘数法,它可推广到二元以上的函数或限制条件多于一个的情形.

下面,我们用拉格朗日乘数法求解例 11.5.3.

设长方体的长宽高分别为 x,y,z,体积 $v=2=xyz$,表面积 $s=2xy+2yz+2zx$ 设拉格朗日函数

$$F(x,y,z,\lambda) = 2xy + 2yz + 2zx + \lambda(xyz-2),$$

由

$$\begin{cases} \dfrac{\partial F}{\partial x} = 2y + 2z + \lambda yz = 0, \\[2mm] \dfrac{\partial F}{\partial y} = 2x + 2z + \lambda xz = 0, \\[2mm] \dfrac{\partial F}{\partial z} = 2x + 2y + \lambda xy = 0, \\[2mm] \dfrac{\partial F}{\partial \lambda} = xyz - 2 = 0, \end{cases}$$

得唯一驻点 $x=y=z=\sqrt[3]{2}$. 由问题本身可知最小值一定存在,因此当 $x=y=z=\sqrt[3]{2}$ 时,长方体所需材料最省.

思考题 11.5

1. 多元函数的极值与最值的关系如何?

2. 二元函数的极值与条件极值有何关系? 若二元函数无极值,是否一定无条件极值,举例说明.

练习题 11.5

1. 求下列函数的极值:

(1) $z=x^3+y^2-6xy-39x+18y+18$;

(2) $z=e^{2x}(x+y^2+2y)$.

2. 求函数 $z=x^2-y^2$ 在闭区域 $x^2+4y^2\leqslant4$ 上的最大值和最小值.

3. 求函数 $z=x+y$ 当 $x^2+y^2=1$ 条件下的极值.

4. 某地区用 a 单位资金投资 3 个项目,分别用去 x,y,z 单位,所获效益为 $x^\alpha y^\beta z^\gamma (\alpha,\beta,\gamma\in R)$,问如何分配投资额,才能使收益最大?

11.6 典型例题详解

例 11.6.1 求函数 $f(x,y)=\arcsin\dfrac{x^2+y^2}{4}+\arccos\dfrac{1}{x^2+y^2}+\ln x$ 的定义域.

解 函数要有定义,必须是 3 个式子都有意义,即

$$\begin{cases} -1\leqslant\dfrac{x^2+y^2}{4}\leqslant1, \\ -1\leqslant\dfrac{1}{x^2+y^2}\leqslant1, \\ x>0, \end{cases}$$

由此可得函数的定义域为 $\{(x,y)|1\leqslant x^2+y^2\leqslant4,x>0\}$.

例 11.6.2 设 $f(x,y)=\dfrac{2xy}{x+y}$,求 $f\left(\dfrac{1}{x},\dfrac{1}{y}\right)$.

解 因为函数 $f(x,y)=\dfrac{2xy}{x+y}$ 与自变量选用的字母无关,所以

$$f(u,v)=\dfrac{2uv}{u+v},$$

令 $u=\dfrac{1}{x},v=\dfrac{1}{y}$,代入上式,得

$$f\left(\dfrac{1}{x},\dfrac{1}{y}\right)=\dfrac{\dfrac{2}{xy}}{\dfrac{1}{x}+\dfrac{1}{y}}=\dfrac{2}{x+y}.$$

例 11.6.3 设 $z=F\left(\dfrac{y}{x}\right)$,其中 F 为可导函数,求 $\dfrac{\partial z}{\partial x},\dfrac{\partial z}{\partial y}$.

解 引入中间变量 $u=\dfrac{y}{x}$,由函数结构 $z-u\diagup^{x}_{\diagdown y}$ 得

$$\frac{\partial z}{\partial x}=\frac{\mathrm{d}F}{\mathrm{d}u}\frac{\partial u}{\partial x}=-\frac{y}{x^2}\frac{\mathrm{d}F}{\mathrm{d}u},$$

$$\frac{\partial z}{\partial y}=\frac{\mathrm{d}F}{\mathrm{d}u}\frac{\partial u}{\partial y}=\frac{1}{x}\frac{\mathrm{d}F}{\mathrm{d}u}.$$

例 11.6.4 求曲线 $\Gamma:\begin{cases}y=x-2,\\ z=x^2\end{cases}$ 上的点,使曲线在该点处的切线平行于平面 $x+y+2z=4$.

解 取 x 为参数,则曲线 Γ 的参数方程为

$$\begin{cases}x=x,\\ y=x-2,\\ z=x^2,\end{cases}$$

因为

$$x'=1,y'=1,z'=2x,$$

故曲线在点 (x,y,z) 处的切线的方向向量为 $\{1,1,2x\}$,而平面 $x+y+2z=4$ 的法向量为 $\{1,1,2\}$,为使曲线在点 (x,y,z) 处的切线平行于平面 $x+y+2z=4$,则必须

$$\{1,1,2x\}\cdot\{1,1,2\}=1+1+4x=0,$$

得 $x=-\dfrac{1}{2}$. 故所求曲线 Γ 上的点为 $\left(-\dfrac{1}{2},-\dfrac{5}{2},\dfrac{1}{4}\right)$.

例 11.6.5 求曲面 $x^2+2y^2+3z^2=21$ 平行于平面的 $x+4y+6z=0$ 的切平面方程.

解 设曲面

$$F(x,y,z)=x^2+2y^2+3z^2-21=0,$$

则

$$F_x=2x,F_y=4y,F_z=6z.$$

故曲面在点 (x,y,z) 处的切平面的法向量为

$$\boldsymbol{n}=\{2x,4y,6z\},$$

而平面 $x+4y+6z=0$ 的法向量为 $\{1,4,6\}$,则曲面的切平面平行于平面 $x+4y+6z=0$,当且仅当 $\dfrac{2x}{1}=\dfrac{4y}{4}=\dfrac{6z}{6}$,又由于点 (x,y,z) 满足方程 $x^2+2y^2+3z^2=21$,得切点 $(1,2,2)$ 和 $(-1,-2,-2)$.

故所求切平面方程为

$$x+4y+6z\pm21=0.$$

例 11.6.6 设 D 为闭球 $x^2+y^2+z^2\leqslant100$,求函数 $u=x^2+2y^2+3z^2$ 在 D 上的最大值和最小值.

解　根据有界闭区域 D 上的多元连续函数的性质知,所求函数的最大值和最小值一定存在.

由

$$\begin{cases} \dfrac{\partial u}{\partial x} = 2x = 0, \\[2mm] \dfrac{\partial u}{\partial y} = 4y = 0, \\[2mm] \dfrac{\partial u}{\partial z} = 6z = 0, \end{cases}$$

得其唯一驻点 $(0,0,0)$.

而 $u=x^2+2y^2+3z^2 \geqslant 0 = u(0,0,0)$,故在点 $(0,0,0)$ 处,函数取得最小值 0.

由于函数在唯一驻点处已取得最小值,可知函数的最大值必定在 D 的边界 $x^2+y^2+z^2=100$ 上取得,从而问题归结为求函数 $u=x^2+2y^2+3z^2$ 在约束条件 $x^2+y^2+z^2=100$ 下的最大值问题.

设拉格朗日函数
$$F(x,y,z,\lambda)=x^2+2y^2+3z^2+\lambda(x^2+y^2+z^2-100),$$

由

$$\begin{cases} \dfrac{\partial F}{\partial x} = 2x + 2x\lambda = 0, \\[2mm] \dfrac{\partial F}{\partial y} = 4y + 2y\lambda = 0, \\[2mm] \dfrac{\partial F}{\partial z} = 6z + 2z\lambda = 0, \\[2mm] \dfrac{\partial F}{\partial \lambda} = x^2 + y^2 + z^2 - 100 = 0, \end{cases}$$

得 $\lambda=-1$ 时,驻点为 $(\pm 10,0,0)$;$\lambda=-2$ 时,驻点为 $(0,\pm 10,0)$;$\lambda=-3$ 时,驻点为 $(0,0,\pm 10)$,且 $u(\pm 10,0,0)=100,u(0,\pm 10,0)=200,u(0,0,\pm 10)=300$.

又因为在 D 的边界 $x^2+y^2+z^2=100$ 上,且
$$u = x^2+2y^2+3z^2 \leqslant 3(x^2+y^2+z^2) = 300,$$
故函数在点 $(0,0,\pm 10)$ 处取得最大值 300.

复习题十一

1. 设函数 $f(x,y)=\ln x\ln y$,求 $f(xy,x^2y^2)$.

2. 求下列函数的定义域并画出定义域的图形:

(1) $z=\sqrt{1-x^2}+\sqrt{y^2-1}$;　　　　(2) $z=\dfrac{1}{\sqrt{x^2+y^2}}$;

(3) $z=\dfrac{1}{\sqrt{R^2-x^2-y^2}}+\dfrac{1}{\sqrt{x^2+y^2-r^2}}(r<R)$;　　(4) $z=\ln(y-x)+\arcsin x$.

3. 求下列函数的偏导数.

(1) $z = x^2 \ln(x + y^2)$;

(2) $z = \dfrac{x}{\sqrt{x^2 + y^2}}$;

(3) $z = \ln\sin(x - 2y)$;

(4) $u = e^{x(y+z^2)}$.

4. 求下列各函数在指定点处的偏导数:

(1) $f(x, y) = \dfrac{x^2 y^2}{x - y}$,求 $f_x(2,1), f_y(2,1)$;

(2) $f(x, y) = e^{\arctan\frac{y}{x}} \ln(x^2 + y^2)$,求 $f_x(1,0)$;

(3) $f(x, y) = x + (y - 1)\arcsin\sqrt{\dfrac{x}{y}}$,求 $f_x(x,1), f_y(0,1)$.

5. 求下列函数的二阶偏导:

(1) $z = \sqrt{xy}$;

(2) $z = y^{\ln x}$.

6. 求下列函数的全微分.

(1) $z = x\cos(x - y)$;

(2) $z = \sqrt{\dfrac{y}{x}}$;

(3) $z = e^{x^2 + y^2}$;

(4) $u = \ln(x^2 + y^2 + z^2)$.

7. 求函数 $z = x^2 y^3$,当 $x = 2, y = -1, \Delta x = 0.02, \Delta y = -0.01$ 时的全增量和全微分.

8. 设 $u = x^y y^x$,求证 $x\dfrac{\partial u}{\partial x} + y\dfrac{\partial u}{\partial y} = (x + y + \ln u)u$.

9. 设 $u = \ln(1 + x + y^2 + z^3)$,当 $x = y = z = 1$ 时,计算 $u_x + u_y + u_z$.

10. 证明 $u = x^3 - 3xy^2, v = 3x^2 y - y^3$ 满足柯西—黎曼方程

$$\begin{cases} \dfrac{\partial u}{\partial x} = \dfrac{\partial v}{\partial y}, \\[2mm] \dfrac{\partial u}{\partial y} = -\dfrac{\partial v}{\partial x}. \end{cases}$$

11. 某工厂生产的甲、乙两种产品,当产量分别为 x 和 y 时,这两种产品的总成本(单位:元)是

$$z = 400 + 2x + 3y + 0.01(3x^2 + xy + 3y^2),$$

(1) 求每种产品的边际成本;

(2) 当出售两种产品的单价分别为 10 元和 9 元时,试求每种产品的边际利润.

12. 求下列复合函数的偏导数或全导数:

(1) 设 $z = \dfrac{v}{u}, u = \ln x, v = e^x$,求 $\dfrac{\mathrm{d}z}{\mathrm{d}x}$;

(2) 设 $z = \arctan\dfrac{x}{y}, y = \sqrt{1 + x^2}$,求 $\dfrac{\partial z}{\partial x}, \dfrac{\mathrm{d}z}{\mathrm{d}x}$;

(3) 设 $z = e^{u\cos v}, u = xy, v = \ln(x - y)$,求 $\dfrac{\partial z}{\partial x}, \dfrac{\partial z}{\partial y}$;

(4) 设 $u = \sin(x^2 + y^2 + z^2), x = r + s + t, y = rs + st + tr, z = rst$,求 $\dfrac{\partial u}{\partial r}, \dfrac{\partial u}{\partial s}, \dfrac{\partial u}{\partial t}$.

13. 求下列函数的偏导数:

(1) 设 $u=f\left(x,\dfrac{x}{y}\right)$，求 $\dfrac{\partial u}{\partial x},\dfrac{\partial u}{\partial y}$；　　　(2) 设 $u=f(x+y,x-y,xy)$，求 $\dfrac{\partial u}{\partial x},\dfrac{\partial u}{\partial y}$；

(3) 设 $u=f(x+y+z,x^2+y^2+z^2)$，求 $\dfrac{\partial u}{\partial x},\dfrac{\partial u}{\partial y},\dfrac{\partial u}{\partial z}$.

14. 验证下列各式：

(1) 设 $u=f(x^2+y^2)$，则 $y\dfrac{\partial u}{\partial x}-x\dfrac{\partial u}{\partial y}=0$；

(2) 设 $u=\dfrac{y}{f(x^2-y^2)}$，其中 f 为可微函数，则 $\dfrac{1}{x}\dfrac{\partial u}{\partial x}+\dfrac{1}{y}\dfrac{\partial u}{\partial y}=\dfrac{u}{y^2}$.

(3) 设 $u=\sin x+f(\sin y-\sin x)$，其中 f 为可微函数，则

$$\cos y\cdot\dfrac{\partial u}{\partial x}+\cos x\cdot\dfrac{\partial u}{\partial y}=\cos x\cos y.$$

15. 求下列方程所确定的隐函数的偏导数或全导数：

(1) $\ln\sqrt{x^2+y^2}=\arctan\dfrac{y}{x}$，求 $\dfrac{dy}{dx}$；

(2) $\cos^2x+\cos^2y+\cos^2z=1$，求 $\dfrac{\partial z}{\partial x},\dfrac{\partial z}{\partial y}$；

(3) $z^3+3xyz=a^3$，求 $\dfrac{\partial z}{\partial x},\dfrac{\partial z}{\partial y}$.

16. 求曲线 $x=t^2,y=1-t,z=t^3$ 在点 $(1,0,1)$ 处的切线方程和法平面方程.

17. 求曲面 $z=\ln(1+x^2+2y^2)$ 在点 $(1,1,\ln4)$ 处的切平面方程和法线方程.

18. 在曲面 $z=xy$ 上求一点，使这点的法线垂直于平面 $x+3y+z+9=0$，并求出此法线方程.

19. 求函数 $z=x^3+y^3+xy$ 的极值.

20. 求函数 $z=xy$ 在条件 $\dfrac{x}{a}+\dfrac{y}{b}=1$ 下的极值.

21. 求 3 个正数，使它们的和为 50，而乘积最大.

22. 某企业产品的产量 Q 与技术工人数 x，非技术工人数 y 之间有如下的关系式

$$Q=-8x^2+12xy-3y^2,$$

若企业只能雇用 230 人，那么该雇用多少技术工人，多少非技术工人，才能使产量最大？

第 12 章

多元函数积分学

为了求不均匀分布在一个区间上的量（如曲边梯形的面积、变速直线运动的路程），我们引入了定积分. 在科学技术和工程实践中，还要有大量的问题需要我们计算不均匀分布在一个平面区域上的量（如密度不均匀分布的平面薄板的质量等）. 讨论这样的问题，需要我们研究多元函数的积分学.

12.1 二重积分的概念与计算

本节从求曲顶柱体的体积入手引入二重积分的概念与计算.

12.1.1 二重积分的概念

1. 引例：曲顶柱体的体积

若一个立体的底是 xOy 平面上的有界闭区域 D，它的侧面是以 D 的边界曲线为准线，而母线平行于 z 轴的柱面，顶是由二元函数 $z=f(x,y)$ 所表示的曲面. 求当 $f(x,y)\geqslant 0$ 时该曲顶柱体（如图 12.1.1）的体积.

解 依照将曲边梯形的面积表示成定积分的方法，我们采用"分割、取近似、求和、取极限"四步来求曲顶柱体的体积.

第一步（分割）：将区域 D 任意分成 n 个小闭区域

$$\Delta\sigma_1,\Delta\sigma_2,\cdots,\Delta\sigma_n,$$

同时用 $\Delta\sigma_i$ 表示第 i 个小闭区域的面积.

第二步（取近似）：在每个小闭区域 $\Delta\sigma_i$ 上任取一点 (ξ_i,η_i)，则以 $\Delta\sigma_i$ 为底，$z=f(x,y)$ 为曲顶的小曲顶柱体的体积近似值为

$$\Delta v_i = f(\xi_i,\eta_i)\Delta\sigma_i.$$

第三步（求和）：将每个小曲顶柱体的体积近似值加起来，就得到整个曲顶柱体体积 V 的近似值，即

$$V = \sum_{i=1}^{n}\Delta v_i \approx \sum_{i=1}^{n}f(\xi_i,\eta_i)\Delta\sigma_i.$$

第四步（取极限）：注意到，区域 D 分割的愈细，即每个小区域 $\Delta\sigma_i$ 的面积愈小，和

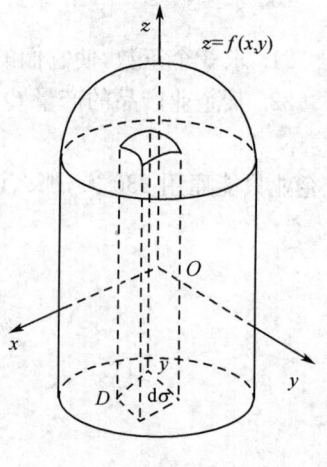

图 12.1.1

式 $\sum\limits_{i=1}^{n} f(\xi_i, \eta_i)\Delta\sigma_i$ 就愈接近曲顶柱体体积 V. 当每个小区域 $\Delta\sigma_i$ 的面积无限小时，

$\sum\limits_{i=1}^{n} f(\xi_i, \eta_i)\Delta\sigma_i$ 就无限接近于曲顶柱体体积 V. 如果用 λ 表示各个小区域直径（即小区域上任意两点之间最大距离）的最大者，则有

$$V = \lim_{\lambda \to 0} \sum_{i=1}^{n} f(\xi_i, \eta_i)\Delta\sigma_i.$$

在科学技术和工程实践中，还有许多实际问题可以表示成上述"和式的极限"，通常称其为二重积分.

2. 二重积分的概念

如果抽去曲顶柱体的几何意义，有如下二重积分的定义.

定义 12.1　设 $f(x, y)$ 是有界闭区域 D 上的有界函数，将闭区域 D 任意分成 n 个小闭区域

$$\Delta\sigma_1, \Delta\sigma_2, \cdots, \Delta\sigma_n,$$

其中 $\Delta\sigma_i$ 表示第 i 个小闭区域，也表示它的面积. 在每个 $\Delta\sigma_i$ 上任取一点 (ξ_i, η_i)，作乘积

$$f(\xi_i, \eta_i)\Delta\sigma_i \quad (i = 1, 2, \cdots, n),$$

并作和 $\sum\limits_{i=1}^{n} f(\xi_i, \eta_i)\Delta\sigma_i$. 如果当各小闭区域的直径中的最大值 λ 趋于零时，这和式的极限存在，则称此极限值为函数 $f(x, y)$ 在闭区域 D 上的二重积分，记作 $\iint\limits_{D} f(x, y)\mathrm{d}\sigma$，即

$$\iint\limits_{D} f(x, y)\mathrm{d}\sigma = \lim_{\lambda \to 0} \sum_{i=1}^{n} f(\xi_i, \eta_i)\Delta\sigma_i,$$

其中 $f(x, y)$ 称为被积函数，D 为积分区域，$f(x, y)\mathrm{d}\sigma$ 称为被积式，$\mathrm{d}\sigma$ 为面积元素，x 与 y 称为积分变量.

有了二重积分的定义，以 xoy 内的平面区域 D 为底，曲面 $z = f(x, y)(f(x, y) \geqslant 0)$ 为顶的曲顶柱体的体积 V 就可以表示为二重积分，即

$$V = \iint\limits_{D} f(x, y)\mathrm{d}\sigma.$$

12.1.2　二重积分的性质

二重积分与定积分的性质类似，现不加证明地叙述如下.

性质 12.1　常数因子可提到二重积分积分号外面，即

$$\iint\limits_{D} k f(x, y)\mathrm{d}\sigma = k\iint\limits_{D} f(x, y)\mathrm{d}\sigma.$$

性质 12.2　函数和与差的二重积分等于各函数二重积分的和与差，即

$$\iint\limits_{D} [f(x, y) \pm g(x, y)]\mathrm{d}\sigma = \iint\limits_{D} f(x, y)\mathrm{d}\sigma \pm \iint\limits_{D} g(x, y)\mathrm{d}\sigma.$$

性质 12.3　若积分区域 D 分割为 D_1 与 D_2 两部分，则有

$$\iint\limits_{D} f(x,y)\mathrm{d}\sigma = \iint\limits_{D_1} f(x,y)\mathrm{d}\sigma + \iint\limits_{D_2} f(x,y)\mathrm{d}\sigma.$$

12.1.3　在直角坐标系下计算二重积分

在直角坐标系中我们采用平行于 x 轴和 y 轴的直线把区域 D 分成许多小矩形,于是面积元素 $\mathrm{d}\sigma=\mathrm{d}x\mathrm{d}y$,二重积分可以写成

$$\iint\limits_{D} f(x,y)\mathrm{d}x\mathrm{d}y.$$

下面用二重积分的几何意义来导出化二重积分为二次积分的方法.

设 D 可表示为不等式[见图 12.1.2(a)]

$$y_1(x) \leqslant y \leqslant y_2(x), \ a \leqslant x \leqslant b.$$

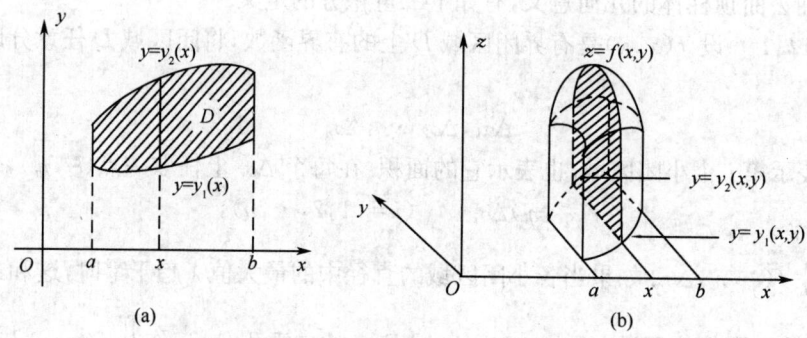

图 12.1.2

下面我们用定积分的"切片法"来求这个曲顶柱体体积.

在 $[a,b]$ 上任意固定一点 x_0,过 x_0 作垂直于 x 轴的平面与柱体相交,截出的面积设为 $S(x_0)$,由定积分可知

$$S(x_0) = \int_{y_1(x_0)}^{y_2(x_0)} f(x_0,y)\mathrm{d}y.$$

一般地,过 $[a,b]$ 上任意一点 x,且垂直于 x 轴的平面与柱体相交得到的截面面积为

$$S(x) = \int_{y_1(x)}^{y_2(x)} f(x,y)\mathrm{d}y.$$

如图 12.1.2(b)所示,由定积分的"平行截面面积为已知,求立体体积"的方法可知,所求曲顶柱体体积为

$$V = \int_a^b S(x)\mathrm{d}x = \int_a^b \left[\int_{y_1(x)}^{y_2(x)} f(x,y)\mathrm{d}y \right]\mathrm{d}x,$$

所以

$$\iint\limits_{D} f(x,y)\mathrm{d}x\mathrm{d}y = \int_a^b \left[\int_{y_1(x)}^{y_2(x)} f(x,y)\mathrm{d}y \right]\mathrm{d}x,$$

上式也可简记为

$$\iint\limits_{D} f(x,y)\mathrm{d}x\mathrm{d}y = \int_a^b \mathrm{d}x \int_{y_1(x)}^{y_2(x)} f(x,y)\mathrm{d}y. \tag{12.1}$$

公式(12.1)就是二重积分化为二次定积分的计算方法,该方法也称为累次积分法.计算第一次积分时,把 x 看作常量,把 y 看作变量,对变量 y 由下限 $y_1(x)$ 积到上限 $y_2(x)$,这时计算结果是一个关于 x 的函数,计算第二次积分时,x 是积分变量,积分限是常数,计算结果是一个定值.

设积分区域 D 可表示为不等式(如图 12.1.3 所示)

$$x_1(y) < x < x_2(y), \quad c < y < d,$$

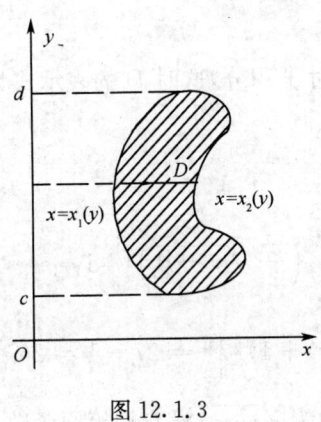

图 12.1.3

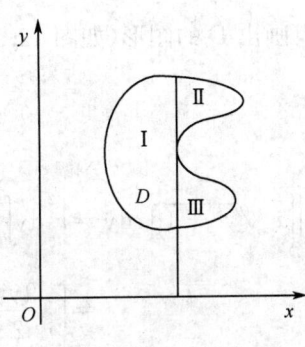

图 12.1.4

化二重积分为累次积分时,完全类似地可得

$$\iint\limits_{D} f(x,y)\mathrm{d}x\mathrm{d}y = \int_c^d \mathrm{d}y \int_{x_1(y)}^{x_2(y)} f(x,y)\mathrm{d}x. \tag{12.2}$$

如果对该积分域 D,先对 y 积分,需将积分域 D 象图 12.1.4 一样分成 3 个小区域,使沿平行于 y 轴的直线与每个小区域只有两个交点(如图 12.1.4 所示).

例 12.1.1 设积分区域 $D = \{(x,y) \mid 0 \leqslant x \leqslant 1, 0 \leqslant y \leqslant 1\}$,计算二重积分 $\iint\limits_{D} \mathrm{e}^{x+y}\mathrm{d}x\mathrm{d}y$.

解 积分区域如图 12.1.5 所示.

$$\iint\limits_{D} \mathrm{e}^{x+y}\mathrm{d}x\mathrm{d}y$$

$$= \int_0^1 \left[\int_0^1 \mathrm{e}^{x+y}\mathrm{d}x \right]\mathrm{d}y = \int_0^1 \left[\int_0^1 \mathrm{e}^{x+y}\mathrm{d}(x+y) \right]\mathrm{d}y$$

$$= \int_0^1 \mathrm{e}^{x+y} \Big|_0^1 \mathrm{d}y = \int_0^1 (\mathrm{e}^{1+y} - \mathrm{e}^y)\mathrm{d}y$$

$$= \int_0^1 \mathrm{e}^{1+y}\mathrm{d}y - \int_0^1 \mathrm{e}^y\mathrm{d}y = \int_0^1 \mathrm{e}^{1+y}\mathrm{d}(1+y) - \mathrm{e}^y \Big|_0^1$$

$$= \mathrm{e}^{1+y} \Big|_0^1 - (\mathrm{e} - \mathrm{e}^0) = \mathrm{e}^2 - \mathrm{e}^0 - \mathrm{e} + 1 = \mathrm{e}^2 - 2\mathrm{e} + 1.$$

图 12.1.5

例 12.1.2 计算 $\iint\limits_{D} xy\mathrm{d}x\mathrm{d}y$,其中 $D: x^2 + y^2 \leqslant 1, x \geqslant 0, y \geqslant 0$.

解 作 D 的图形(如图 12.1.6 所示).先对 y 积分(固定 x),y 的变化范围由 0 到

$\sqrt{1-x^2}$,然后再在 x 的最大变化范围 $[0,1]$ 内对 x 积分,于是得到

$$\iint\limits_{D} xy\,\mathrm{d}x\mathrm{d}y = \int_0^1 \mathrm{d}x \int_0^{\sqrt{1-x^2}} xy\,\mathrm{d}y = \int_0^1 x\left(\frac{1}{2}y^2\right)\Big|_0^{\sqrt{1-x^2}}\mathrm{d}x$$

$$= \int_0^1 \frac{1}{2}x(1-x^2)\mathrm{d}x = \frac{1}{2}\left(\frac{x^2}{2}-\frac{x^4}{4}\right)\Big|_0^1 = \frac{1}{8}.$$

例 12.1.3 计算 $\iint\limits_{D} x\sqrt{y^3+1}\,\mathrm{d}x\mathrm{d}y$,其中 D 由 xOy 面上的直线 $x=0, y=2$ 及 $y=\dfrac{x}{3}$ 所围成.

解 画出 D 的图形(如图 12.1.7 所示),选择先对 x 积分,这时 D 的表示式为

$$\begin{cases} 0 \leqslant x \leqslant 3y, \\ 0 \leqslant y \leqslant 2, \end{cases}$$

从而

$$\iint\limits_{D} x\sqrt{y^3+1}\,\mathrm{d}x\mathrm{d}y = \int_0^2 \mathrm{d}y \int_0^{3y} x\sqrt{y^3+1}\,\mathrm{d}x = \int_0^2 \left(\frac{x^2}{2}\sqrt{y^3+1}\right)\Big|_0^{3y}\mathrm{d}y$$

$$= \int_0^2 \frac{9y^2}{2}(y^3+1)^{\frac{1}{2}}\,\mathrm{d}y = (y^3+1)^{\frac{3}{2}}\Big|_0^2 = 27-1 = 26.$$

本题如果选择先对 y 积分,则不能计算出结果,因为 $\sqrt{y^3+1}$ 没有初等原函数. 由此我们可看出积分次序的重要性.

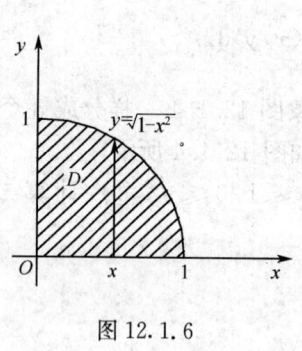

图 12.1.6

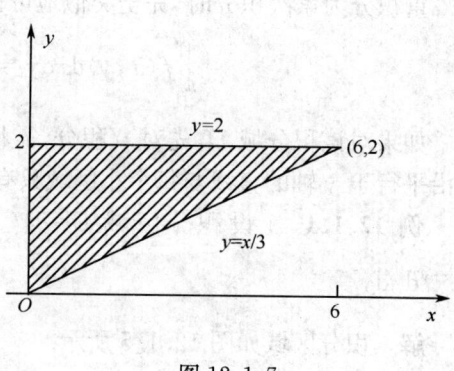

图 12.1.7

12.1.4 在极坐标系下计算二重积分

对于积分域为圆形、扇形、环形等区域上的二重积分,利用直角坐标系往往是很困难的,而在极坐标系下计算则比较方便.

首先,分割积分区域 D,我们先取 r 等于一系列常数得到一族中心在极点的同心圆,再取 θ 等于一系列常数得到一族过极点的射线. 两组线将 D 分成许多小的"弯曲的矩形"(如图 12.1.8 所示). 如果 $\mathrm{d}r$ 和 $\mathrm{d}\theta$ 很小,小区域近似于以 $r\mathrm{d}\theta$ 和 $\mathrm{d}r$ 为边的矩形,所以在极坐标系下的面积元素为

$$\mathrm{d}\sigma = r\mathrm{d}r\mathrm{d}\theta,$$

再分别用 $x=r\cos\theta, y=r\sin\theta$ 代换被积函数 $f(x,y)$ 中的 x, y,这样二重积分在极坐标系

下表达式为

$$\iint\limits_{D} f(x,y)\mathrm{d}\sigma = \iint\limits_{D} f(r\cos\theta, r\sin\theta) r\mathrm{d}r\mathrm{d}\theta.$$

实际计算时,与直角坐标系下情况类似,还是化成累次积分来进行.

设 D(如图 12.1.9)位于两条射线 $\theta=\alpha$ 和 $\theta=\beta$ 之间,D 的两段边界线极坐标方程分别为 $r=r_1(\theta)$,$r=r_2(\theta)$,则二重积分就可化为如下的累次积分

$$\iint\limits_{D} f(x,y)\mathrm{d}\sigma = \int_{\alpha}^{\beta}\mathrm{d}\theta \int_{r_1(\theta)}^{r_2(\theta)} f(r\cos\theta, r\sin\theta) r\mathrm{d}r.$$

如果极点在内部(如图 12.1.10),有

$$\iint\limits_{D} f(x,y)\mathrm{d}\sigma = \int_{0}^{2\pi}\mathrm{d}\theta \int_{0}^{r(\theta)} f(r\cos\theta, r\sin\theta) r\mathrm{d}r.$$

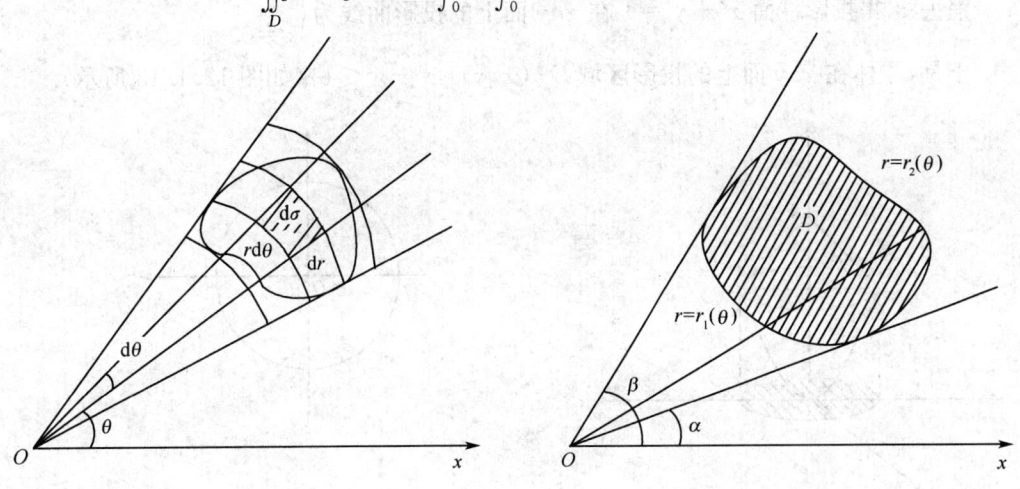

图 12.1.8　　　　　　　　　　　　　　　图 12.1.9

例 12.1.4　计算如图 12.1.11 所示区域 D 上函数 $f(x,y)=1/(x^2+y^2)^{3/2}$ 的二重积分.

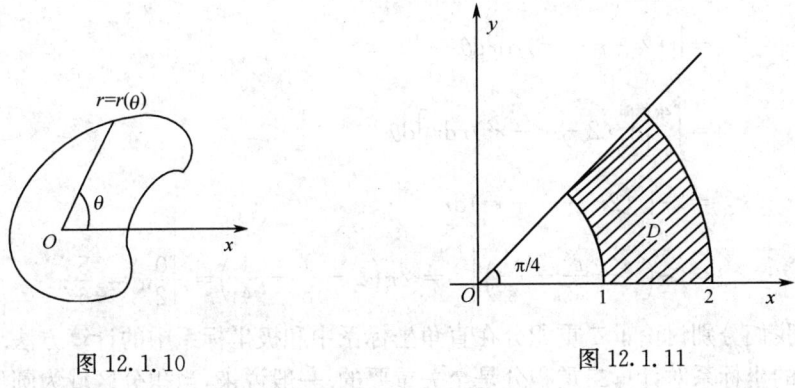

图 12.1.10　　　　　　　　　　　　　　图 12.1.11

解　在极坐标系下,区域可表示为 $1\leqslant r\leqslant 2, 0\leqslant\theta\leqslant\pi/4$,于是得到

$$\iint_D 1/(x^2+y^2)^{3/2} d\sigma = \iint_D \frac{1}{r^3} r dr d\theta = \int_0^{\pi/4} d\theta \int_1^2 \frac{1}{r^2} dr$$

$$= \int_0^{\pi/4} \left[-\frac{1}{r} \right] \Big|_1^2 d\theta = \frac{\pi}{8}.$$

例 12.1.5 求由圆锥面 $z=2-\sqrt{x^2+y^2}$ 与旋转抛物面 $z=x^2+y^2$ 所围成立体的体积(如图 12.1.12 所示).

解 选用极坐标系计算.

先求曲线 $\begin{cases} z=2-\sqrt{x^2+y^2} \\ z=x^2+y^2 \end{cases}$,在 xOy 面上的投影区域 D.

消去 z,得投影柱面 $x^2+y^2=1$ 在 xoy 面上的投影曲线为 $\begin{cases} x^2+y^2=1, \\ z=0. \end{cases}$

于是,立体在 xoy 面上的投影区域 $D\{(x,y)\,|\,x^2+y^2\leqslant1\}$(如图 12.1.13 所示).

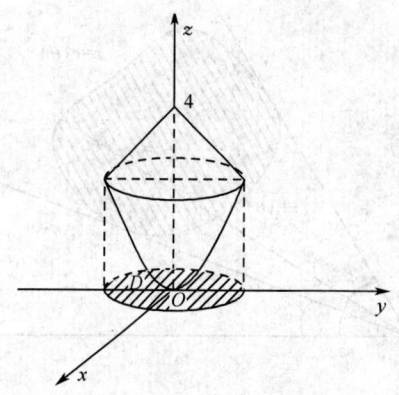

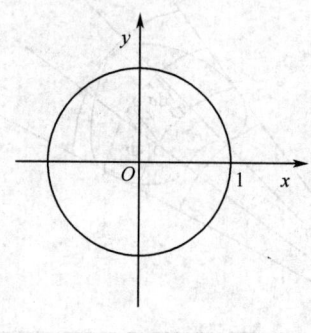

图 12.1.12

图 12.1.13

$$V = \iint_D \left[2 - \sqrt{x^2+y^2} - (x^2+y^2) \right] d\sigma$$

$$= \iint_D (2-r-r^2) r dr d\theta$$

$$= \int_0^{2\pi} \left[\int_0^1 (2-r-r^2) r dr \right] d\theta$$

$$= 2\pi \int_0^1 (2r-r^2-r^3) dr$$

$$= 2\pi \left(r^2 - \frac{r^3}{3} - \frac{r^4}{4} \right) \Big|_0^1 = 2\pi \left(1 - \frac{1}{3} - \frac{1}{4} \right) = \frac{10}{12}\pi = \frac{5}{6}\pi.$$

以上我们分别讨论了二重积分在直角坐标系中和极坐标系中的计算方法. 十分明显,选取适当的坐标系对计算二重积分是至关重要的. 一般说来,当积分区域为圆形、扇形、环形区域,而被积函数中含有 x^2+y^2 的项时,采用极坐标计算往往比较简便.

思考题 12.1

1. 在直角坐标系(或极坐标系)下,计算二重积分的主要步骤有哪些?

2. 就二重积分的积分域而言,当积分域具备什么样的特征时,选择在直角坐标系(或极坐标系)下计算该二重积分更方便.

练习题 12.1

1. 一有 8m 宽,16m 长矩形底的建筑物,侧面与底垂直. 它有一个斜平面屋顶,屋顶的一个角高 12m,其相邻的两个角都是 10m. 此建筑物的体积是多少?

2. 计算 $\iint\limits_{D} e^{6x+y} \mathrm{d}\sigma$,其中 D 由 xOy 面上的直线 $y=1, y=2$ 及 $x=-1, x=2$ 所围成.

3. 计算 $\iint\limits_{D} \ln(100+x^2+y^2) \mathrm{d}\sigma$,其中 $D=\{(x,y)\,|\,x^2+y^2 \leqslant 1\}$.

4. 计算 $\iint\limits_{D} y^2 \mathrm{d}\sigma$,其中 D 是由圆周 $x^2+y^2=1, x^2+y^2=4\pi^2$ 所围成的平面区域.

5. 画出二次积分 $\int_0^2 \mathrm{d}y \int_{2-\sqrt{4-y^2}}^{2+\sqrt{4-y^2}} f(x,y) \mathrm{d}x$ 的积分区域 D 并交换积分次序.

6. 利用二重积分求下列几何体的体积:

(1) 平面 $x=0, y=0, z=0, x+y+z=1$ 所围成的几何体;

(2) 平面 $z=0$ 及抛物面 $x^2+y^2=6-z$ 所围成的几何体.

12.2 二重积分应用举例

我们通过几个物理问题的讨论,来介绍二重积分的应用.

12.2.1 平面薄板的质量

例 12.2.1 设一薄板的占有区域为中心在原点,半径为 R 的圆域,面密度为 $\mu=\sqrt{x^2+y^2}$,求薄板的质量.

解 应用微元法,在圆域 D 上任取一个微小区域 $\mathrm{d}\sigma$,视面密度不变,则得质量微元

$$\mathrm{d}m = \mu(x,y)\mathrm{d}\sigma = \sqrt{x^2+y^2}\,\mathrm{d}\sigma.$$

将上述微元在区域 D 上积分,即得薄板的质量

$$m = \iint\limits_{D} \sqrt{x^2+y^2}\,\mathrm{d}\sigma, \quad D: x^2+y^2 \leqslant R^2.$$

用极坐标计算,有

$$m = \int_0^{2\pi} \mathrm{d}\theta \int_0^R r \cdot r \mathrm{d}r = 2\pi \cdot \frac{r^3}{3}\Big|_0^R = \frac{2}{3}\pi R^3.$$

12.2.2 平面薄板的重心

由物理学知道,质点系的重心坐标为 $\bar{x}=\dfrac{m_y}{m}, \bar{y}=\dfrac{m_x}{m}$,其中 m 为质点系的质量;m_y, m_x

分别是质点系对 y 轴和 x 轴的静力矩.

设有薄板,占有区域 D,在点 (x,y) 的密度为 $\mu(x,y)$,求薄板重心的坐标.

在区域 D 上任取一微小区域 $d\sigma$,则有 $dm = \mu(x,y)d\sigma$,设想这部分质量集中在点 (x,y) 处,于是得薄板对坐标轴的静力矩微元(如图 12.2.1 所示)为

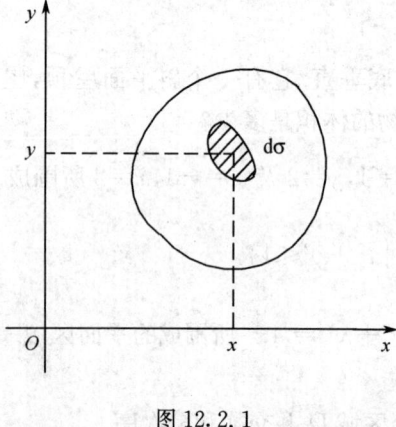

$$dm_y = x\mu(x,y)d\sigma,$$
$$dm_x = y\mu(x,y)d\sigma.$$

将上述微元在 D 上积分,得

$$m_y = \iint\limits_D x\mu(x,y)d\sigma, \quad m_x = \iint\limits_D y\mu(x,y)d\sigma,$$

于是,薄板重心坐标为

$$\bar{x} = \frac{\iint\limits_D x\mu(x,y)d\sigma}{\iint\limits_D \mu(x,y)d\sigma}, \quad \bar{y} = \frac{\iint\limits_D y\mu(x,y)d\sigma}{\iint\limits_D \mu(x,y)d\sigma}.$$

图 12.2.1

例 12.2.2   设半径为 1 的半圆形薄板上各点处的密度等于该点到圆心的距离的平方,求此半圆的重心.

解   取坐标系(如图 12.2.2 所示),有

$$\mu(x,y) = \left(\sqrt{x^2 + y^2}\right)^2 = x^2 + y^2.$$

薄板形状及密度函数关于 x 轴都是对称的,所以重心必在 y 轴上,即 $\bar{x} = 0$,只须求 $\bar{y}$ 即可.

$$m = \iint\limits_D (x^2 + y^2)d\sigma = \int_0^\pi d\theta \int_0^1 r^3 dr = \frac{\pi}{4},$$

$$m_x = \iint\limits_D y(x^2 + y^2)d\sigma = \int_0^\pi d\theta \int_0^1 r\sin\theta r^2 r dr$$

$$= \int_0^\pi \sin\theta d\theta \int_0^1 r^4 dr = \cos\theta \Big|_\pi^0 \frac{r^5}{5}\Big|_0^1 = \frac{2}{5}.$$

故得 $\bar{y} = \dfrac{m_x}{m} = \dfrac{8}{5\pi}$,重心坐标为 $\left(0, \dfrac{8}{5\pi}\right)$.

例 12.2.3   求内半径为 R_1,外半径为 R_2,密度为 $\mu(\mu = $ 常数$)$ 的圆环薄板关于圆心的转动惯量.

解   建坐标系(如图 12.2.3 所示).先求转动惯量微元

$$dI_0 = (x^2 + y^2)\mu d\sigma,$$

将微元在圆环域内积分,得

$$I_0 = \mu\iint\limits_D (x^2 + y^2)d\sigma,$$

用极坐标计算,D 表示为 $R_1 \leqslant r \leqslant R_2, 0 \leqslant \theta \leqslant 2\pi$,于是

$$I_0 = \mu\int_0^{2\pi} d\theta \int_{R_1}^{R_2} r^2 r dr = \frac{1}{2}\pi\mu(R_2^4 - R_1^4).$$

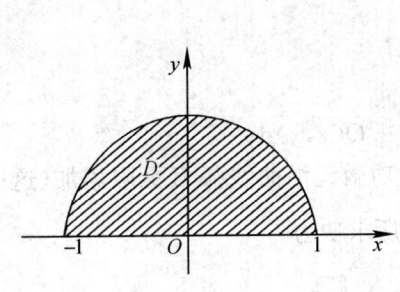

图 12.2.2

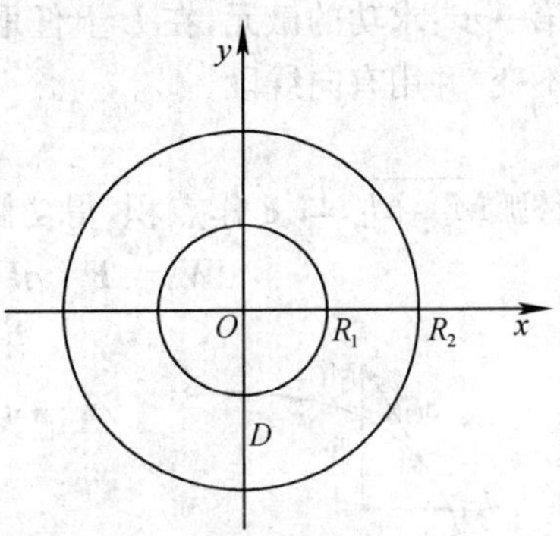

图 12.2.3

思考题 12.2

1. 重积分除了在物理学上的应用外,还有其他的应用吗? 试举几例.

2. 如何利用二重积分来计算一个函数的平均值? 你能推出计算它的公式吗?

练习题 12.2

1. 求界于 $y = x$ 和 $y = x^2$ 之间金属板的质量,已知其面密度函数为 $\mu(x, y) = 1 + xy$.

2. 城市在形状为半径是 3km 的半圆的区域内,其直径一边与海相接,求城市中任何位置到海的距离的平均值.

12.3 曲线积分与曲面积分

本节,我们研究在科学技术中有广泛应用的对坐标的曲线积分和对坐标的曲面积分. 对坐标的曲线积分之积分域一般为某段曲线;对坐标的曲面积分一般为某片空间曲面. 和重积分一样,它们已都是定积分在不同区域上的推广. 下面,利用定积分微元法的思想分别给出对坐标的曲线积分和对坐标的曲面积分的定义. 同时,讨论基本性质和简单应用.

12.3.1 对坐标的曲线积分

1. 对坐标的曲线积分的概念

例 12.3.1 变力沿曲线做的功 设一质点在 xOy 平面内,受到变力
$$\boldsymbol{F}(x, y) = P(x, y)\boldsymbol{i} + Q(x, y)\boldsymbol{j}$$
的作用,沿有向曲线 L(见图 12.3.1)从点 A 运动到点 B,求力 F 所做的功.

解 我们知道,如果 F 是常力,则沿直线做功为

$$W = \boldsymbol{F} \cdot \boldsymbol{s},$$

其中 s 表示位移向量.

我们现在的问题是 F 是变力. 用微元法思想解决这个问题.

第一步:求功的微元,在 L 上任取一微小弧段 $\overset{\frown}{M_{i-1}M_i}$,在这小弧段上,我们设想力 F 保持不变,并用有向线段

$$\mathrm{d}\boldsymbol{l} = \mathrm{d}x\boldsymbol{i} + \mathrm{d}y\boldsymbol{j}$$

来代替弧 $\overset{\frown}{M_{i-1}M_i}$,与 F 作点积,得功微元

$$\mathrm{d}W = \boldsymbol{F} \cdot \mathrm{d}\boldsymbol{l} = P(x,y)\mathrm{d}x + Q(x,y)\mathrm{d}y.$$

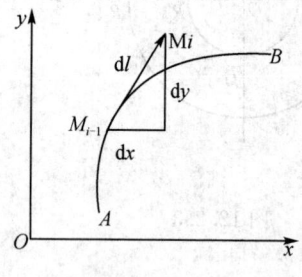

第二步:将上述功微元沿曲线弧 L 无限累加(这一运算记为"$\int_L$"),则得所求功为

$$W = \int_L \boldsymbol{F} \cdot \mathrm{d}\boldsymbol{l} = \int_L P(x,y)\mathrm{d}x + Q(x,y)\mathrm{d}y.$$

说明:第二步中,$\boldsymbol{F} \cdot \mathrm{d}\boldsymbol{l}$ 在 L 上无限累加"$\int_L$"的涵义是一种总和极限"$\lim\limits_{\lambda \to 0}\sum$"(其中 $\sum$ 是在 L 范围内求和,λ 是指小弧段的最大长度),这一点与定积分和重积分在理解上是一样的.

图 12.3.1

抽去上述问题的力学意义,给出如下定义.

定义 12.2 设有向量函数

$$\boldsymbol{F}(x,y) = P(x,y)\boldsymbol{i} + Q(x,y)\boldsymbol{j},$$

L 为有向光滑曲线弧,且 $P(x,y)$,$Q(x,y)$ 在 L 上连续,$\mathrm{d}\boldsymbol{l} = \mathrm{d}x\boldsymbol{i} + \mathrm{d}y\boldsymbol{j}$ 为有向曲线弧 L 上点 (x,y) 处的切向矢微元,则表达式

$$\int_L \boldsymbol{F} \cdot \mathrm{d}\boldsymbol{l} = \int_L P(x,y)\mathrm{d}x + Q(x,y)\mathrm{d}y$$

称为向量函数 $\boldsymbol{F}(x,y)$ 在有向曲线弧 L 上对坐标的曲线积分.

等式左边是曲线积分的向量形式(物理意义明显),等式右边是曲线积分的坐标形式(便于计算).

有时我们会遇到 $P(x,y)$,$Q(x,y)$ 中一个恒为零的情况,这时曲线积分的坐标形式为

$$\int_L P(x,y)\mathrm{d}x \text{ 或} \int_L Q(x,y)\mathrm{d}y,$$

对于曲线积分 $\int_L P(x,y)\mathrm{d}x + Q(x,y)\mathrm{d}y$,当积分曲线 L 是封闭曲线时,该积分称为沿闭曲线的曲线积分,记为 $\oint_L P\mathrm{d}x + Q\mathrm{d}y$.

2. 对坐标的曲线积分的性质

(1) 改变积分路径 L 的方向,则积分改变符号,即

$$\int_{L^-} P\mathrm{d}x + Q\mathrm{d}y = -\int_L P\mathrm{d}x + Q\mathrm{d}y$$

(2) 若 $L = L_1 + L_2$,则

$$\int_L P\mathrm{d}x + Q\mathrm{d}y = \int_{L_1} P\mathrm{d}x + Q\mathrm{d}y + \int_{L_2} P\mathrm{d}x + Q\mathrm{d}y$$

3. 对坐标的曲线积分的计算

设光滑曲线 L 由参数方程给出

$$\begin{cases} x = \varphi(t), \\ y = \psi(t), \end{cases}$$

其中 $t=\alpha$ 对应积分曲线 L 的起点 A，$t=\beta$ 对应积分曲线 L 的终点 B（这里 α 不一定要小于 β）. 当参数 t 由 α 变到 β 时，点 $M(x,y)$ 就描出有向弧段 L. 又函数 $P(x,y)$，$Q(x,y)$ 在 L 上连续，则有

$$\int_L P(x,y)\mathrm{d}x + Q(x+y)\mathrm{d}y$$
$$= \int_\alpha^\beta \{P[\varphi(t),\psi(t)]\varphi'(t) + Q[\varphi(t),\psi(t)]\psi'(t)\}\mathrm{d}t.$$

这就将曲线积分转化为成了定积分. 当积分曲线 L 的方程形式不同时，曲线积分转化为定积分的形式也不同.

设积分曲线 L 的方程由 $y=f(x)(a\leqslant x\leqslant b)$ 给出，可将其视为参数为 x 的参数方程 $\begin{cases} x=x, \\ y=f(x), \end{cases}$ 此时有

$$\int_L P(x,y)\mathrm{d}x + Q(x+y)\mathrm{d}y$$
$$= \int_a^b \{P[x,f(x)] + Q[x,f(x)]f'(x)\}\mathrm{d}x$$

下限 a 对应 L 的起点，上限 b 对应 L 的终点.

例 12.3.2 计算 $\int_L x\mathrm{d}y - y\mathrm{d}x$，其中 L 分别为

(1) 沿椭圆 $\dfrac{x^2}{a^2} + \dfrac{y^2}{b^2} = 1$ 从点 $A(a,0)$ 到点 $B(0,b)$ 的一段弧；

(2) 沿直线段 AB 从点 $A(a,0)$ 到点 $B(0,b)$（如图 12.3.2 所示）.

解 (1) 椭圆参数方程为

$$\begin{cases} x = a\cos t, \\ y = b\sin t, \end{cases}$$

起点 A 对应于 $t=0$，终点 B 对应于 $t=\dfrac{\pi}{2}$，化为定积分为

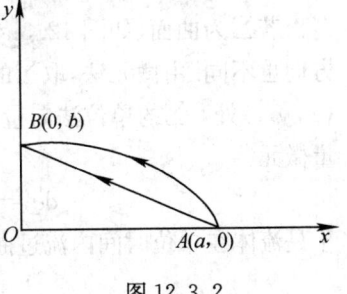

图 12.3.2

$$\int_L x\mathrm{d}y - y\mathrm{d}x = \int_0^{\frac{\pi}{2}} [a\cos t(b\cos t) - b\sin t(-a\sin t)]\mathrm{d}t$$
$$= ab\int_0^{\frac{\pi}{2}}\mathrm{d}t = \frac{1}{2}\pi ab$$

(2) 直线段 AB 的方程为 $y = -\dfrac{b}{a}x + b$，起点 $x=a$，终点 $x=0$，化为对 x 的定积分为

$$\int_L x\mathrm{d}y - y\mathrm{d}x = \int_a^0 \left[x\left(-\frac{b}{a}\right) - \left(-\frac{b}{a}x + b\right)\right]\mathrm{d}x = -b\int_a^0 \mathrm{d}x = ab$$

该例说明，曲线积分的值是与积分路径有关的，虽然两个被积函数相同，起点与终点也相

同,但是沿不同的路径积分,积分值却不一定相同.

12.3.2 对坐标的曲面积分

下面,我们讨论的曲面总假定是光滑的或分片光滑的. 所谓曲面是光滑的,就是指曲面在每一点都有切平面,并且切平面随着曲面上点的连续移动而连续转动;曲面是分片光滑的,是指曲面是由有限块光滑曲面拼接成的.

1. 对坐标的曲面积分的概念

例 12.3.3 流量的数学模型

设稳定流动(在各点的流速只与该点的位置有关而与时间无关)的不可压缩流体(密度为常数,为简单起见设密度为1),若以速度
$$v = P(x,y,z)i + Q(x,y,z)j + R(x,y,z)k$$
流过曲面Σ,求流体在单位时间内流过曲面Σ一侧的流量.

若流速v为常向量,Σ为平面,其面积为S,用S表示面积为S法向量为n的有向平面,$\theta = (n,v)$表示法向量n与流速v的夹角,如图 12.3.3 所示. 则流体沿平面Σ法向量n方向一侧的流量
$$q = |v| S \cos\theta = v \cdot S$$

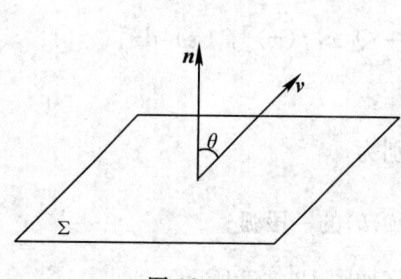

图 12.3.3

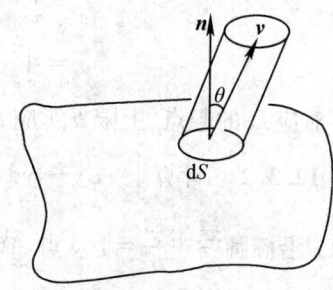

图 12.3.4

若Σ为曲面(如图 12.3.4 所示),此时$v = v(x,y,z)$是变向量,且Σ上各点法向量的方向也不同. 由微元法,取Σ的面积微元 dS(dS 表有向曲面 dS 的面积),在 dS 上任一点(x,y,z)处,Σ的单位法向量 $n° = \{\cos\alpha, \cos\beta, \cos\gamma\}$,此时把 v 和 n 均视为常向量,则流量微元
$$dq = |v| \cos\theta dS = (v \cdot n°)dS = v \cdot dS$$
于是流体在单位时间内流过曲面Σ的流量
$$q = \iint\limits_{\Sigma} dq = \iint\limits_{\Sigma} v \cdot dS$$
其中,$dS = \{\cos\alpha dS, \cos\beta dS, \cos\gamma dS\}$,故
$$q = \iint\limits_{\Sigma} P\cos\alpha dS + Q\cos\beta dS + R\cos\gamma dS$$
而 $\cos\alpha dS$ 是 dS 在 yOz 坐标面上的投影,记为 $dydz$;$\cos\beta dS$ 是 dS 在 zOx 坐标面上的投

影,记为 $\mathrm{d}z\mathrm{d}x$;$\cos\gamma\mathrm{d}S$ 是 $\mathrm{d}S$ 在 xOy 坐标面上的投影,记为 $\mathrm{d}x\mathrm{d}y$,即 $\mathrm{d}\boldsymbol{S}=\{\mathrm{d}y\mathrm{d}z,\mathrm{d}z\mathrm{d}x,$ $\mathrm{d}x\mathrm{d}y\}$. 因此,所求流量的数学模型为

$$q = \iint\limits_{\Sigma} P\mathrm{d}y\mathrm{d}z + Q\mathrm{d}z\mathrm{d}x + R\mathrm{d}x\mathrm{d}y.$$

定义 12.3 设函数 $P(x,y,z),Q(x,y,z),R(x,y,z)$ 是定义在分片光滑曲面Σ上的连续函数,分别称 $\iint\limits_{\Sigma} P\mathrm{d}y\mathrm{d}z,\iint\limits_{\Sigma} Q\mathrm{d}z\mathrm{d}x,\iint\limits_{\Sigma} R\mathrm{d}x\mathrm{d}y$ 为 P,R,Q在曲面Σ上对坐标的曲面积分.

实际中常用到$\iint\limits_{\Sigma} P\mathrm{d}y\mathrm{d}z + \iint\limits_{\Sigma} Q\mathrm{d}z\mathrm{d}x + \iint\limits_{\Sigma} R\mathrm{d}x\mathrm{d}y$,简记为$\iint\limits_{\Sigma} P\mathrm{d}y\mathrm{d}z + Q\mathrm{d}z\mathrm{d}x + R\mathrm{d}x\mathrm{d}y$.

2. 对坐标的曲面积分的性质

如同曲线积分要规定曲线的方向一样,我们也要规定曲面的侧. 如果我们规定了曲面上一点的法线正方向,当此点沿曲面上任一条不越过曲面边界的闭曲线连续移动,而回到原位置时,法线正方向保持不变,就说此曲面是双侧曲面. 我们以后讨论的曲面都假定是双侧的,当认定其一侧是正向时,则另一侧就为负向. 通常用$-\Sigma$表示与曲面Σ的正向相反的同一曲面,由于Σ与$-\Sigma$的法线方向相反,它们的方向余弦也都差一个符号,因而有

$$\iint\limits_{-\Sigma} P\mathrm{d}y\mathrm{d}z + Q\mathrm{d}z\mathrm{d}x + R\mathrm{d}x\mathrm{d}y$$
$$= -\iint\limits_{\Sigma} P\mathrm{d}y\mathrm{d}z + Q\mathrm{d}z\mathrm{d}x + R\mathrm{d}x\mathrm{d}y$$

也可记为

$$\iint\limits_{\Sigma^{-}} P\mathrm{d}y\mathrm{d}z + Q\mathrm{d}z\mathrm{d}x + R\mathrm{d}x\mathrm{d}y$$
$$= -\iint\limits_{\Sigma^{+}} P\mathrm{d}y\mathrm{d}z + Q\mathrm{d}z\mathrm{d}x + R\mathrm{d}x\mathrm{d}y$$

3. 对坐标的曲面积分的计算

我们以$\iint\limits_{\Sigma} R(x,y,z)\mathrm{d}x\mathrm{d}y$为例来讨论对坐标的曲面积分的计算方法.

设光滑曲面Σ的方程是单值函数 $z=f(x,y)$,也就是光滑曲面Σ与平行于 z 轴的直线的交点只有一个,以 D_{xy} 表示Σ在 xOy 坐标面上的投影区域,被积函数虽然是三元函数,但是动点 $M(x,y,z)$ 是限制在曲面Σ:$z=f(x,y)$上变动的,所以 $R(x,y,z)$实质上仅依赖于变量 x,y,这就提供了曲面积分可化为二重积分来计算的可能性.分两种情况考虑:

(1) 当指定Σ沿上侧积分(即法向量 $\boldsymbol{n}$ 与 z 轴夹角为锐角),此时空间有向面积微元 $\mathrm{d}\boldsymbol{S}$ 在 xOy 坐标面的投影 $\mathrm{d}x\mathrm{d}y>0$,即

$$\iint\limits_{\Sigma^{+}} R(x,y,z)\mathrm{d}x\mathrm{d}y = \iint\limits_{D_{xy}} R[x,y,f(x,y)]\mathrm{d}x\mathrm{d}y. \tag{12.3}$$

(2) 当指定 Σ 沿下侧积分(即法向量 $\boldsymbol{n}$ 与 z 轴夹角为钝角),此时微元 $\mathrm{d}\boldsymbol{S}$ 在 xOy 坐标面的投影 $\mathrm{d}x\mathrm{d}y < 0$,即

$$\iint\limits_{\Sigma^-} R(x,y,z)\mathrm{d}x\mathrm{d}y = -\iint\limits_{D_{xy}} R[x,y,f(x,y)]\mathrm{d}x\mathrm{d}y. \tag{12.4}$$

注意:式(12.4)中,等式左边的 $\mathrm{d}x\mathrm{d}y$ 是曲面微元在 xOy 坐标面上的投影,而右边 $\mathrm{d}x\mathrm{d}y$ 的是区域 D_{xy} 的面积元素.

$\iint\limits_{\Sigma} P(x,y,z)\mathrm{d}y\mathrm{d}z, \iint\limits_{\Sigma} Q(x,y,z)\mathrm{d}y\mathrm{d}z$ 的情况类似,不再重述.

例 12.3.4　计算 $\iint\limits_{\Sigma} xyz\mathrm{d}x\mathrm{d}y$,其中 Σ 是球面 $x^2+y^2+z^2=1$ 在 $x\geqslant0, y\geqslant0$ 部分的外侧.

解　把 Σ 分成 Σ_1 与 Σ_2,见图 12.3.5.

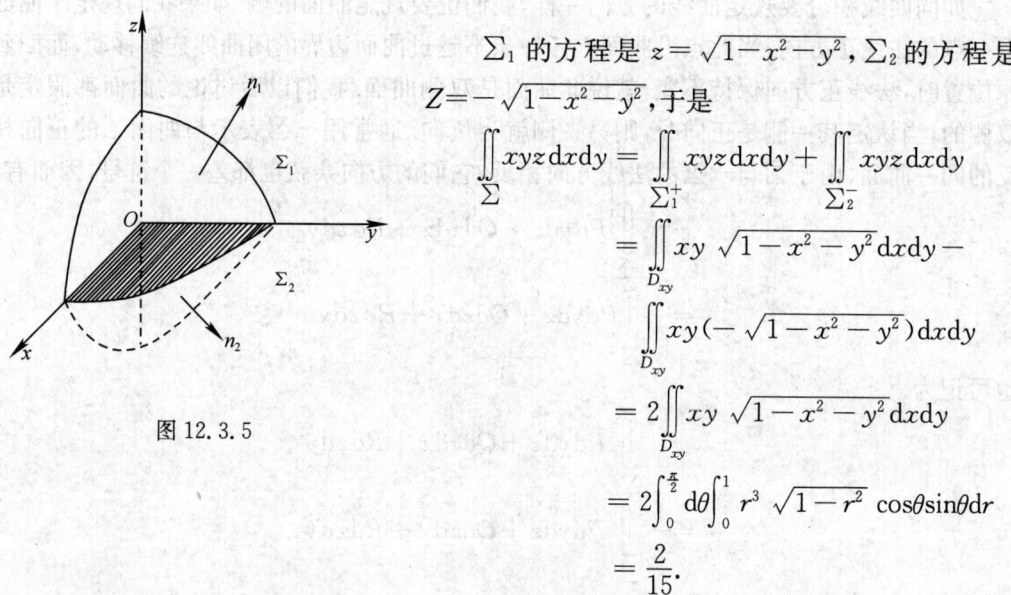

图 12.3.5

Σ_1 的方程是 $z=\sqrt{1-x^2-y^2}$,Σ_2 的方程是 $Z=-\sqrt{1-x^2-y^2}$,于是

$$\iint\limits_{\Sigma} xyz\mathrm{d}x\mathrm{d}y = \iint\limits_{\Sigma_1^+} xyz\mathrm{d}x\mathrm{d}y + \iint\limits_{\Sigma_2^-} xyz\mathrm{d}x\mathrm{d}y$$

$$= \iint\limits_{D_{xy}} xy\sqrt{1-x^2-y^2}\mathrm{d}x\mathrm{d}y -$$

$$\iint\limits_{D_{xy}} xy(-\sqrt{1-x^2-y^2})\mathrm{d}x\mathrm{d}y$$

$$= 2\iint\limits_{D_{xy}} xy\sqrt{1-x^2-y^2}\mathrm{d}x\mathrm{d}y$$

$$= 2\int_0^{\frac{\pi}{2}}\mathrm{d}\theta\int_0^1 r^3\sqrt{1-r^2}\cos\theta\sin\theta\mathrm{d}r$$

$$= \frac{2}{15}.$$

思考题 12.3

1. 对坐标的曲线积分 $\int_L P\mathrm{d}x + Q\mathrm{d}y$ 如何化为一元定积分来计算?

2. 为什么对坐标的曲线积分化为定积分计算时,下限对应起点,上限对应终点?

3. 双侧曲面有正向有负向,方向不同的同一块曲面投影到坐标面上的面积就带有不同的符号,所以在对坐标的曲面积分中,就要考虑曲面的侧. 既然只考虑双侧曲面,说明存在单侧曲面,你可以将长方形的纸条的一端扭转 $180°$,再与另一端粘起来,你一定能说明你所做的曲面是单侧曲面,这就是著名的默比乌斯带.

4. 曲面微元 $\mathrm{d}\sigma$ 在 xOy 坐标平面上投影的面积微元是 $\mathrm{d}x\mathrm{d}y$,它在什么情况下为正的? 在什么情况下为负的?

练习题 12.3

1. 计算曲线积分 $\int_L y\mathrm{d}x + x\mathrm{d}y, L$ 是曲线 $x=R\cos\theta, y=R\sin\theta$ 上 θ 由 0 至 $\frac{\pi}{4}$ 的一段.

2.计算曲线积分 $\int_L xy\mathrm{d}x$,其中 L 为抛物线 $y^2=x$ 上从点 $A(-1,-1)$ 到点 $B(1,1)$ 的一段弧.

3.你可以参阅参考书(会查资料本身就是一种能力),也可以独立思考,试将高斯公式证明出来.

12.4　典型例题详解

例 12.4.1　二重积分 $\iint\limits_D f(x,y)\mathrm{d}\sigma$ 在几何上表示以区域 D 为底、以 $z=f(x,y)$ 为曲顶的柱体的体积 V,这种说法对吗?

解　不对.分几种情况:

(1) 当 $f(x,y)>0$ 时,这种说法是对的;

(2) 当 $f(x,y)<0$ 时,$\iint\limits_D f(x,y)\mathrm{d}\sigma$ 在几何上表示以区域 D 为底、以 $z=f(x,y)$ 为曲顶的柱体体积的负值;

(3) 当 $f(x,y)$ 在区域 D 上有正有负时,规定位于 xOy 面下方的曲顶柱体的体积带负号,位于 xOy 面上方的带正号,$\iint\limits_D f(x,y)\mathrm{d}\sigma$ 在几何上表示以区域 D 为底、以 $z=f(x,y)$ 为曲顶的各个曲顶柱体体积的代数和.

例 12.4.2　在适当的坐标系中计算下列二重积分:

(1) $\iint\limits_D \dfrac{y^2}{x^2}\mathrm{d}x\mathrm{d}y$,$D$ 由曲线 $xy=1$,$y^2=x$ 及直线 $y=2$ 所围成;

(2) $\iint\limits_D (2x-1)\mathrm{d}x\mathrm{d}y$,$D$ 由直线 $y=1$,$y-x-1=0$,$x+y-3=0$ 所围成;

(3) $\iint\limits_D \sqrt{R^2-x^2-y^2}\mathrm{d}x\mathrm{d}y$,$D:x^2+y^2\leqslant R^2$,$0\leqslant y\leqslant x$.

解　(1) 本题在直角坐标系下计算较简单.区域 D 化成不等式组的形式为

$$\begin{cases}1\leqslant y\leqslant 2,\\ \dfrac{1}{y}\leqslant x\leqslant y^2,\end{cases}$$

所以

$$\iint\limits_D \frac{y^2}{x^2}\mathrm{d}x\mathrm{d}y=\int_1^2\mathrm{d}y\int_{\frac{1}{y}}^{y^2}\frac{y^2}{x^2}\mathrm{d}x=2\,\frac{3}{4}.$$

(2) 本题在直角坐标系下计算较简单.区域 D 化成不等式组的形式为

$$\begin{cases}1\leqslant y\leqslant 2,\\ y-1\leqslant x\leqslant 3-y,\end{cases}$$

所以

$$\iint\limits_D (2x-1)\mathrm{d}x\mathrm{d}y=\int_1^2\mathrm{d}y\int_{y-1}^{3-y}(2x-1)\mathrm{d}x=\int_1^2(4-2y)\mathrm{d}y=1.$$

(3) 本题在极坐标系下计算较简单.区域 D 化成不等式组的形式为 $\begin{cases} 0 \leqslant \theta \leqslant \dfrac{\pi}{4}, \\ 0 \leqslant r \leqslant R, \end{cases}$

所以

$$\iint\limits_{D} \sqrt{R^2 - x^2 - y^2}\,\mathrm{d}x\mathrm{d}y = \int_0^{\frac{\pi}{4}} \mathrm{d}\theta \int_0^R \sqrt{R^2 - r^2}\,r\mathrm{d}r = \frac{\pi R^3}{12}.$$

例 12.4.3　求由曲面 $z = 4 - x^2$, $2x + y = 4$, $x = 0$, $y = 0$, $z = 0$ 所围成的立体在第一卦限部分的体积.

解　由于所求立体是以曲面 $z = 4 - x^2$ 为顶,以 $2x + y = 4$, $x = 0$, $y = 0$ 所围区域 D 为底的曲顶柱体,因而可由二重积分进行计算.

所求立体的体积为

$$V = \iint\limits_{D} (4 - x^2)\,\mathrm{d}\sigma = \int_0^2 \mathrm{d}x \int_0^{4-2x} (4 - x^2)\,\mathrm{d}y$$

$$= \int_0^2 (16 - 8x - 4x^2 + 2x^3)\,\mathrm{d}x = \frac{40}{3}.$$

例 12.4.4　求由直线 $y = 0$, $y = a - x$, $x = 0$ 所围成的均匀薄片的重心.

解　由于该薄片是均匀的,不妨设其密度为常数 ρ,重心坐标为 (ξ, η),该薄片所在区域 D 用不等式组可表示为 $\begin{cases} 0 \leqslant x \leqslant a, \\ 0 \leqslant y \leqslant a - x, \end{cases}$　所以

$$\xi = \frac{\iint\limits_{D} y\rho\,\mathrm{d}\sigma}{\iint\limits_{D} \rho\,\mathrm{d}\sigma} = \frac{2\int_0^a \mathrm{d}x \int_0^{a-x} y\mathrm{d}y}{a^2} = \frac{2}{a^2}\int_0^a \frac{1}{2}(a-x)^2\,\mathrm{d}x = \frac{a}{3},$$

$$\eta = \frac{\iint\limits_{D} x\rho\,\mathrm{d}\sigma}{\iint\limits_{D} \rho\,\mathrm{d}\sigma} = \frac{2\int_0^a \mathrm{d}x \int_0^{a-x} x\mathrm{d}y}{a^2} = \frac{2}{a^2}\int_0^a \frac{1}{2}(ax - x^2)\,\mathrm{d}x = \frac{a}{3},$$

因此重心坐标为 $\left(\dfrac{a}{3}, \dfrac{a}{3}\right)$.

例 12.4.5　计算曲线积分 $\displaystyle\int_L 2xy\mathrm{d}x + x^2\mathrm{d}y$,其中 L 为

(1) 抛物线 $y = x^2$ 上从点 $O(0,0)$ 到点 $B(1,1)$;

(2) 抛物线 $x = y^2$ 上从点 $O(0,0)$ 到点 $B(1,1)$;

(3) 有向折线 OAB(见图 12.4.1).

解　(1) 化为对 x 的定积分.

$L: y = x^2$, x 从 0 变到 1,所以

$$\int_L 2xy\mathrm{d}x + x^2\mathrm{d}y = \int_0^1 (2x \cdot x^2 + x^2 \cdot 2x)\,\mathrm{d}x = 4\int_0^1 x^3\,\mathrm{d}x = 1$$

(2) 化为对 y 的定积分.

$L: x = y^2$ 从 0 变到 1,所以

$$\int_L 2xy\mathrm{d}x + x^2\mathrm{d}y = \int_0^1 (2y^2 y 2y + y^4)\mathrm{d}y = 5\int_0^1 y^4 \mathrm{d}y = 1$$

$$（3）\int_{OAB} 2xy\mathrm{d}x + x^2\mathrm{d}y = \int_{OA} 2xy\mathrm{d}x + x^2\mathrm{d}y +$$

$$\int_{AB} 2xy\mathrm{d}x + x^2\mathrm{d}y.$$

在 OA 上，$y=0$，$\mathrm{d}y=0$，x 从 0 变到 1，所以

$$\int_{OA} 2xy\mathrm{d}x + x^2\mathrm{d}y = \int_0^1 (2x \cdot 0 + x^2 \cdot 0)\mathrm{d}x = 0$$

在 AB 上，$x=1$，$\mathrm{d}x=0$，y 从 0 变到 1，所以

$$\int_{AB} 2xy\mathrm{d}x + x^2\mathrm{d}y = \int_0^1 (2y \cdot 0 + 1)\mathrm{d}y = 1$$

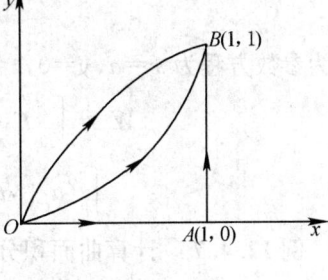

图 12.4.1

从而 $\int_{OAB} 2xy\mathrm{d}x + x^2\mathrm{d}y = 0 + 1 = 1$

该例说明，对有些函数 $P(x,y)$，$Q(x,y)$，它们的曲线积分值只与积分路径的起点和终点有关，而与连接起点与终点的路径本身无关.

例 12.4.6 设力场 $\mathbf{F} = y\mathbf{i} + x\mathbf{j} + (x+y+z)\mathbf{k}$，求

（1）质点由点 $A(a,0,0)$ 沿着螺旋线 Γ：$x=a\cos t, y=a\sin t, z=\frac{c}{2\pi}t$ 到点 $B(a,0,c)$，力 $\mathbf{F}$ 所做的功；

（2）质点由点 $A(a,0,0)$ 沿着直线段 AB 到点 $B(a,0,c)$，力 $\mathbf{F}$ 所做的功（见图 12.4.2）.

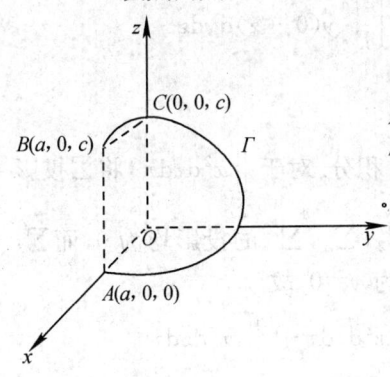

图 12.4.2

解 由于空间曲线 L 的有向弧微元

$$\mathrm{d}l = \mathrm{d}x\mathbf{i} + \mathrm{d}y\mathbf{j} + \mathrm{d}z\mathbf{k},$$

则力 $\mathbf{F} = y\mathbf{i} + x\mathbf{j} + (x+y+z)\mathbf{k}$ 使质点沿空间曲线 L 所做的功为：

$$W = \int_L \mathbf{F} \cdot \mathrm{d}l = \int_L y\mathrm{d}x + x\mathrm{d}y + (x+y+z)\mathrm{d}z$$

（1）力 F 沿着螺旋线 Γ 做的功：

$$W = \int_\Gamma \mathbf{F} \cdot \mathrm{d}l = \int_\Gamma y\mathrm{d}x + x\mathrm{d}y + (x+y+z)\mathrm{d}z$$

而螺旋线 Γ 的方程为

$$x = a\cos t, y = a\sin t, z = \frac{c}{2\pi}t$$

且起点 A 对应于 $t=0$，终点 B 对应于 $t=2\pi$，所以

$$W = \int_0^{2\pi} \left[a\sin t(-a\sin t) + a\cos t(a\cos t) + \left(a\cos t + a\sin t + \frac{c}{2\pi}t\right)\frac{c}{2\pi} \right]\mathrm{d}t$$

$$= \int_0^{2\pi} \left[a\cos 2t + \frac{ac}{2\pi}(\cos t + \sin t) + \frac{c^2}{4\pi^2}t \right]\mathrm{d}t$$

$$= \frac{c^2}{2}.$$

（2）力 $\mathbf{F}$ 沿着直线段 AB 做的功：由空间解析几何知道，直线段 AB 的方程为

$$\frac{x-a}{0}=\frac{y}{0}=\frac{z}{c}$$

化为参数方程为 $x=a,y=0,z=ct,t$ 从 0 变到 1.

$$W=\int_{AB}\boldsymbol{F}\cdot\mathrm{d}\boldsymbol{l}=\int_{AB}y\mathrm{d}x+x\mathrm{d}y+(x+y+z)\mathrm{d}z$$

$$\int_0^1(a+ct)c\mathrm{d}t=ac+\frac{c^2}{2}.$$

例 12.4.7 计算曲面积分

$$I=\iint\limits_{\Sigma}y(x-z)\mathrm{d}y\mathrm{d}z+x^2\mathrm{d}z\mathrm{d}x+(y^2+xz)\mathrm{d}x\mathrm{d}y$$

其中 Σ 是图 12.4.3 中正立方体的外侧表面.

解 先计算 $\iint\limits_{\Sigma}y(x-z)\mathrm{d}y\mathrm{d}z$. 将 Σ 投影到 yOz 坐标面,此时 Σ_3(右侧),Σ_4(左侧),Σ_5(上侧),Σ_6(下侧)的投影均为 0,而 Σ_1(前侧)的方程为 $x=a$,Σ_2(后侧)的方程为 $x=0$,沿外侧积分

$$\iint\limits_{\Sigma}y(x-z)\mathrm{d}y\mathrm{d}z=\iint\limits_{\Sigma_1^+}y(x-z)\mathrm{d}y\mathrm{d}z+\iint\limits_{\Sigma_2^-}y(x-z)\mathrm{d}y\mathrm{d}z$$

$$=\iint\limits_{D_{yz}}y(a-z)\mathrm{d}y\mathrm{d}z-\iint\limits_{D_{yz}}y(0-z)\mathrm{d}y\mathrm{d}z$$

$$=\int_0^a\int_0^a y(a-z)\mathrm{d}y\mathrm{d}z-\int_0^a\int_0^a y(0-z)\mathrm{d}y\mathrm{d}z$$

$$=\frac{a^4}{2}.$$

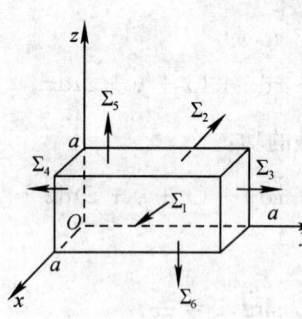

图 12.4.3

用同样的方法计算另外两个积分. 对于 $\iint\limits_{\Sigma}x^2\mathrm{d}z\mathrm{d}x$,将 Σ 投影到 zOx 坐标面,此时 $\Sigma_1,\Sigma_2,\Sigma_5,\Sigma_6$ 的投影均为 0,而 Σ_3 的方程为 $y=a$,Σ_4 的方程为 $y=0$,故

$$\iint\limits_{\Sigma}x^2\mathrm{d}z\mathrm{d}x=\iint\limits_{\Sigma_3^+}x^2\mathrm{d}z\mathrm{d}x+\iint\limits_{\Sigma_4^-}x^2\mathrm{d}z\mathrm{d}x$$

$$=\iint\limits_{D_{zx}}x^2\mathrm{d}z\mathrm{d}x-\iint\limits_{D_{zx}}x^2\mathrm{d}z\mathrm{d}x=0.$$

对于 $\iint\limits_{D_{xy}}(y^2+xz)\mathrm{d}x\mathrm{d}y$,将 Σ 投影到 xOy 坐标面,此时 $\Sigma_1,\Sigma_2,\Sigma_3,\Sigma_4$ 的投影均为 0,而 Σ_5 的方程为 $z=a$,Σ_6 的方程为 $z=0$,故

$$\iint\limits_{\Sigma}(y^2+xz)\mathrm{d}x\mathrm{d}y=\iint\limits_{\Sigma_5^+}(y^2+xz)\mathrm{d}x\mathrm{d}y+\iint\limits_{\Sigma_6^-}(y^2+xz)\mathrm{d}x\mathrm{d}y$$

$$=\iint\limits_{D_{xy}}(y^2+ax)\mathrm{d}x\mathrm{d}y-\iint\limits_{D_{xy}}(y^2-0\cdot x)\mathrm{d}x\mathrm{d}y$$

$$= \iint\limits_{D_{xy}} ax\,dx\,dy = a\int_0^a dy\int_0^a x\,dx = \frac{a^4}{2}.$$

于是

$$\iint\limits_{\Sigma} y(x-z)\,dy\,dz + x^2\,dz\,dx + (y^2+xz)\,dx\,dy$$

$$= \frac{a^4}{2} + 0 + \frac{a^4}{2} = a^4.$$

 复习题十二

1. 设有一平面薄板,占有 xOy 面上的区域 D,薄板上分布有面密度为 $u=u(x,y)$ 的电荷,且 $u=u(x,y)$ 在 xOy 平面上连续,试用二重积分表达该薄板上的全部电荷 Q.

2. 用二重积分表示出以下列曲面为顶,区域 D 为底的曲顶柱体的体积:

(1) $z=x+y$,区域 D 是长方形:$0\leqslant x\leqslant 1, 0\leqslant y\leqslant 2$;

(2) $z=\sqrt{1-x^2-y^2}$,区域 D 由圆 $x^2+y^2=1$ 所围成.

3. 画出下列积分区域,并计算二重积分:

(1) $\iint\limits_{D} x\,e^{xy}\,dx\,dy, D:1\leqslant x\leqslant 2, 1\leqslant y\leqslant 2$;

(2) $\iint\limits_{D} xy\,dx\,dy, D$ 为 $y=2x, y=x, x=2, x=4$ 所围成的区域;

(3) $\iint\limits_{D}(x+y)\,dx\,dy, D$ 为 $y=\sqrt{x}, y=x^2$ 所围成的区域;

(4) $\iint\limits_{D} e^{x+y}\,dx\,dy, D$ 为 $|x|+|y|\leqslant 1$ 所围成的区域.

4. 求由曲面 $z=4-(x^2+y^2), x+y=2, x=0, y=0, z=0$ 所围成的立体在第一卦限部分的体积.

5. 利用极坐标计算下列积分:

(1) $\iint\limits_{D} e^{x^2+y^2}\,d\sigma, D:x^2+y^2\leqslant 1$;

(2) $\iint\limits_{D} y\,d\sigma, D:x^2+y^2\leqslant 16, x\geqslant 0, y\geqslant 0$.

6. 选择适当的坐标系计算下列积分:

(1) $\iint\limits_{D} \frac{x^2}{y^2}\,d\sigma, D$ 是由直线 $x=2, y=x$ 及曲线 $xy=1$ 围成的区域;

(2) $\iint\limits_{D} \sqrt{x^2+y^2}\,d\sigma, D$ 是圆环形区域:$1\leqslant x^2+y^2\leqslant 4$.

第 13 章

级　　数

　　级数是研究函数和进行数值计算的重要工具,它在数学和工程技术中有着广泛的应用. 本章主要介绍数项级数和幂级数.

13.1　数项级数及其敛散性

　　本节主要内容将介绍数项级数的概念及判断其敛散性的方法.

13.1.1　数项级数的概念及其性质

1. 引例

　　级数的初步思想实际上已经蕴含在算术中的无限循环小数概念里了. 我们知道,将 $\dfrac{2}{3}$ 化为小数时,就会出现无限循环小数, $\dfrac{2}{3}=0.\dot{6}$,现在我们把 $0.\dot{6}$ 来分析一下,看从中能得到什么样表现形式.

$$0.6=\frac{6}{10},$$

$$0.66=0.6+0.06=\frac{6}{10}+\frac{6}{100}=\frac{6}{10}+\frac{6}{10^2},$$

$$0.666=0.6+0.06+0.006=\frac{6}{10}+\frac{6}{100}+\frac{6}{1000}=\frac{6}{10}+\frac{6}{10^2}+\frac{6}{10^3},$$

$$\cdots\cdots$$

一般地可以得到如下一个表达式

$$\underbrace{0.66\cdots6}_{n\text{个}}=\frac{6}{10}+\frac{6}{10^2}+\frac{6}{10^3}+\cdots+\frac{6}{10^n},$$

显然,如果 $n\to\infty$,那么我们就得到

$$0.\dot{6}=\frac{6}{10}+\frac{6}{10^2}+\frac{6}{10^3}+\cdots+\frac{6}{10^n}+\cdots,$$

即

$$\frac{2}{3}=\frac{6}{10}+\frac{6}{10^2}+\frac{6}{10^3}+\cdots+\frac{6}{10^n}+\cdots.$$

这样, $\dfrac{2}{3}$ 这个有限的数量就被表示成无穷多个数相加的形式. 从这个例子中我们可得

到如下两个重要结论：

(1) 无穷多个数相加后可能得到一个确定的有限常数，从而，无穷多个数相加在一定条件下是有意义的；

(2) 一个有限的量，也可能用无限的形式表示出来.

为了讨论无穷多个数依次相加的问题，我们从引例中抽象出一个新的数学概念——级数.

2. 数项级数的概念

定义 13.1 设给定数列 $u_1, u_2, \cdots, u_n, \cdots$，则式子
$$u_1 + u_2 + \cdots + u_n + \cdots$$

称为常数项无穷级数，简称数项级数或级数，记为 $\sum\limits_{n=1}^{\infty} u_n$，即

$$\sum_{n=1}^{\infty} u_n = u_1 + u_2 + \cdots + u_n + \cdots, \tag{13.1}$$

其中 u_n 称为级数的一般项或通项.

注意式(13.1)，只是形式上的和式，因为逐项相加对无穷多项来说是无法实现的，只在一定条件下有意义.

级数式(13.1)的前 n 项之和记为 S_n，即

$$S_n = u_1 + u_2 + \cdots + u_n,$$

称 S_n 为级数式(13.1)的前 n 项部分和，当 n 依次取 $1, 2, 3, \cdots$ 时，就得到一个新的数列 $S_1, S_2, S_3, \cdots, S_n, \cdots$，这个数列称为级数(13.1)的部分和数列，记为 $\{S_n\}$.

定义 13.2 当 $n \to \infty$ 时，如果级数(13.1)的部分和数列 $\{S_n\}$ 有极限 s，即 $\lim\limits_{n \to \infty} S_n = s$，则称级数(13.1)是收敛的，$s$ 称为级数(13.1)的和，记为

$$s = u_1 + u_2 + \cdots + u_n + \cdots.$$

如果数列 $\{S_n\}$ 前 n 项部分和 S_n 没有极限，则称级数式(13.1)是发散的.

当级数式(13.1)收敛时，其前 n 项部分和 S_n 是级数的和 s 的近似值，它们之间的差为 $s - S_n$，称为级数的余项，记为 r_n，即

$$r_n = s - S_n = u_{n+1} + u_{n+2} + \cdots.$$

当用级数的部分和 S_n 作为级数式(13.1)和 s 的近似值时，其绝对误差是 $|r_n|$.

这样，我们判断一个给定级数敛散性的问题，就转化为求这个级数部分和数列的前 n 项部分和极限问题.

例 13.1.1 讨论无穷等比级数（又称几何级数）

$$\sum_{n=1}^{\infty} aq^{n-1} = a + aq + aq^2 + \cdots + aq^{n-1} + \cdots \tag{13.2}$$

的敛散性，其中 $a \neq 0$，q 是级数的公比.

解 如果 $|q| \neq 1$，则该级数部分和为

$$S_n = a + aq + aq^2 + \cdots + aq^{n-1} = \frac{a - aq^n}{1 - q} = \frac{a}{1 - q} - \frac{aq^n}{1 - q}.$$

当 $|q| < 1$ 时,$\lim\limits_{n\to\infty} q^n = 0$,从而 $\lim\limits_{n\to\infty} S_n = \dfrac{a}{1-q}$,所以级数(13.2)收敛,其和为 $\dfrac{a}{1-q}$;

当 $|q| > 1$ 时,$\lim\limits_{n\to\infty} q^n = \infty$,从而 $\lim\limits_{n\to\infty} S_n$ 没有极限,所以级数(13.2)发散;

当 $|q| = 1$ 时,如果 $q = 1$,$\lim\limits_{n\to\infty} S_n = \lim\limits_{n\to\infty} na$ 没有极限,因此级数(13.2)发散.

如果 $q = -1$,级数式(13.2)成为 $a - a + a - a + a - \cdots$,其部分和 S_n,当 n 为偶数时等于 0;当 n 为奇数时等于 a. 所以 S_n 的极限不存在,级数式(13.2)发散.

综上所述,当 $|q| < 1$ 时,级数式(13.2)收敛,其和为 $\dfrac{a}{1-q}$;当 $|q| \geqslant 1$ 时,级数式(13.2)发散.

特别地,当 $a = 1, q = x$ 且 $|x| < 1$ 时,有

$$\frac{1}{1-x} = 1 + x + x^2 + \cdots + x^n + \cdots.$$

3. 数项级数的基本性质

根据级数收敛与发散的定义和极限运算法则,可以得出级数的几个基本性质.

性质 13.1(级数收敛的必要条件)　如果级数 $\sum\limits_{n=1}^{\infty} u_n$ 收敛,则它的一般 u_n 项趋于 $0(n\to\infty)$,即

$$\lim_{n\to\infty} u_n = 0. \tag{13.3}$$

推论　若 $\lim\limits_{n\to\infty} u_n \neq 0$,则级数 $\sum\limits_{n=1}^{\infty} u_n$ 发散.

特别注意:若 $\lim\limits_{n\to\infty} u_n = 0$,级数 $\sum\limits_{n=1}^{\infty} u_n$ 却不一定收敛.

性质 13.2　如果级数 $\sum\limits_{n=1}^{\infty} u_n$ 收敛于和 s,则级数 $\sum\limits_{n=1}^{\infty} ku_n$ 也收敛,其中 k 为常数,且其和为 ks;如果级数 $\sum\limits_{n=1}^{\infty} u_n$ 发散,且 $k \neq 0$ 时,则级数 $\sum\limits_{n=1}^{\infty} ku_n$ 也发散.

性质 13.3　如果级数 $\sum\limits_{n=1}^{\infty} u_n$ 和 $\sum\limits_{n=1}^{\infty} v_n$ 分别收敛于和 s、σ,则级数 $\sum\limits_{n=1}^{\infty} (u_n \pm v_n)$ 也收敛,且其和为 $s \pm \sigma$.

性质 13.4　在级数前面增加或减少有限项,级数的敛散性不变.

注:在级数收敛的情况下,运用性质 13.4,一般级数的和是要改变的.

性质 13.5　收敛级数加括号后所成新级数仍然收敛,其和不变.

推论　加括号后所成新级数发散,则原级数也必发散.

例 13.1.2　判别级数 $\sum\limits_{n=1}^{\infty} \ln \dfrac{n+1}{n}$ 的敛散性.

解　由于 $\ln \dfrac{n+1}{n} = \ln(n+1) - \ln n \quad (n = 1, 2, \cdots)$,得到

$$S_n = (\ln 2 - \ln 1) + (\ln 3 - \ln 2) + \cdots + [\ln(n+1) - \ln n]$$

$$=\ln(n+1),$$

因为

$$\lim_{n\to\infty}S_n=\lim_{n\to\infty}\ln(n+1)=+\infty,$$

所以级数发散.

例 13.1.2 中 $\lim\limits_{n\to\infty}u_n=\lim\limits_{n\to\infty}\ln\left(1+\dfrac{1}{n}\right)=0$,但级数是发散的.

13.1.2　正项级数及其敛散性

上面所讲的都是任意项级数,即级数中各项可以是正数、负数或零.

定义 13.3　如果级数 $\sum\limits_{n=1}^{\infty}u_n$ 的各项 $u_n\geqslant0,n=1,2,\cdots$,则称此级数为正项级数.

显然,正项级数的部分和数列 $\{S_n\}$ 是单调增加数列,即

$$S_1\leqslant S_2\leqslant S_3\leqslant\cdots\leqslant S_{n-1}\leqslant S_n\leqslant\cdots.$$

由数列极限存在的准则知道,$\{S_n\}$ 有上界时,正项级数 $\sum\limits_{n=1}^{\infty}u_n$ 收敛;反之,如果正项级数 $\sum\limits_{n=1}^{\infty}u_n$ 收敛,也可以证明数列 $\{S_n\}$ 有界,因此得到以下几个定理.

定理 13.1　正项级数收敛的充分必要条件是它的部分和数列有界.

由定理 13.1,可以建立判断正项级数敛散性常用的比较判别法.

定理 13.2(比较判别法)　设级数 $\sum\limits_{n=1}^{\infty}u_n$ 和 $\sum\limits_{n=1}^{\infty}v_n$ 都是正项级数,满足关系式 $u_n\leqslant cv_n(n=1,2,\cdots;$ 常数 $c>0)$,则

(1) 当级数 $\sum\limits_{n=1}^{\infty}v_n$ 收敛时,级数 $\sum\limits_{n=1}^{\infty}u_n$ 也收敛;

(2) 当级数 $\sum\limits_{n=1}^{\infty}u_n$ 发散时,级数 $\sum\limits_{n=1}^{\infty}v_n$ 也发散.

证明从略.

例 13.1.3　判别调和级数 $\sum\limits_{n=1}^{\infty}\dfrac{1}{n}$ 的敛散性.

解　$\sum\limits_{n=1}^{\infty}\dfrac{1}{n}=1+\dfrac{1}{2}+\dfrac{1}{3}+\dfrac{1}{4}+\cdots+\dfrac{1}{n}+\cdots$

$$=\left(1+\dfrac{1}{2}\right)+\left(\dfrac{1}{3}+\dfrac{1}{4}\right)+\left(\dfrac{1}{5}+\dfrac{1}{6}+\dfrac{1}{7}+\dfrac{1}{8}\right)+\cdots,$$

这个加括号的级数的各项显然大于下列级数

$$\dfrac{1}{2}+\left(\dfrac{1}{4}+\dfrac{1}{4}\right)+\left(\dfrac{1}{8}+\dfrac{1}{8}+\dfrac{1}{8}+\dfrac{1}{8}\right)+\cdots$$

$$=\dfrac{1}{2}+\dfrac{1}{2}+\cdots+\dfrac{1}{2}+\cdots$$

的对应各项,而后一级数前 n 项之和等于 $n\cdot\dfrac{1}{2}$,因此 $\lim\limits_{n\to\infty}\dfrac{n}{2}=\infty$,所以后一级数发散. 根

据定理 13.2,可知调和级数 $\sum\limits_{n=1}^{\infty} \dfrac{1}{n}$ 也发散.

例 13.1.4 讨论 p-级数 $\sum\limits_{n=1}^{\infty} \dfrac{1}{n^p}$ 的敛散性(p 为常数).

解 当 $p \leqslant 1$ 时,$\dfrac{1}{n^p} \geqslant \dfrac{1}{n}$,因为级数 $\sum\limits_{n=1}^{\infty} \dfrac{1}{n}$ 发散,所以级数 $\sum\limits_{n=1}^{\infty} \dfrac{1}{n^p}$ 也发散;

当 $p > 1$ 时,

$$\sum_{n=1}^{\infty} \frac{1}{n^p} = 1 + \left(\frac{1}{2^p} + \frac{1}{3^p}\right) + \left(\frac{1}{4^p} + \frac{1}{5^p} + \frac{1}{6^p} + \frac{1}{7^p}\right) + \left(\frac{1}{8^p} + \cdots + \frac{1}{15^p}\right) + \cdots,$$

它的各项均不大于级数

$$1 + \left(\frac{1}{2^p} + \frac{1}{2^p}\right) + \left(\frac{1}{4^p} + \frac{1}{4^p} + \frac{1}{4^p} + \frac{1}{4^p}\right) + \left(\frac{1}{8^p} + \cdots + \frac{1}{8^p}\right) + \cdots$$

$$= 1 + \frac{1}{2^{p-1}} + \frac{1}{2^{2(p-1)}} + \frac{1}{2^{3(p-1)}} + \cdots$$

的对应项,而后一级数是几何级数,公比 $q = \dfrac{1}{2^{p-1}} < 1$,所以级数 $\sum\limits_{n=1}^{\infty} \dfrac{1}{n^p}$ 收敛.

综上所述,p-级数 $\sum\limits_{n=1}^{\infty} \dfrac{1}{n^p}$,当 $p \leqslant 1$ 时发散;当 $p > 1$ 时收敛.

在应用比较判别法时,需要找到一个敛散性已知的级数,作为比较对象来判别所讨论的正项级数的敛散性.通常选择 p-级数、几何级数和调和级数作为比较对象,但在不少情况下找这类比较对象是困难的,为此我们介绍应用方便的比值判别法,其证明从略.

定理 13.3(比值判别法) 设正项级数 $\sum\limits_{n=1}^{\infty} u_n$,如果 $\lim\limits_{n \to \infty} \dfrac{u_{n+1}}{u_n} = \rho$,则

(1) 当 $\rho < 1$ 时,级数收敛;

(2) 当 $\rho > 1$ 时,级数发散;

(3) 当 $\rho = 1$ 时,此判别法失效.

例 13.1.5 判别级数 $\sum\limits_{n=1}^{\infty} \dfrac{n}{2^n}$ 的敛散性.

解 因为

$$\lim_{n \to \infty} \frac{u_{n+1}}{u_n} = \lim_{n \to \infty} \frac{\dfrac{n+1}{2^{n+1}}}{\dfrac{n}{2^n}} = \lim_{n \to \infty} \frac{n+1}{2n} = \frac{1}{2} < 1,$$

由比值判别法知,所给级数 $\sum\limits_{n=1}^{\infty} \dfrac{n}{2^n}$ 是收敛的.

13.1.3 交错级数及其敛散性

定义 13.4 如果级数的各项是正负交错的,即 $\sum\limits_{n=1}^{\infty} (-1)^{n-1} u_n$ 或 $\sum\limits_{n=1}^{\infty} (-1)^n u_n$(其中 $u_n > 0$)称为交错级数.

交错级数是一种特殊形式的任意项级数,对于它的收敛与发散,我们有下面的判别

法,其证明从略.

定理 13.4(莱布尼茨判别法) 如果交错级数 $\sum\limits_{n=1}^{\infty}(-1)^{n-1}u_n$ 满足条件

(1) $u_n \geqslant u_{n+1}(n=1,2,\cdots)$;

(2) $\lim\limits_{n\to\infty}u_n=0$;

则级数 $\sum\limits_{n=1}^{\infty}(-1)^{n-1}u_n$ 收敛,且其和 $s\leqslant u_1$,其余项 r_n 的绝对值 $|r_n|\leqslant u_{n+1}$.

例 13.1.6 判别级数 $\sum\limits_{n=1}^{\infty}(-1)^{n-1}\dfrac{1}{n}$ 的敛散性.

解 级数 $\sum\limits_{n=1}^{\infty}(-1)^{n-1}\dfrac{1}{n}$ 为交错级数,满足条件

$$u_n=\frac{1}{n}>\frac{1}{n+1}=u_{n+1}(n=1,2,\cdots);$$

$$\lim_{n\to\infty}u_n=\lim_{n\to\infty}\frac{1}{n}=0.$$

根据莱布尼茨判别法,级数 $\sum\limits_{n=1}^{\infty}(-1)^{n-1}\dfrac{1}{n}$ 收敛,其和小于 $u_1=1$.

13.1.4 绝对收敛和条件收敛

级数(13.1)各项的绝对值组成的正项级数为

$$\sum_{n=1}^{\infty}|u_n|=|u_1|+|u_2|+\cdots+|u_n|+\cdots. \tag{13.4}$$

级数(13.1)与级数(13.4)的收敛性之间有以下定理.

定理 13.5 如果级数 $\sum\limits_{n=1}^{\infty}|u_n|$ 收敛,则级数 $\sum\limits_{n=1}^{\infty}u_n$ 收敛.

证明从略.

根据定理 13.5,判断一个任意项级数 $\sum\limits_{n=1}^{\infty}u_n$ 是否收敛,可以先判断 $\sum\limits_{n=1}^{\infty}|u_n|$ 是否收敛,若 $\sum\limits_{n=1}^{\infty}|u_n|$ 收敛,则 $\sum\limits_{n=1}^{\infty}u_n$ 也收敛.但要特别注意:当级数 $\sum\limits_{n=1}^{\infty}|u_n|$ 发散时,不能推出级数 $\sum\limits_{n=1}^{\infty}u_n$ 也发散,这时级数 $\sum\limits_{n=1}^{\infty}u_n$ 有可能是收敛的.例如级数 $\sum\limits_{n=1}^{\infty}(-1)^{n-1}\dfrac{1}{n}$ 是收敛的,但级数 $\sum\limits_{n=1}^{\infty}\left|\dfrac{(-1)^{n-1}}{n}\right|=\sum\limits_{n=1}^{\infty}\dfrac{1}{n}$ 却是发散的.

定义 13.5 设有任意项级数 $\sum\limits_{n=1}^{\infty}u_n$,如果级数 $\sum\limits_{n=1}^{\infty}|u_n|$ 收敛,则称级数 $\sum\limits_{n=1}^{\infty}u_n$ 为绝对收敛;如果级数 $\sum\limits_{n=1}^{\infty}|u_n|$ 发散,而级数 $\sum\limits_{n=1}^{\infty}u_n$ 收敛,则称级数 $\sum\limits_{n=1}^{\infty}u_n$ 为条件收敛.

例 13.1.7 判别级数 $\sum\limits_{n=1}^{\infty}\dfrac{\cos n\alpha}{3^n}$($\alpha$ 为常数)的敛散性.

解 因为级数 $\sum\limits_{n=1}^{\infty}\dfrac{\cos n\alpha}{3^n}$ 为任意项级数,先考察级数 $\sum\limits_{n=1}^{\infty}\left|\dfrac{\cos n\alpha}{3^n}\right|$ 的敛散性.

由于,$\left|\dfrac{\cos n\alpha}{3^n}\right|\leqslant\dfrac{1}{3^n}$,而几何级数 $\sum\limits_{n=1}^{\infty}\dfrac{1}{3^n}$ 收敛,所以级数 $\sum\limits_{n=1}^{\infty}\left|\dfrac{\cos n\alpha}{3^n}\right|$ 收敛,因此级数 $\sum\limits_{n=1}^{\infty}\dfrac{\cos n\alpha}{3^n}$ 为绝对收敛,根据定理 13.5,级数 $\sum\limits_{n=1}^{\infty}\dfrac{\cos n\alpha}{3^n}$ 收敛.

思考题 13.1

1. 若级数 $\sum\limits_{n=1}^{\infty} u_n$ 发散,是否必有 $\lim\limits_{n\to\infty} u_n \neq 0$?

2. 若级数 $\sum\limits_{n=1}^{\infty} u_n$ 与级数 $\sum\limits_{n=1}^{\infty} v_n$ 均发散,那么级数 $\sum\limits_{n=1}^{\infty} (u_n \pm v_n)$ 是否也发散?

3. 设 $u_n \leqslant v_n (n=1,2,\cdots)$,若级数 $\sum\limits_{n=1}^{\infty} v_n$ 收敛,那么级数 $\sum\limits_{n=1}^{\infty} u_n$ 是否必收敛?

4. 若 $u_n > 0, u_n \leqslant u_{n+1}(n=1,2,\cdots)$ 且 $\lim\limits_{n\to\infty} u_n = 0$,那么级数 $\sum\limits_{n=1}^{\infty} u_n$ 是否收敛?

5. 若级数 $\sum\limits_{n=1}^{\infty} u_n$ 发散,k 为常数,那么级数 $\sum\limits_{n=1}^{\infty} k u_n$ 是否发散;若级数 $\sum\limits_{n=1}^{\infty} k u_n$ 发散,那么级数 $\sum\limits_{n=1}^{\infty} u_n$ 是否发散?

6. 若级数 $\sum\limits_{n=1}^{\infty} (u_n \pm v_n)$ 收敛,那么级数 $\sum\limits_{n=1}^{\infty} u_n$ 与级数 $\sum\limits_{n=1}^{\infty} v_n$ 是否一定收敛?

练习题 13.1

1. 利用级数定义判别下列级数的敛散性:

(1) $\sum\limits_{n=1}^{\infty} (\sqrt{n+3} - \sqrt{n+2})$;

(2) $1 - 1 + 1 - 1 + \cdots + (-1)^{n-1} + \cdots$.

2. 利用级数的性质判别下列级数的敛散性:

(1) $\sum\limits_{n=1}^{\infty} \dfrac{7n}{9n+4}$; (2) $\sum\limits_{n=1}^{\infty} \left(\dfrac{1}{2^n} + \dfrac{3^n}{4^n}\right)$.

3. 判别下列级数的敛散性:

(1) $1 + \dfrac{1+2}{1+2^2} + \dfrac{1+3}{1+3^2} + \dfrac{1+4}{1+4^2} + \cdots + \dfrac{1+n}{1+n^2} + \cdots$;

(2) $\sum\limits_{n=1}^{\infty} \dfrac{n!}{n^n}$;

(3) $\sum\limits_{n=1}^{\infty} \dfrac{1}{n^2+1}$;

(4) $\sum\limits_{n=1}^{\infty} \dfrac{n^2}{(n!)^2}$.

4. 判别下列级数哪些是绝对收敛,哪些是条件收敛:

(1) $1 - \dfrac{1}{3^2} + \dfrac{1}{5^2} - \dfrac{1}{7^2} + \dfrac{1}{9^2} - \cdots$;

(2) $\sum\limits_{n=1}^{\infty} \dfrac{(-1)^{n-1}}{\ln(n+1)}$;

(3) $\sum\limits_{n=1}^{\infty} \dfrac{\cos n\alpha}{(n+1)^2}$($\alpha$ 为常数);

(4) $\sum\limits_{n=1}^{\infty} (-1)^{n-1}\dfrac{1}{2n-1}$.

13.2 幂 级 数

本节将主要介绍幂级数的概念及判断其敛散性的方法,然后利用幂级数与函数的关系把函数转化为级数形式.

13.2.1 幂级数的概念

定义 13.6 形如

$$\sum_{n=0}^{\infty} a_n (x-x_0)^n = a_0 + a_1(x-x_0) + a_2(x-x_0)^2 + \cdots + a_n(x-x_0)^n + \cdots$$

$$(13.5)$$

的级数,称为$(x-x_0)$的幂级数.其中$a_0,a_1,a_2,\cdots,a_n,\cdots$均是常数,称为幂级数的系数.

当$x_0=0$时,式(13.5)化为

$$\sum_{n=0}^{\infty} a_n x^n = a_0 + a_1 x + a_2 x^2 + \cdots + a_n x^n + \cdots,$$

$$(13.6)$$

式(13.6)称为x的幂级数.

这两种形式的幂级数并无实质上的差别,只要通过对式(13.5)作代换$t=x-x_0$,就可以化为式(13.6).下面主要讨论形如(13.6)的幂级数.

当x取定数值x_0时,若$\sum\limits_{n=0}^{\infty} a_n x_0^n$ 收敛,则称$x=x_0$为级数$\sum\limits_{n=1}^{\infty} a_n x^n$ 的收敛点.一个级数收敛点的全体称为该级数的收敛域.

为了讨论幂级数的收敛域.将级数(13.6)的各项取绝对值,得正项级数

$$\sum_{n=0}^{\infty} |a_n x^n| = |a_0| + |a_1 x| + |a_2 x^2| + \cdots + |a_n x^n| + \cdots.$$

$$(13.7)$$

根据正项级数的比值判别法可知,如果设$\lim\limits_{n\to\infty}\left|\dfrac{a_{n+1}}{a_n}\right|=l$,则

$$\lim_{n\to\infty}\left|\dfrac{a_{n+1}x^{n+1}}{a_n x^n}\right| = \lim_{n\to\infty}\left|\dfrac{a_{n+1}}{a_n}\right||x| = l|x|,$$

(1) 如果$l|x|<1,l\neq0$,即$|x|<\dfrac{1}{l}=R$,则级数(13.6)绝对收敛;

(2) 如果$l|x|>1$,即$|x|>\dfrac{1}{l}=R$,则级数(13.6)发散;

(3) 如果$l|x|=1$,即$|x|=\dfrac{1}{l}=R$,则比值判别法失效,需另行判定;

(4) 如果 $l=0$，则 $l|x|=0<1$，这时级数(13.6)对任何 x 都收敛.

综合以上分析，幂级数(13.6)的收敛域是一个以原点为中心从 $-R$ 到 R 的区间，称为幂级数(13.6)的收敛区间，其中 $R=\frac{1}{l}$ 称为幂级数的收敛半径.

如果幂级数(13.6)除点 $x=0$ 外，对一切 $x\neq0$ 都发散，则规定 $R=0$，此时幂级数(13.6)的收敛区间缩为一点 $x=0$；

如果幂级数(13.6)对任何 x 都收敛，则记作 $R=+\infty$，此时幂级数(13.6)的收敛区间为 $(-\infty,+\infty)$.

当 $0<R<+\infty$ 时，要对点 $x=\pm R$ 处级数的收敛性进行专门讨论，以决定收敛区间是开区间，还是闭区间或半开半闭区间. 此时，幂级数的收敛区间为如下 4 种区间之一：$(-R,R),[-R,R],[-R,R),(-R,R]$.

下面给出求幂级数(13.6)收敛半径的一种方法.

定理 13.6 设幂级数 $\sum\limits_{n=0}^{\infty}a_n x^n$，其收敛半径为 R，若 $\lim\limits_{n\to\infty}\left|\dfrac{a_{n+1}}{a_n}\right|=l$，则

(1) 当 $0<l<+\infty$ 时，$R=\dfrac{1}{l}$；

(2) 当 $l=0$ 时，$R=+\infty$；

(3) 当 $l=+\infty$ 时，$R=0$.

根据定理 13.6，求幂级数(13.6)的收敛区间的步骤是：首先求出收敛半径 R，如果 $0<R<+\infty$，则再判断 $x=\pm R$ 时级数的收敛性，最后写出收敛区间.

例 13.2.1 求幂级数 $\sum\limits_{n=1}^{\infty}\dfrac{(-1)^{n-1}x^n}{n}$ 的收敛区间.

解 由 $l=\lim\limits_{n\to\infty}\left|\dfrac{a_{n+1}}{a_n}\right|=\lim\limits_{n\to\infty}\dfrac{\frac{1}{n+1}}{\frac{1}{n}}=\lim\limits_{n\to\infty}\dfrac{n}{n+1}=1$，得到收敛半径

$$R=\frac{1}{l}=1.$$

当 $x=-1$ 时，$\sum\limits_{n=1}^{\infty}\dfrac{(-1)^{n-1}(-1)^n}{n}=\sum\limits_{n=1}^{\infty}\dfrac{(-1)^{2n-1}}{n}=-\sum\limits_{n=1}^{\infty}\dfrac{1}{n}$，为调和级数，发散；

当 $x=1$ 时，$\sum\limits_{n=1}^{\infty}\dfrac{(-1)^{n-1}}{n}$ 为交错级数，由例 13.1.6 知，收敛，所以 $\sum\limits_{n=1}^{\infty}\dfrac{(-1)^{n-1}x^n}{n}$ 的收敛区间为 $(-1,1]$.

例 13.2.2 求幂级数 $\sum\limits_{n=1}^{\infty}\dfrac{x^n}{n!}$ 的收敛区间.

解 因为

$$l=\lim\limits_{n\to\infty}\left|\dfrac{a_{n+1}}{a_n}\right|=\lim\limits_{n\to\infty}\dfrac{\frac{1}{(n+1)!}}{\frac{1}{n!}}=\lim\limits_{n\to\infty}\dfrac{1}{n+1}=0,$$

所以 $\sum\limits_{n=1}^{\infty}\dfrac{x^n}{n!}$ 的收敛区间为 $(-\infty,+\infty)$.

13.2.2 幂级数的运算

下面给出幂级数运算的几个性质,证明略.

性质 13.6 设幂级数 $f(x)=\sum\limits_{n=0}^{\infty}a_n x^n$ 和 $g(x)=\sum\limits_{n=0}^{\infty}b_n x^n$,它们的收敛区间分别为 $(-R_1,R_1)$ 和 $(-R_2,R_2)$. 取 $R=\min\{R_1,R_2\}$,则有

$$\sum_{n=0}^{\infty}a_n x^n \pm \sum_{n=0}^{\infty}b_n x^n = \sum_{n=0}^{\infty}(a_n \pm b_n)x^n = f(x) \pm g(x),收敛区间为(-R,R).$$

性质 13.7 设幂级数 $f(x)=\sum\limits_{n=0}^{\infty}a_n x^n$,收敛区间为 $(-R,R)$,则

(1) 在 $(-R,R)$ 内 $f(x)$ 为连续函数;

(2) 在 $(-R,R)$ 内 $f(x)$ 可导,且

$$f'(x) = \Big(\sum_{n=0}^{\infty}a_n x^n\Big)' = \sum_{n=0}^{\infty}(a_n x^n)' = \sum_{n=1}^{\infty}na_n x^{n-1};$$

(3) 在 $(-R,R)$ 内 $f(x)$ 可积,且

$$\int_0^x f(x)\mathrm{d}x = \int_0^x \Big(\sum_{n=0}^{\infty}a_n x^n\Big)\mathrm{d}x = \sum_{n=0}^{\infty}\int_0^x a_n x^n \mathrm{d}x = \sum_{n=0}^{\infty}\frac{a_n}{n+1}x^{n+1},$$

即幂级数在收敛区间内可逐项求导或逐项积分,并且逐项求导或逐项积分后得到的幂级数的收敛半径不变,但在收敛区间的端点处,级数的收敛性可能发生变化.

例 13.2.3 已知 $\dfrac{1}{1-x}=1+x+x^2+\cdots+x^n+\cdots,x\in(-1,1)$,分别求 $\dfrac{1}{(1-x)^2}$ 和 $\ln(1+x)$ 关于 x 的幂级数.

解 (1) 将两边对 x 求导得

$$\frac{1}{(1-x)^2} = 1+2x+3x^2+\cdots+nx^{n-1}+\cdots = \sum_{n=1}^{\infty}nx^{n-1},$$

在端点 $x=\pm 1$ 处,上式的右端级数的一般项不趋近于 $0(n\to\infty)$,级数是发散的,所以逐项求导后,所得级数 $\sum\limits_{n=1}^{\infty}nx^{n-1}$ 的收敛区间为 $(-1,1)$.

(2) 在 $\dfrac{1}{1-x}$ 的幂级数展开式中,若令 $x=-t$,得

$$\frac{1}{1+t} = 1-t+t^2-t^3+\cdots+(-1)^n t^n+\cdots \qquad (-1<t<1),$$

对上式两端从 0 到 $x(|x|<1)$ 积分,得

$$\ln(1+x) = \int_0^x \frac{1}{1+t}\mathrm{d}t = x-\frac{x^2}{2}+\frac{x^3}{3}-\cdots+(-1)^n\frac{x^{n+1}}{n+1}+\cdots$$

$$= \sum_{n=1}^{\infty}\frac{(-1)^{n-1}x^n}{n}.$$

当 $x=1$ 时,上式右端是一个收敛的交错级数;当 $x=-1$ 时,上式右端为调和级数,是发散的;所以

$$\ln(1+x) = \sum_{n=1}^{\infty} \frac{(-1)^{n-1}x^n}{n} \text{ 收敛区间为}(-1,1].$$

13.2.3 将函数展开成幂级数

前面我们讨论了幂级数的收敛区间,但在实际问题中,我们还经常遇到如何将一个已知函数 $f(x)$ 在某个区间内表示成幂级数的问题.

若要将任意一个已知函数展开成幂级数,需要解决 3 个问题:首先是已知函数在什么条件下可以展开成幂级数;其次是已知函数能展开成幂级数时,如何求其幂级数展开式;第三是已知函数展开成幂级数时,展开式是否是唯一的.

1. 泰勒级数

如果函数 $f(x)$ 在 $x=x_0$ 的某个邻域内有任意阶导数,则称级数

$$f(x_0) + f'(x_0)(x-x_0) + \frac{f''(x_0)}{2!}(x-x_0)^2 + \cdots + \frac{f^{(n)}(x_0)}{n!}(x-x_0)^n + \cdots \tag{13.8}$$

为函数 $f(x)$ 在 $x=x_0$ 处的泰勒级数.

特别地,当 $x_0=0$ 时,(13.8)化为

$$f(0) + f'(0)x + \frac{f''(0)}{2!}x^2 + \cdots + \frac{f^{(n)}(0)}{n!}x^n + \cdots, \tag{13.9}$$

称为函数 $f(x)$ 的麦克劳林级数.

设 $P_n(x)$ 为 $f(x)$ 的泰勒级数的前 $n+1$ 项之和, $f(x)$ 与其泰勒级数部分和之差记为 $R_n(x)$,即

$$R_n(x) = f(x) - P_n(x),$$

称 $R_n(x)$ 为余项.

显然,只要函数 $f(x)$ 具有任意阶导数,那么我们就可以从形式上写出它的泰勒级数(13.8),但是这个泰勒级数是否在 x_0 的邻域内收敛? 如果收敛,它是否收敛到 $f(x)$,即 $f(x)$ 是否为这个泰勒级数(13.8)的和函数? 下面的定理回答了这些问题.

定理 13.7 如果函数 $f(x)$ 在 $x=x_0$ 的某个邻域内具有任意阶导数,则 $f(x)$ 的泰勒级数(13.8)收敛于 $f(x)$ 的充分必要条件是

$$\lim_{n\to\infty} R_n(x) = \lim_{n\to\infty}[f(x) - P_n(x)] = 0,$$

其中余项 $R_n(x)$ 具有如下形式

$$R_n(x) = \frac{f^{(n+1)}(\xi)}{(n+1)!}(x-x_0)^{n+1} \qquad (\xi \text{ 在 } x \text{ 与 } x_0 \text{ 之间}), \tag{13.10}$$

称为 $f(x)$ 的 n 阶拉格朗日余项.

根据幂级数在其收敛区间内可以逐项求导的性质,我们可以得出函数 $f(x)$ 展开式是唯一的,即如果 $f(x)$ 可展为

$$a_0 + a_1(x-x_0) + a_2(x-x_0)^2 + \cdots + a_n(x-x_0)^n + \cdots,$$

则有

$$a_0 = f(x_0), a_1 = f'(x_0), a_2 = \frac{f''(x_0)}{2!}, \cdots, a_n = \frac{f^{(n)}(x_0)}{n!}, \cdots.$$

这样就回答了前面提出的 3 个问题(证明从略).

2. 将函数展开成幂级数的方法

将已知函数 $f(x)$ 展开成幂级数,就是用收敛于 $f(x)$ 的泰勒级数或麦克劳林级数表示 $f(x)$,通常有以下两种方法.

(1) 直接展开法.

这种方法具体步骤如下:

第一步,求出 $f(x)$ 在 $x=x_0$ 的各阶导数值 $f^{(n)}(x_0)$,若函数 $f(x)$ 在 $x=x_0$ 的某阶导数不存在,则 $f(x)$ 不能展成 $(x-x_0)$ 的幂级数;

第二步,写出 $f(x)$ 泰勒级数形式(13.8),并求出它的收敛区间;

第三步,讨论在收敛区间内余项 $R_n(x)$ 的极限

$$\lim_{n \to \infty} R_n(x) = \lim_{n \to \infty} \frac{f^{(n+1)}(\xi)}{(n+1)!}(x-x_0)^{n+1} \qquad (\xi \text{ 在 } x \text{ 与 } x_0 \text{ 之间})$$

是否为 0,如为 0,则泰勒级数(13.8)在它的收敛区间内等于函数 $f(x)$;如不为 0,泰勒级数(13.8)即使收敛,它的和也不是 $f(x)$.

例 13.2.4 将函数 $f(x) = e^x$ 展成麦克劳林级数.

解 因为 $f^{(n)}(x) = e^x$,所以 $f^{(n)}(0) = 1$,得

$$\sum_{n=0}^{\infty} \frac{f^{(n)}(0)}{n!} x^n = \sum_{n=0}^{\infty} \frac{x^n}{n!},$$

其收敛区间为 $(-\infty, +\infty)$,再考察 $R_n(x)$:

$$\lim_{n \to \infty} |R_n(x)| = \lim_{n \to \infty} \left| \frac{e^\xi}{(n+1)!} x^{n+1} \right| < \lim_{n \to \infty} e^{|x|} \frac{|x|^{n+1}}{(n+1)!} = 0.$$

因为 ξ 在 0 与 x 之间,所以 $|\xi| < |x|$,$e^{|\xi|} < e^{|x|}$,对于任意 $x \in (-\infty, +\infty)$,e^x 为有限值,而 $\frac{|x|^{n+1}}{(n+1)!}$ 是收敛级数 $\sum_{n=0}^{\infty} \frac{|x|^{n+1}}{(n+1)!}$ 的一般项,故有 $\lim_{n \to \infty} \frac{|x|^{n+1}}{(n+1)!} = 0$,因此 e^x 可以展为麦克劳林级数,即

$$e^x = \sum_{n=0}^{\infty} \frac{x^n}{n!} = 1 + x + \frac{x^2}{2!} + \cdots + \frac{x^n}{n!} + \cdots \qquad x \in (-\infty, +\infty).$$

用直接展开法还可以得到下列函数的幂级数展开式为

$$\sin x = x - \frac{x^3}{3!} + \frac{x^5}{5!} - \cdots + (-1)^n \frac{x^{2n+1}}{(2n+1)!} + \cdots \qquad x \in (-\infty, +\infty),$$

$$(1+x)^m = 1 + mx + \frac{m(m-1)}{2!}x^2 + \cdots + \frac{m(m-1)\cdots(m-n+1)}{n!}x^n + \cdots$$

$$(-1 < x < 1)$$

其中 m 为任意实数. 这个级数称为二项式级数.

（2）间接展开法.

间接展开法是利用一些已知函数的展开式及幂级数的运算法则、变量代换等方法,将所给函数展开成幂级数.

例 13.2.5 将函数 $\cos x$ 展成麦克劳林级数.

解 因为 $(\sin x)' = \cos x$,且 $\sin x = \sum_{n=0}^{\infty} (-1)^n \dfrac{x^{2n+1}}{(2n+1)!}$ 　$[x \in (-\infty, +\infty)]$,所以

$$\cos x = (\sin x)' = \left[\sum_{n=0}^{\infty} (-1)^n \frac{x^{2n+1}}{(2n+1)!} \right]' = \sum_{n=0}^{\infty} (-1)^n \frac{x^{2n}}{(2n)!}$$

$$= 1 - \frac{x^2}{2!} + \frac{x^4}{4!} - \cdots + (-1)^n \frac{x^{2n}}{(2n)!} + \cdots \qquad [x \in (-\infty, +\infty)].$$

例 13.2.6 将 $\dfrac{1}{5-x}$ 展成 $x-3$ 的幂级数.

解 因为 $\dfrac{1}{1-q} = 1 + q + q^2 + q^3 + \cdots + q^{n-1} + \cdots$ 　$(-1 < q < 1)$,所以

$$\frac{1}{5-x} = \frac{1}{2-(x-3)} = \frac{1}{2} \cdot \frac{1}{1 - \dfrac{x-3}{2}}$$

$$= \frac{1}{2} \left[1 + \frac{x-3}{2} + \left(\frac{x-3}{2} \right)^2 + \cdots + \left(\frac{x-3}{2} \right)^{n-1} + \cdots \right]$$

$$= \frac{1}{2} + \frac{1}{2^2}(x-3) + \frac{1}{2^3}(x-3)^2 + \cdots + \frac{1}{2^n}(x-3)^{n-1} + \cdots.$$

由 $\left| \dfrac{x-3}{2} \right| < 1$,得 $-2 < x-3 < 2$,即收敛区间为 $(1, 5)$.

13.2.4　幂级数的应用

幂级数的应用非常广泛,现举例如下.

例 13.2.7 计算 e 的近似值.

解 在 e^x 的幂级数展开式

$$e^x = 1 + x + \frac{x^2}{2!} + \cdots + \frac{x^n}{n!} + \cdots \qquad x \in (-\infty, +\infty)$$

中,令 $x = 1$ 得

$$e = 1 + 1 + \frac{1}{2!} + \cdots + \frac{1}{n!} + \cdots,$$

取前 $n+1$ 项作为 e 的近似值

$$e \approx 1 + 1 + \frac{1}{2!} + \cdots + \frac{1}{n!},$$

取 $n = 7$,即取级数的前 $7+1=8$ 项作近似计算即可,则

$$e \approx 1 + 1 + \frac{1}{2!} + \frac{1}{3!} + \frac{1}{4!} + \frac{1}{5!} + \frac{1}{6!} + \frac{1}{7!},$$

即 $e \approx 2.718\,26$.

例 13.2.8　计算 $\ln 2$ 的近似值.

解　由几何级数收敛可知

$$\frac{1}{1-q} = 1 + q + q^2 + q^3 + \cdots + q^{n-1} + \cdots \qquad (-1 < q < 1),$$

上式中令 $q = x^2$ 得

$$\frac{1}{1-x^2} = 1 + x^2 + x^4 + x^6 + \cdots + x^{2n} + \cdots \qquad (-1 < x < 1),$$

将上式两端从 0 到 x 积分,得

$$\ln\frac{1+x}{1-x} = 2\left(x + \frac{x^3}{3} + \frac{x^5}{5} + \cdots + \frac{x^{2n+1}}{2n+1} + \cdots\right) \qquad (-1 < x < 1).$$

若令 $\dfrac{1+x}{1-x} = 2$,则 $x = \dfrac{1}{3} \in (-1, 1)$,以 $x = \dfrac{1}{3}$ 代入上式,得

$$\ln 2 = 2\left(\frac{1}{3} + \frac{1}{3} \cdot \frac{1}{3^3} + \frac{1}{5} \cdot \frac{1}{3^5} + \frac{1}{7} \cdot \frac{1}{3^7} + \cdots\right),$$

取前四项的和作为 $\ln 2$ 的近似值,则得

$$\ln 2 \approx 2\left(\frac{1}{3} + \frac{1}{3} \cdot \frac{1}{3^3} + \frac{1}{5} \cdot \frac{1}{3^5} + \frac{1}{7} \cdot \frac{1}{3^7}\right) \approx 0.6931.$$

例 13.2.9　求积分 $\displaystyle\int_0^{0.2} e^{-x^2}\,dx$ 的近似值.

解　因为定积分 $\displaystyle\int_0^{0.2} e^{-x^2}\,dx$ 不能用以前学过的求积分的方法求出,所以我们先求积分 $\displaystyle\int_0^x e^{-x^2}\,dx$ 的幂级数展开式.

由 e^x 的幂级数展开式得

$$e^{-x^2} = \sum_{n=0}^{\infty} \frac{(-x^2)^n}{n!} = \sum_{n=0}^{\infty} \frac{(-1)^n}{n!} x^{2n} \qquad x \in (-\infty, +\infty),$$

所以

$$\begin{aligned}
\int_0^x e^{-x^2}\,dx &= \int_0^x \left[\sum_{n=0}^{\infty} \frac{(-1)^n}{n!} x^{2n}\right] dx \\
&= \sum_{n=0}^{\infty} \frac{(-1)^n}{n!} \int_0^x x^{2n}\,dx \\
&= \sum_{n=0}^{\infty} \frac{(-1)^n}{(2n+1)n!} x^{2n+1} \\
&= x - \frac{x^3}{3 \cdot 1!} + \frac{x^5}{5 \cdot 2!} - \frac{x^7}{7 \cdot 3!} + \cdots \qquad x \in (-\infty, +\infty),
\end{aligned}$$

在上式中令 $x = 0.2$,得

$$\int_0^{0.2} e^{-x^2}\,dx = 0.2 - \frac{0.2^3}{3} + \frac{0.2^5}{10} - \frac{0.2^7}{42} + \cdots \approx 0.1973.$$

思考题 13.2

1. 幂级数 $\sum\limits_{n=0}^{\infty} a_n x^n$ 在收敛区间内必绝对收敛吗?

2. 若幂级数 $\sum\limits_{n=0}^{\infty} a_n x^n$ 收敛半径为 R,则 $\sum\limits_{n=0}^{\infty} a_n x^{2n}$ 的收敛半径为什么?

3. 函数 $f(x)$ 的泰勒级数是否一定收敛于 $f(x)$?

4. 若函数 $f(x)$ 在 x_0 可以展开为 x 的幂级数,收敛半径 $R>0$,则展开式是否唯一?

练习题 13.2

1. 求下列幂级数的收敛区间:

(1) $x-\dfrac{x^2}{2}+\dfrac{x^3}{3}-\dfrac{x^4}{4}+\cdots+(-1)^n\dfrac{x^{n+1}}{n+1}+\cdots$;

(2) $1+\dfrac{x}{2!}+\dfrac{x^2}{4!}+\dfrac{x^3}{6!}+\cdots+\dfrac{x^n}{(2n)!}+\cdots$;

(3) $\sum\limits_{n=1}^{\infty}\dfrac{x^n}{(2n-1)(2n)}$;

(4) $\sum\limits_{n=1}^{\infty}\dfrac{x^{n-1}}{3^{n-1}n}$;

(5) $1-\dfrac{x}{5\sqrt{2}}+\dfrac{x^2}{5^2\sqrt{3}}-\dfrac{x^3}{5^3\sqrt{4}}+\cdots$.

2. 求下列幂级数的收敛区间,并求和函数:

(1) $x-\dfrac{x^3}{3}+\dfrac{x^5}{5}-\dfrac{x^7}{7}+\cdots$;

(2) $\sum\limits_{n=1}^{\infty} n(n+1)x^n$.

3. 将下列函数展成 x 的幂级数,并确定收敛区间:

(1) $f(x)=\cos^2 x$;

(2) $f(x)=\dfrac{1}{3-x}$.

4. 将函数 $f(x)=\dfrac{1}{4-x}$ 展成 $x-2$ 的幂级数,并确定收敛区间.

5. 求下列各值的近似值(计算前三项):

(1) $\sqrt{e}$;

(2) $\sin 18°$;

(3) $\displaystyle\int_0^{\frac{1}{2}} e^{x^2}\,dx$.

13.3　典型例题详解

例 13.3.1　利用定义判别级数 $\sum\limits_{n=1}^{\infty}\dfrac{1}{n(n+1)}$ 的敛散性,并求其和.

解　由于 $\dfrac{1}{n(n+1)}=\dfrac{1}{n}-\dfrac{1}{n+1}$　　$(n=1,2,\cdots)$,得到

$$S_n=\frac{1}{1\cdot2}+\frac{1}{2\cdot3}+\frac{1}{3\cdot4}+\cdots+\frac{1}{n(n+1)}$$
$$=\left(1-\frac{1}{2}\right)+\left(\frac{1}{2}-\frac{1}{3}\right)+\left(\frac{1}{3}-\frac{1}{4}\right)+\cdots+\left(\frac{1}{n}-\frac{1}{n+1}\right)$$
$$=1-\frac{1}{n+1}.$$

因此

$$\lim_{n\to\infty}S_n=\lim_{n\to\infty}\left(1-\frac{1}{n+1}\right)=1,$$

所以级数收敛,其和为 1.

例 13.3.2　判别级数 $\displaystyle\sum_{n=1}^{\infty}\dfrac{\sin^2\dfrac{n\pi}{3}}{3^n}$ 的敛散性.

解　由于

$$\frac{\sin^2\dfrac{n\pi}{3}}{3^n}\leqslant\frac{1}{3^n}\qquad\left(\text{因为}\sin^2\frac{n\pi}{3}\leqslant1\right),$$

而级数 $\displaystyle\sum_{n=1}^{\infty}\dfrac{1}{3^n}$ 为公比为 $\dfrac{1}{3}$ 的几何级数,因此级数 $\displaystyle\sum_{n=1}^{\infty}\dfrac{1}{3^n}$ 收敛,所以级数 $\displaystyle\sum_{n=1}^{\infty}\dfrac{\sin^2\dfrac{n\pi}{3}}{3^n}$ 也收敛.

例 13.3.3　判别交错级数 $\displaystyle\sum_{n=1}^{\infty}(-1)^{n-1}\dfrac{n}{n^2+1}$ 的敛散性.

解　由于

$$\frac{n}{n^2+1}-\frac{n+1}{(n+1)^2+1}=\frac{n(n^2+2n+2)-(n+1)(n^2+1)}{(n^2+1)(n^2+2n+2)}$$
$$=\frac{n^2+n-1}{(n^2+1)(n^2+2n+2)}>0\qquad(n\geqslant1),$$

即

$$u_n=\frac{n}{n^2+1}>\frac{n+1}{(n+1)^2+1}=u_{n+1}\qquad(n=1,2,\cdots).$$

又因为

$$\lim_{n\to\infty}u_n=\lim_{n\to\infty}\frac{n}{n^2+1}=0,$$

根据莱布尼茨判别法,级数 $\displaystyle\sum_{n=1}^{\infty}(-1)^{n-1}\dfrac{n}{n^2+1}$ 收敛.

例 13.3.4　证明级数 $\displaystyle\sum_{n=1}^{\infty}(-1)^n\dfrac{n!}{n^n}$ 绝对收敛.

证　考察级数 $\displaystyle\sum_{n=1}^{\infty}\left|(-1)^n\dfrac{n!}{n^n}\right|=\sum_{n=1}^{\infty}\dfrac{n!}{n^n}$ 的敛散性.

由于

$$\lim_{n\to\infty}\frac{u_{n+1}}{u_n}=\lim_{n\to\infty}\frac{\dfrac{(n+1)!}{(n+1)^{n+1}}}{\dfrac{n!}{n^n}}=\lim_{n\to\infty}\left(\frac{n}{n+1}\right)^n$$

$$=\lim_{n\to\infty}\frac{1}{\left(1+\dfrac{1}{n}\right)^n}=\frac{1}{e}<1,$$

所以级数 $\displaystyle\sum_{n=1}^{\infty}\frac{n!}{n^n}$ 收敛,因此所给级数 $\displaystyle\sum_{n=1}^{\infty}(-1)^n\frac{n!}{n^n}$ 绝对收敛.

例 13.3.5 求幂级数 $\displaystyle\sum_{n=1}^{\infty}\frac{(2x+1)^n}{n}$ 的收敛区间.

解 由

$$\lim_{n\to\infty}\left|\frac{a_{n+1}}{a_n}\right|=\lim_{n\to\infty}\frac{\dfrac{1}{n+1}}{\dfrac{1}{n}}=\lim_{n\to\infty}\frac{n}{n+1}=1,$$

得到收敛半径 $R=1$.

当 $|2x+1|<1$ 时,所给幂级数绝对收敛,即

$$-1<2x+1<1,\qquad -1<x<0;$$

当 $x=-1$ 时,它成为交错级数 $\displaystyle\sum_{n=1}^{\infty}\frac{(-1)^n}{n}$,收敛;

当 $x=0$ 时,它成为调和级数 $\displaystyle\sum_{n=1}^{\infty}\frac{1}{n}$,发散.

所以收敛区间为 $[-1,0)$.

例 13.3.6 将函数 $f(x)=\dfrac{x}{x^2-x-2}$ 展成麦克劳林级数.

解 由

$$f(x)=\frac{x}{x^2-x-2}=\frac{x}{(x-2)(x+1)}=\frac{1}{3}\left[\frac{1}{x+1}+\frac{2}{x-2}\right]$$

$$=\frac{1}{3}\left[\frac{1}{x+1}-\frac{1}{1-\dfrac{x}{2}}\right],$$

因为

$$\frac{1}{1+x}=\sum_{n=0}^{\infty}(-1)^n x^n\qquad(-1<x<1),$$

$$\frac{1}{1-\dfrac{x}{2}}=\sum_{n=0}^{\infty}\left(\frac{x}{2}\right)^n\qquad(-2<x<2),$$

根据幂级数的运算性质有

$$f(x)=\frac{1}{3}\left[\sum_{n=0}^{\infty}(-1)^n x^n-\sum_{n=0}^{\infty}\left(\frac{x}{2}\right)^n\right]$$

$$= \frac{1}{3} \sum_{n=0}^{\infty} \left[(-1)^n - \frac{1}{2^n} \right] x^n,$$

收敛区间为 $(-1,1) \cap (-2,2)$，即 $-1 < x < 1$.

 复习题十三

1. 利用级数的定义或性质判别下列级数的敛散性：

(1) $\frac{1}{2} + \frac{2}{3} + \frac{3}{4} + \frac{4}{5} + \cdots$；

(2) $\left(\frac{1}{2} + \frac{1}{3} \right) + \left(\frac{1}{4} + \frac{1}{9} \right) + \left(\frac{1}{8} + \frac{1}{27} \right) + \cdots$；

(3) $\sum_{n=1}^{\infty} 2^n \cos \frac{\pi}{3^n}$.

2. 用比较判别法确定下列级数的敛散性：

(1) $\frac{1}{2} + \frac{1}{9} + \frac{1}{28} + \frac{1}{65} + \cdots + \frac{1}{n^3+1} + \cdots$；

(2) $\sum_{n=1}^{\infty} \frac{1}{n \sqrt{n+1}}$；

(3) $1 + \frac{1}{3} + \frac{1}{5} + \frac{1}{7} + \cdots + \frac{1}{2n+1} + \cdots$.

3. 用比值判别法确定下列级数的敛散性：

(1) $1 + \frac{1}{2!} + \frac{1}{3!} + \frac{1}{4!} + \cdots + \frac{1}{n!} + \cdots$；

(2) $\sum_{n=0}^{\infty} \frac{1}{2^{2n+1}(2n+1)}$；

(3) $1 + \frac{3}{2!} + \frac{3^2}{3!} + \frac{3^3}{4!} + \cdots + \frac{3^{n-1}}{n!} + \cdots$.

4. 判定下列级数是绝对收敛，还是条件收敛：

(1) $\sum_{n=1}^{\infty} (-1)^n \frac{n}{(n+1)^2}$；

(2) $\sum_{n=1}^{\infty} (-1)^n \frac{n}{(n+1)^{\frac{5}{2}}}$；

(3) $\sum_{n=1}^{\infty} (-1)^{\frac{n(n-1)}{2}} \frac{(2n+1)^2}{2^{n+1}}$；

5. 讨论级数 $\sum_{n=1}^{\infty} \frac{1}{1+a^n} (a>0)$ 的敛散性.

6. 判定级数 $\sum_{n=1}^{\infty} \frac{a^n}{n^3}$（$a$ 为实数）的敛散性.

7. 求下列幂级数的收敛区间：

(1) $\sum_{n=1}^{\infty} \frac{\ln(n+1)}{n+1} x^{n+1}$；

(2) $\displaystyle\sum_{n=1}^{\infty}(\lg x)^n$;

(3) $\displaystyle\sum_{n=1}^{\infty}\frac{(x-3)^n}{n^2}$;

(4) $\displaystyle\sum_{n=1}^{\infty}(-1)^{n-1}\frac{(2x-3)^n}{2n-1}$.

8. 利用直接展开法将函数 $f(x)=a^x(a>0)$ 展成麦克劳林级数.

9. 将下列函数展开成 x 的幂级数,并写出收敛区间:

(1) $f(x)=\dfrac{x}{3+x}$;

(2) $f(x)=\ln(2x+4)$.

10. 将函数 $f(x)=\ln x$ 展开成 $x-2$ 的幂级数,并写出收敛区间.

11. 若函数 $\dfrac{\sin x}{x}$ 在 $x=0$ 处的值为 1,利用幂级数计算 $\displaystyle\int_0^1\frac{\sin x}{x}\mathrm{d}x$ 的近似值(计算前三项).

第 14 章

数学软件 MATLAB 及其应用

现代科学技术的基础——数学的重要性已日益深入人心. 如何突破传统数学研究的束缚, 使用更先进的手段来研究数学, 一直是数学工作者梦寐以求的事. 随着计算机科学的诞生, 计算机代数系统(也称数学软件包)便应运而生了. 目前, 广泛使用的通用数学软件包主要有 MATLAB、Mathematic、Maple 等, 本章将对 MATLAB 及其数学应用(主要是符号计算)进行简单介绍.

14.1　MATLAB 基础知识

MATLAB 是由美国新墨西哥大学计算机科学系主任 Cleve Moler 教授及其同事合作研制的. 1984 年, 他们成立了 Math Works 公司, 并将 MATLAB 正式推向市场. 经过这些年的不断研究, MATLAB 的功能不断增加, 版本也在不断地提高, 目前已发展到 MATLAB7.0. MATLAB 系统主要包括 MATLAB 语言、MATLAB 工作环境、MAT-LAB 图形处理系统、MATLAB 数学函数库和 MATLAB 应用程序接口 5 个部分. 它具有强大的数值计算能力、优秀的符号演算功能、方便灵活的绘图功能、高效实用的编程功能、友好的用户界面和实用的帮助功能等特点.

Math Works 公司的网址是 www.mathworks.com, 读者可以经常浏览访问, 了解 MATLAB 的最新动态.

14.1.1　MATLAB 的安装和启动

MATLAB 软件的安装同一般的 Windows 软件的安装一样, 只要将 MATLAB 安装光盘插入光驱, 就会自动运行安装程序, 用户只要按照屏幕提示操作就可以逐步完成安装. 安装成功后, 在 Windows 桌面上自动建立一个 MATLAB 的快捷图标.

只需双击桌面上的 MATLAB 快捷图标, 就可以启动 MATLAB, 打开如图 14.1.1 所示的操作桌面. 操作桌面上窗口的多少与设置有关, 图 14.1.1 所示的操作桌面为默认情况, 前台有 3 个窗口: 左上角的窗口为交互界面分类目录窗 Launch Pad(前台)和工作空间浏览器 Workspace(后台), 其中交互界面分类目录窗显示 MATLAB 的启动目录, 工作空间浏览器显示工作空间里保存的所有变量; 左下角的窗口为历史指令窗 Command History(前台)和当前目录浏览器 Current Directory(后台), 其中历史指令窗显示曾经在命令窗口里输入过的命令, 当前目录浏览器显示当前路径下文件夹内保存的所有文件; 右边的窗口为命令窗口 Command Window, 通过在命令窗口输入各种不同的命令来实现

MATLAB 的各种功能.

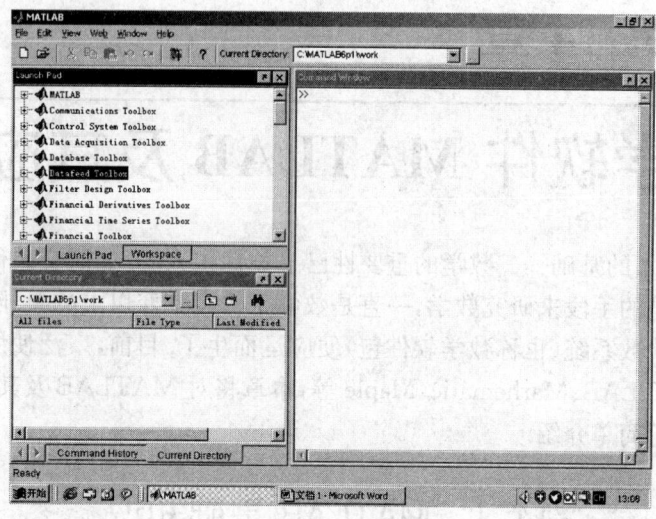

图 14.1.1

14.1.2　MATLAB 命令窗口的使用

　　MATLAB命令窗口默认地位于 MATLAB 桌面的右方,如果用户希望得到脱离操作桌面的几何独立的命令窗口,只要点击命令窗口右上角的 🔳 键,就可以获得如图 14.1.2 所示的命令窗口.

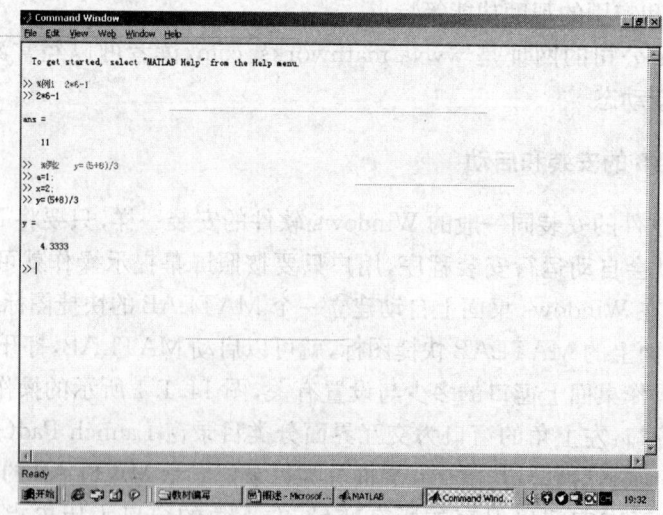

图 14.1.2

　　在 MATLAB 命令窗口直接输入命令,再按回车键,则运行并显示相应的结果. 在命

令窗口里适合运行比较简单的程序或者单个的命令,因为在这里是输入一个语句就解释执行一个语句. 在图 14.1.2 中可以看到两个例子的运行情况,另外还要注意以下几点.

(1) 命令行的"头首"的"≫"是 MATLAB 命令输入提示符;

(2) 在程序中,"％"后面为注释内容;

(3) ans 是系统自动给出的运行结果变量,是英文 answer 的缩写. 如果我们直接指定变量,则系统就不再提供 ans 作为运行结果变量;

(4) 当不需要显示结果时,可以在语句的后面直接加分号.

14.1.3　MATLAB 的运算符

MATLAB 的运算符都是各种计算程序中常见的习惯符号,可以分为三大类别:算术运算符、关系运算符和逻辑运算符.

算术运算符是构成数学运算的最基本的操作命令,在 MATLAB 的命令窗口中可以直接运行,具体功能如表 14.1.1 所示.

表 14.1.1

运算符	功　能	运算符	功　能
＋	相加	－	相减
＊	标量数相乘、矩阵相乘	／	标量数右除、矩阵右除
＾	标量数乘方、矩阵乘方	＼	标量数左除、矩阵左除

这些运算符的使用和在算术运算中几乎一样,但是需要注意:MATLAB 中所有的运算定义在复数域上;对于方根问题,运算只返还处于第一象限的那个解;MATLAB 书写表达式的规则与手写算式相同.

关系运算符主要用来比较数、字符串、矩阵之间的大小或相等关系,其返回值为 0 或 1. 若为 1,则表示进行比较的两个对象之间的关系为真;若为 0,则表示进行比较的两个对象之间的关系为假. 关系运算符的含义如表 14.1.2 所示.

表 14.1.2

运算符	含　义	运算符	含　义	运算符	含　义
＞	大于	＞＝	大于等于	＝＝	等于
＜	小于	＜＝	小于等于	～＝	不等于

注意:标量可以与任何维数组进行比较;数组之间的比较必须同维;关系运算符"＝＝"与赋值运算符"＝"不同,关系运算符"＝＝"是判断两个对象是否具有相等关系(如有相等关系,则运算结果为 1,否则为 0),而赋值运算符"＝"是用来给变量赋值的.

逻辑运算符主要用来进行逻辑量之间的运算,其返回值为 0 或 1. 若为 1,则表示逻辑关系为真;若为 0,则表示逻辑关系为假. 逻辑运算符的含义如表 14.1.3 所示.

表 14.1.3

运算符	含 义	运算符	含 义	运算符	含 义	运算符	含 义
&	与、和			或	~	非、否	xor	异或

注意:标量可以与任何维数组进行逻辑运算,运算比较在此标量与数组每个元素之间进行,因此运算结果和参与运算的数组同维;数组之间的逻辑运算必须同维,运算在两数组相同位置上的元素之间进行,运算结果与参与运算的数组同维. 在所有逻辑表达式中,作为输入的任何非 0 数都被看作是逻辑真,而只有 0 才被认为是逻辑假.

思考题 14.1

1. 在 MATLAB 的命令窗口中分别用大小写输入相同的命令,结果会一样吗?

2. MATLAB 中的算术运算符的使用与算术运算中几乎一样,你能按计算的先后次序排列出来吗?

练习题 14.1

1. 请尝试使用 View 菜单中的各栏项目,并熟悉它们的功能.

2. 分析在 MATLAB 的命令窗口中输入 8^(1/3) 后按回车键所得到的结果.

3. 在 MATLAB 的 M 文件编辑器中编写一个 M 脚本文件并保存.

14.2 MATLAB 的符号计算

MATLAB 提供了强大的符号计算功能,这些功能都是通过 MATLAB 中的符号运算工具箱来实现的. 涉及符号计算的命令使用、运算符操作、计算结果可视化、程序编制等,都是十分完整和便捷的.

14.2.1 符号对象的生成

在代数中,计算表达式的数值必须对所用的变量事先赋值,否则该表达式无法计算. MATLAB 的符号运算工具箱沿用了数值计算的这种模式,规定:在进行符号计算时,首先要定义基本的符号对象(可以是常数、变量和表达式),然后利用这些基本符号对象去构成新的表达式,进而从事所需的符号运算. 在运算中,凡是由包含符号对象的表达式所生成的衍生对象也都是符号对象.

定义基本符号对象的命令主要有两个:sym()和 syms. 它们的常用格式如下:

   y=sym('argv')   把字符串 argv 定义为符号对象 y,只定义单个对象

   syms argv1 argv2   把 argv1,argv2 定义为符号对象(对象之间用空格符隔开)

当然,也可以用单引号来生成符号对象. 例如:

```
>> f = 'exp(x)'            %用单引号生成符号表达式
>> g = sym('ax + b = 0')   %用命令函数 sym()生成符号方程
>> syms x y z              %用命令函数 syms 生成符号表达式 x,y,z
>> x = [1,2,3]             %数值数组
>> y = sin(x)             %数值数组
>> z = x + y              %数值数组
```

14.2.2 符号计算中的基本函数

MATLAB 提供了大量的数学函数,由于本书主要介绍 MATLAB 的符号计算在高等数学中的应用,因此,只就一些常用的函数命令进行说明. 常用的数学函数有:

三角函数有

$$\sin(x), \cos(x), \tan(x), \cot(x), \sec(x), \csc(x)$$

反三角函数有

$$\text{asin}(x), \text{acos}(x), \text{atan}(x), \text{acot}(x), \text{asec}(x), \text{acsc}(x)$$

双曲与反双曲函数有

$$\sinh(x), \cosh(x), \tanh(x), \cdots, \text{asinh}(x), \text{acosh}(x), \text{atanh}(x), \cdots$$

幂函数有

$$x\char`^a(x \text{ 的 } a \text{ 次幂}), \text{sqrt}(x)(x \text{ 的平方根})$$

指数函数有

$$a\char`^x(a \text{ 的 } x \text{ 次幂}), \exp(x)(\text{e 的 } x \text{ 次幂})$$

对数函数有

$$\log(x)(\text{自然对数}), \log2(x)(\text{以 2 为底的对数}), \log10(x)(\text{以 10 为底的对数})$$

其他数学函数有

$$\text{abs}(x)(\text{绝对值})\text{等}$$

这些函数本质上是作用于标量的,如果作用于矩阵或数组,则表示作用于其上的每一个元素.

MATLAB 还有许多函数,如果需要,可以通过以下命令来列出.

```
help elfun        % 初等数学函数的列表
help specfun      % 特殊函数的列表
help elmat        % 矩阵函数的列表
```

14.2.3 符号计算举例

MATLAB 符号计算的特点主要有:①运算以推理解析的方式进行,因此不受计算误差积累问题的困扰;②符号计算,或给出完全正确的封闭解,或给出任意精度的数值解(当封闭解不存在时);③进行符号计算的命令的调用比较简单,与经典教科书公式相近. 本小节将通过例子来讲解有关命令的使用.

1. 计算

计算是 MATLAB 中最简单的计算器使用法,只要在命令窗口中直接输入需要计算的式子,然后按回车键即可,就像使用计算器一样方便.

例 14.2.1 计算表达式 $2 \times 4^2 - 10 \div (4+1)$ 和 $\dfrac{2\sin\dfrac{\pi}{3}}{1+\sqrt{5}}$ 的值.

解 $\gg$ clear
$\quad \gg$ syms x y   % 用来声明 2 个符号变量

```
>> x = 2 * 4^2 - 10/(4 + 1)
x =
    30
>> y = (2 * (sin(pi/3)))/(1 + sqrt(5))
y =
    0.5352
```

这里"≫"是 MATLAB 命令输入提示符,clear 是清除内存中保存的变量(为了养成好的习惯,请每次在程序开头输入).

2. 代数运算

代数符号运算是 MATLAB 符号运算中的一个基本功能,使用它,可以很轻松地进行因式分解、化简、展开和合并等. 相关命令的格式如下:

factor(y)　　　　对符号表达式 y 进行因式分解

simple(y)　　　　对符号表达式 y 进行化简,可多次使用

expand(y)　　　　对符号表达式 y 进行展开

collect(y,v)　　　对符号表达式 y 中指定的符号对象 v 的同幂项系数进行合并

例 14.2.2　将式 $x^2 - a^2$ 进行因式分解.

解　$x^2 - a^2$ 中除 x 外还含有其他自由变量.

```
>> clear
>> syms x a y
>> y=x^2-a^2;
>> y=factor(y)
y =
    (x-a) * (x+a)
```

例 14.2.3　化简 $\sqrt[3]{\dfrac{1}{x^3} + \dfrac{6}{x^2} + \dfrac{12}{x} + 8}$.

解
```
>> clear
>> syms x y
>> y = (1/x^3 + 6/x^2 + 12/x + 8)^(1/3);
>> y = simple(y)
y =
    (2 * x + 1)/x        %一次使用命令 simple()后的结果,但不是最简形式
>> y = simple(y)         %再次使用命令 simple()
y =
    2 + 1/x
```

注意:多次使用命令 simple()可以得到最简的表达形式.

3. 解方程

在 MATLAB 符号运算中,可以用命令函数 solve()来求解符号方程和方程组,其具体格式如下:

solve('eqn1', 'eqn2', 'eqn3', …, 'var1', 'var2', 'var3', …)

命令中的参数 eqn1 为方程组的第一个方程,其他的以此类推;参数 var1 为方程组中第一个变量的声明,其他的以此类推,如果没有变量声明,则系统会按人们的习惯确定符号方程中的待解变量.

例 14.2.4　解下列方程:

(1) $x^2 - x - 6 = 0$;　　(2) $\begin{cases} 3x + y - 6 = 0, \\ x - 2y - 2 = 0. \end{cases}$

解　(1) $x^2 - x - 6 = 0$.

```
>> clear
>> x = solve('x^2 - x - 6 = 0')
x =
   [-2]
   [ 3]
```

由于没有变量声明,系统自动把 x 确定为符号方程中的待解变量,该方程有两个解.

(2) $\begin{cases} 3x + y - 6 = 0, \\ x - 2y - 2 = 0. \end{cases}$

```
>> clear
>> syms x y
>> [x,y] = solve('3 * x + y - 6 = 0','x - 2 * y - 2 = 0')
x =
   2
y =
   0
```

由于没有变量声明,系统自动把 x, y 确定为符号方程组中的待解变量.

4. 函数计算和作图

我们知道,函数值的计算、函数图像的绘制对理解函数的性质有很大的帮助,而计算和绘图正是 MATLAB 最擅长的项目. 计算函数值时,只要直接输入就行,而绘制符号函数的图像时,常用命令函数 fplot() 和 ezplot() 来完成. 具体的格式如下:

　　　　fplot(f,lims)　　在 lims 声明的绘图区间上作符号函数 f 的图像

　　　　ezplot(f)　　　　在默认的绘图区间上作符号函数 f 的图像

MATLAB 的其他绘图命令的用法与上述命令使用类似,请参阅 MATLAB 使用手册.

例 14.2.5　已知函数 $y = \arccos(\ln x)$,求该函数在自变量 x 等于 $\dfrac{1}{e}$、1、e 处的函数值.

解
```
>> clear
>> syms x y
>>  x = [1/exp(1),1,exp(1)]
```

```
x =
     0.3679    1.0000    2.7183
>> y = acos(log(x))
y =
     3.1416    1.5708    0
```

例 14.2.6   作出下列函数的图像:

(1) $y=x^3$;   (2) $y=\sin x$;   (3) $y=\cos x$.

解   (1) $y=x^3$;   (2) $y=\sin x$.

```
>> clear
>> lims1 = [-2,2];        % 声明绘图区间
>> lims2 = [-pi,pi];
>> fplot('x^3',lims1)
>> figure,fplot('sin(x)',lims2)
```

运行结果如图 14.2.1 和图 14.2.2 所示. 其中命令 figure 是强制 MATLAB 生成一个新的绘图窗口,如果在程序中不加这个命令,则后一次绘的函数图像会覆盖前一次绘的函数图像.

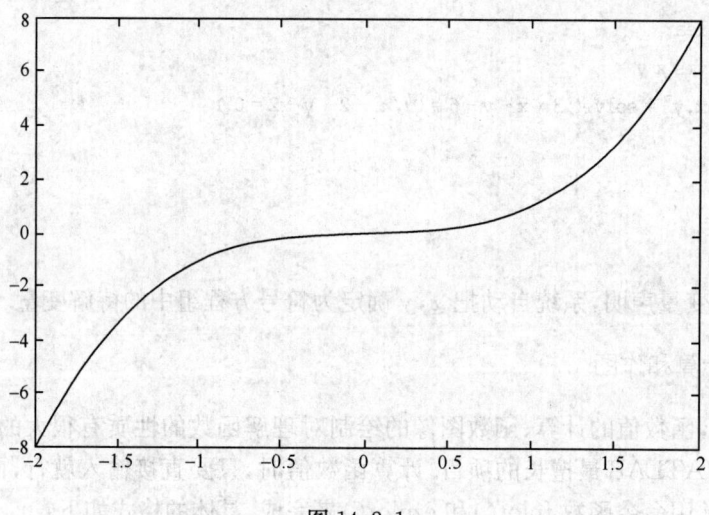

图 14.2.1

(3) $y=\cos x$.

```
>> clear
>> ezplot('cos(x)')
```

运行结果如图 14.2.3 所示.

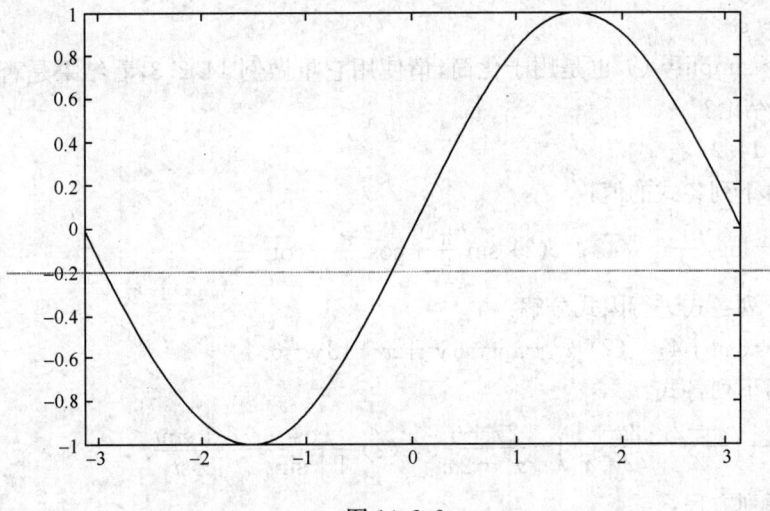

图 14.2.2

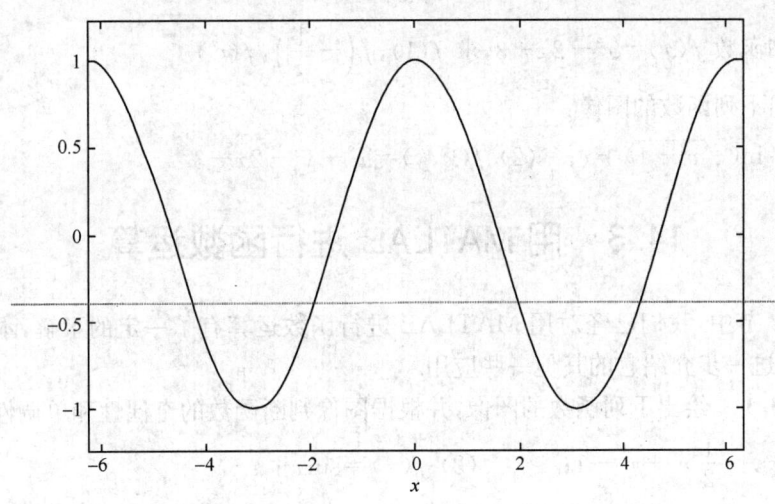

图 14.2.3

MATLAB 的符号运算在数学中的应用非常广泛.

思考题 14.2

1. 为什么要在程序中使用命令 clear?

2. 请给出运行下列语句后的结果:

```
≫ clear
≫ sum = 0;
≫ for n = 1:100;
sum = sum + n;
```

```
        end
     ≫ sum
```

3. 命令 simplify ( ) 也是用于化简,请使用它重做例 14.2.3,看结果是否一样,从中能得到什么结论?

练习题 14.2

1. 计算下列各式的值:

(1) $4^2 - \log_2 \dfrac{1}{8} + \sqrt{48}$;　(2) $\sin \dfrac{\pi}{3} + \cos \dfrac{\pi}{4} - \cot^2 \dfrac{\pi}{6}$.

2. 将下列各式进行因式分解:

(1) $x^3 - 3x^2 + 4$;　(2) $x^2 + xy - 6y^2 + x + 13y - 6$.

3. 化简下列各式:

(1) $\dfrac{1}{x-1}\left(\dfrac{x-2}{2} - \dfrac{2x+1}{2-x}\right) - \dfrac{2x+6}{x^2-2x}$;　(2) $\dfrac{\cos t}{1+\sin t} + \dfrac{1+\sin t}{\cos t}$.

4. 解下列方程:

(1) $x^3 - 2x^2 - 5x + 6 = 0$;　(2) $\begin{cases} y^2 = xy + 6, \\ x^2 = xy + 1. \end{cases}$

5. 已知函数 $f(x) = x^3 - 2x + 3$,求 $f(1), f\left(-\dfrac{1}{a}\right), f(t^2)$.

6. 作出下列函数的图像:

(1) $y = \ln(\sqrt{x^2+1}) + x$;　(2) $f(x,y) = x^2 + y^2 - 2x - 3$.

14.3　用 MATLAB 进行函数运算

在 14.2 节中,我们已经对用 MATLAB 进行函数运算有了一定的了解,本节中我们将通过例子进一步介绍它的其他一些应用.

例 14.3.1　绘出下列函数的图像,并根据图像判断函数的奇偶性和单调性:

(1) $f(x) = \dfrac{1}{2}x^4 + x^2 - 1$;　　(2) $f(x) = \sin x + x$.

解　≫ clear
　　≫ lims1 = [-10, 10];
　　≫ fplot('x^4/2 + x^2 - 1', lims1)
　　≫ lims2 = [-5, 5];
　　≫ figure, fplot('sin(x) + x', lims2)

运行结果如图 14.3.1 与图 14.3.2 所示.

结果分析:从绘出的函数图像中,我们可以很容易的看出函数 $f(x) = \dfrac{1}{2}x^4 + x^2 - 1$ 在区间 $[-10, 10]$ 上是偶函数,在区间 $[-10, 0]$ 上是减函数,在区间 $[0, 10]$ 上是增函数;函数 $f(x) = \sin x + x$ 在区间 $[-5, 5]$ 上是奇函数,在区间 $[-5, 5]$ 上是增函数. 事实上函数 $f(x) = \dfrac{1}{2}x^4 + x^2 - 1$ 在区间 $(-\infty, +\infty)$ 上是偶函数,在区间 $(-\infty, 0)$ 上是减函数,在区

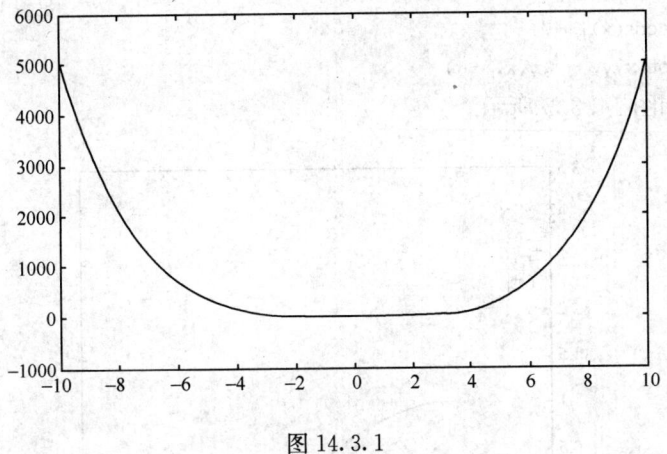

图 14.3.1

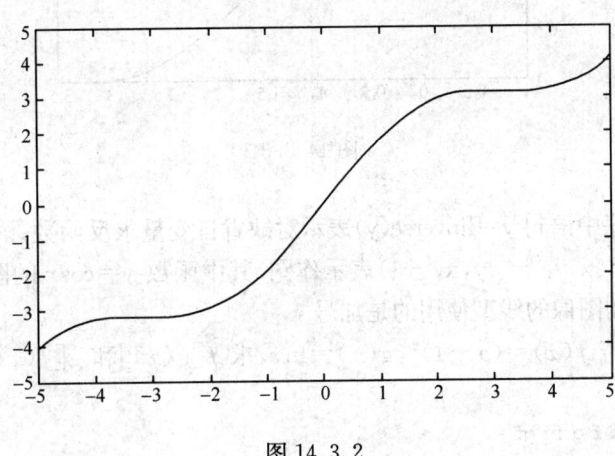

图 14.3.2

间$(0,+\infty)$上是增函数；函数 $f(x)=\sin x+x$ 在区间$(-\infty,+\infty)$上是奇函数，在区间 $(-\infty,+\infty)$上是增函数. 由于我们不可能在无限区间上绘图，所以只能得出在某个区间上的结论.

例 14.3.2   求函数 $y=\cos x$ 在区间$[0,\pi]$上的反函数，并作出它们的图像.

解   先求反函数.

```
>> clear
>> syms x y
>> y = cos(x);
>> y = finverse(y)
y =
    acos(x)
```

再作函数的图像.

```
>> clear
```

```
>> x = 0：0.1：pi;
>> y = cos(x);
>> plot(x,y,'-',y,x,'+')
```
运行结果如图 14.3.3 所示.

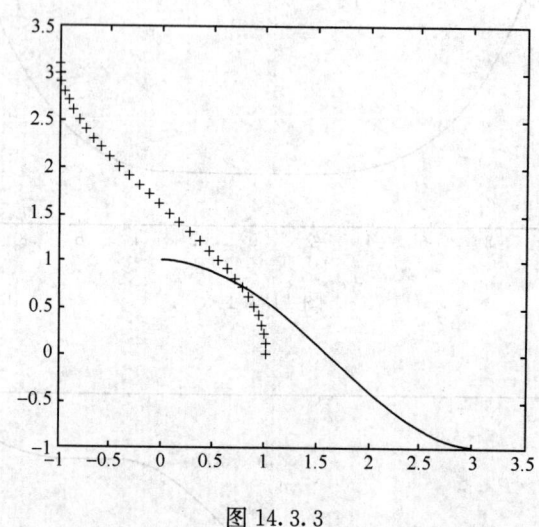

图 14.3.3

结果解释:程序中语句 $y=\text{finverse}(y)$ 表示对缺省自变量求反函数;语句 $x=0：0.1\text{pi}$ 定义横坐标;语句 $\text{plot}(x,y,'-',y,x,'+')$ 表示作图,其中函数 $y=\cos x$ 的图像的线型使用的是实线,其反函数的图像的线型使用的是加号.

例 14.3.3　若 $f(x)=(x-1)^2,g(x)=\ln x$,求 $f[g(x)]$ 和 $g[f(x)]$.

解
```
>> clear
>> syms x f g fg gf
>> f = (x - 1)^2;
>> g = log(x);
>> fg = compose(f,g)
fg =
    (log(x) - 1)^2
>> gf = compose(g,f)
gf =
    log((x - 1)^2)
```

程序说明:程序中 $\log(x)$ 表示自然对数;语句 $fg=\text{compose}(f,g)$ 表示求复合函数 $f[g(x)]$,其中自变量由机器默认,如果要指定自变量,则必须在命令中增加参数.

思考题 14.3

1. 例 14.3.1 与例 14.3.2 中的绘图命令有什么不同?

2. 参阅 MATLAB 使用手册,对例 14.3.3 中的语句 $fg=\text{compose}(f,g)$ 加以修改,使它变成有指定自变量的命令.

练习题 14.3

1. 绘出下列函数的图像,并根据图像判断函数的奇偶性和单调性:

(1) $f(x) = \lg(x + \sqrt{1+x^2})$;   (2) $f(x) = x^2 e^{-x^2}$.

2. 求函数 $y = \sin x$ 在区间 $\left[-\dfrac{\pi}{2}, \dfrac{\pi}{2} \right]$ 上的反函数,并作出它们的图像.

3. 已知 $f(x) = \dfrac{1-x}{1+x}$,求 $f[f(x)]$.

14.4 用 MATLAB 求极限

在 MATLAB 中,极限运算是通过命令函数 limit() 来实现的,该命令函数的具体格式如下:

limit(f)   表示 findsym 函数返回的独立变量趋向于 0 时符号表达式 f 的极限

limit(f,v)   表示指定变量 v 趋向于 0 时符号表达式 f 的极限

limit(f,a)   表示 findsym 函数返回的独立变量趋向于 a 时符号表达式 f 的极限

limit(f,v,a)   表示指定变量 v 趋向于 a 时符号表达式 f 的极限

limit(f,v,a,'left')   表示指定变量 v 从左边趋向于 a 时符号表达式 f 的极限

limit(f,v,a,'right')   表示指定变量 v 从右边趋向于 a 时符号表达式 f 的极限

上述命令中的 f 为需要求极限的函数的符号表达式,a 为实数,无穷大用 inf 表示.

例 14.4.1 求下列极限:

(1) $\displaystyle\lim_{x \to 0} \frac{\sqrt{1+x}-1}{x}$;   (2) $\displaystyle\lim_{x \to 1} \frac{x^2 - 3x + 2}{x-1}$;   (3) $\displaystyle\lim_{x \to 0} \frac{\tan 2x}{\sin 3x}$;

(4) $\displaystyle\lim_{x \to \infty} \left(\frac{2-x}{3-x} \right)^x$;   (5) $\displaystyle\lim_{x \to 0} \frac{e^x - 1}{x}$;   (6) $\displaystyle\lim_{x \to +\infty} \left(1 + \frac{a}{x} \right)^x$.

解

```
>> clear
>> syms a x y1 y2 y3 y4 y5 y6
>> y1 = (sqrt(1+x) - 1)/x;
>> y2 = (x^2 - 3*x + 2)/(x-1);
>> y3 = tan(2*x)/sin(3*x);
>> y4 = ((2-x)/(3-x))^x;
>> y5 = (exp(x) - 1)/x;
>> y6 = (1 + a/x)^x;
>> limit(y1)            %求极限(1)
ans =
    1/2
>> limit(y2,1)          %求极限(2)
ans =
    -1
```

```
>> limit(y3)              %求极限(3)
ans =
      2/3
>> limit(y4,inf)          %求极限(4)
ans =
      exp(1)
>> limit(y5)              %求极限(5)
ans =
      1
>> limit(y6,x,inf,′left′)  %求极限(6)
ans =
      exp(a)
```

注意:在 MATLAB 中要正确书写数学表达式,2x 要写成 2 * x ;exp(1)为 e 的一次幂;当求极限时变量趋向于 0 时,可以缺省,其他情形则必须注明;表达式中只有一个变量时,变量名可以缺省,有一个以上时,就必须指明对那一个求极限.

思考题 14.4

1. 为什么表达式中有一个以上的变量时必须指明对那一个求极限?

2. 没有声明符号变量,直接输入命令 limit($′\sin(x)/x′$)是否能求极限?

练习题 14.4

求下列极限:

(1) $\lim\limits_{x \to \frac{\pi}{2}} \ln\sin x$;

(2) $\lim\limits_{x \to 0} \sqrt{x^2 - 3x + 6}$;

(3) $\lim\limits_{t \to -2} \dfrac{e^t + 1}{t}$;

(4) $\lim\limits_{x \to 4} \dfrac{\sqrt{x} - 2}{x - 4}$;

(5) $\lim\limits_{x \to \frac{\pi}{9}} \ln(2\cos 3x)$;

(6) $\lim\limits_{x \to 0} \dfrac{\sin ax}{x}$.

14.5　用 MATLAB 进行求导运算

函数的求导包括求函数的一阶导数和高阶导数等,MATLAB 的符号运算工具箱中有着强大的求导运算功能,在 MATLAB 中,由命令函数 diff()来完成求导运算,其具体格式如下:

```
diff(f)         对 findsym 函数返回的独立变量求导数
diff(f,v)       对指定变量 v 求导数
diff(f,n)       对 findsym 函数返回的独立变量求 n 阶导数
diff(f,v,n)     对指定变量 v 求 n 阶导数
```

上述命令中的 f 为需要求导的函数的符号表达式,v 为变量,n 是大于 1 的自然数.

例 14.5.1　求下列函数的导数:

(1) $y = x^3$;　　　　(2) $y = \cos^3 x - \cos 3x$.

解　>> clear

```
>> syms x y1 y2
>> y1 = x^3;
>> y2 = (cos(x))^3 - cos(3 * x);
>> dy1 = diff(y1);
>> dy2 = diff(y2);
>> dy1
dy1 =
      3 * x^2
>> dy2
dy2 =
      - 3 * cos(x)^2 * sin(x) + 3 * sin(3 * x).
```

例 14.5.2　求下列函数的 3 阶导数:

(1) $y = x^3$；　　　　(2) $y = \sin x$.

解
```
>> clear
>> syms x y1 y2
>> y1 = x^3;
>> y2 = sin(x);
>> dy1 = diff(y1,x,3);
>> dy2 = diff(y2,x,3);
>> dy1
dy1 =
       6
>> dy2
dy2 =
      - cos(x).
```

思考题 14.5

1. 求函数的高阶导数时,命令函数 diff() 中的 n 能缺省吗? n 可以是变量吗?

2. 观察下列程序,你觉得会有什么结果?

```
>> clear
>> syms x y f
>> y = log(f(exp(x)))
>> diff(y).
```

练习题 14.5

1. 求函数 $y = \ln[\ln(\ln x)]$ 的导数.

2. 求函数 $y = x^4 + e^{-x}$ 的三阶导数.

14.6　用 MATLAB 做导数应用题

导数是研究函数局部性质的有力工具,通过对函数的导数的研究,我们可以清楚的描述出函数的变化趋势. 结合本章的主要内容与 MATLAB 的特点,我们主要通过例子来讨

论函数的极值、单调性、凹向、拐点之间的关系.

例 14.6.1 讨论函数 $y=\dfrac{x^2}{1+x^2}$ 的极值、单调性、凹向和其导数的关系.

解

```
>> clear
>> syms x y dy d2y
>> y = x^2/(1+x^2);
>> dy = diff(y)
dy =
    2*x/(1+x^2) - 2*x^3/(1+x^2)^2
>> dy = simple(dy)
dy =
    2*x/(1+x^2)^2
>> x1 = solve(dy)          % 求 dy = 0 的解
x1 =
    0
>> d2y = diff(y,2)
d2y =
    2/(1+x^2) - 10*x^2/(1+x^2)^2 + 8*x^4/(1+x^2)^3
>> d2y = simple(d2y)
d2y =
    -2*(-1+3*x^2)/(1+x^2)^3
>> x2 = solve(d2y)          % 求 d2y = 0 的解
x2 =
[ 1/3*3^(1/2)]
[ -1/3*3^(1/2)]
>> lims = [-5,5]
lims =
    -5    5
>> subplot(3,1,1)
>> fplot('x^2/(1+x^2)',lims)
>> subplot(3,1,2)
>> fplot('2*x/(1+x^2)^2',lims)
>> subplot(3,1,3)
>> fplot('-2*(-1+3*x^2)/(1+x^2)^3',lims)
```

运行结果如图 14.6.1 所示.

例题分析:

(1) 命令函数 subplot(3,1,1)是在同一个窗口中生成一个 3 行 1 列的绘图区域阵,并把第一绘图区域激活. 图中第一条曲线是函数 $y=\dfrac{x^2}{1+x^2}$ 的图像,第二条曲线是函数的一阶导数 y'(程序中用 dy 表示)的图像,第三条曲线是函数的二阶导数 y''(程序中用 d2y 表示)的图像.

(2) 虽然给出的图像仅仅是在区间[-5,5]上的图像,但是我们不难发现函数在区间 $(-\infty,0]$ 上是减函数,在区间 $[0,+\infty)$ 上是增函数,并且在 $x=0$ 处有一个极小值点,极

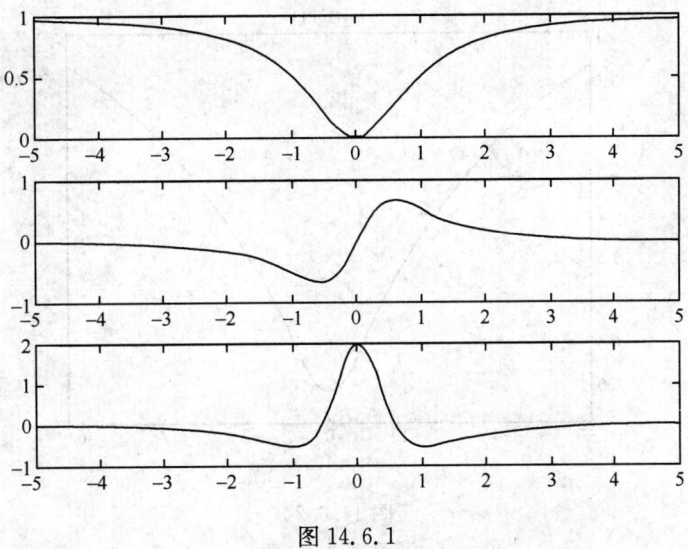

图 14.6.1

小值为 0.

(3) 从函数的一阶导数 y' 的图像中看出,导数 y' 在区间 $(-\infty, 0]$ 上为负值,相应地,函数在区间 $(-\infty, 0]$ 上是减函数;导数 y' 在区间 $[0, +\infty)$ 上为正值,相应地,函数在区间 $(-\infty, 0]$ 上是增函数;导数 y' 在 $x = 0$ 处的值为 0,因此 $x = 0$ 是极小值点.

(4) 从函数的二阶导数 y'' 的图像中看出,二阶导数 y'' 在区间 $(-\infty, -1]$ 和 $[1, +\infty)$ 上为负值,所以相应的函数曲线是凸的;二阶导数 y'' 在 $x = 0$ 的附近为正值,所以相应的函数曲线是凹的. 因此函数曲线有两个拐点 $\left(-\dfrac{\sqrt{3}}{3}, \dfrac{1}{4}\right)$ 和 $\left(\dfrac{\sqrt{3}}{3}, \dfrac{1}{4}\right)$.

例 14.6.2 作出函数 $\ln(x^2 + 1)$ 的图像.

解 >> clear
>> syms x y
>> y = log(x^2 + 1);
>> ezplot(y)

运行结果如图 14.6.2 所示.

思考题 14.6

1. 在例 14.6.1 中把命令函数 fplot() 改为 ezplot() 会有什么不同?

2. 用 MATLAB 作函数 $y = \dfrac{x}{x^2 - 1}$ 的图像.

练习题 14.6

1. 讨论函数 $y = x^3 + 6x^2 + x - 1$ 的极值、单调性、凹向和其导数的关系.

2. 作出函数 $y = \dfrac{\mathrm{e}^x}{1 + x}$ 的图像.

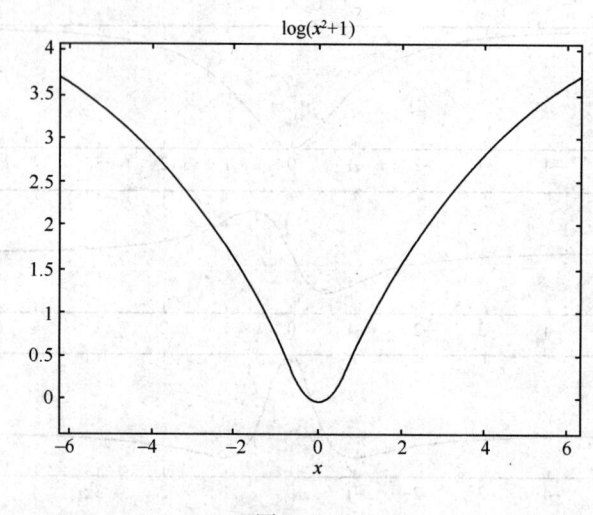

图 14.6.2

14.7 用 MATLAB 做一元函数的积分

一元函数的积分包括不定积分、定积分和广义积分等,MATLAB 为积分运算提供了一个简洁而又功能强大的工具,从而进行十分有效的计算机求积,但有时可能占用机器时间较长. 完成积分运算的命令函数为 int(),其具体格式如下:

int(f)   对 findsym 函数返回的独立变量求不定积分
int(f,v)   对指定变量 v 求不定积分
int(f,a,b)   对 findsym 函数返回的独立变量求从 a 到 b 的定积分
int(f,v,a,b)   对指定变量 v 求从 a 到 b 的定积分

上述命令中的 f 为被积函数的符号表达式,不定积分运算结果中不带积分常数.

例 14.7.1 计算不定积分 $\displaystyle\int \frac{1}{x^2-x-6}\mathrm{d}x$.

解 　　>> clear
　　>> y = sym('1/(x2 - x - 6)')
　　y =
　　　　1/(x2 - x - 6)
　　>> int(y)
　　ans =
　　　　$-1/5 * \log(x + 2) + 1/5 * \log(x - 3)$

例 14.7.2 计算定积分 $\displaystyle\int_0^{\frac{\pi}{2}} x\sin x\mathrm{d}x$.

解 　　>> clear
　　>> syms x y
　　>> y = x * sin(x);
　　>> int(y,x,0,pi/2)
　　ans =

1

例 14.7.3　计算广义积分 $\int_0^{+\infty} \dfrac{1}{100+x^2}\mathrm{d}x.$

解　>> clear
　　　>> syms x y
　　　>> y = 1/(100 + x^2)
　　　y =
　　　　　1/(100 + x^2)
　　　>> int(y,0, + inf)
　　　ans =
　　　　　1/20 * pi

例 14.7.4　计算不定积分 $\int \sin ax \sin bx\, \mathrm{d}x.$

解　>> clear
　　　>> syms x y a b
　　　>> y = sin(a * x) * sin(b * x)
　　　y =
　　　sin(a * x) * sin(b * x)
　　　>> int(y,x)
　　　ans =
　　　　　1/2/(a - b) * sin((a - b) * x) - 1/2/(a + b) * sin((a + b) * x)
　　　>> pretty(ans)

$$1/2\ \frac{\sin((a-b)\,x)}{a-b}\ -\ 1/2\ \frac{\sin((a+b)\,x)}{a+b}$$

从以上几个例题中我们不难发现，无论是不定积分、定积分，还是广义积分、带参数的积分等，用 MATLAB 来做都是非常简单的事.

思考题 14.7

1. 例 14.7.1 与例 14.7.2 的程序设计有何不同？

2. 命令函数 sym() 与 syms 在使用时应注意什么？

练习题 14.7

1. 计算下列不定积分：

(1) $\int \left(x^5 + x^3 + \dfrac{\sqrt{x}}{2}\right)\mathrm{d}x$;

(2) $\int \dfrac{\cos x}{\sin x(1+\sin x)^2}\mathrm{d}x.$

2. 计算下列定积分：

(1) $\int_0^1 \dfrac{x\mathrm{e}^x}{(1+x)^2}\mathrm{d}x$;

(2) $\int_0^1 \sqrt{(1-x^2)^3}\,\mathrm{d}x.$

3. 计算下列广义积分：

(1) $\int_{-\infty}^{+\infty} \dfrac{1}{x^2+2x+3}\mathrm{d}x$;

(2) $\int_0^1 \ln x\,\mathrm{d}x.$

14.8　用 MATLAB 解微分方程

在 MATLAB 中，用大写字母 D 表示微分方程的导数. 例如：Dy 表示 y'，$D2y$ 表示

y'';$D2y+Dy+x-10=0$ 表示微分方程 $y''+y'+x-10=0$;$Dy(0)=3$ 表示 $y'(0)=3$.

用 MATLAB 求微分方程的解析解是由函数 dsolve() 实现,其调用格式和功能说明如表 14.8.1 所示.

表 14.8.1

调用格式	功能说明
r=dsolve('eq','cond','var')	求微分方程的通解或特解 其中 eq 代表微分方程;cond 代表微分方程的初始条件,若不给出初始条件,则求方程的通解;var 代表自变量,默认是按系统默认原则处理
r = dsolve ('eq1','eq2',…,'eqN','cond1','cond2',…,'condN','var1','var2',…,'varN')	求解微分方程组 eq1,eq2,…在初始条件 cond1,cond2,…下的特解,若不给出初始条件,则求方程的通解. var1,var2,…代表求解变量,如不指定,将为默认自变量

例 14.8.1 求 $\dfrac{\mathrm{d}y}{\mathrm{d}x}=\dfrac{y}{x}+\tan\dfrac{y}{x}$ 的通解.

【MATLAB 操作命令】

$\gg$ y = dsolve$\left('\mathrm{Dy}=\dfrac{\mathrm{y}}{\mathrm{x}}+\tan\left(\dfrac{\mathrm{y}}{\mathrm{x}}\right)',\,'\mathrm{x}'\right)$

【MATLAB 输出结果】

y =

asin(x * C1) * x

例 14.8.2 求 $\dfrac{\mathrm{d}y}{\mathrm{d}x}=2xy^2$ 的通解和当 $y(0)=3$ 的特解.

【MATLAB 操作命令】

$\gg$ y = dsolve('Dy = 2 * x * y2','x')

【MATLAB 输出结果】

y =

$-1/(x2-C1)$

【MATLAB 操作命令】

$\gg$ y = dsolve('Dy = 2 * x * y2','y(0) = 3','x')

【MATLAB 输出结果】

y =

$-1/(x2-1/3)$

例 14.8.3 求 $y=xy'-(y')^2$ 的通解.

【MATLAB 操作命令】

$\gg$ y = dsolve('y = x * Dy-(Dy)^2','x')

【MATLAB 输出结果】

y =

$$[1/4 * x2]$$
$$[x * C1 - C1\^2]$$

例 14.8.4 求 $y''-4y'+3y=0$ 满足初始条件 $y(0)=6$，$y'(0)=10$ 的特解.

【MATLAB 操作命令】

>> y = dsolve('D2y - 4 * Dy + 3 * y = 0', 'y(0) = 6', 'Dy(0) = 10', 'x')

【MATLAB 输出结果】

y =

4 * exp(x) + 2 * exp(3 * x)

例 14.8.5 求 $y''-5y'+6y=xe^{2x}$ 的通解.

【MATLAB 操作命令】

>> y = dsolve('D2y - 5 * Dy + 6 * y = x * exp(2 * x)', 'x')

【MATLAB 输出结果】

y =

exp(2 * x) * C2 + exp(3 * x) * C1 - 1/2 * x * exp(2 * x) * (2 + x)

思考题 14.8

1. 如何求微分方程组 $\begin{cases} \dfrac{\mathrm{d}x}{\mathrm{d}t}=4x-2y, \\[2mm] \dfrac{\mathrm{d}y}{\mathrm{d}t}=2x-y \end{cases}$ 的通解？请上机检验.

2. 用 MATLAB 能解决所有微分方程的求解吗？

练习题 14.8

1. 用 MATLAB 求下列微分方程的通解：

(1) $xy\mathrm{d}x-\dfrac{x^2+1}{y^2+1}\mathrm{d}y=0$；

(2) $\dfrac{\mathrm{d}y}{\mathrm{d}x}+\dfrac{y}{x}=x^2$；

(3) $y''+6y'+10y=0$；

(4) $y''-4y'+3y=\mathrm{e}^x\sin x$.

2. 用 MATLAB 求下列微分方程满足初始条件的特解：

(1) $\dfrac{\mathrm{d}y}{\mathrm{d}x}-y\tan x=\sec x$，$y|_{x=0}=0$；

(2) $y''+2y'+y=0$，$y(0)=1$，$y'(0)=0$.

14.9 用 MATLAB 做向量运算及空间曲面

　　MATLAB 具有强大的空间向量的运算能力和空间曲线与曲面的作图能力. 在 MATLAB 中，用数组格式表示空间向量，可以对其进行加减、数量积、向量积等运算，还可以求其向量的模、向量的夹角以及空间曲线与曲面方程等等，利用命令函数 plot3() 和 mesh() 可以作出空间曲线与曲面的图形. 其常见运算和作图的命令函数的调用格式和功能说明如表 14.9.1.

表 14.9.1

调用格式	功能说明
a=[x,y,z]	建立向量 a,其中 x,y,z 为其 3 个坐标分量
a+b	向量 a 与 b 的和
dot(a,b)	向量 a 与 b 的数量积 $a \cdot b$
cross(a,b)	向量 a 与 b 的向量积 $a \times b$
plot3(x,y,z)	绘制三维曲线图形.其中参数 x,y,z 分别定义曲线的 3 个坐标向量,它可以是向量也可以是矩阵.若是向量,则表示绘制一条三维曲线,若是矩阵,则表示绘制多条曲线
plot3(x1,y1,z1,s1,x2,y2,z2,s2,…)	绘制多条三维曲线图形.其中参数 xi,yi,zi 分别定义曲线的 3 个坐标,si 用来定义曲线的颜色或线型
mesh(x,y,z,c)	绘制三维网格曲面.参数 x,y,z 都是矩阵,其中矩阵 x 定义图形的 x 坐标,矩阵 y 定义图形的 y 坐标,矩阵 z 定义图形的 z 坐标,若 x,y 均省略,则三维网格数据矩阵取值 $x=1:n,y=1:m,c$ 表示网格曲面的颜色分布,若省略,则网格曲面的颜色亮度与 z 方向上的高度值成正比

例 14.9.1 已知向量 $a=i+j-3k$,计算该向量的模、方向余弦和方向角.

【MATLAB 操作命令】

>>a=[1,1,-3];

>>MO=sqrt(dot(a,a))

【MATLAB 输出结果】

MO = 3.3166

【MATLAB 操作命令】

>>Cx=1/MO;Cy=1/MO;Cz=-3/MO;

>>c=[Cx,Cy,Cz]

【MATLAB 输出结果】

c = 0.3015   0.3015   -0.9045

【MATLAB 操作命令】

>>Ax=acos(Cx);Ay=acos(Cy);Az=acos(Cz);

>>A=[Ax,Ay,Az]

【MATLAB 输出结果】

A = 1.2645   1.2645   2.7011

例 14.9.2 已知 $a=i+j-3k,b=2i-3j+k$,计算 $a+b,a-b,a \cdot b,a \times b$.

【MATLAB 操作命令】

>>a=[1,1,-3];b=[2,-3,1];

>>a+b

【MATLAB 输出结果】

ans = 3   -2   -2

【MATLAB 操作命令】

>>a-b

【MATLAB 输出结果】

    ans = − 1　　　4　　　　− 4

【MATLAB 操作命令】

    ≫dot(a,b)

【MATLAB 输出结果】

    ans = − 4

【MATLAB 操作命令】

    ≫cross(a,b)

【MATLAB 输出结果】

    ans = − 8　　　　− 7　　　　− 5

例 14.9.3　求点 $(1,-1,3)$ 到平面 $x+y+z-4=0$ 的距离.

分析　利用点到平面的距离公式编程.

【MATLAB 操作命令】

    ≫p = [1, − 1,3];s = [1,1,1];
    ≫d = abs(sum(p. ∗ s) − 4)/sqrt(sum(s.^2))

【MATLAB 输出结果】

    d = 0.5774

例 14.9.4　计算直线 $\dfrac{x-2}{3}=y+1=\dfrac{z-2}{-1}$ 和直线 $\dfrac{x}{2}=\dfrac{y-3}{2}=\dfrac{z+1}{-4}$ 夹角的余弦.

分析　利用两直线间的夹角公式编程.

【MATLAB 操作命令】

    ≫lin1 = [3,1, − 1];lin2 = [2,2, − 4];
    ≫c = dot(lin1,lin2)/(sqrt(dot(lin1,lin1))sqrt(dot(lin2,lin2)))

【MATLAB 输出结果】

    c = 0.7385

例 14.9.5　求由点 $A(1,-1,3),B(1,0,2),C(-1,1,0)$ 所确定的平面方程.

分析　首先利用向量的向量积找到平面方程的法向量,再运用平面方程的点法式,写出平面方程.

【MATLAB 操作命令】

    ≫syms x y z
    ≫D = [x,y,z];
    ≫A = [1, − 1,3];B = [1,0,2];C = [− 1,1,0];
    ≫E = cross(A − B,A − C)
    ≫dot(E,D − A)

【MATLAB 输出结果】

    ans =
     − x − 3 + 2 ∗ y + 2 ∗ z

【MATLAB 操作命令】

    ≫fprintf(´ − x − 3 + 2 ∗ y + 2 ∗ z = 0´)

【MATLAB 输出结果】

$-x-3+2*y+2*z=0$

例 14.9.6 绘制螺旋线 $\begin{cases} x=\cos t, \\ y=\sin t, t\in[0,10\pi]. \\ z=t, \end{cases}$

【MATLAB 操作命令】

```
≫t=0:0.1:10*pi;
≫x=cos(t);y=sin(t);z=t;
≫plot3(x,y,z)
```

【MATLAB 输出结果】

如图 14.9.1 所示。

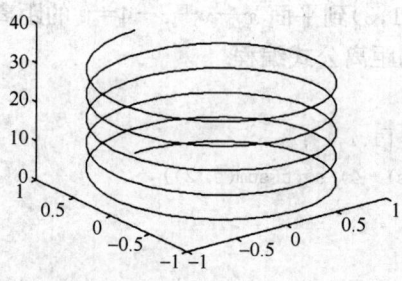

图 14.9.1

例 14.9.7 绘制函数 $z=x^2+y^2$ 的图形.

【MATLAB 操作命令】

```
≫x=-4:4;
≫y=x;
≫[X,Y]=meshgrid(x,y);
   ≫Z=X.^2+Y.^2;
   ≫mesh(X,Y,Z)
```

【MATLAB 输出结果】

如图 14.9.2 所示。

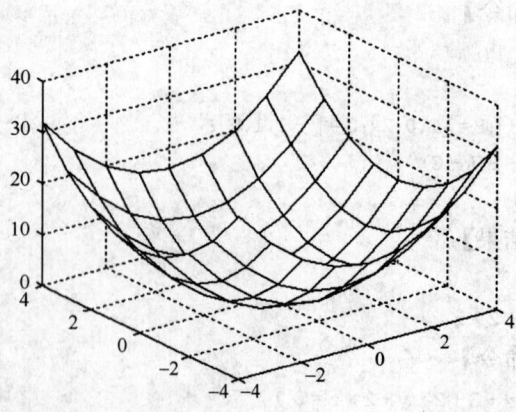

图 14.9.2

思考题 14.9

本节例 14.9.3 中输入的命令 d＝abs(sum(p.＊s)－4)/sqrt(sum(s.^2))中 p.＊s 和 s.^2 分别表示数组乘法和数组的二次幂,sum(p.＊s)与 sum(s.^2)能否用向量的数量积来表示?

练习题 14.9

1. 已知向量 $a＝2i＋3j－3k,b＝i－3j＋4k$,计算 $a＋b,a－b,a \cdot b,a×b$ 以及向量 a 的模、方向余弦和方向角.

2. 求点 $(2,－1,2)$ 到平面 $5x＋y－2z－4＝0$ 的距离.

3. 计算直线 $\dfrac{x＋2}{2}＝y－11＝\dfrac{z－4}{－1}$ 和直线 $\dfrac{x＋2}{2}＝\dfrac{y－3}{－1}＝\dfrac{z＋1}{3}$ 夹角的余弦.

4. 计算直线 $\dfrac{x－2}{3}＝y＋1＝\dfrac{z－2}{－1}$ 与平面 $4x－2y－2z＝3$ 夹角的正弦.

5. 求与向量 $a＝－i＋4j－3k,b＝i－3j＋k$ 同时垂直的向量.

6. 绘制由方程组 $\begin{cases} z＝\sqrt{1－x^2－y^2}, \\ \left(x－\dfrac{1}{2}\right)^2＋y^2＝\dfrac{1}{4} \end{cases}$ 确定的空间曲线.

7. 绘制函数 $z＝\sqrt{4－x^2－y^2}$ 的图形.

14.10　用 MATLAB 求偏导数与多元函数的极值

1. 用 MATLAB 求偏导数

与求一元函数的导数类似,用 MATLAB 求多元函数的偏导数仍选用命令函数 diff(),其调用格式和功能说明如表 14.10.1 所示.

表 14.10.1

调用格式	功能说明
$r＝diff(s,'var')$	求多元函数 s 对指定自变量的偏导数. 其中 var 代表自变量,默认是按系统默认原则处理.

例 14.10.1　已知函数 $f(x,y)＝\dfrac{xe^y}{y^2}$,试求 $\dfrac{\partial f}{\partial x},\dfrac{\partial f}{\partial y}$.

【MATLAB 操作命令】

```
≫syms x y
≫diff(x＊exp(y)/y^2,x)
```

【MATLAB 输出结果】

```
ans =
    exp(y)/y^2
```

【MATLAB 操作命令】

```
≫diff(x * exp(y)/y^2,y)
```

【MATLAB 输出结果】

```
ans =
    x * exp(y)/y^2 - 2 * x * exp(y)/y^3
```

例 14.10.2 已知方程 $\arctan \dfrac{y}{x} = \ln \sqrt{x^2 + y^2 + z^2}$,计算 $\dfrac{\partial z}{\partial x}$.

【MATLAB 操作命令】

```
≫syms x y z
≫F = atan(y/x) - log(sqrt(x^2 + y^2 + z^2));
≫Fx = diff(F,x)
```

【MATLAB 输出结果】

```
Fx =
    - y/x^2/(1 + y^2/x^2) - 1/(x^2 + y^2 + z^2) * x
```

【MATLAB 操作命令】

```
≫Fz = diff(F,z)
```

【MATLAB 输出结果】

```
Fz =
    - 1/(x^2 + y^2 + z^2) * z
```

【MATLAB 操作命令】

```
≫G = - Fx/Fz
```

【MATLAB 输出结果】

```
G =
    - (y/x^2/(1 + y^2/x^2) + 1/(x^2 + y^2 + z^2) * x) * (x^2 + y^2 + z^2)/z
```

注: 对隐函数求偏导数,需根据隐函数的求导法则来处理.

例 14.10.3 设 $z = u\mathrm{e}^{2v-3w}$,其中 $u = \sin x$,$v = x^3$,$w = x$,求 $\dfrac{\mathrm{d}z}{\mathrm{d}x}$.

【MATLAB 操作命令】

```
≫syms x z u v w
≫u = sin(x);
≫v = x^3;
≫w = x;
≫z = u * exp(2 * v - 3 * w);
≫diff(z,x)
```

【MATLAB 输出结果】

```
ans =
    cos(x) * exp(2 * x^3 - 3 * x) + sin(x) * (6 * x^2 - 3) * exp(2 * x^3 - 3 * x)
```

例 14.10.4 已知 $z = u^2 \ln v$,而 $u = \dfrac{x}{y}$,$v = 3y - 2x$,求 $\dfrac{\partial^2 z}{\partial x \partial y}$.

【MATLAB 操作命令】

```
≫syms x y z u v
≫u = x/y;
≫v = 3 * y - 2 * x;
≫z = u^2 * log(v);
≫diff(diff(z,x),y)
```

【MATLAB 输出结果】

ans =

$-4 * x/y^3 * \log(3 * y - 2 * x) + 6 * x/y^2/(3 * y - 2 * x) + 4 * x^2/y^3/(3 * y - 2 * x) +$
$6 * x^2/y^2/(3 * y - 2 * x)^2$

说明: 由于 MATLAB 不能像人那样合并简化表达式, 所以求出来的表达式往往很长.

2. 用 MATLAB 求多元函数的极值

使用 MATLAB 求多元函数的极值, 需要根据极值存在的充分条件(定理 11.7)编写操作程序. 为了通过 $f_x(x_0,y_0) = f_y(x_0,y_0) = 0$ 计算驻点, 需要用到解方程的命令函数 solve(), 为了计算 $A = f_{xx}(x_0,y_0), B = f_{xy}(x_0,y_0), C = f_{yy} = (x_0,y_0)$, 需要使用计算函数值的命令函数 subs().

例 14.10.5　分析函数 $f(x,y) = x^3 - y^3 + 3x^2 + 3y^2 - 9x$ 的极值情况.

【MATLAB 操作命令】

```
≫syms x y
≫f = x^3 - y^3 + 3 * x^2 + 3 * y^2 - 9 * x;
≫a = diff(f,x);
≫b = diff(f,y);
≫[X,Y] = solve(a,x,b,y);
≫A = diff(a,x);
≫B = diff(a,y);
≫C = diff(b,y);
≫D = A * C - B^2;
≫g1 = subs(subs(D,x,1),y,0);
≫if g1>0;
fprintf('(1,0)是极值点');
else;
fprintf('(1,0)不是极值点')
end
```

【MATLAB 输出结果】

(1,0)是极值点.

【MATLAB 操作命令】

```
≫g2 = subs(subs(D,x,-3),y,0);
≫if g2>0;
fprintf('(-3,0)是极值点');
else;
```

```
fprintf('(-3,0)不是极值点')
end
```

【MATLAB 输出结果】

(-3,0)不是极值点

【MATLAB 操作命令】

```
≫g3 = subs(subs(D,x,1),y,2);
≫if g3>0;
fprintf('(1,2)是极值点');
else;
fprintf('(1,2)不是极值点')
end
```

【MATLAB 输出结果】

(1,2)不是极值点

【MATLAB 操作命令】

```
≫g4 = subs(subs(D,x,-3),y,2);
≫if g4>0;
fprintf('(-3,2)是极值点');
else;
fprintf('(-3,2)不是极值点')
end
```

【MATLAB 输出结果】

(-3,2)是极值点

思考题 14.10

如何利用 MATLAB 求多元函数的最值和条件极值.

练习题 14.10

1. 求下列各函数的偏导数:

(1) $z = \arctan \dfrac{2x}{y}$,求$\dfrac{\partial z}{\partial x}$,$\dfrac{\partial z}{\partial y}$;

(2) $z = (\cos x + x)^{y^2}$,求$\dfrac{\partial z}{\partial x}$,$\dfrac{\partial z}{\partial y}$;

(3) 设 $z = (\ln x)^{xy}$,求$\dfrac{\partial z}{\partial x}$,$\dfrac{\partial z}{\partial y}$;

(4) 设 $e^z = xyz$,求$\dfrac{\partial z}{\partial x}$,$\dfrac{\partial z}{\partial y}$;

(5) 设 $u = e^{2x-y+z}$,$x = 3t^2$,$y = 2t^3$,$z = 5t$,求$\dfrac{du}{dt}$.

2. 求下列各函数的二阶偏导数:

(1) $z = x^3 y - 3x^2 y^3$;

(2) $z = y \ln x$.

3. 求下列函数的极值:

(1) $z = x^3 + y^2 - 6xy - 39x + 18y + 18$;

(2) $z = e^{2x}(x + y^2 + 2y)$.

14.11　用 MATLAB 做多重积分

一般说来,用数学软件求解积分问题比求解微分问题要复杂.由于计算重积分的基本

思想是转化为定积分进行计算,因此,在 Matlab 中,仍选用命令函数 int() 求多重积分. 一旦确定了重积分的积分限后,若两次使用该命令,则是求二重积分;若 3 次使用该命令,则是求三重积分,其调用格式和功能与求定积分的方法相同.

例 14.11.1 计算二重积分 $\iint\limits_{D} \dfrac{x}{1+xy} \mathrm{d}x\mathrm{d}y$,其中 $D:0 \leqslant x \leqslant 1, 0 \leqslant y \leqslant 1$.

分析 积分区域是个矩形域,两个定积分的上下限已给定,可自由选择是先对 x 积分,还是先对 y 积分.

方法一 【MATLAB 操作命令】

```
>> syms x y
>> sx = int(x/(1 + x * y),x,0,1)
```

【MATLAB 输出结果】

```
sx =
      -1/y2 * log(1 + y) + 1/y
```

【MATLAB 操作命令】

```
>> sy = int(sx,y,0,1)
```

【MATLAB 输出结果】

```
sy =
      2 * log(2)-1
```

即

$$\iint\limits_{D} \dfrac{x}{1+xy} \mathrm{d}x\mathrm{d}y = 2\ln 2 - 1.$$

方法二 【MATLAB 操作命令】

```
>> syms x y
>> s = int(int(x/(1 + x * y),x,0,1),y,0,1)
```

【MATLAB 输出结果】

```
s = 2 * log(2) - 1
```

例 14.11.2 计算二重积分 $\iint\limits_{D} \dfrac{y}{x} \mathrm{d}x\mathrm{d}y$,其中 D 是由 $y=2x, y=x, x=2, x=4$ 所围成的区域.

分析 选择先对 y,后对 x 积分. y 的变化范围为 $x \leqslant y \leqslant 2x$,$x$ 的变化范围为 $2 \leqslant x \leqslant 4$.

【MATLAB 操作命令】

```
>> syms x y
>> sy = int(y/x,y,x,2 * x)
```

【MATLAB 输出结果】

```
sy =
      3/2 * x
```

【MATLAB 操作命令】

```
>> sx = int(sy,x,2,4)
```

【MATLAB 输出结果】

```
sx =
     9
```

即

$$\iint\limits_{D} \frac{y}{x} \mathrm{d}x\mathrm{d}y = 9.$$

例 14.11.3   计算 $\iint\limits_{D} \mathrm{e}^{-x^2-y^2}\mathrm{d}x\mathrm{d}y$，其中 $D: x^2 + y^2 \leqslant a^2$.

分析   选用极坐标进行计算. r 的变化范围为 $0 \leqslant r \leqslant a$，$\theta$ 的变化范围为 $0 \leqslant \theta \leqslant 2\pi$.

【MATLAB 操作命令】

```
>> syms a r theta
>> s = int(int(r * exp( - r^2),r,0,a),theta,0,2 * pi)
```

【MATLAB 输出结果】

```
s =
    -exp(-a^2) * pi + pi
```

例 14.11.4   计算三重积分 $\iiint\limits_{\Omega} x\mathrm{d}x\mathrm{d}y\mathrm{d}z$，其中 Ω 为三坐标平面及平面 $x + 2y + z = 1$ 所围成的区域.

分析   先对 z 积分，z 的变化范围为 $0 \leqslant z \leqslant 1-x-2y$；再对 y 积分，y 的变化范围为 $0 \leqslant y \leqslant \dfrac{1-x}{2}$；最后对 x 积分，其变化范围为 $0 \leqslant x \leqslant 1$.

【MATLAB 操作命令】

```
>> syms x y z
>> s = int(int(int(x,z,0,1-x-2 * y),y,0,(1-x)/2),x,0,1)
```

【MATLAB 输出结果】

```
s =
    1/48
```

思考题 14.11

1. 用 MATLAB 计算多重积分的关键是什么？

2. 如何用 MATLAB 计算曲线积分和曲面积分？

练习题 14.11

1. 计算下列各二重积分：

(1) $\iint\limits_{D} \cos(x+y)\mathrm{d}\sigma$，其中 D 是由 $y = x, y = \pi, x = 0$ 所围成的区域；

(2) $\iint\limits_{D} xy\mathrm{d}\sigma$，其中 D 是由 $y^2 = x, y = x^2$ 所围成的区域；

(3) $\iint\limits_{D} x^2 y\mathrm{d}\sigma$，其中 D 是由 $y = x, y = -x, y = 2 - x^2$ 所围成的区域；

(4) $\iint\limits_{D} (x^2 + y^2)\mathrm{d}\sigma$，其中 D 为圆域 $x^2 + y^2 \leqslant 2x$；

(5) $\iint\limits_{D}\ln(1+x^2+y^2)\mathrm{d}\sigma$，其中 D 为圆域 $x^2+y^2\leqslant 1$；

(6) $\iint\limits_{D}\sin\sqrt{x^2+y^2}\mathrm{d}\sigma$，其中 D 为环域 $\pi^2\leqslant x^2+y^2\leqslant 4\pi^2$.

2. 计算下列三重积分：

(1) $\iiint\limits_{\Omega}xy\mathrm{d}x\mathrm{d}y\mathrm{d}z$，$\Omega:1\leqslant x\leqslant 2,-2\leqslant y\leqslant 1,0\leqslant z\leqslant 0.5$；

(2) $\iiint\limits_{\Omega}y\cos(z+x)\mathrm{d}x\mathrm{d}y\mathrm{d}z$，其中 Ω 是由 $y=\sqrt{x},y=0,z=0,x+z=\dfrac{\pi}{2}$ 所围成的区域.

14.12　用 MATLAB 做级数运算

1. 级数求和

收敛的级数，不论是数项级数还是函数项级数，都有求和问题. 在 MATLAB 中提供了级数求和的函数 symsum()，其调用格式和功能说明如表 14.12.1 所示。

表 14.12.1

调用格式	功能说明
$r=\mathrm{symsum}(s,x,a,b)$	计算级数的通项表达式 S 对于通项中的求和变量 x 从 a 到 b 进行求和 如不指定 a 和 b，则求和的指定变量 x 将从 0 开始到 $x-1$ 结束. 若不指定 x，则系统将对通项表达式 s 中默认的变量进行求和

例 14.12.1　求级数 $1+2+3+\cdots+(k-1)$ 的和以及 $1+2+3+\cdots+(k-1)+\cdots$ 的和.

【MATLAB 操作命令】

```
>> syms k
>> symsum(k)
```

【MATLAB 输出结果】

```
ans = 1/2 * k^2-1/2 * k
```

【MATLAB 操作命令】

```
>> syms k
>> symsum(k,1,inf)
```

【MATLAB 输出结果】

```
ans = Inf
```

字符 Inf 表示无穷大，说明此级数是发散的. 因此，可以用函数 symsum() 来判断常数项级数的敛散性.

例 14.12.2　求级数 $1+\dfrac{1}{2^2}+\dfrac{1}{3^2}+\cdots+\dfrac{1}{k^2}+\cdots$ 的和.

【MATLAB 操作命令】

>> syms k

>> symsum(1/k^2,1,inf)

【MATLAB 输出结果】

ans = 1/6 * pi^2

例 14.12.3 求幂级数 $\displaystyle\sum_{n=0}^{\infty}\dfrac{x^n}{n+1}$ 的和函数.

【MATLAB 操作命令】

>> syms x n

>> symsum(x^n/(n+1),n,0,inf)

【MATLAB 输出结果】

ans = -1/x * log(1-x)

2. 函数的泰勒级数

在 MATLAB 中泰勒展开由命令函数 taylor(),其调用格式和功能说明如表 14.12.2 所示。

表 14.12.2

调用格式	功能说明
r＝taylor(s,n,x,a)	计算函数表达式 s 在自变量 x 等于 a 处的 n−1 阶泰勒级数展开式 n 为展开阶数,如不指定,则求 5 阶泰勒级数展开式. a 为变量求导的取值点, 若不指定,则系统将默认为 0,即求麦克劳林级数. 若不指定 x,则系统将对函 数表达式 s 中默认的自变量进行级数

例 14.12.4 将函数 $f(x)=\mathrm{e}^x$ 展开成 5 阶的 x 的幂级数.

【MATLAB 操作命令】

>> syms x n

>> s = taylor(exp(x))

【MATLAB 输出结果】

s = 1+x+1/2 * x^2+1/6 * x^3+1/24 * x^4+1/120 * x^5

例 14.12.5 将函数 $f(x)=\dfrac{1}{x^2+1}$ 展开成 8 阶的 $(x-1)$ 的幂级数.

【MATLAB 操作命令】

>> syms x n

>> s = taylor(1/(1+x^2),8,x,1)

【MATLAB 输出结果】

s = 1−1/2 * x+1/4 * (x−1)^2−1/8 * (x−1)^4+1/8 * (x−1)^5−1/16 * (x−1)^6

思考题 14.12

在 MATLAB 中,如何写出抽象函数 $f(x)$ 的泰勒展开式?

练习题 14.12

1. 求下列级数的和:

(1) $\sum_{n=0}^{\infty} \frac{2^n-1}{2^n}$;   (2) $\sum_{n=1}^{\infty} \sin \frac{\pi}{4^n}$.

2. 求下列函数在指定点处的泰勒级数:

(1) $f(x)=\ln(5+x)$ 在 $x=0$ 处展开成 3 阶的泰勒级数;

(2) $f(x)=\frac{1}{3-x}$ 在 $x=2$ 处展开成 12 阶的泰勒级数;

(3) $f(x)=\sin x e^x$ 在 $x=\frac{\pi}{4}$ 处展开成 10 阶的泰勒级数.

14.13   用 MATLAB 求拉普拉斯变换

在 MATLAB 中求拉普拉斯变换及其逆变换是由函数 laplace 和 ilaplace 来实现,其调用格式和功能说明如表 14.13.1 所示.

表 14.13.1

调用格式	功能说明
F = laplacef(t)	求函数 $f(t)$ 的拉普拉斯变换
F = ilaplacef(s)	求函数 $f(s)$ 的拉普拉斯逆变换

例 14.13.1   求单位阶梯函数 $u(t)=\begin{cases} 0, & t<0; \\ 1, & t\geqslant0 \end{cases}$ 的拉氏变换.

【MATLAB 操作命令】

```
>> syms s t
>> u = sym('Heaviside(t)');
>> F = laplace(u)
```

【MATLAB 输出结果】

```
F = 1/s
```

说明:在 MATLAB 中,单位阶梯函数 $u(t)=\begin{cases} 0, & t<0; \\ 1, & t\geqslant0 \end{cases}$ 规定写成 Heaviside(t),而且第一个字母 H 必须大写;定义符号变量 Heaviside(t),在函数 sym() 的参数引用时,两端必须加单引号;单位脉冲函数 $\delta(t)=\begin{cases} 0, & t\neq0; \\ \infty, & t=0 \end{cases}$ 写成 Dirac(t) 的规则同此.

例 14.13.2   求 $\delta(t)$ 函数的拉氏变换.

【MATLAB 操作命令】

```
>> syms s t
>> f = sym('Dirac(t)');
>> F = laplace(f)
```

【MATLAB 输出结果】

```
F = 1
```

例 14.13.3   求指数函数 $f(t) = e^{at}$(a 是常数)的拉氏变换.

【MATLAB 操作命令】

```
>> syms s t a
>> F = laplace(exp(a * t))
```

【MATLAB 输出结果】

```
F = 1/(s-a)
```

例 14.13.4   求 $f(t) = at$(a 为常数)的拉氏变换.

【MATLAB 操作命令】

```
>> syms s t a
>> F = laplace(a * t)
```

【MATLAB 输出结果】

```
F = a/s^2
```

例 14.13.5   求正弦函数 $f(t) = \sin\omega t$ 的拉氏变换.

【MATLAB 操作命令】

```
>> syms s t omega
>> F = laplace(sin(omega * t))
```

【MATLAB 输出结果】

```
F = omega/(s^2 + omega^2)
```

例 14.13.6   求下列函数的拉氏逆变换:

$(1)F(s) = \dfrac{1}{s+3}$; $(2)F(s) = \dfrac{1}{(s-2)^2}$.

(1)【MATLAB 操作命令】

```
>> syms s t
>> f = ilaplace(1/(s + 3))
```

【MATLAB 输出结果】

```
f = exp(-3 * t)
```

(2)【MATLAB 操作命令】

```
>> syms s t
>> f = ilaplace(1/(s-2)^2)
```

【MATLAB 输出结果】

```
f =
    t * exp(2 * t)
```

思考题 14.13

1. 如何用 MATLAB 验证拉氏变换的运算性质?

2. 用 F = ilaplace(f) 命令求 $F(s) = \dfrac{1}{s^2}$ 拉氏逆变换会遇到一些问题,上机调试,应如何改进?

练习题 14.13

1. 用 MATLAB 求下列函数的拉氏变换.

(1) $2\sin3t + 3\cos2t$;　(2) $3t$;　(3) e^{2t};　(4) $\cos2t$.

2. 用 MATLAB 求下列函数的拉氏逆变换:

(1) $F(s) = \dfrac{2s-5}{s^2}$;　　　(2) $F(s) = \dfrac{4s-3}{s^2+4}$;

(3) $F(s) = \dfrac{2s+3}{s^2-2s+5}$;　　(4) $F(s) = \dfrac{s+9}{s^2+5s+6}$.

复习题十四

用 MATLAB 对本书例题进行验算.

主要参考文献

侯风波. 2003. 高等数学. 第 2 版. 北京:高等教育出版社.

侯风波. 2003. 高等数学训练教程. 第 2 版. 北京:高等教育出版社.

侯风波. 2003. 高等数学练习册. 北京:高等教育出版社.

D. 休斯. 哈雷特, A. M. 克莱逊, 等. 2003. 托马斯微积分. 第 10 版. 叶其孝, 等译. 北京:高等教育出版社.

附录 A

初等数学常用公式

一、代数

1. 绝对值

(1) 定义：$|a| = \begin{cases} a, & a \geqslant 0 \\ -a, & a < 0 \end{cases}$.

(2) 性质：$|a| = |-a|$, $\qquad\qquad\qquad |ab| = |a| \cdot |b|$,

$\left|\dfrac{a}{b}\right| = \dfrac{|a|}{|b|} \quad (b \neq 0)$, $\qquad |a| \leqslant A \Leftrightarrow -A \leqslant a \leqslant A$,

$|a| \geqslant A \Leftrightarrow a \geqslant A$ 或 $a \leqslant -A$, $\qquad |a| - |b| \leqslant |a \pm b| \leqslant |a| + |b|$.

2. 指数

(1) $a^m \cdot a^n = a^{m+n}$; $\qquad\qquad$ (2) $\dfrac{a^m}{a^n} = a^{m-n}$;

(3) $(ab)^m = a^m \cdot b^m$; $\qquad\qquad$ (4) $a^{\frac{m}{n}} = \sqrt[n]{a^m}$;

(5) $a^{-m} = \dfrac{1}{a^m}$; $\qquad\qquad$ (6) $a^0 = 1 \ (a \neq 0)$.

3. 对数

设 $a > 0$, 且 $a \neq 1$, 则

(1) $\log_a 1 = 0$; $\qquad$ (2) $\log_a a = 1$; $\qquad$ (3) $a^{\log_a N} = N$;

(4) $\log_a(MN) = \log_a M + \log_a N$; $\qquad\qquad$ (5) $\log_a \dfrac{M}{N} = \log_a M - \log_a N$;

(6) $\log_a M^n = n\log_a M$; $\qquad\qquad$ (7) $\log_a M = \dfrac{\log_b M}{\log_b a}$.

4. 二项式定理

$(a+b)^n = C_n^0 a^n + C_n^1 a^{n-1}b + \cdots + C_n^r a^{n-r}b^r + \cdots + C_n^n b^n$.

5. 数列

(1) $a + aq + aq^2 + \cdots + aq^{n-1} = \dfrac{a(1-q^n)}{1-q} \quad (q \neq 1)$;

(2) $1 + 2 + 3 + \cdots + n = \dfrac{n(n+1)}{2}$;

(3) $1 + 3 + 5 + \cdots + (2n-1) = n^2$;

(4) $1^2 + 2^2 + 3^2 + \cdots + n^2 = \dfrac{n(n+1)(2n+1)}{6}$;

(5) $1^3+2^3+3^3+\cdots+n^3=\left[\dfrac{n(n+1)}{2}\right]^2$.

二、三角

1. 度与弧度

$1°=\dfrac{\pi}{180}$ 弧度，1 弧度 $=\dfrac{180°}{\pi}$.

2. 三角恒等式

(1) 倒数关系：$\sin x \cdot \csc x=1$，$\cos x \cdot \sec x=1$，$\tan x \cdot \cot x=1$；

(2) 商的关系：$\tan x=\dfrac{\sin x}{\cos x}$，$\cot x=\dfrac{\cos x}{\sin x}$；

(3) 平方关系：$\sin^2 x+\cos^2 x=1$，$\sec^2 x=1+\tan^2 x$，$\csc^2 x=1+\cot^2 x$.

3. 加法定理

(1) $\sin(x\pm y)=\sin x\cos y\pm\cos x\sin y$；

(2) $\cos(x\pm y)=\cos x\cos y\mp\sin x\sin y$；

(3) $\tan(x\pm y)=\dfrac{\tan x\pm\tan y}{1\mp\tan x\tan y}$.

4. 倍角公式

(1) $\sin 2x=2\sin x\cos x$；

(2) $\cos 2x=\cos^2 x-\sin^2 x=2\cos^2 x-1=1-2\sin^2 x$；

(3) $\tan 2x=\dfrac{2\tan x}{1-\tan^2 x}$.

5. 和差化积公式

(1) $\sin x+\sin y=2\sin\dfrac{x+y}{2}\cos\dfrac{x-y}{2}$；

(2) $\sin x-\sin y=2\cos\dfrac{x+y}{2}\sin\dfrac{x-y}{2}$；

(3) $\cos x+\cos y=2\cos\dfrac{x+y}{2}\cos\dfrac{x-y}{2}$；

(4) $\cos x-\cos y=-2\sin\dfrac{x+y}{2}\sin\dfrac{x-y}{2}$.

6. 积化和差公式

(1) $\sin x\cos y=\dfrac{1}{2}\left[\sin(x+y)+\sin(x-y)\right]$；

(2) $\cos x\sin y=\dfrac{1}{2}\left[\sin(x+y)-\sin(x-y)\right]$；

(3) $\cos x\cos y=\dfrac{1}{2}\left[\cos(x+y)+\cos(x-y)\right]$；

(4) $\sin x\sin y=-\dfrac{1}{2}\left[\cos(x+y)-\cos(x-y)\right]$.

7. 正弦定理

$$\frac{a}{\sin A} = \frac{b}{\sin B} = \frac{c}{\sin C}.$$

8. 余弦定理

$$a^2 = b^2 + c^2 - 2bc\cos A,$$
$$b^2 = a^2 + c^2 - 2ac\cos B,$$
$$c^2 = b^2 + a^2 - 2ba\cos C.$$

9. 三角形面积

$$S = \frac{1}{2}bc\sin A = \frac{1}{2}ac\sin B = \frac{1}{2}ab\sin C,$$

$$S = \sqrt{p(p-a)(p-b)(p-c)}, \text{其中} \ p = \frac{1}{2}(a+b+c).$$

三、几何

1. 圆
周长 $C = 2\pi r$，面积 $S = \pi r^2$，其中 r 为圆的半径.

2. 平行四边形
面积 $S = bh$，其中 b 为底边长，h 为高.

3. 梯形
面积 $S = \frac{1}{2}(a+b)h$，其中 a, b 分别为上下底的长，h 为高.

4. 扇形
面积 $S = \frac{1}{2}\alpha r^2$，其中 α 为扇形的圆心角（弧度），r 为圆的半径.

5. 棱柱
体积 $V = Sh$，其中 S 为底面积，h 为高.

6. 圆柱
体积 $V = \pi r^2 h$，侧面积 $S = 2\pi rh$，其中 r 为底面半径，h 为高.

7. 棱锥
体积 $V = \frac{1}{3}Sh$，其中 S 为底面积，h 为高.

8. 圆锥
体积 $V = \frac{1}{3}\pi r^2 h$，侧面积 $S = \pi rl$，其中 r 为底面半径，l 为母线长.

9. 棱台
体积 $V = \frac{1}{3}h(S_1 + \sqrt{S_1 S_2} + S_2)$，其中 S_1, S_2 分别为上下底的面积，h 为高.

10. 圆台
体积 $V = \frac{1}{3}\pi h(r^2 + rR + R^2)$，侧面积 $S = \pi(r+R)l$，其中 r, R 分别为上下底面半径，h

为高,l 为母线长.

11. 球

体积 $V=\dfrac{4}{3}\pi r^3$,表面积 $S=4\pi r^2$,其中 r 为球的半径.

四、平面解析几何

1. 距离公式

$d=\sqrt{(x_2-x_1)^2+(y_2-y_1)^2}$,其中两点是 (x_1,y_1) 和 (x_2,y_2).

2. 斜率公式

$k=\dfrac{y_2-y_1}{x_2-x_1}$,其中两点是 (x_1,y_1) 和 (x_2,y_2).

3. 直线方程

(1) 点斜式

$y-y_1=k(x-x_1)$,其中斜率是 k,点是 (x_1,y_1);

(2) 斜截式

$y=kx+b$,其中斜率是 k,纵截距是 b;

(3) 两点式

$\dfrac{y-y_1}{y_2-y_1}=\dfrac{x-x_1}{x_2-x_1}$,其中两点是 (x_1,y_1) 和 (x_2,y_2);

(4) 截距式

$\dfrac{x}{a}+\dfrac{y}{b}=1$,其中横截距是 a,纵截距是 b.

4. 两直线的夹角

$\tan\theta=\dfrac{k_2-k_1}{1+k_2 k_1}$,其中 k_1,k_2 分别是两直线的斜率,θ 是两直线的夹角.

5. 点到直线的距离

$d=\dfrac{|Ax_1+By_1+C|}{\sqrt{A^2+B^2}}$,其中点是 (x_1,y_1),直线是 $Ax+By+C=0$.

6. 直角坐标与极坐标的关系

$$\begin{cases} x=\rho\cos\theta, \\ y=\rho\sin\theta, \end{cases} \quad \begin{cases} \rho=\sqrt{x^2+y^2}, \\ \theta=\arctan\dfrac{y}{x}. \end{cases}$$

7. 圆的标准方程

$(x-a)^2+(y-b)^2=r^2$,其中圆心是 (a,b),r 为半径.

8. 椭圆的标准方程

$\dfrac{x^2}{a^2}+\dfrac{y^2}{b^2}=1$,焦点在 x 轴上;$\dfrac{y^2}{a^2}+\dfrac{x^2}{b^2}=1$,焦点在 y 轴上.

9. 双曲线的标准方程

$\dfrac{x^2}{a^2}-\dfrac{y^2}{b^2}=1$,焦点在 x 轴上;$\dfrac{y^2}{a^2}-\dfrac{x^2}{b^2}=1$,焦点在 y 轴上.

10. 抛物线的标准方程

$$y^2 = 2px，焦点是\left(\frac{p}{2}, 0\right)，准线是 x = -\frac{p}{2};$$

$$y^2 = -2px，焦点是\left(-\frac{p}{2}, 0\right)，准线是 x = \frac{p}{2};$$

$$x^2 = 2py，焦点是\left(0, \frac{p}{2}\right)，准线是 y = -\frac{p}{2};$$

$$x^2 = -2py，焦点是\left(0, -\frac{p}{2}\right)，准线是 y = \frac{p}{2}.$$

常用的基本初等函数的图像和性质

函　数	定义域与值域	图　像	特　性
$y=x$	$x\in(-\infty,+\infty)$ $y\in(-\infty,+\infty)$		奇函数单调增加
$y=x^2$	$x\in(-\infty,+\infty)$ $y\in[0,+\infty)$		偶函数 在$(-\infty,0)$内单调递减 在$(0,+\infty)$内单调增加
$y=x^3$	$x\in(-\infty,+\infty)$ $y\in(-\infty,+\infty)$		奇函数 单调增加
$y=\dfrac{1}{x}$	$x\in(-\infty,0)$ $\cup(0,+\infty)$ $y\in(-\infty,0)$ $\cup(0,+\infty)$		奇函数 在$(-\infty,0)$内单调递减 在$(0,+\infty)$内单调递减
$y=x^{\frac{1}{2}}$	$x\in[0,+\infty)$ $y\in[0,+\infty)$		单调增加

续表

函 数	定义域与值域	图 像	特 性
$y=a^x\,(a>1)$	$x\in(-\infty,+\infty)$ $y\in(0,+\infty)$		单调增加
$y=a^x$ $(0<a<1)$	$x\in(-\infty,+\infty)$ $y\in(0,+\infty)$		单调减少
$y=\log_a x\,(a>1)$	$x\in(0,+\infty)$ $y\in(-\infty,+\infty)$		单调增加
$y=\log_a x$ $(0<a<1)$	$x\in(0,+\infty)$ $y\in(-\infty,+\infty)$		单调减少
$y=\sin x$	$x\in(-\infty,+\infty)$ $y\in[-1,1]$		奇函数 周期为 2π 有界
$y=\cos x$	$x\in(-\infty,+\infty)$ $y\in[-1,1]$		偶函数 周期为 2π 有界

函　数	定义域与值域	图　像	特　性
$y=\tan x$	$x\neq k\pi+\dfrac{\pi}{2}(k\in Z)$ $y\in(-\infty,+\infty)$	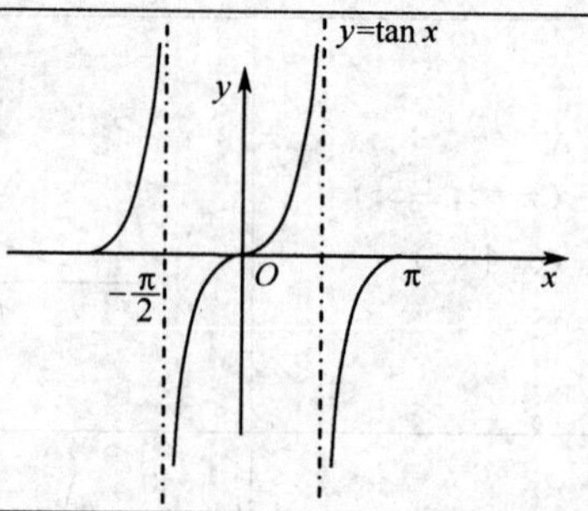 $y=\tan x$ 图像	奇函数 周期为 π
$y=\cot x$	$x\neq k\pi(k\in Z)$ $y\in(-\infty,+\infty)$	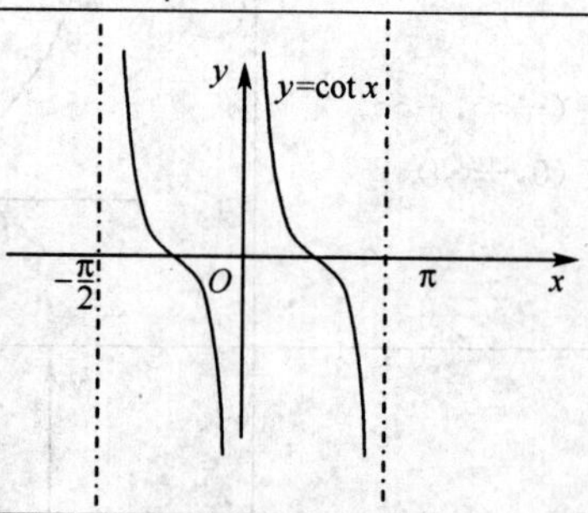 $y=\cot x$ 图像	奇函数 周期为 π
$y=\arcsin x$	$x\in[-1,1]$ $y\in\left[-\dfrac{\pi}{2},\dfrac{\pi}{2}\right]$	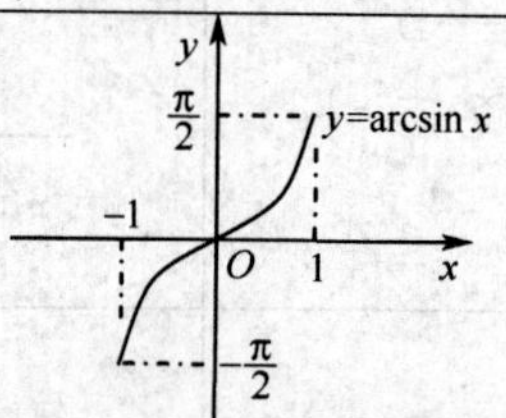 $y=\arcsin x$ 图像	奇函数 单调增加 有界
$y=\arccos x$	$x\in[-1,1]$ $y\in[0,\pi]$	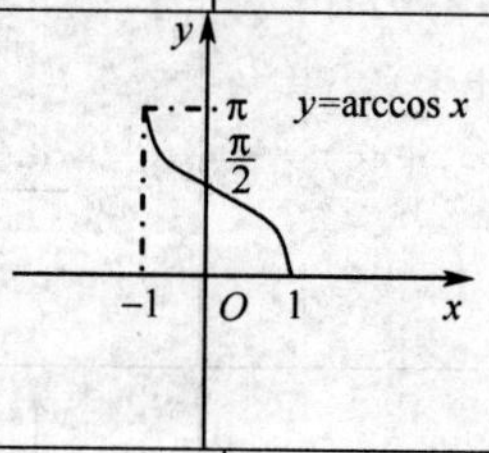 $y=\arccos x$ 图像	单调减少 有界
$y=\arctan x$	$x\in(-\infty,+\infty)$ $y\in\left(-\dfrac{\pi}{2},\dfrac{\pi}{2}\right)$	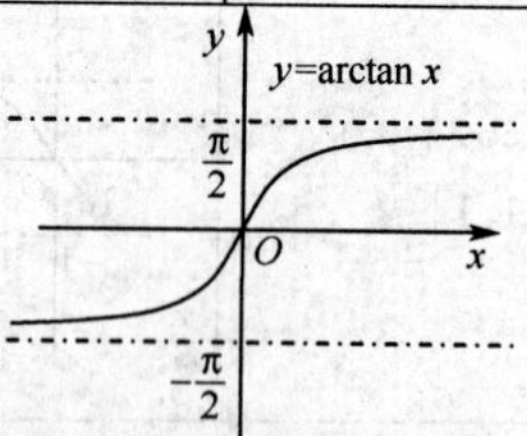 $y=\arctan x$ 图像	奇函数 单调增加 有界
$y=\operatorname{arccot} x$	$x\in(-\infty,+\infty)$ $y\in(0,\pi)$	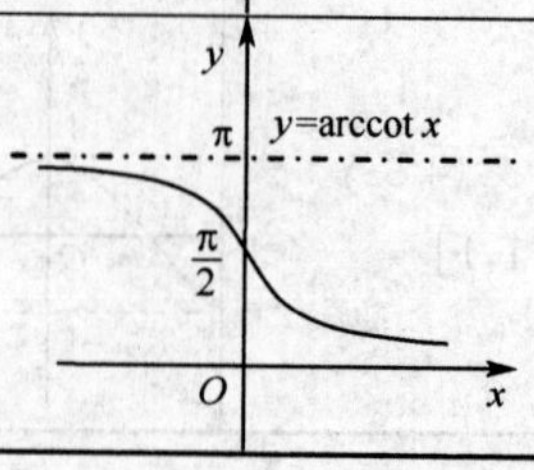 $y=\operatorname{arccot} x$ 图像	单调减少 有界

附录 C

拉普拉斯变换简表

序号	$f(t)$	$F(s)$
1	$\delta(t)$	1
2	$u(t)$	$\dfrac{1}{s}$
3	t	$\dfrac{1}{s^2}$
4	$t^n,(n=1,2,\cdots)$	$\dfrac{n!}{s^{n+1}}$
5	e^{at}	$\dfrac{1}{s-a}$
6	$1-\mathrm{e}^{-at}$	$\dfrac{a}{s(s-a)}$
7	$t\mathrm{e}^{at}$	$\dfrac{1}{s(s-a)^2}$
8	$t^n\mathrm{e}^{at},(n=1,2,\cdots)$	$\dfrac{n!}{(s-a)^{n+1}}$
9	$\sin\omega t$	$\dfrac{\omega}{s^2+\omega^2}$
10	$\cos\omega t$	$\dfrac{s}{s^2+\omega^2}$
11	$\sin(\omega t+\varphi)$	$\dfrac{s\sin\varphi+\omega\cos\varphi}{s^2+\omega^2}$
12	$\cos(\omega t+\varphi)$	$\dfrac{s\cos\varphi-\omega\sin\varphi}{s^2+\omega^2}$
13	$t\sin\omega t$	$\dfrac{2\omega s}{(s^2+\omega^2)^2}$
14	$t\cos\omega t$	$\dfrac{s^2-\omega^2}{(s^2+\omega^2)^2}$
15	$t\sin\omega t-\omega t\cos\omega t$	$\dfrac{2\omega^3}{(s^2+\omega^2)^2}$
16	$\mathrm{e}^{-at}\sin\omega t$	$\dfrac{\omega}{(s+a)^2+\omega^2}$
17	$\mathrm{e}^{-at}\cos\omega t$	$\dfrac{s+a}{(s+a)^2+\omega^2}$
18	$\dfrac{1}{\omega^2}(1-\cos\omega t)$	$\dfrac{1}{s(s^2+\omega^2)}$
19	$\mathrm{e}^{at}-\mathrm{e}^{bt}$	$\dfrac{a-b}{(s-a)(s-b)}$
20	$2\sqrt{\dfrac{t}{\pi}}$	$\dfrac{1}{s\sqrt{s}}$
21	$\dfrac{1}{\sqrt{\pi t}}$	$\dfrac{1}{\sqrt{s}}$

附录 D

部分练习题答案与提示

练习题 2.1

1. (1) $(1,2)\cup(2,+\infty)$;　　　　(2) $\left(\frac{1}{2},\sqrt{5}\right]$.

2. $2,\sqrt{5},\sqrt{5},\sqrt{4+\frac{1}{a^2}},\sqrt{4+x_0^2},\sqrt{4+(x_0+h)^2}$.

3. $x(x^2-1)$.

4. (1) 相同;　　(2) 不同;　　(3) 不同;　　(4) 不同.

5. $y=x^3-1$.

6. (1) 非奇非偶;(2) 奇;(3) 偶;(4) 偶.

7. $\left(0,\frac{\sqrt{3}}{3}\right)$ 递减,$\left(\frac{\sqrt{3}}{3},1\right)$ 递增.

8. (1) π;　　　　(2) 不是;　　　　(3) 2;　　　　(4) $\frac{\pi}{4}$.

练习题 2.2

1. (1) $y=\ln u,u=\tan v,v=\frac{x^2+1}{2}$;　　　(2) $y=e^u,u=-\sqrt{v},v=1+\sin x$;

　　(3) $y=\ln u,u=\ln v,v=\ln x$;

　　(4) $y=2^{-u},u=\cos v,v=\sqrt{w},w=x+1$;

　　(5) $y=\sqrt[3]{u},u=1+v,v=\cos w,w=6x$;

　　(6) $y=u^2,u=\cos v,v=\sin w,w=x^2+1$.

2. $\frac{x-1}{x},x\neq0$;x.

3. (1) $[-1,0)\cup(0,1]$;　　　　　　　(2) $(1,e]$;

　　(3) $(0,\ln 2]$;　　　　　　　　　　(4) $(0,\sin 1]$.

复 习 题 二

1. (1) 不相同;(2) 相同;(3) 不相同;(4) 相同;(5) 不相同.

2. (1) $\left(-\infty,\dfrac{3}{2}\right]$;　　　　　　　(2) $(-\infty,1)\bigcup(1,2)\bigcup(2,+\infty)$;

   (3) $(-1,1)$;　　　　　　　　　(4) $[-1,2)\bigcup(2,3)\bigcup(3,+\infty)$;

   (5) $\left[0,\dfrac{2}{3}\right]$;　　　　　　　　(6) $\left\{x\ \Big|\ x\neq\dfrac{k\pi}{2},k\in Z\right\}$.

3. $\varphi\left(\dfrac{\pi}{6}\right)=\dfrac{1}{2}$; $\varphi\left(-\dfrac{\pi}{4}\right)=\dfrac{\sqrt{2}}{2}$; $\varphi(-2)=0$.

4. $(\lg x-1)^2$; $\lg(x-1)^2$; $(x^2-1)^2$; $\lg(x-1)$.

5. (1) $y=\sqrt{u}$, $u=\arcsin x$;

   (2) $y=u^2$, $u=\cos v$, $v=2-3x$;

   (3) $y=\ln u$, $u=\ln v$, $v=\ln x$;

   (4) $y=u^3$, $u=x+\lg x$.

6. $U=12-\dfrac{3}{5}t$　　　$t\in[0,20]$.

7. $A_n=\dfrac{nr^2}{2}\sin\dfrac{2\pi}{n}$.

8. $y=\begin{cases}150x, & 0\leqslant x\leqslant 800,\\ 120x+120\,000, & 800<x\leqslant 1600.\end{cases}$

练习题 3.1

1. (1),(5),(8),(9),(10)是无穷小;(6),(7)是无穷大;(2),(3),(4)都不是.

2. (1),(2) 错,(3) 正确.

3. (1) 0 ; (2) 0 ; (3) ∞ ; (4) 0 ; (5) 0 ; (6) 0 ; (7) 0 ; (8) 0 .

4. 提示 $\dfrac{|x|}{x}=\begin{cases}1, & x>0,\\ -1, & x<0.\end{cases}$

5. 1 ,0 ,不存在.

6. 14 ,不存在,2 ,4.

练习题 3.2

1. (1) $\dfrac{1}{2}$;　　(2) 0 ;　　(3) ∞ ;　　(4) -4 ;　　(5) $\dfrac{1}{4}$;　　(6) $\dfrac{3}{2}$.

2. (1) 4 ;　　(2) 1 ;　　(3) 不存在;　(4) ∞ ;　　(5) $\dfrac{2}{3}$;　　(6) 0 .

3. (1) x^3 是 $1000x^2$ 的高阶无穷小量.

   (2) $\dfrac{1}{0.01x^3}$ 是 $\dfrac{1}{10\,000x^2+1000}$ 的高阶无穷小量.

   (3) 同阶.

   (4) $\tan x-\sin x$ 是 x 的高阶无穷小量.

4. (1) k;　　(2) -3;　　(3) $\dfrac{5}{3}$;　　(4) $\dfrac{1}{2}$;　　(5) $\dfrac{1}{2}$;　　(6) 1.

5. (1) e^{-2};　　(2) $\sqrt{e}$;　　(3) e^{3};　　(4) e^{-1};　　(5) e^{-1};　　(6) 1.

练习题 3.3

1. (1) $\Delta y=3$;　　　　　　　　　　(2) $\Delta y=-1$;
　(3) $\Delta y=2\Delta x+\Delta x^{2}$;　　　　　(4) $\Delta y=2(x_{0}-1)\Delta x+\Delta x^{2}$.

2. 在 $x=3$ 处间断,是无穷间断点.

3. 在 $x=1$ 处间断,是可去间断点.

4. (1) 3;　　(2) 0;　　(3) 1,2;　　(4) 1;　　(5) 1.

5. $k=2$.

6. 略.

7. (1) 0;　　(2) $\sqrt{6}$;　　(3) $-\dfrac{e^{2}+1}{2e^{2}}$;　　(4) $\dfrac{1}{4}$.

复 习 题 三

1. (1) -1;　　(2) $\dfrac{1}{2}$;　　(3) $\dfrac{1}{4}$;　　(4) $\dfrac{1}{2}$;　　(5) 0;　　(6) $\dfrac{1}{2}$.

2. (1) ω;　　(2) 0;　　(3) e^{2};　　(4) $e^{\frac{5}{3}}$.

3. (1) $\sqrt{5}$;　　(2) 1;　　(3) 0;　　(4) $-\dfrac{\sqrt{2}}{2}$.

4. (1) $\dfrac{1}{2}$;　　(2) $\sqrt{2}a$.

5. (1) $x=1$ 是无穷间断点, $x=2$ 是可去间断点;
　(2) $x=0$ 是可去间断点.

练习题 4.1

1. (1) $-\dfrac{2}{x^{3}}$;　　　　　　　　(2) $-\sin x$; (3) a.

2. (1) $x-ey=0$, $ex+y-(e^{2}+1)=0$;

　(2) $y-\dfrac{\sqrt{3}}{2}=-\dfrac{1}{2}\left(x-\dfrac{2\pi}{3}\right)$, $y-\dfrac{\sqrt{3}}{2}=2\left(x-\dfrac{2\pi}{3}\right)$.

3. (1) $\bar{v}=7+3\Delta t$;　　　(2) $\bar{v}=3t+6t_{0}-5$;　　(3) $v|_{t=t_{0}}=6t_{0}-5$.

4. 略.

5. $f'(0)$.

6. 连续不可导.

练习题 4.2

1. (1) $9x^2+\dfrac{1}{2}x^{-\frac{3}{2}}$；

   (2) $(1-\cos x+x\sin x)\ln x+1-\cos x$；

   (3) $\dfrac{x\sec^2 x-\tan x}{x^2}$；

   (4) $\dfrac{1+2\sqrt{x}+4\sqrt{x+\sqrt{x}}}{8\sqrt{x}\sqrt{x+\sqrt{x}}\sqrt{x+\sqrt{x+\sqrt{x}}}}$；

   (5) $-\dfrac{\sqrt{3}}{2\sqrt{x-3x^2}}$；

   (6) $\dfrac{1}{x\ln x}$；

   (7) $\dfrac{1}{x(1+\ln^2 x)}$；

   (8) $\left(3\sqrt{1-\sec 2x}-\dfrac{\sec 2x\tan 2x}{\sqrt{1-\sec 2x}}\right)e^{3x}$.

2. $x^x(\ln x+1)$.

3. $\dfrac{1-x-y}{x-y}$.

4. 略.

5. 略.

6. (1) $-2\sin x-x\cos x$；

   (2) $(3\sin x-4\cos x)e^{-2x}$；

   (3) $\dfrac{1}{(1-x)^2}$；

   (4) $-\dfrac{4}{(4-x^2)\sqrt{4-x^2}}$.

练习题 4.3

1. (1) $-\dfrac{\mathrm{d}x}{1+x^2}$；

   (2) $\dfrac{2+\sqrt{1-x}}{2(x-1)}\mathrm{d}x$；

   (3) $(\sin 2x+2\cos 2x)e^x\mathrm{d}x$；

   (4) $\dfrac{(1-x^2)\cos x+2x\sin x}{(1-x^2)^2}\mathrm{d}x$.

2. (1) $-\dfrac{y\mathrm{d}x}{x}$；

   (2) $-\dfrac{\sin(x+y)}{1+\sin(x+y)}\mathrm{d}x$.

3. (1) $ax+c$；　(2) $\dfrac{bx^2}{2}+c$；　(3) $\sqrt{x}+c$；　　(4) $\ln|x|+c$；

   (5) $\arctan x+c$；　(6) $\arcsin x+c$；　(7) $-\dfrac{1}{2}\cos 2x+c$；

   (8) $\dfrac{1}{a}\sin ax+c$；　(9) $-\dfrac{1}{3}e^{-3x}+c$；　(10) $\sec x+c$.

4. (1) 1.0004；　(2) 0.5151；　(3) 0.5238.

5. 略.

复 习 题 四

1. (1) $\dfrac{y-y_0}{x-x_0}$，$f'(x_0)$，$y-y_0=f'(x_0)(x-x_0)$；　　(2) $\mathrm{d}y=f'(x)\mathrm{d}x$；

(3) $\dfrac{1}{2}\arctan\dfrac{x}{2}+C(C$ 为常数)；　　(4) $f'(2)=\dfrac{1}{2}+\mathrm{e}$；　　(5) $2t+2,2.$

2. (1) ×；　(2) √；　(3) ×；　(4) √.

3. (1) C；　(2) B；　(3) C；　(4) D.

4. (1) $\mathrm{d}y=-\dfrac{\ln 2}{x^2}2^{\sin^2\frac{1}{x}}\sin\dfrac{2}{x}\mathrm{d}x$；　　(2) $y'=\dfrac{2(x^2+2x-1)(1+x^2)}{(1+x)^3}$

(3) $y'\Big|_{\substack{x=1\\y=6}}=0$；　　(4) $f'(x)=\Big[2x^{2x}-\Big(\dfrac{1}{x}\Big)^x\Big](\ln x+1).$

5. (1) $f(x)$ 在 $x=0$ 处连续但不可导；　(2) $g(x)$ 在 $x=0$ 处连续，可导；

(3) $h(x)$ 在 $x=1$ 处不连续，不可导.

6. $\Big(-\dfrac{1}{2},-\dfrac{9}{4}\Big)$；　$\Big(\dfrac{3}{2},\dfrac{7}{4}\Big)$；　$\Big(\dfrac{\sqrt{3}-1}{2},-\dfrac{3}{2}\Big).$

7. $i(t)=c\mu_m\omega\cos\omega t.$

8. $-43.63\mathrm{cm}^2$，　$105.24\mathrm{cm}^2.$

练习题 5.1

1. (1) $\dfrac{a}{b}$；　　(2) $-\dfrac{3}{5}$；　　(3) $\cos a$；　　(4) 2；

(5) $-\dfrac{1}{8}$；　(6) $\dfrac{m}{n}a^{m-n}$；　(7) 1；　　(8) 3；

(9) 0；　　(10) 1；　　(11) $+\infty$；　(12) $+\infty.$

2. (1) 0；　(2) 0；　(3) $\dfrac{1}{2}$；　(4) $\dfrac{2}{\pi}$；　(5) 1；　(6) 1；　(7) 1；　(8) $\dfrac{1}{\mathrm{e}}.$

练习题 5.2

1. (1) $\xi=1$；　(2) $\xi=\mathrm{e}-1$；　(3) $\xi=\sqrt{\dfrac{4}{\pi}-1}$；　(4) 因为 $f'(0)$ 不存在，所以不满足拉格朗日中值定理条件.

2. 略.

3. 略.

4. (1) 单调减少；(2) 单调增加；(3) 单调增加.

5. (1) 单调增区间为：$(-\infty,-1]$ 与 $[3,+\infty)$，单调减区间为：$[-1,3]$；

(2) 单调增区间为：$[0,+\infty)$，单调减区间为：$(-\infty,0]$；

(3) 单调增区间为：$\Big[\dfrac{1}{2},+\infty\Big)$，单调减区间为：$\Big(0,\dfrac{1}{2}\Big]$；

(4) 单调增区间为：$\Big[\dfrac{1}{2},+\infty\Big)$，单调减区间为：$\Big(-\infty,\dfrac{1}{2}\Big]$；

(5) 单调增区间为：$(-\infty,0]$，单调减区间为：$[0,+\infty)$；

(6) 单调增区间为：$\left(-\infty,\dfrac{3}{4}\right]$,单调减区间为：$\left[\dfrac{3}{4},1\right]$;

(7) 单调增区间为：$\left[\dfrac{\pi}{3},\dfrac{5\pi}{3}\right]$,单调减区间为：$\left[0,\dfrac{\pi}{3}\right]$ 与 $\left[\dfrac{5\pi}{3},2\pi\right]$;

(8) 单调增区间为 $(-\infty,+\infty)$.

6. 略.

练习题 5.3

1. (1) 极小值 $f(1)=2$;　　　(2) 极大值 $f(0)=0$,极小值 $f(1)=-1$;

(3) 极小值 $f(0)=0$;　　(4) 无极值;　　(5) 极小值 $f\left(-\dfrac{1}{2}\ln 2\right)=2\sqrt{2}$;

(6) 极大值 $f\left(\dfrac{3}{4}\right)=\dfrac{5}{4}$;　　　(7) 无极值;

(8) 极小值 $f(0)=4$,极大值 $f(-2)=\dfrac{8}{3}$.

2. (1) 当 $x=-2$ 及 $x=2$ 时,函数有最大值 13;当 $x=1$ 及 $x=-1$ 时,函数有最小值 4.

(2) 当 $x=\dfrac{\pi}{4}$ 时,函数有最大值 -1;当 $x=-\dfrac{\pi}{4}$ 时,函数有最小值 -3.

(3) 当 $x=\dfrac{3}{4}$ 时,函数有最大值 $\dfrac{5}{4}$;当 $x=-5$ 时,函数有最小值 $-5+\sqrt{6}$.

(4) 当 $x=1$ 时,函数有最大值 $\dfrac{1}{2}$;当 $x=0$ 时,函数有最小值 0.

3. 围成长为 10m,宽为 5m 的长方形时,才能使小屋的面积最大.

4. 当小正方形的边长为 1cm 时,盒子的容积最大.

5. 经过 5h,两船相距最近.

6. $x=2.5$ 个单位时获最大利润.

7. 5 批.

练习题 5.4

1. (1) $K=\dfrac{3}{50}\sqrt{10}$;　　　(2) $K=2$;　　　(3) $K=2$;　　　(4) $K=0$.

2. (1) $R=2\sqrt{2},K=\dfrac{\sqrt{2}}{4}$;　　　(2) $K=\dfrac{4\sqrt{5}}{25},R=\dfrac{5\sqrt{5}}{4}$.

3. $(1,1)$.

4. $\left(\dfrac{\sqrt{2}}{2},-\dfrac{1}{2}\ln 2\right);R=\dfrac{3\sqrt{3}}{2}$.

练习题 5.5

1. (1) $(0,+\infty)$为凹区间;无拐点.

    (2) $(-\infty,4)$为凸区间;$(4,+\infty)$为凹区间;拐点是$(4,0)$.

    (3) $\left(-\infty,-\dfrac{1}{2}\right)$为凸区间;$\left(-\dfrac{1}{2},+\infty\right)$为凹区间;拐点是$\left(-\dfrac{1}{2},2\right)$.

    (4) $(-\infty,2)$为凸区间;$(2,+\infty)$为凹区间;拐点是$\left(2,\dfrac{2}{e^2}\right)$.

2. (1) $y=3$为水平渐近线;$x=0$为垂直渐近线;

    (2) $y=0$和$y=\pi$为水平渐近线;

    (3) $y=0$为水平渐近线;

    (4) $y=0$为水平渐近线;$x=-3$为垂直渐近线.

3. 略.

4. $a=-3$,拐点为$(1,-7)$;$(-\infty,1)$为凸区间;$(1,+\infty)$为凹区间.

5. $a=-\dfrac{3}{2}$,$b=\dfrac{9}{2}$.

6. $a=0$,$b=-1$,$c=3$.

7. 略.

复 习 题 五

1. $\dfrac{1}{2}$.　　2. $(-1,0)$与$(0,1)$.　　3. $-1,x=1$.　　4. e^{-1}.　　5. $(-\infty,0]$.

6. $y=0$.　　7. 驻点,不可导的点,区间端点.　　8. $\left(\dfrac{1}{2},2\right)$.　　9. $-\dfrac{3}{2},\dfrac{9}{2}$.

10. $f(a)+f'(\xi)(b-a)$.　　11. D.　　12. D.　　13. C.　　14. C.

15. A.　　16. A.　　17. A.　　18. C.　　19. (1) -2;(2) -1;(3) e;(4) $\dfrac{4}{\pi}$.

20. 函数$f(x)$的单调增区间为$\left(-\infty,\dfrac{1}{3}\right]$和$[1,+\infty)$,单调减区间为$\left[\dfrac{1}{3},1\right]$;极大值$f\left(\dfrac{1}{3}\right)=\dfrac{1}{3}\sqrt[3]{4}$,极小值$f(1)=0$.

21. 曲线在$(-\infty,-1]$和$[1,+\infty)$内是凸的,在$[-1,1]$内是凹的.

22. $-\dfrac{1}{3}\leqslant k\leqslant 0$.　　23. $a=\dfrac{1}{4},b=-\dfrac{3}{4},c=-6$.　　24. $1:2$.

练习题 6.1

1. (1) $-\dfrac{1}{x}+C$;　　　　(2) $\dfrac{2}{7}x^{\frac{7}{2}}+C$;　　　　(3) $\dfrac{(3e)^x}{1+\ln 3}+C$;

(4) $\dfrac{a^x \mathrm{e}^x}{1+\ln a}+C$;　　(5) $\mathrm{e}^{x+3}+C$　　(6) $\dfrac{1}{6}x^6+3\mathrm{e}^x-\cot x-\dfrac{2^x}{\ln 2}+C$;

(7) $\dfrac{1}{12}x^3+3x-\dfrac{9}{x}+C$;　　　　　　(8) $\dfrac{1}{2}(x+\sin x)+C$.

2. $y=x^3+x+1$.

3. $y=\ln|x|+2$.

练习题 6.2

1. (1) $\dfrac{1}{2}\mathrm{e}^{2x}+C$;　　　　(2) $\dfrac{1}{12}(2x+1)^6+C$;　　(3) $-\mathrm{e}^{\frac{1}{x}}+C$;

(4) $\dfrac{1}{2}\ln(9+x^2)+C$;　　(5) $\dfrac{1}{3}\arctan\dfrac{x}{3}+C$;　　(6) $-\cos(2\sqrt{x}-1)+C$;

(7) $-\dfrac{1}{\ln x}+C$;　　　(8) $\dfrac{1}{2}(\arcsin x)^2+C$;　　(9) $\arctan(\sin x)+C$;

(10) $\dfrac{1}{2}x+\dfrac{1}{4}\sin 2x+C$;　(11) $\dfrac{1}{2}(1+\tan x)^2+C$;　(12) $\dfrac{1}{2}\ln\left|\dfrac{x-1}{x+1}\right|+C$;

(13) $\dfrac{2}{3}\left[\sqrt{3x}-\ln(\sqrt{3x}+1)\right]+C$;　　(14) $\dfrac{9}{2}\arcsin\dfrac{x}{3}-\dfrac{x}{2}\sqrt{9-x^2}+C$;

(15) $\dfrac{1}{2}\arccos\dfrac{2}{x}+C$;　　　　(16) $\ln(x+\sqrt{a^2+x^2})+C$.

2. (1) $-x\cos x+\sin x+C$;　　　(2) $x\ln(1+x^2)-2x+2\arctan x+C$;

(3) $\dfrac{1}{2}x\sin 2x+\dfrac{1}{4}\cos 2x+C$;　　(4) $x\arccos x-\sqrt{1-x^2}+C$;

(5) $\dfrac{1}{3}x^3\arctan x-\dfrac{1}{6}x^2+\dfrac{1}{6}\ln(1+x^2)+C$;

(6) $\dfrac{1}{3}\mathrm{e}^{3x}\left(x^2-\dfrac{2}{3}x+\dfrac{2}{9}\right)+C$;

(7) $\dfrac{1}{4}(2x-5)\cos 2x+\dfrac{1}{2}\left(x^2-5x+\dfrac{13}{2}\right)\sin 2x+C$;

(8) $\dfrac{1}{13}\mathrm{e}^{3x}(3\cos 2x+2\sin 2x)+C$.

复 习 题 六

1. (1) $\mathrm{e}^{x-5}+C$;　　(2) $\dfrac{2}{3}x^{\frac{3}{2}}+4x^{\frac{1}{2}}-2x^{-\frac{1}{2}}+C$;　　(3) $2\arctan x-\dfrac{1}{x}+C$;

(4) e^x-x+C;　　(5) $\tan x-\sec x+C$;　　(6) $2x-\sin x-\cot x+C$.

2. $y=\ln|x|+1$.

3. (1) $s=t^3\mathrm{m}$;　　(2) $s=27\mathrm{m}$;　　(3) $t=10\mathrm{s}$.

4. (1) $-\dfrac{1}{2}\sqrt{1-2x^2}+C$;　　(2) $\ln|\mathrm{e}^x-3|+C$;　　(3) $2\mathrm{e}^{\sqrt{x}}+C$;

(4) $\dfrac{1}{a\ln 2}2^{ax+b}+C$;   (5) $\dfrac{1}{4}\cos(2-x^4)+C$; (6) $\arctan(\ln x)+C$;

(7) $\dfrac{1}{4}\tan^4 x+C$;   (8) $\dfrac{3}{5}(\arctan x)^{\frac{5}{3}}+C$;

(9) $\ln|x^2+3x-5|+C$;   (10) $\dfrac{1}{2}\ln|x^2+2\sin x|+C$.

5. (1) $2(\sqrt{2+x}-\ln|1+\sqrt{2+x}|)+C$;

(2) $2\sqrt{x}-3\sqrt[3]{x}+6\sqrt[6]{x}-6\ln|\sqrt[6]{x}+1|+C$;

(3) $\dfrac{1}{2}\ln\left|\dfrac{2-\sqrt{4-x^2}}{x}\right|+C$;   (4) $\ln|x+\sqrt{x^2-9}|-\dfrac{\sqrt{x^2-9}}{x}+C$;

(5) $-\dfrac{4}{11}(2-x)^{11}+\dfrac{1}{3}(2-x)^{12}-\dfrac{1}{13}(2-x)^{13}+C$;   (6) $\ln\dfrac{\sqrt{e^x+1}-1}{\sqrt{e^x+1}+1}+C$.

6. (1) $\dfrac{1}{10}xe^{10x}-\dfrac{1}{100}e^{10x}+C$;   (2) $-(2x-1)\cos x+2\sin x+C$;

(3) $x(\arcsin x)^2+2\sqrt{1-x^2}\arcsin x-2x+C$;

(4) $\dfrac{1}{2}\sec x\tan x+\dfrac{1}{2}\ln|\sec x+\tan x|+C$;

(5) $\ln x\ln(\ln x)-\ln x+C$;

(6) $\dfrac{1}{2}x+\dfrac{1}{2}\sqrt{x}\sin 2\sqrt{x}+\dfrac{1}{4}\cos 2\sqrt{x}+C$.

7. $y=x^3-3x+2$.

8. $y=x^3-6x^2+9x+2$.

9. $s=t^3+2t^2+2t-4$(m).

10. $C=x^2+10x+20$(元).

练习题 7.1

1. $9.95\leqslant\displaystyle\int_{-1}^{1}(4x^4-2x^3+5)\mathrm{d}x\leqslant 22$.

2. $4\displaystyle\int_{T_1}^{T_2}\sin 2t\mathrm{d}t$.

3. (1) $\displaystyle\int_0^1 x\mathrm{d}x\geqslant\int_0^1\sin x\mathrm{d}x$;   (2) $\displaystyle\int_0^1 e^x\mathrm{d}x\geqslant\int_0^1(1+x)\mathrm{d}x$;

(3) $\displaystyle\int_0^1\sqrt{1+x^3}\mathrm{d}x\leqslant\int_0^1\left(1+\dfrac{1}{2}x^3\right)\mathrm{d}x$;   (4) $\displaystyle\int_1^2\ln x\mathrm{d}x\geqslant\int_1^2(\ln x)^2\mathrm{d}x$.

练习题 7.2

1. (1) 20;   (2) π^2+2;   (3) $\dfrac{1}{2}\ln^2 2$;   (4) $2(\sqrt{2}-1)$.

2. $\dfrac{62}{3}$.

3. (1) $\ln(3x^2+1)$;　　　(2) $-2x\arctan x^6$.

练习题 7.3

1. (1) $2-\sqrt{2}$;　(2) $\ln\dfrac{e^2+1}{e^{-2}+1}$;　(3) $3\ln3$;　(4) 0;　(5) π;

(6) $4-2\arctan2$.

2. 略.

练习题 7.4

1. $\dfrac{4}{e}$;　2. π;　3. -1;　4. $3\sqrt[3]{2}$;　5. -1;　6. $\dfrac{\pi^2}{8}$.

复 习 题 七

1. (1) 正确;　(2) 错误;　(3) 正确;　(4) 错误;　(5) 错误.

2. (1) BDE;　(2) BE;　(3) A；　(4) ACDE.

3. (1) $2\sqrt{2}$;　(2) $7+2\ln2$;　(3) $\dfrac{22}{3}$;　(4) $\dfrac{7}{3}$;　(5) $\dfrac{5\pi}{16}$;

(6) $\dfrac{56}{3}-27\ln2$;　(7) $\ln2$;　(8) 发散.

练习题 8.1

1. 8;　2. $\dfrac{2}{3}$;　3. $8a$.

练习题 8.2

1. $\dfrac{\pi}{2}\times10^4R^2H^2(\mathrm{J})$.　　2. $2000\,g\pi(\mathrm{N})$, g 为重力加速度.

复 习 题 八

1. $A=\dfrac{\sqrt{3}}{3}+\dfrac{2}{3}\pi$.　　2. $A=\dfrac{\pi}{6}$.　　3. $S=\dfrac{1}{2}\left[\sqrt{2}+\ln(1+\sqrt{2})\right]$.

4. $W=30(\mathrm{J})$. 　　　　5. $\bar{y}=1-3\mathrm{e}^{-2}$. 6. $I=\sqrt{\dfrac{1}{T}\displaystyle\int_0^T i^2(t)\mathrm{d}t}=\dfrac{1}{2}I_m$.

7. $W=2.878\times10^4(\mathrm{J})$. 　　　　8. $P=7.35\times10^3(\mathrm{N})$.

练习题 9.1

1. (略).

2. (1) $(1-x)(1-y)=C$；(2) $y^4-x^4=C$；(3) $y=C\mathrm{e}^{-\mathrm{e}^x}$；(4) $y=C\mathrm{e}^{\arcsin x}$.

3. (1) $\mathrm{e}^y=\dfrac{1}{2}(\mathrm{e}^{2x}+1)$；(2) $u=5\mathrm{e}^{t+\frac{1}{3}t^3}$

练习题 9.2

1. (1) $y=\mathrm{e}^{-x}(x+C)$；　(2) $y=\mathrm{e}^{-\sin x}(x+C)$；

   (3) $y=\dfrac{1}{2}+Cx^{-\frac{1}{3}}$；　(4) $y=\dfrac{1}{x}(\pi-1-\cos x)$.

2. (1) $y=\dfrac{x^4}{24}-\mathrm{e}^{-x}+C_1x^2+C_2x+C_3$,其中 $C_1=\dfrac{C}{2}$；

   (2) $y=x\arctan x-\dfrac{1}{2}\ln(x^2+1)+C_1x+C_2$；

   (3) $y=C_1\mathrm{e}^x-\dfrac{x^2}{2}-x+C_2$；(4) $y=C_2+\ln|x-C_1|$；(5) $y=C_2\mathrm{e}^{C_1x}$.

3. (1) $y=\dfrac{1}{8}\mathrm{e}^{2x}-\dfrac{\mathrm{e}^2}{4}x^2+\dfrac{\mathrm{e}^2}{4}x-\dfrac{\mathrm{e}^2}{8}$；(2) $y=x^4+4x+1$；

   (3) $y^{\frac{5}{3}}=\pm\dfrac{5}{3}x+C\ (C=-4\ \text{或}\ 6)$.

练习题 9.3

1. (1) 线性无关；(2) 线性相关；(3) 线性无关；

   (4) 线性无关；(5) 线性相关；(6) 线性无关.

2. $y=C_1\mathrm{e}^{4x}+C_2\mathrm{e}^{-x}$.

3. (1) $y=C_1\mathrm{e}^x+C_2\mathrm{e}^{-2x}$；(2) $y=C_1+C_2\mathrm{e}^{-4x}$；(3) $y=C_1\cos2x+C_2\sin2x$；

   (4) $y=(C_1+C_2x)\mathrm{e}^{3x}$；(5) $y=\mathrm{e}^{-x}(C_1\cos2x+C_2\sin2x)$；

   (6) $y=(C_1+C_2x)\mathrm{e}^{2x}$.

4. (1) $y=\mathrm{e}^x+\mathrm{e}^{-x}$；(2) $y=\cos x+\sin x$；(3) $y=4\mathrm{e}^x+2\mathrm{e}^{3x}$；(4) $y=x\mathrm{e}^{-2x}$.

练习题 9.4

(1) $\dfrac{3}{s}$；(2) $\dfrac{3}{s^2}$；(3) $\dfrac{1}{s-2}$

练习题 9.5

1. (1) $\dfrac{6}{s^2+9}+\dfrac{3s}{s^2+4}$；(2) $\dfrac{s-2\sqrt{3}}{2(s^2+4)}$；(3) $\dfrac{6s}{(s^2+9)^2}$；(4) $\dfrac{s-3}{(s-3)^2+4}$.

2. $\dfrac{s}{s^2+\omega^2}$.

3. $\dfrac{sr(0)+r'(0)}{s^2+a_1 s+a_0}$.

4. $t,\dfrac{1}{2!}t^2,\dfrac{1}{(n-1)!}t^{(n-1)}$.

练习题 9.6

1. (1) $2e^{3t}$；(2) $e^{-\frac{1}{2}t}$；(3) $3\cos 3t$；(4) $\dfrac{2}{3}\sin\dfrac{1}{3}t$；(5) $\cos 3t-\sin 3t$.

2. (1) $-3e^{t}+3e^{2t}$；(2) $\dfrac{2}{9}\cos\dfrac{1}{3}t$；(3) $\dfrac{3}{2}e^{-2t}\sin 2t$；(4) $\dfrac{2}{5}e^{-2t}+\dfrac{1}{5}e^{t}(3\cos t+\sin t)$.

练习题 9.7

(1) e^{t}；(2) $\dfrac{5}{4}(e^{5t}-e^{-3t})$；(3) $\dfrac{3}{2}\sin 2t$；(4) t；(5) $\dfrac{1}{2}e^{t}\sin 2t$；

(6) te^{2t}；(7) $\dfrac{9}{7}(e^{8t}-e^{t})$；(8) $2e^{-2t}\sin t$.

复 习 题 九

1. (1) 错；(2) 错；(3) 错；(4) 对.
2. (1) B,C；(2) A,D.
3. (1) $y=e^{-\int P(x)\mathrm{d}x}\Big[\int Q(x)e^{\int P(x)\mathrm{d}x}\mathrm{d}x+C\Big]$；　(2) $r^2+pr+q=0$；

 (3) $x=\Big(\dfrac{y^2}{2}+1\Big)e^{-y^2}$.

4. (1) $(e^x+1)(e^y-1)=C$；　　　　(2) $y=-e^{-x}+x^2+2$；

 (3) $y=C_1\cos\sqrt{5}x+C_2\sin\sqrt{5}x$；　(4) $y=C_1+C_2\cos 2x+C_3\sin 2x$.

5. (1) $y=e^x-x-1$；(2) $x=A\cos\sqrt{\dfrac{g}{a}}t$；(3) $\theta=20+30e^{-kx}$.

6. (略).
7. (略).

8. $\dfrac{\omega}{(s+\lambda)^2+\omega^2}$ 和 $\dfrac{s+\lambda}{(s+\lambda)^2+\omega^2}$.

9. $\dfrac{1}{\sqrt{\pi(t-\tau)}}$.

10. $\dfrac{1}{2}u(t)$ 和 $\dfrac{t}{2}$.

11. $\dfrac{\pi}{2a}e^{-at}$ 和 $\dfrac{\pi}{2}(1-e^{-t})$.

12. $\dfrac{1}{1+\omega^2a^2}(e^t-e^{-t\omega^2a^2})$.

13. $\dfrac{1-\cos\omega at}{\omega^2a^2}$.

练习题 10.1

1. (略). 　　2. Ⅷ；Ⅱ；Ⅲ. 　　3. $(-2,1,-3);(-2,-1,-3);(2,1,3)$.

4. $\{3,-2,-4\};\{-1,4,6\};\{6,-9,-15\}$.

5. $2\sqrt{14}$. 　　6. $\left\{\dfrac{1}{3},-\dfrac{2}{3},\dfrac{2}{3}\right\}$.

练习题 10.2

1. $-1,\pi-\arccos\dfrac{\sqrt{21}}{42}$.

2. (略).

3. $\theta=\dfrac{\pi}{3}$.

4. $\{1,1,3\}$.

5. $\dfrac{\pi}{3}$ 或 $\dfrac{2\pi}{3}$.

6. (略).

7. $\sqrt{17}$

练习题 10.3

1. $x+3y-2z+13=0$.

2. $9y-z-2=0$.

3. $\dfrac{x-1}{4}=\dfrac{y+5}{-3}=\dfrac{z}{5}$.

4. $\dfrac{x-2}{3}=\dfrac{y-3}{-1}=\dfrac{z-4}{1}$.

5. $\dfrac{x-1}{-10}=\dfrac{y-2}{17}=\dfrac{z-1}{-1}$.

6. $\theta=\arccos\dfrac{1}{2}=\dfrac{\pi}{3}$.

7. $\varphi=\arcsin\dfrac{4}{9}$.

练习题 10.4

1. $g(y,\pm\sqrt{x^2+z^2})=0, g(\pm\sqrt{x^2+y^2},z)=0$.

2. 椭圆柱面.

3. (略).

4. (略).

5. (1) 球面;(2) 双叶双曲面;(3) 椭球面;(4) 旋转抛物面.

6. 双曲线;椭圆;椭圆;双曲线;双曲线;两直线;双曲线.

7. $2y^2-2z+1=0$; $\begin{cases}2y^2-2z+1=0,\\ x=0.\end{cases}$

复 习 题 十

1. $(a,-b,c),(a,-b,-c),(-a,-b,-c)$.

2. $\left\{-\dfrac{1}{3},\dfrac{2}{3},-\dfrac{2}{3}\right\}$.

3. $x=\dfrac{x_1+\lambda x_2}{1+\lambda}, y=\dfrac{y_1+\lambda y_2}{1+\lambda}, z=\dfrac{z_1+\lambda z_2}{1+\lambda}$.

4. $46,-2,\pi-\arccos\dfrac{8}{483}\sqrt{483}$.

5. $\{3,-7,-5\},\{-21,49,35\},\{0,1,-1\},\{1,-2,0\}$.

6. (略).

7. ±30.

8. $16x-14y-11z=65$.

9. $3x-y=0, x+3y=0$.

10. $\dfrac{x+1}{-4}=\dfrac{y}{2}=\dfrac{z-2}{1}$.

11. (略).

12. $\dfrac{x+3}{-5}=\dfrac{y}{1}=\dfrac{z-2}{5}, x=-5t-3, y=t, z=2+5t$.

13. 0.

14. $5x-y^2-z^2=0$.

15. (略).

16. $8x^2 + 8y^2 + 8z^2 - 68x + 108y - 114z + 779 = 0.$

17. $\begin{cases} x^2 + 2y^2 - 2y = 0, \\ z = 0. \end{cases}$

18. $\begin{cases} y^2 + z^2 = 4z, \\ y^2 + 4x = 0. \end{cases}$

练习题 11.1

1. (1) $(x+y)^2 - \left(\dfrac{y}{x}\right)^2$; (2) $\dfrac{x^2(1-y)}{1+y}$.

2. (1) $D = \{(x,y) \mid 4x^2 + y^2 \geqslant 1\}$; (2) $D = \{(x,y) \mid xy > 0\}$;
   (3) $D = \{(x,y,z) \mid x > 0, y > 0, z > 0\}$;
   (4) $D = \{(x,y) \mid x^2 + y^2 \leqslant 9, x < 1 + y^2\}$.

3. (1) 2; (2) $-\dfrac{1}{4}$。

4. (1) $(0,0)$; (2) $y^2 = 2x$.

练习题 11.2

1. (1) $z_x = 2y^2 - \cos x, z_y = 4xy + 15y^2$;
   (2) $z_x = 2x\sin y, z_y = x^2\cos y$;
   (3) $z_x = y\mathrm{e}^{xy}, z_y = x\mathrm{e}^{xy}$;
   (4) $z_x = \dfrac{y^2}{(x+y)^2}, z_y = \dfrac{x^2}{(x+y)^2}$;
   (5) $z_x = \dfrac{2y}{4x^2+y^2}, z_y = -\dfrac{2x}{4x^2+y^2}$;
   (6) $z_x = y^2(\cos x + x)^{y^2-1}(1-\sin x), z_y = 2y(\cos x + x)^{y^2}\ln(\cos x + x)$;
   (7) $u_x = y+z, u_y = x+z, u_z = y+x$;
   (8) $u_x = yz^2 x^{yz^2-1}, u_y = z^2 x^{yz^2}\ln x, u_z = 2yzx^{yz^2}\ln x.$

2. (1) $f_x\left(\dfrac{\pi}{2}, 0\right) = 0, f_y\left(\dfrac{\pi}{2}, 0\right) = 0$; (2) $f_x(1,2) = \dfrac{1}{3}, f_y(1,2) = \dfrac{2}{3}$.

3. $\dfrac{\sqrt{5}}{5}$.

4. (1) $z_{xx} = 6xy - 6y^3, z_{xy} = 3x^2 - 18xy^2, z_{yx} = 3x^2 - 18xy^2; z_{yy} = -18x^2 y$;
   (2) $z_{xx} = -\dfrac{y}{x^2}, z_{xy} = \dfrac{1}{x}, z_{yy} = 0$;
   (3) $z_{xx} = -y^4\sin(xy^2), z_{xy} = 2y\cos(xy^2) - 2xy^3\sin(xy^2)$,
   $z_{yy} = 2x\cos(xy^2) - 4x^2 y^2\sin(xy^2)$;

(4) $z_{xx}=a^2\mathrm{e}^{ax+by}$，$z_{xy}=ab\mathrm{e}^{ax+by}$，$z_{yy}=b^2\mathrm{e}^{ax+by}$.

5. (1) $f_{xx}\left(0,\dfrac{\pi}{2}\right)=2$，$f_{xy}\left(0,\dfrac{\pi}{2}\right)=-1$，$f_{yy}\left(0,\dfrac{\pi}{2}\right)=0$；

   (2) $f_{xx}(1,1,2)=4$，$f_{xy}(1,1,2)=2$，$f_{xz}(1,1,2)=2$.

练习题 11.3

1. (1) $\mathrm{d}z=(\sin y-y\sin x)\mathrm{d}x+(x\cos y+\cos x)\mathrm{d}y$；

   (2) $\mathrm{d}z=\dfrac{3}{3x-2y}\mathrm{d}x-\dfrac{2}{3x-2y}\mathrm{d}y$；

   (3) $\mathrm{d}z=\dfrac{y(x^2-y^2)\mathrm{d}x+x(y^2-x^2)\mathrm{d}y}{x^2y^2}$；

   (4) $\mathrm{d}z=\dfrac{\mathrm{e}^{xy}}{(x+y)^2}[(xy+y^2-1)\mathrm{d}x+(x^2+xy-1)\mathrm{d}y]$；

   (5) $\mathrm{d}u=-yz\csc^2(xy)\mathrm{d}x-xz\csc^2(xy)\mathrm{d}y+\cot(xy)\mathrm{d}z$；

   (6) $\mathrm{d}u=-\dfrac{y\ln z}{x^2}z^{\frac{y}{x}}\mathrm{d}x+\dfrac{\ln z}{x}z^{\frac{y}{x}}\mathrm{d}y+\dfrac{y}{x}z^{\frac{y}{x}-1}\mathrm{d}z$.

2. $\mathrm{d}z=\mathrm{d}y$.

3. $\Delta z=-0.119$，$\mathrm{d}z=-0.125$.

4. (1) 1.08；(2) 2.95.

5. $17.6\pi\mathrm{cm}^3$.

练习题 11.4

1. (1) $\dfrac{\partial z}{\partial x}=2xy^2\ln(3x-2y)+\dfrac{3x^2y^2}{3x-2y}$，

   $\dfrac{\partial z}{\partial y}=2x^2y\ln(3x-2y)-\dfrac{2x^2y^2}{3x-2y}$；

   (2) $\dfrac{\partial z}{\partial x}=\dfrac{\sin(x^2y)}{y}+2x^2\cos(x^2y)$，$\dfrac{\partial z}{\partial y}=-\dfrac{x\sin(x^2y)}{y^2}+\dfrac{x^3\cos(x^2y)}{y}$；

   (3) $\dfrac{\partial z}{\partial x}=\mathrm{e}^{xy\ln(x-y)}\left(y\ln(x-y)+\dfrac{xy}{x-y}\right)$，

   $\dfrac{\partial z}{\partial y}=\mathrm{e}^{xy\ln(x-y)}\left(x\ln(x-y)-\dfrac{xy}{x-y}\right)$；

   (4) $\dfrac{\mathrm{d}z}{\mathrm{d}t}=-\dfrac{1+t}{t^2\mathrm{e}^t}$；

   (5) $\dfrac{\mathrm{d}z}{\mathrm{d}x}=\cos^2x-x\sin2x$；

   (6) $\dfrac{\mathrm{d}u}{\mathrm{d}x}=(-6t^2+12t+5)\mathrm{e}^{-2t^3+6t^2+5t}$；

(7) $\dfrac{\partial z}{\partial x}=y(\ln y)^{xy}\ln(\ln y),\dfrac{\partial z}{\partial y}=(\ln y)^{xy}\left[\dfrac{x}{\ln y}+x\ln(\ln y)\right];$

(8) $\dfrac{\partial z}{\partial x}=2xy\cos(x^2y),\dfrac{\partial z}{\partial y}=x^2\cos(x^2y).$

2. (1) $\dfrac{\mathrm{d}y}{\mathrm{d}x}=\dfrac{y^2}{\cos y-2xy};$

(2) $\dfrac{\partial z}{\partial x}=\dfrac{yz}{\mathrm{e}^z-xy},\dfrac{\partial z}{\partial y}=\dfrac{xz}{\mathrm{e}^z-xy};$

(3) $\dfrac{\partial z}{\partial x}=\dfrac{z}{x+z},\dfrac{\partial z}{\partial y}=\dfrac{z^2}{(x+z)y};$

(4) $\dfrac{\partial^2 z}{\partial y^2}=\dfrac{\sin 2z(1+\cos 2z)}{2y^2}.$

3. $\dfrac{y(y-x\ln y)}{x(x-y\ln x)}.$

4. 切线方程为 $\dfrac{x-\left(\frac{\pi}{2}-1\right)}{1}=\dfrac{y-1}{1}=\dfrac{z-2\sqrt{2}}{\sqrt{2}}$,法平面方程为 $x+y+\sqrt{2}z=\dfrac{\pi}{2}+4.$

5. 切线方程为 $\dfrac{x-\frac{1}{2}}{1}=\dfrac{y-2}{-4}=\dfrac{z-1}{8}$,法平面方程为 $2x-8y+16z=1.$

6. 切平面方程为 $x+2y-4=0$,法线方程为 $\begin{cases}\dfrac{x-2}{1}=\dfrac{y-1}{2},\\ z=0.\end{cases}$

7. 切平面方程为 $x-y+2z-\dfrac{\pi}{2}=0$,法线方程为 $\dfrac{x-1}{1}=\dfrac{y-1}{-1}=\dfrac{z-\frac{\pi}{4}}{2}.$

8. $(-1,1,-1),\left(-\dfrac{1}{3},\dfrac{1}{9},-\dfrac{1}{27}\right).$

9. 切平面方程为 $x-y+2z+\dfrac{1}{4}=0.$

练习题 11.5

1. (1) 极小值 $f(5,6)=-88.$　　(2) 极小值 $f\left(\dfrac{1}{2},-1\right)=-\dfrac{\mathrm{e}}{2}.$

2. 最大值 4,最小值 $-1.$

3. 极大值 $z\left(\dfrac{\sqrt{2}}{2},\dfrac{\sqrt{2}}{2}\right)=\sqrt{2}$,极小值 $z\left(-\dfrac{\sqrt{2}}{2},-\dfrac{\sqrt{2}}{2}\right)=-\sqrt{2}.$

4. $x=\dfrac{a\alpha}{\alpha+\beta+\gamma},y=\dfrac{a\beta}{\alpha+\beta+\gamma},z=\dfrac{a\gamma}{\alpha+\beta+\gamma}.$

复习题十一

1. $2\ln^2(xy)$.

2. (1) $D=\{(x,y)\,|\,x^2\leqslant 1,y^2\geqslant 1\}$;　　(2) $D=\{(x,y)\,|\,x^2+y^2\neq 0\}$;

　(3) $D=\{(x,y)\,|\,r^2<x^2+y^2<R^2\}$;　　(4) $D=\{(x,y)\,|\,y-x>0,-1\leqslant x\leqslant 1\}$.

3. (1) $\dfrac{\partial z}{\partial x}=2x\ln(x+y^2)+\dfrac{x^2}{x+y^2},\dfrac{\partial z}{\partial y}=\dfrac{2x^2y}{x+y^2}$;

　(2) $\dfrac{\partial z}{\partial x}=\dfrac{y^2}{(x^2+y^2)^{\frac{3}{2}}},\dfrac{\partial z}{\partial y}=\dfrac{-xy}{(x^2+y^2)^{\frac{3}{2}}}$;

　(3) $\dfrac{\partial z}{\partial x}=\cot(x-2y),\dfrac{\partial z}{\partial y}=-2\cot(x-2y)$;

　(4) $\dfrac{\partial u}{\partial x}=(y+z^2)\mathrm{e}^{x(y+z^2)},\dfrac{\partial u}{\partial y}=x\mathrm{e}^{x(y+z^2)},\dfrac{\partial u}{\partial z}=2xz\mathrm{e}^{x(y+z^2)}$.

4. (1) $f_x(2,1)=0,f_y(2,1)=12$;(2) $f_x(1,0)=2$;(3) $f_x(x,1)=1,f_y(0,1)=0$.

5. (1) $\dfrac{\partial^2 z}{\partial x^2}=-\dfrac{1}{4}\sqrt{\dfrac{y}{x^3}},\dfrac{\partial^2 z}{\partial y^2}=-\dfrac{1}{4}\sqrt{\dfrac{x}{y^3}},\dfrac{\partial^2 z}{\partial x\partial y}=\dfrac{1}{4\sqrt{xy}}$;

　(2) $\dfrac{\partial^2 z}{\partial x^2}=x^{-2}y^{\ln x}(\ln y)(\ln y-1),\dfrac{\partial^2 z}{\partial y^2}=y^{\ln x-2}(\ln x)(\ln x-1)$,

　　$\dfrac{\partial^2 z}{\partial x\partial y}=x^{-1}y^{\ln x-1}(1+\ln x\ln y)$.

6. (1) $\mathrm{d}z=[\cos(x-y)-x\sin(x-y)]\mathrm{d}x+x\sin(x-y)\mathrm{d}y$;

　(2) $\mathrm{d}z=-\dfrac{\sqrt{xy}}{2x}\left(\dfrac{1}{x}\mathrm{d}x-\dfrac{1}{y}\mathrm{d}y\right)$;

　(3) $\mathrm{d}z=2\mathrm{e}^{x^2+y^2}(x\mathrm{d}x+y\mathrm{d}y)$;

　(4) $\mathrm{d}u=\dfrac{2}{x^2+y^2+z^2}(x\mathrm{d}x+y\mathrm{d}y+z\mathrm{d}z)$.

7. $\Delta z=-0.204,\mathrm{d}z=-0.2$.

8. (略).

9. $\dfrac{3}{2}$

10. (略).

11. (1) $\dfrac{\partial z}{\partial x}=2+0.01(6x+y),\dfrac{\partial z}{\partial y}=3+0.01(x+6y)$;

　(2) $\dfrac{\partial L}{\partial x}=8-0.01(6x+y),\dfrac{\partial L}{\partial y}=6-0.01(x+6y)$.

12. (1) $\dfrac{\mathrm{d}z}{\mathrm{d}x}=\dfrac{\mathrm{e}^x}{\ln x}\left(1-\dfrac{1}{x\ln x}\right)$;

　(2) $\dfrac{\partial f}{\partial x}=\dfrac{y}{x^2+y^2},\dfrac{\mathrm{d}z}{\mathrm{d}x}=\dfrac{1}{(2x^2+1)\sqrt{1+x^2}}$;

(3) $\dfrac{\partial z}{\partial x}=\mathrm{e}^{xy\cos \ln(x-y)}\left[y\cos \ln(x-y)-\dfrac{xy\sin \ln(x-y)}{x-y}\right]$,

$\dfrac{\partial z}{\partial y}=\mathrm{e}^{xy\cos \ln(x-y)}\left[x\cos \ln(x-y)+\dfrac{xy\sin \ln(x-y)}{x-y}\right]$;

(4) $\dfrac{\partial u}{\partial r}=2[r+s+t+(rs+st+tr)(s+t)+rs^2t^2]$

$\qquad \cdot \cos[(r+s+t)^2+(rs+st+tr)^2+r^2s^2t^2]$,

$\dfrac{\partial u}{\partial s}=2[r+s+t+(rs+st+tr)(r+t)+r^2st^2]$

$\qquad \cdot \cos[(r+s+t)^2+(rs+st+tr)^2+r^2s^2t^2]$,

$\dfrac{\partial u}{\partial t}=2[r+s+t+(rs+st+tr)(s+r)+r^2s^2t]$

$\qquad \cdot \cos[(r+s+t)^2+(rs+st+tr)^2+r^2s^2t^2]$.

13. (1) 设 $s=\dfrac{x}{y}$，则 $\dfrac{\partial u}{\partial x}=f_x+\dfrac{1}{y}f_s$，$\dfrac{\partial u}{\partial y}=-\dfrac{x}{y^2}f_s$;

(2) 设 $s=x+y,t=x-y,w=xy$，则

$$\dfrac{\partial u}{\partial x}=f_s+f_t+yf_w, \dfrac{\partial u}{\partial y}=f_s-f_t+xf_w;$$

(3) 设 $s=x+y+z,t=x^2+y^2+z^2$，则

$$\dfrac{\partial u}{\partial x}=f_s+2xf_t, \dfrac{\partial u}{\partial y}=f_s+2yf_t, \dfrac{\partial u}{\partial z}=f_s+2zf_t.$$

14. (略).

15. (1) $\dfrac{\mathrm{d}y}{\mathrm{d}x}=\dfrac{x+y}{x-y}$; (2) $\dfrac{\partial z}{\partial x}=-\dfrac{\sin 2x}{\sin 2z}$, $\dfrac{\partial z}{\partial y}=-\dfrac{\sin 2y}{\sin 2z}$;

(3) $\dfrac{\partial z}{\partial x}=-\dfrac{yz}{xy+z^2}$, $\dfrac{\partial z}{\partial y}=-\dfrac{xz}{xy+z^2}$.

16. 切线方程为 $\dfrac{x-1}{2}=-y=\dfrac{z-1}{3}$, 法平面方程为 $2x-y+3z=5$.

17. 切平面方程为 $x+2y-2z+4\ln 2-3=0$, 法线方程为 $x-1=\dfrac{y-1}{2}=\dfrac{z-2\ln 2}{-2}$.

18. $(-3,-1,3)$, $\dfrac{x+1}{-1}=\dfrac{y+3}{-3}=\dfrac{z-3}{-1}$.

19. 极大值 $f\left(-\dfrac{1}{3},-\dfrac{1}{3}\right)=\dfrac{1}{27}$.

20. $f\left(\dfrac{a}{2},\dfrac{b}{2}\right)=\dfrac{ab}{4}$.

21. 3 个数皆为 $\dfrac{50}{3}$.

22. $x=90, y=140$.

练习题 12.1

1. $1280\mathrm{m}^3$.

2. $\frac{1}{6}(\mathrm{e}^{14}-\mathrm{e}^{13}-\mathrm{e}^{-4}+\mathrm{e}^{-5})$.

3. $\pi(101\ln101-100\ln100-1)$.

4. $\pi\left(4\pi^4-\frac{1}{4}\right)$.

5. $\int_0^4\mathrm{d}x\int_0^{\sqrt{4-(x-2)^2}}f(x,y)\mathrm{d}y$.

6. (1) $\frac{1}{6}$;　(2) 18π.

练习题 12.2

1. $\frac{5}{24}$.　2. 平均距离 $=\dfrac{\displaystyle\iint\limits_D y\mathrm{d}\sigma}{D\text{ 的面积}}$, $\frac{4}{\pi}\mathrm{km}$.

练习题 12.3

1. $\frac{R^2}{2}$; 2. $\frac{4}{5}$; 3. (略).

复习题十二

1. $Q=\displaystyle\iint\limits_D u(x,y)\mathrm{d}\sigma$.　2. (1) $V=\displaystyle\iint\limits_D(x+y)\mathrm{d}\sigma$; (2) $V=\displaystyle\iint\limits_D\sqrt{1-x^2-y^2}\,\mathrm{d}\sigma$.

3. (略).　4. $\frac{16}{3}$.　5. (1) $\pi(\mathrm{e}-1)$; (2) $\frac{64}{3}$.　6. (1) $\frac{9}{4}$; (2) $\frac{14\pi}{3}$.

练习题 13.1

1. (1) 发散; (2) 发散.

2. (1) 发散; (2) 收敛.

3. (1) 发散; (2) 收敛; (3) 收敛; (4) 收敛.

4. (1) 绝对收敛; (2) 条件收敛; (3) 绝对收敛; (4) 条件收敛.

练习题 13.2

1. (1) $(-1,1]$;(2) $(-\infty,+\infty)$;(3) $[-1,1]$;(4) $[-3,3)$;
   (5) $(-5,5]$.

2. (1) $[-1,1]$,$\arctan x$;(2) $(-1,1)$,$\dfrac{2x}{(1-x)^3}$.

3. (1) $\dfrac{1}{2}+\sum\limits_{n=1}^{\infty}(-1)^n\dfrac{(2x)^{2n}}{2(2n)!}$,$(-\infty,+\infty)$;(2) $\sum\limits_{n=0}^{\infty}\dfrac{x^n}{3^{n+1}}$,$(-3,3)$.

4. $\sum\limits_{n=0}^{\infty}\dfrac{(x-2)^n}{2^{n+1}}$,$(0,4)$.

5. (1) 1.625;(2) 0.3090;(3) 0.5448.

复习题十三

1. (1) 发散;(2) 收敛;(3) 发散.

2. (1) 收敛;(2) 收敛;(3) 发散.

3. (1) 收敛;(2) 收敛;(3) 收敛.

4. (1) 条件收敛;(2) 绝对收敛;(3) 绝对收敛.

5. $0<a\leqslant1$ 发散;$a>1$ 收敛.

6. $|a|\leqslant1$,绝对收敛;$|a|>1$,发散.

7. (1) $[-1,1)$;(2) $\left(\dfrac{1}{10},10\right)$;(3) $[2,4]$;(4) $(1,2]$.

8. $\sum\limits_{n=0}^{\infty}\dfrac{(\ln a)^n}{n!}x^n$,$(-\infty,+\infty)$.

9. (1) $\sum\limits_{n=1}^{\infty}(-1)^{n+1}\dfrac{x^n}{3^n}$,$(-3,3)$;(2) $2\ln2+\sum\limits_{n=1}^{\infty}(-1)^{n-1}\dfrac{x^n}{n2^n}$,$(-2,2]$.

10. $\ln2+\sum\limits_{n=1}^{\infty}(-1)^{n-1}\dfrac{(x-2)^n}{n2^n}$,$(0,4]$.

11. 0.9461.

练习题 14.1~练习题 14.13

提示:上机借助于 MATLAB 的在线帮助完成.

复习题十四

提示:上机借助于 MATLAB 的帮助对本书例题进行验算.